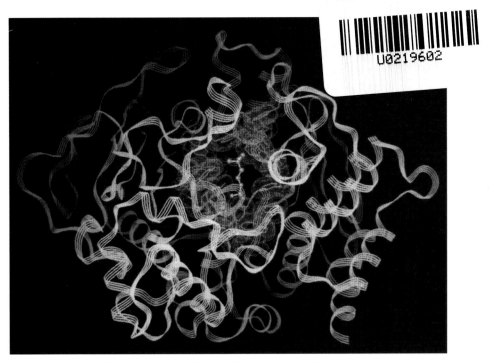

彩图 1(正文图 4.27)　电鳐乙酰胆碱酯酶的连续剖面图(Dvir et al.，2010)

注：粉红色的棍状及点面结构为 14 个保守的芳香族氨基酸残基，橘色的球棍状结构为与活性中心结合的 ACh。

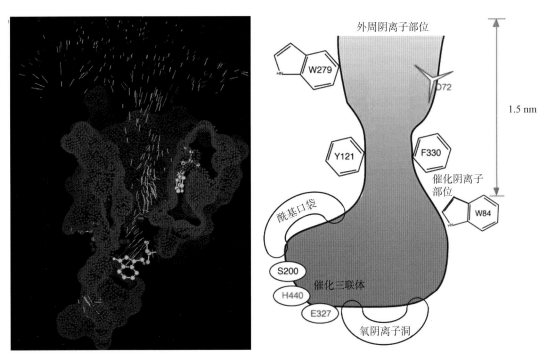

彩图 2(正文图 4.28)　电鳐乙酰胆碱酯酶活性位点结构图(Silman and Sussman，2008；Dvir et al.，2010)

注：左，紫色为 AChE 分子，绿色为静电场矢量；催化三联体 Ser200、Glu327 和 His440 分别表示为黄色、橘色和红色；外周阴离子部位的 Trp279 和靠近催化三联体的阴离子部位的 Trp84 显示为白色。

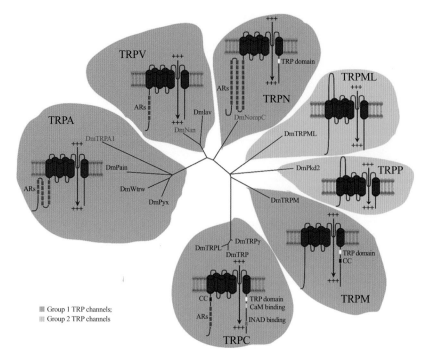

彩图 3(正文图 4.71)　果蝇瞬时感受器电位通道系统进化树及结构示意图(高聪芬等,2017)

注:以黑腹果蝇 TRP 通道家族基因跨膜区氨基酸序列构建进化树。蓝色圆柱代表跨膜结构域,红色方块代表锚蛋白重复序列(AR),黑色方块代表卷曲螺旋区域(CC),其他结构域名称均在对应图形处标注。浅灰色和黄色背景分别代表 TRP 通道根据序列同源性远近分成的 2 个组。

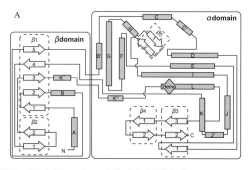

彩图 4(正文图 5.6)　哺乳动物细胞色素 P450 CYP2C5 的结构(Werck-Reichhart and Feyereisen,2000)

注:紫色部分为内质网膜。橘红色为血红素,黄色为底物。左上部为 α 功能域,右中部靠近内质网膜的为 β 功能域。I 螺旋位于血红素上方,靠近底物结合位点。血红素结合环位于血红素原卟啉的后方。K 螺旋中保守的 Glu-X-X-Arg 结构也位于后面不易看到。P450 蛋白的远端(后面)与其他氧化还原蛋白的识别及电子向活性位点的传递有关;质子从 P450 蛋白的近端(前面)传递到活性位点。底物进入通道一般认为位于与膜紧密接触的 F-G 环、A 螺旋和 β 折叠 1-1 及 1-2 之间。

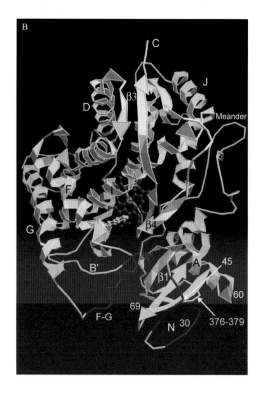

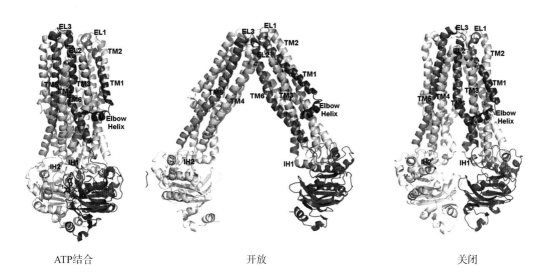

ATP结合 开放 关闭

彩图5(正文图5.12)　革兰氏阴性细菌 ABC 转运蛋白 MsbA 的三维结构图（Ward et al.，2007）

注：彩色显示的为一个单体，N 端为深蓝色，C 端为红色；白色显示的为另一单体。TM1～TM6 为 6 个跨膜螺旋，EL1～EL3 为 3 个胞外环，IH1～IH2 为 2 个胞内螺旋。

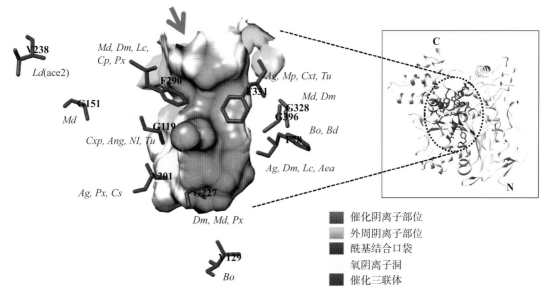

催化阴离子部位
外周阴离子部位
酰基结合口袋
氧阴离子洞
催化三联体

彩图6(正文图6.10)　与有机磷和氨基甲酸酯类药剂不敏感有关的突变位点

在电鳐 AChE 上的分布（Lee et al.，2015）

注：重点显示活性位点谷部分(灰色箭头所指为谷的入口)。插入的小图显示 AChE 的整体球形分子结构，虚线圆圈内为活性位点谷。突变位点氨基酸的侧链显示为红色，并根据电鳐的氨基酸序列编号。每个突变位点旁边的斜体字母为已经报道的具有该突变的节肢动物学名的缩写。Ag，棉蚜 Aphis gossypii；Aea，埃及伊蚊 Aedes aegypti；Ang，冈比亚按蚊 Anopheles gambiae；Bd，橘小实蝇 Bactrocera dorsalis；Bo，橄榄实蝇 Bactrocera oleae；Cp，苹果蠹蛾 Cydia pomonella；Cs，二化螟 Chilo suppressalis；Cxt，三带喙库蚊 Cx. tritaeniorhynchus；Cxp，尖音库蚊 Culex pipiens；Dm，黑腹果蝇 Drosophila melanogaster；Lc，铜绿蝇 Lucilia cuprina；Ld，马铃薯甲虫 Leptinotarsa decemlineata；Md，家蝇 Musca domestica；Mp，桃蚜 Myzus persicae；Ng，褐飞虱 Nilaparvata lugens；Px，小菜蛾 Plutella xylostella；Tu，二斑叶螨 Tetranychus urticae。

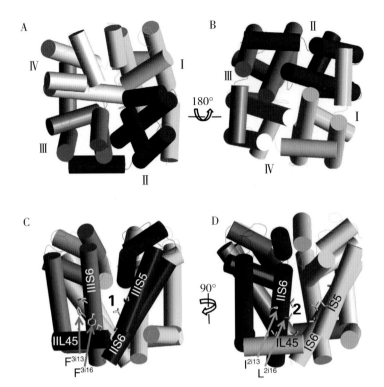

彩图7(正文图6.12)　埃及伊蚊钠离子通道上拟除虫菊酯类药剂结合位点模型图(Dong et al.，2014)

注：Ⅰ、Ⅱ、Ⅲ和Ⅳ4个跨膜结构域分别表示为黄色、红色、绿色和灰色。A为由胞外向内观，4个跨膜结构域按顺时针排列；B为由胞内向外观，4个结构域按逆时针排列；C和D为侧面观。C显示菊酯类药剂结合位点1(位于结构域Ⅱ和Ⅲ的内表面)，D显示结合位点2(位于结构域Ⅰ和Ⅱ的内表面)。结合位点中的箭头所指棍状结构为感知拟除虫菊酯类药剂的氨基酸残基。

"大国三农"系列规划教材

北京市高等教育精品教材立项项目

昆虫毒理学

Insect Toxicology

高希武　梁　沛　等◎编著

中国农业大学出版社
China Agricultural University Press
·北京·

内容简介

本书主要包括绪论、杀虫药剂的毒力评价、杀虫药剂侵入虫体的途径和杀虫药剂的穿透性、杀虫药剂的作用机制、杀虫药剂在昆虫体内的代谢、昆虫对杀虫药剂的抗性以及杀虫药剂的选择毒性等 7 章内容。作为昆虫毒理学的入门教科书,本书适用于具有一定昆虫学、农药学基础的本科生、硕士研究生和博士研究生。本教材的目的是呈现昆虫毒理学的经典内容,并没有刻意追求分子毒理学的内容,因此,本书也适合从事杀虫药剂相关研究的企业和农技推广部门参考。

图书在版编目(CIP)数据

昆虫毒理学 / 高希武等编著. --北京:中国农业大学出版社,2020.8
ISBN 978-7-5655-2413-4

Ⅰ.①昆…　Ⅱ.①高…　Ⅲ.①昆虫毒理学-高等学校-教材　Ⅳ.①Q965.9

中国版本图书馆 CIP 数据核字(2020)第 150499 号

书　　名	昆虫毒理学
作　　者	高希武　梁　沛　等　编著

策划编辑	王笃利　梁爱荣	责任编辑	杜　琴　郑万萍
封面设计	李尘工作室		
出版发行	中国农业大学出版社		
社　　址	北京市海淀区圆明园西路 2 号	邮政编码	100193
电　　话	发行部 010-62818525,8625	读者服务部	010-62732336
	编辑部 010-62732617,2618	出　版　部	010-62733440
网　　址	http://www.caupress.cn	E-mail	cbsszs @ cau.edu.cn
经　　销	新华书店		
印　　刷	北京时代华都印刷有限公司		
版　　次	2022 年 4 月第 1 版　2022 年 4 月第 1 次印刷		
规　　格	185 mm×260 mm　16 开本　16.25 印张　400 千字　彩插 2		
定　　价	49.00 元		

图书如有质量问题本社发行部负责调换

编著人员

主要编著者　高希武　梁　沛
其他编著者　（按姓氏拼音排列）
　　　　　　　谷少华　张　雷　朱　斌

前　言

在本书出版之际，我想简单地回顾一下这门课程的历史。"昆虫毒理学"是 20 世纪 80 年代中期，恩师郑炳宗教授为当时北京农业大学（现中国农业大学）的植保系和应用化学系本科生开设的一门课，当时，我负责实验课。到了 20 世纪 90 年代初，郑先生讲授绪论、杀虫药剂穿透与运转、毒理机制 3 章，我负责讲授杀虫药剂在生物体内的代谢、抗药性和选择毒性 3 章以及实验课，生物测定结合到实验课中讲授。到 20 世纪 90 年代中期，郑先生年事已高，我接替郑先生讲授这门课以及实验课。2000 年梁沛老师留校任教，负责实验课以及部分章节的讲授。梁沛老师晋升副教授后逐步把该课程接续下来。在 20 世纪 90 年代后期，随着教学的改革，本科生和硕士研究生课程要有区分和延续，当时，本科生的"昆虫毒理学"课程叫"昆虫毒理学导论"，硕士研究生的叫"昆虫毒理学"。到了 2000 年前后，博士研究生的"昆虫毒理学"课程叫"高级昆虫毒理学"。

这门课在开设初期并没有现成的教学体系可参照，当时设置的 6 章主体框架，现在看来还是适合本科生教学需要的。该教材的目的是让学生对昆虫毒理学有一个较为系统的认识，并不是追求"高深"的分子生物学。这门课程的整体设想是本科生课程相当于昆虫毒理学的导论，研究生开设"昆虫分子毒理学"，故面对研究生，应该编写配套的和这本教材衔接的系列《昆虫毒理学》教材。

谨以本书纪念恩师郑炳宗教授！

高希武

2019 年 1 月于北京

目 录

第1章 绪 论

1.1 昆虫毒理学的范畴

毒理学(toxicology)是药理学(pharmacology)的一个古老分支,传统概念认为其是有关影响人类生命的毒物的科学,因而也是医学科学的一个分支。DuBois 和 Geiling(1959)给出的毒理学的定义是:毒理学是医学科学的一个分支,它研究毒物的性质、特性、作用及其测定方法,因此它是毒物的科学(science of poisons)。其研究内容包括:毒物的代谢和排泄、毒物的作用和毒物的处理以及系统的化学和物理的分析和诊断。简单来说,毒理学是从生物医学角度研究化学物质对生物机体的损害作用及其机制的科学。

人类使用和接触到的化学物质总数已经超过 500 万种,日常使用的也不下六七万种,包括大量工农业生产过程中所使用和生产的种类繁多的化学物质,如各种食品添加剂、化妆品、可产生依赖性的物品、军事毒剂等。那么哪些是有毒的? 哪些是无毒的?

事实上,很难定义什么是"毒物"。因为一般认为无毒的物质如食盐,以极高的剂量处理昆虫时,也会造成昆虫生理上的损害,甚至使其有生命危险。同一物质同一剂量处理时在某些条件下有毒,在另一些条件下可能无毒。例如,DDT 在低温时对蜚蠊可引起昏迷死亡;但在高温时(35℃)几乎没有中毒征象。同一物质对某种动物有毒,而对另一种低毒或无毒。例如,氰戊菊酯、溴氰菊酯对大多数害虫高毒,而对植食螨毒性很低。马拉硫磷对许多害虫高毒,而对高等动物毒性很低。有些物质施用时,对某种动物无毒,但较长期使用后,就有可能产生毒效。所以,判断一种物质是不是有毒的,一般根据其对某一标准动物(大鼠、小鼠)的毒性大小来判断。根据引起中毒征象的剂量水平,可将有毒物质分为剧毒、高毒、中等毒性、低毒和微毒。

在一定条件下,以较小剂量进入机体,就能与机体组织发生化学或物理化学作用,干扰正常的生化过程或生理功能,引起暂时性或永久性的病理改变,甚至危及生命的化学物质称为毒物(toxicant poison)。在人类生活环境中存在的这类物质,称为环境有害物质。

随着人类使用和接触到的环境有害物质越来越多,毒理学有了极大的发展,产生了很多分支学科。如按照研究对象,毒理学可分为:药物毒理学、工业毒理学、环境毒理学、成瘾毒物毒理学、食品毒理学、军事毒物毒理学等。按毒物作用于机体的性质,毒理学可分为:生化毒理学、遗传毒理学、生殖与发育毒理学、免疫毒理学、行为毒理学、分子毒理学等。

昆虫毒理学(insect toxicology)是随应用杀虫药剂(简称药剂或杀虫剂)防治害虫而兴起的一门科学。人们早就知道利用砷制剂、油类(包括植物油、矿物油等)和硫黄等能杀死害虫,但是研究这些毒物如何杀死昆虫却是一门比较年轻的科学。我国昆虫毒理学研究的奠基人

之一,郑宗炳教授给出的定义是:昆虫毒理学是研究杀虫药剂杀死昆虫的机制以及昆虫对杀虫药剂的反应的一门学科,其研究内容还包括环境及昆虫生理状态等因素对杀虫药剂毒杀作用的影响,以及杀虫药剂在杀死昆虫时,对环境及整个生态系统的影响(张宗炳,1958)。

杀虫药剂都是化学物质,因此,其对昆虫的毒杀作用主要都是化学作用,即杀虫药剂与昆虫体内相关酶系、受体蛋白或其他靶标分子的化学反应。这些反应再引起生理功能异常,造成昆虫死亡,如神经传导的阻断、呼吸的抑制等。昆虫对杀虫药剂的反应,也是昆虫相关酶系或靶标分子等对杀虫药剂的生化反应,包括解毒、活化等代谢以及靶标与药剂结合能力下降等。因此,也可以说昆虫毒理学是一门杀虫药剂的生物化学和生理学。

虽然杀虫药剂的应用很早已经开始,但真正的昆虫毒理学是在20世纪40年代以后才开始的,也就是自DDT、六六六等有机合成的杀虫药剂大量推广应用,以及随后的有机磷杀虫药剂出现之后,才引起人们的注意的,也就是这时,才开始研究这些杀虫药剂杀死昆虫的机理。自20世纪60年代后期开始,几乎每种杀虫药剂出现就有其毒理机制的研究,并且发展迅速。

还必须提到杀虫药剂毒理学(toxicology of insecticides)。与昆虫毒理学比较,杀虫药剂毒理学涉及的范围更广,它不仅研究杀虫药剂对昆虫的影响,还研究杀虫药剂对家禽、家畜、野生动物和环境的影响,杀虫药剂在整个生态系统中的分布,以及其在生态系统中转移、代谢、积累等变化对人畜和野生动物(自然种群)的影响。

杀虫药剂环境毒理学(environmental toxicology of insecticides)是杀虫药剂毒理学的一部分,主要研究杀虫药剂在整个生态体系中的分布,以及其在生态系统中转移、积累等变化对人畜和野生动物(自然种群)的影响。

赵善欢教授1961年提出了杀虫药剂田间毒理学(field toxicology of insecticides)的概念,其内涵比杀虫药剂环境毒理学范围更广泛。主要在杀虫药剂、环境条件及害虫三者相互联系、相互制约的基础上,研究害虫的个体及群体在田间情况下,对药剂的反应、害虫中毒及死亡规律等。例如,昆虫在田间环境条件下产生抗药性,害虫、益虫种群和药剂的关系,田间环境对药剂的影响等。杀虫药剂田间毒理学是以生态学为基础研究杀虫药剂毒理学的,并不排除实验室的研究,但要与田间环境联系起来。杀虫药剂田间毒理学与环境毒理学虽然密切相关,但两者的研究对象和内容有所不同,前者的研究重点放在田间毒理学多种因素的探讨及如何根据生态条件指导杀虫药剂的科学使用,以充分发挥药剂的作用,使化学防治适合害虫综合防治(IPM)的要求(赵善欢,1961,1989)。

1.2 本书内容简介

本书主要包括以下7章内容。

第1章是绪论。首先介绍毒理学及昆虫毒理学的定义和研究范围;简单介绍昆虫毒理学的内容,说明研究昆虫毒理学的目的和要求;最后介绍从昆虫毒理学角度对杀虫药剂进行分类的方法。

第2章介绍杀虫药剂的毒力评价。主要包括生物测定的概念及毒力表示方法、生物测定的原理和主要测定方法、概率值分析的原理、毒力回归线斜率的生物学意义及其应用。

第 3 章主要介绍杀虫药剂侵入虫体的途径和杀虫药剂的穿透性。主要包括杀虫药剂侵入虫体的途径、杀虫药剂对昆虫表皮的穿透、杀虫药剂对昆虫消化道的穿透以及杀虫药剂在昆虫体内的运转和分布。

第 4 章介绍不同类型杀虫药剂对靶标害虫的作用机制。①神经毒剂,首先介绍神经系统与毒理有关的结构、生理等,然后根据作用靶标的不同,分别介绍不同杀虫药剂的作用机制,包括作用于钠离子通道、氯离子通道、乙酰胆碱酯酶、乙酰胆碱受体及章鱼胺受体等的杀虫药剂。②呼吸生理与呼吸毒剂,主要介绍作用于内呼吸过程,阻断能量物质代谢的杀虫药剂的作用机制,包括作用于糖酵解、三羧酸循环、电子传递链及氧化磷酸化等过程的杀虫药剂。③昆虫生长调节剂,包括保幼激素类似物、蜕皮激素类似物和早熟素等的作用机制。④肌肉毒剂,主要介绍作用于肌肉细胞钙离子通道的杀虫药剂的作用机制。⑤Bt 毒素的作用机制。

第 5 章主要介绍杀虫药剂在昆虫体内的代谢。杀虫药剂进入昆虫体内会对昆虫机体造成损伤,同时,药剂分子本身也可在昆虫体内相关酶系的作用下发生改变,即昆虫对杀虫药剂的防御反应。这种作用常使杀虫药剂被解毒代谢掉,从而降低或失去毒效。但也有些药剂经代谢后,其代谢产物的毒力反而增加,称为活化或增毒代谢。杀虫药剂在昆虫体内的代谢主要通过以氧化、水解、还原为主的初级代谢和以共轭作用为主的次级代谢,最终转化为水溶性物质而排出体外。

第 6 章主要介绍昆虫对杀虫药剂的抗性。由于杀虫药剂的长期胁迫和选择作用,昆虫对杀虫药剂产生抗性,导致防治效果下降。主要包括行为抗性和生理抗性。生理抗性包括由于杀虫药剂不能或不易穿透进入体内引起的穿透抗性,由于昆虫体内主要解毒酶系过量表达导致其对杀虫药剂代谢能力增强引起的代谢抗性,以及由于药剂靶标部位发生基因突变从而与杀虫药剂结合能力下降引起的靶标抗性 3 个方面。我们将首先介绍昆虫抗药性发展的概况、昆虫抗药性形成的学说及其影响因素,然后介绍抗药性的主要机制,最后介绍害虫抗药性的监测及抗性治理策略。

第 7 章主要介绍杀虫药剂的选择毒性。杀虫药剂不仅对昆虫有毒,部分种类对人畜也有毒性。我们希望所使用的杀虫药剂对害虫高效而对人畜无毒或低毒。同时,也应注意研究和利用杀虫药剂对害虫和益虫毒性的差异,以便在控制害虫的同时保护天敌。对杀虫药剂的选择毒性有穿透性问题,有在非作用部位的结合与保护问题,也有排泄、代谢及作用部位的选择性问题等。

1.3 研究昆虫毒理学的目的和要求

农药是保障农业生产不可或缺的重要生产资料。在我国农业有害生物综合治理中,70%～80%有害生物的控制依赖于农药的使用。据联合国粮食及农业组织(FAO)统计,植物保护挽回的经济损失占 1/3 左右。在可预见的未来,我国农业生产中许多害虫的控制仍将以化学防治为主,特别是一些容易爆发成灾的害虫。但杀虫药剂的不合理使用,包括对单一药剂品种的长期依赖和过量、频繁施用等,导致害虫抗药性频发,抗性水平递增,药剂防治效果下降,害虫发生加剧(高希武,2010)。如 2005—2008 年我国南方稻区褐飞虱连续爆发,造成巨大的经济损失,其重要原因之一就是长期依赖吡虫啉防治褐飞虱,导致其产生了高水平抗

性(高希武等,2006)。许多新型高效杀虫药剂(如氯虫苯甲酰胺、氟啶虫胺腈等)推广使用不久,害虫即产生高水平抗性。为保证防治效果就只能继续增加农药用量,形成恶性循环,进而引起农药残留超标、食品安全、环境安全等一系列问题。

害虫抗药性是一个普遍现象,目前,科学上尚无法阻止抗药性的产生。但可以通过研究,明确不同类型杀虫药剂的作用方式、作用机制,以及害虫对杀虫药剂的代谢途径、产生抗性的机制等,制订害虫抗药性的预防性和治疗性治理策略。因此,研究昆虫毒理学的主要目的有如下 3 个方面:

(1)推动本学科及昆虫生理学等相关分支学科的发展。通过研究杀虫药剂对昆虫的作用方式和机制,我们可从蛋白质水平和分子水平了解,使用杀虫药剂将昆虫正常的生理生化过程变得不正常最终引起死亡的机制,推动本学科和昆虫生理学的发展。例如,新烟碱类药剂的问世进一步促进了人们对昆虫乙酰胆碱受体不同亚基结构与功能的认识,有机磷和氨基甲酸酯类杀虫药剂的发展促进了人们对乙酰胆碱酯酶以及胆碱激性突触传导生理、生化和分子功能的认识。

(2)促进杀虫药剂的科学使用。通过杀虫药剂代谢、选择毒性及害虫抗药性机制的研究,我们能更加科学、合理地使用杀虫药剂,促进化学防治在综合防治中起到更加理想的作用。在延长杀虫药剂的使用寿命,提高对靶标害虫防治效果的同时,减少其使用量和使用频率,可进一步保护人畜安全,减少对天敌和其他非靶标生物的伤害,保护生态环境。

(3)为合成新农药提供有用信息或理论依据。通过杀虫药剂作用机制及抗性机制的研究,我们可发现针对害虫的专一性分子靶标,明确靶标突变导致害虫产生高水平抗性的分子机制,从而为高选择性杀虫药剂的开发提供重要理论基础。

1.4 杀虫药剂的分类

关于杀虫药剂分类的方法很多,一般多根据其化学结构来分,如有机氯类、有机磷类、氨基甲酸酯类、拟除虫菊酯类、新烟碱类等,但根据作用机制来分类对学习昆虫毒理学更为合适。现参照 Matsumura(1985)*Toxicology of Insecticide* 中对杀虫药剂根据其毒理作用的分类进行了补充(表 1.1)。

表 1.1 杀虫药剂根据毒理作用的分类(修订自 Matsumura,1985)

类型	亚类型	作用靶标	实例
物理毒剂		体壁、气门气管	重矿物油、惰性粉
原生质毒剂			重金属(如汞)、酸
代谢抑制剂	呼吸毒剂	三羧酸循环	氟柠檬酸、砷制剂(亚砷酸盐)
		呼吸电子传递链	鱼藤酮、吡螨胺、哒螨灵、唑螨酯、唑虫酰胺;唑螨氰;氟蚁腙、灭螨醌、嘧螨酯;HCN,CO,H_2S,PH_3、二硝基酚类;丁醚脲、有机锡杀螨剂、克螨特、四氯杀螨砜
		氧化磷酸化	虫螨腈、吡螨胺、氟虫胺

续表 1.1

类型	亚类型	作用靶标	实例
代谢抑制剂	多功能氧化酶抑制剂	多功能氧化酶	增效醚(PBO)、增效磷(SV1)、芝麻素
	羧酸酯酶抑制剂	羧酸酯酶	脱叶磷(DEF)、磷酸三苯酯(TPP)
	谷胱甘肽 S-转移酶抑制剂	谷胱甘肽 S-转移酶	马来酸二乙酯(DEM)
	糖代谢抑制剂	糖酵解途径	锑化合物、砷酸盐、亚砷酸盐、氟乙酸钠
	单胺代谢抑制剂	单胺氧化酶	甲脒类:杀虫脒、单甲脒、双甲脒
	几丁质合成抑制剂	几丁质合成酶	苯甲酰基脲类:灭幼脲、氟虫脲、除虫脲、氟铃脲;灭蝇胺、乙螨唑
神经活性剂	抗胆碱酯酶剂	乙酰胆碱酯酶	有机磷类、氨基甲酸酯类
	作用于离子通道	钠离子通道	DDT、拟除虫菊酯类、茚虫威、氰氟虫腙
		氯离子通道	环戊二烯类、阿维菌素类、氟虫腈
	神经膜受体抑制剂/激动剂	乙酰胆碱受体	烟碱、沙蚕毒素类、新烟碱类、多杀菌素类
		章鱼胺受体	甲脒类:杀虫脒、单甲脒、双甲脒
激素类似物	昆虫激素类似物	蜕皮激素受体	蜕皮激素类似物:蒙 515、虫酰肼、甲氧虫酰肼、呋喃虫酰肼、等
		保幼激素受体	保幼激素类似物:吡丙醚、苯氧威、烯虫乙酯、烯虫酯
肌肉细胞离子通道激动剂	鱼尼丁受体激动剂	鱼尼丁受体	双酰胺类:氯虫苯甲酰胺、氟苯虫酰胺、四氯虫酰胺、溴氰虫酰胺
	瞬时受体电位(TRP)离子通道复合体激动剂	肌肉细胞中的 TRP 离子通道复合体	吡蚜酮
胃毒剂		中肠上皮纹缘细胞	Bt 杀虫蛋白类:Cry1Ac 等

◈ 参考文献

1. Dubois K P and Geiling E M K. Textbook of toxicology. Oxford Univ. Press,1959.
2. Matsumura F. Toxicology of Insecticides. 2 nd Eds. New York and London:Plenum Press,1985.
3. 高希武,彭丽年,梁帝允. 对 2005 年水稻褐飞虱大发生的思考. 植物保护,2006,32(2):23-25.
4. 高希武.我国害虫化学防治现状与发展策略.植物保护,2010,36(4):19-22.
5. 张宗炳.昆虫毒理学.北京:科学出版社,1958.
6. 赵善欢,陈文奎,张兴,等.杀虫药剂田间毒理研究的新进展//中国昆虫学会第二届药剂毒理学学术讨论会论文摘要汇编.1989:51-53.
8. 赵善欢.田间温度对杀虫药剂药效的影响.中国农业科学,1961,2(6):1-8.

第2章 杀虫药剂的毒力评价

2.1 生物测定的概念及毒力表示方法

生物测定(bioassay)是用于评价化合物(或其他有害因子,如射线)对生命有机体毒力(或副作用等)大小的一项技术,也称毒力测定。Finney(1952)给出的定义是指测定生物对任何刺激产生的效应,包括生物活体对来自物理、化学、生物、生理及心理等方面的刺激所产生的反应。杀虫药剂的生物测定是指利用昆虫或螨类对杀虫药剂的反应,鉴别某种药剂或化合物的生物活性,包括胃毒、触杀、熏蒸毒力等的测定,还包括拒食、驱避、引诱等活性测定。生物测定已成为研究杀虫药剂、靶标昆虫和反应强度三者关系的一项专门技术,广泛应用于开发农药新产品,改善和提高现有杀虫药剂的使用效果,筛选高毒农药替代品种及监测害虫抗药性发展等许多方面,是杀虫药剂开发、应用的重要基础。

杀虫药剂对靶标昆虫的毒力大小一般用致死中量(medium lethal dose,LD_{50})表示,即杀死供试昆虫种群一半个体所需的药剂的量,单位为 mg/kg、μg/g 或 μg/头。如果测试时不能确定每头昆虫所接受的药剂的量,仅是能够定量测试生物所处环境的药剂量,则用致死中浓度(medium lethal concentration,LC_{50})表示,例如,通过将供试昆虫在杀虫药剂溶液中浸渍测定其毒力。LC_{50} 的单位一般为 mg/L,采用熏蒸法时则为 g/m^3。类似的,致死中时间(medium lethal time,LT_{50})是指在固定的杀虫药剂剂量或浓度下,使受试昆虫种群一半个体死亡所需要的时间。有时为了观察药剂对测试生物的击倒作用,测定 DDT 或者部分拟除虫菊酯类杀虫药剂的击倒效应时,则用击倒中时(medium knockdown time,KT_{50})或击倒中量(medium knockdown dose,KD_{50})表示。对于蜚蠊的生物测定,有时候会观察其奔出效应作为指标,常用 FT_{50}(medium flushing-out time)或 FD_{50}/FC_{50}(medium flushing-out dose/concentration)表示。而有效中量(medium effective dose,ED_{50})或有效中浓度(medium effective concentration,EC_{50})则表示使受试生物的一半产生所期望的反应所需的剂量/浓度,如化学不育剂导致昆虫不育效应的测定,驱避剂对昆虫驱避效果的测定等。

2.2 生物测定

杀虫药剂生物测定在杀虫药剂活性筛选时,经常是采用比较大的剂量梯度和较少的剂量组数,有点类似于毒理测定的预试验,也有人称为初步毒力测定。要获得准确的毒力值经常是采用比较多的剂量组数和较小的浓度梯度。初步毒力测定的目的,主要是对合成的大量新化合物的杀虫活性进行初步筛选,或者评价新药剂对靶标害虫毒力的大致范围。一般通过测定 2～3 个差别较大的剂量下试虫的死亡率,找到能杀死供试种群 16％～84％个体的杀虫药剂的剂量范围,为精确毒力测定做准备。

精确毒力测定即常说的生物测定,指在特定条件下测定某种杀虫药剂对某种昆虫的毒力大小。一般在初步毒力测定的基础上,按等比系列设定 5～7 个药剂剂量(所引起的死亡率应为 20％～80％)和一个溶剂对照,每个剂量下处理一定数量的昆虫,处理后正常饲养,并间隔一定时间(如 24 h 或 48 h)后,记录每个剂量下的死亡率或其他生物学效应。如果对照组也有死亡,则根据 Abbott(1925)的公式计算校正死亡率:

$$校正死亡率 = \frac{X-Y}{1-Y} \times 100\%$$

式中,X 为处理组的死亡率,Y 为是对照组的死亡率。Y 应小于 20％,否则,说明非药剂因素引起的自然死亡率过高,对结果影响较大,实验必须重做。

通过查概率值转换表将校正死亡率转换为概率值,将剂量进行对数转换,以概率值为纵坐标,以剂量对数为横坐标作图,即得到剂量对数—概率值曲线(log dosage-probit line),简称 LD-P 线,也称毒力回归线。如果测定比较成功,则所有的点基本落在一条直线上。根据这条回归线即可计算出 LD_{50}。

需要注意的是,做生物测定(简称生测)时一般应设置 6～8 个剂量(浓度),这样即使个别剂量处理后死亡率为 0 或 100％的数据不能用,至少保证还有 5 组数据可用,这样得到的毒力回归曲线和据此计算得到的 LD_{50} 才可靠。另外,为保证结果的准确性,每次生物测定所用供试昆虫至少应在 240 头,这是最低限。当然,所用昆虫数量越多,得到的结果越准确。对于只测定 LD_{50} 的,理想的试虫数量应该是 300～500 头;如果要测定 LD_{90},则需要 600～1 000 头。这个对于室内饲养的昆虫问题不大,但田间采集的昆虫往往因为数量少,需要在室内繁殖 1～2 代等种群扩大后再进行生物测定。

另外,生物测定的目的不同,对不同剂量下死亡率的分布要求也不同。如果只是测定 LD_{50},不同剂量下的死亡率只要在 50％的上下都有分布即可(一般要求为 20％～80％);如果要测定 LD_{90},则至少有 1 个剂量引起的死亡率要大于 90％;如果要同时计算 LD_{50} 和 LD_{90},则至少有 1 个浓度引起的死亡率要低于 10％,其他剂量下的死亡率为 50％～95％(Robertson 等,2007)。

2.3　毒力测定方法

根据杀虫药剂进入虫体途径的不同,毒力测定方法可分为胃毒毒力测定、触杀毒力测定、熏蒸毒力测定、内吸毒力测定以及特殊作用方式(忌避、拒食)测定等。

2.3.1　点滴法

点滴法(topical application)也称微量点滴法,是将定量药液点滴于供试昆虫体表的特定

部位,使杀虫药剂穿透体壁进入体内引起昆虫中毒,以测定药剂触杀毒力的生物测定方法。1922年,Trevan J. W. 发明了用千分尺(螺旋测微器)改造的微量点滴器,通过转动千分尺的螺旋手柄推动固定在测砧上的微量注射器的内柱,从针尖排出定量的药液。目前,用得较多的是英国 Burkard 公司生产的微量点滴器(图 2.1),原理与 Trevan J. W. 发明的微量点滴器相同,但定量更准确,点滴量最小为 $0.1~\mu L$。也可将微量注射器装在美国 Hamilton 公司生产的 PB600-1 型分配器上,手动点滴,操作更方便(图 2.2)。

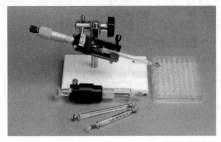
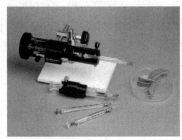

图 2.1 英国 Burkard 公司生产的微量点滴器

点滴法是测定杀虫药剂触杀毒力最常用的方法,也是联合国粮食及农业组织(FAO)推荐的鳞翅目幼虫抗药性测定的标准方法。

测定时,用丙酮等易挥发的有机溶剂溶解杀虫药剂原药(或原液)配成母液,再等比稀释成系列浓度,用微量点滴器将一定体积的药液点滴于昆虫体壁的适当部位(一般是前胸背板),以点滴相同体积有机溶剂的试虫为对照。将点滴完的试虫于正常条件下饲养一定时间(如24 h 或 48 h)后,观察并记录死亡情况,计算致死中量。

该方法的优点是精确度高,每头试虫受药量一致,还可避免胃毒作用干扰。操作时,要求所选试虫的性别、龄期、生理状态一致,点滴部位一致,试虫麻醉处理的方式和时间一致。

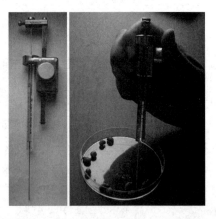

图 2.2 利用 PB600-1 型分配器组装的手动点滴器

2.3.2 注射法

将定量杀虫药剂药液注射进昆虫体内,以测定药剂毒力大小的生物测定方法称为注射法(injection method),也称微量注射法(micro-injection method)。因其药量控制精确,药剂可直达靶标部位,不受表皮或消化道穿透效率的影响,重复性好,是杀虫药剂毒力测定最准确、可靠的方法。微量注射法是于 1922 年由 Trevan J. W. 发明的,通过旋动千分尺(螺旋测微器)的手柄,推动微量注射器的内柱将定量药液注入试虫体内(参考点滴法)。该方法适用于大多数昆虫,对部分小型及微型昆虫因操作困难而不适用。

测定时,用昆虫生理盐水、水或丙酮将杀虫药剂原药(或原液)溶解配成母液,再等比稀释配制成系列浓度,用微量注射器将一定体积的药液从昆虫体壁的适当部位注射进体内,以注射相同体积溶剂的试虫为对照。将注射后的试虫于正常条件下饲养一定时间后,观察并记录死亡情况,计算致死中量。

注意事项:①操作时,要求所选试虫的龄期和生理状态一致。②选用适当型号针头,避免机械损伤过大。③试虫麻醉处理的方式和时间一致。④选择对药剂敏感的部分注射,如鳞翅目幼虫可选择腹足或头部与前胸的节间膜处注射,直翅目可在腹部腹面的节间膜或头部与前胸的节间膜处注射,家蝇应在头部与前胸的节间膜处向后注射。⑤注射的药剂量视虫体大小而定,一般家蝇为$0.2 \sim 0.5~\mu L$,美洲蜚蠊为$1 \sim 5~\mu L$。⑥增加药量时以提高药液浓度为主,一般不增加注射体积。⑦注射时不可伤及神经或消化道,避免因机械损伤引起的死亡率过高而影响测定结果。

2.3.3　浸渍法

将供试昆虫直接浸蘸药液使其中毒,以测定杀虫药剂触杀毒力大小的生物测定方法称为浸渍法(dipping method)。用于测定杀虫药剂对多种昆虫或螨类触杀毒力的大小,包括有效化合物的筛选及商品化杀虫药剂的活性测定。浸渍法是联合国粮食及农业组织(FAO)推荐的蚜虫和螨类抗药性测定的标准方法。

将试虫浸入药液一定时间(一般为$5 \sim 10~s$)后,用吸水纸擦去虫体表的多余药液,转移到干净器皿中,于正常条件下饲养一定时间(如24或48 h)后,观察并记录死亡情况,计算致死中浓度。具体测试方法因昆虫种类而异:棉铃虫、黏虫等中、大型昆虫可直接浸入药液,或将试虫放入铜纱笼再浸药;蚜虫等小型昆虫可放入附有铜网底的指形管浸药;蚜虫、叶螨和介壳虫可连同寄主植物一起浸药;叶螨类也可用 FAO 推荐的玻片浸渍法(slide-dip method)。

该方法操作简单,不需要特殊仪器,适用范围广。但不够精确,不能计算每头试虫或每克虫体重所获得的药量。浸渍时,部分药液可能通过消化道或气管系统进入虫体,测定结果可能不是单纯的触杀毒力。

2.3.4　药膜法

将一定量的杀虫药剂施于物体表面,形成一层均匀的药膜,使试虫爬行接触药膜中毒致死,以测定杀虫药剂触杀毒力大小的生物测定方法称为药膜法(residual film)。该法也可用于测定杀虫药剂的残留药效。其应用范围广,适用于一切爬行和飞行昆虫。

用丙酮等易挥发的有机溶剂将杀虫药剂原药(或原液)溶解配成母液,再等比稀释配制成系列浓度,采用浸蘸、滴加、涂抹、喷洒等方法将药液按一定用量施于物体表面,等溶剂挥发后形成均匀药膜,使昆虫与药膜接触而中毒。以相同用量的溶剂处理为对照。处理一定时间后取出置于正常条件下饲养,定期观察并记录死亡情况,计算致死中量,用单位面积上的药剂的量表示。也可计算不同剂量下的击倒中时。

根据被处理物体表面的不同可分为 3 类:①滤纸药膜法。将配制好的药液定量滴加于滤纸上,或将滤纸浸于药液中等完全润湿后取出,待溶剂完全挥发后在滤纸表面形成均匀药膜。②玻璃药膜法。也称容器药膜法。于洁净的三角瓶、广口瓶、血清瓶等玻璃器皿中加入定量药液,均匀滚动容器,使药液在容器内壁形成均匀药膜。③蜡纸药膜法。也称蜡纸粉膜法。将定量药粉倒在蜡纸中央,在一定范围内形成均匀粉膜。主要用于农药粉剂制膜。

对于小菜蛾等鳞翅目幼虫，常采用叶片残留药膜法。即将其寄主植物的叶片于药液中浸蘸、晾干后饲喂试虫，从而测定杀虫药剂毒力。由于试虫在叶片上活动的同时也取食叶片，因此，叶片残留药膜法测定的是触杀和胃毒作用的联合毒力。

药膜法测定的结果受试虫活动能力影响较大。活动能力越强，接触药剂的机会就越多，药效就越高。而活动能力差或不活动的试虫，药膜对其基本不起作用。环境中光照对试虫活动影响较大，因此，测试同种昆虫时，应保证光照条件一致。

2.3.5 精确喷雾

将杀虫药剂药液按所需用量精确、均匀喷施到试虫体表以测定杀虫药剂触杀毒力大小的生物测定方法称为精确喷雾（precision spraying）。1941 年英国洛桑实验站（Rothamsted Experimental Station）的 Potter C. 发明了 Potter 精确喷雾塔（Potter spray tower，由英国 Burkard 公司生产，图 2.3），其喷头主要通过高压气流使药液雾化，喷出的雾滴大小一致，散布均匀，喷雾压力为 $0\sim2.0$ kg/cm^2，在生物测定中应用广泛。此法测定结果接近田间实际效果，常见昆虫均可采用该方法处理。也可用于残留喷雾，在物体表面形成药膜。

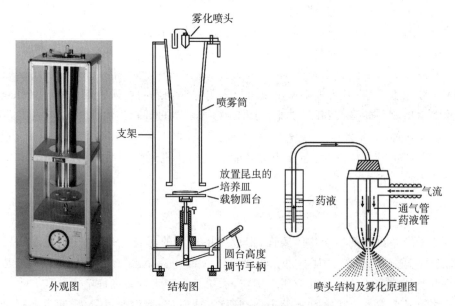

图 2.3 Potter 精确喷雾塔

测定时，用丙酮等有机溶剂将杀虫药剂原药（或原液）溶解配成母液，再用 0.01% 的 Triton X-100 水溶液等比稀释配制成系列浓度，利用 Potter 喷雾塔将定量的药液均匀喷施于置于喷雾塔下端载物台上的试虫体表，使昆虫与药液接触而中毒。以 0.01% 的 Triton X-100 水溶液喷雾处理的试虫为对照。喷雾处理的试虫置于正常条件下饲养，定期观察并记录死亡情况，计算致死中浓度。

对于活动能力强的试虫可经过冷冻或麻醉后再喷雾，注意所有试虫冷冻处理的温度和时间须保持一致；麻醉处理时所用麻醉剂的剂量和处理时间一致。避免因冷冻或麻醉不当造成试虫死亡，影响生物测定结果。利用 Potter 喷雾塔喷雾时，在 $16\sim17$℃下，推荐气体压强为

26 664.5 Pa(20 cm 汞柱)，药液用量 5 mL，平均喷液量为 5.742 mg/cm²。载物台上最大可放直径 9 cm、高度小于 5 cm 的容器。

2.4　概率值分析

生物测定最终要得到的 LD₅₀，最初是利用作图法从剂量对数-概率值回归线(LD-P 线)计算得到的，后来利用概率值分析(probit analysis)对生测数据进行处理，除了可以获得更为准确、可靠的 LD₅₀ 值，还可计算得到卡方值(χ^2，用于评价观测值和期望值是否相符)，LD₅₀ 值的 95% 置信限(fiducial limit)及 LD-P 线的斜率(slope)。这些是生物测定正式发表时所必需的参数。

在学习概率值分析之前，需要先了解什么是概率值。概率值就是概率的单位，其实质就是呈正态分布(也称常态分布)的概率的平均数加减标准差(SD)所得的数值范围，投射在肩线常态等差点上的各个常态等差(normal equivalent deviation，NED)，就代表不同的死亡率，这样就可以把死亡率的累计曲线用常态等差来计算，从而化成直线。

$$\text{NED} = \frac{x - \bar{x}}{\text{SD}}$$

如图 2.4 所示，常态等差从 −4 到 4，有正有负，在原来没有计算机只能用计算器计算时很不方便，于是 Bliss(1934)提出给每个常态等差加上 5 使其转化为正值，并把得到的值称为概率值。经过转化后 1%～99.9% 的每个死亡率都对应有一个概率值，如死亡率 16%、50% 和 84% 的概率值分别是 4,5,6。

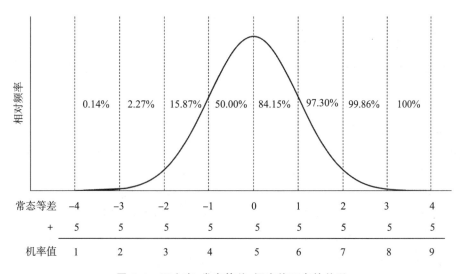

图 2.4　死亡率、常态等差、概率值三者的关系

将剂量(浓度)和死亡率作图，得到的是一个典型的非对称 S 形曲线(图 2.5)。这主要是因为昆虫对杀虫药剂的反应不是随药剂剂量增加的比例而成比例地增加，而是剂量以几何级数增加，效应则以算术级数增加，累积死亡率呈偏常态分布。如果将剂量(浓度)取对数，则可

把原来几何级数增加转变为算术级数增加,于是偏常态分布就变成正态分布,其累积曲线就变成典型的对称 S 形曲线(图 2.6),但这 2 种曲线都不便于计算 LD_{50} 等参数。如果再将死亡率转换成概率值,就会得到一条直线,即 LD-P 线(图 2.7),就很容易计算相关参数了。

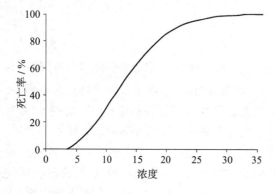

图 2.5　死亡率对浓度作图得到非对称 S 形曲线

图 2.6　死亡率对浓度对数作图得到对称 S 形曲线

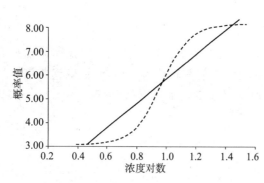

图 2.7　概率值对浓度对数作图得到一条直线

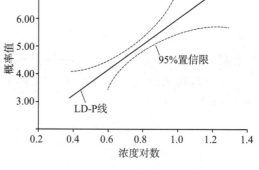

图 2.8　LD-P 线及其 95％置信限

这一思路最初由 Bliss(1939)提出,后来 Finney(1964)进行了发展,使得 LD_{50} 的计算可以借助计算器进行。现在主要利用计算机软件进行计算,非常方便,其算法都是基于 Finney(1971)提出的概率值分析法。用得较多的主要有 2 个软件:一个是综合性统计分析软件 SAS (statistical analysis systern)中的 Probit 分析模块;另一个是 Robertson 等(1980)开发的 POLO(probit or logit analysis)软件,是专门用于生物测定数据分析的小型软件,其具体使用可参考 Robertson 等(2007)编写的 *Bioassays with Arthropods*(second edition)。

为什么要用 LD_{50} 表示毒力大小,而不用 LD_{25} 或 LD_{95}? 首先,与其他剂量相比,LD_{50} 的 95％置信区间最窄,因此更可靠(图 2.8);其次,昆虫种群中不同个体对药剂的耐受能力不同,很少一部分非常敏感,很容易被杀死,还有一小部具有较强的抵抗力,而绝大多数个体则处于中间状态。即整个种群中不同个体对药剂耐受能力的频率基本呈正态分布。因此,对 LD_{50} 做出响应的昆虫数量最多,LD_{50} 最能代表整个种群对药剂的耐受能力,测定结果不易受取样的影响。LD_{25} 或 LD_{95} 则不然,其结果很容易受取样的影响,导致测定结果偏高或偏低。最后,如图 2.6 所示,浓度对数-死亡率曲线中 50％死亡率对应的部分最陡,浓度稍有变化即可引起死亡率的大幅度变化,即 LD_{50} 的灵敏度最高。因此,LD_{50} 最能代表药剂对昆虫种群的毒力大小。

2.5　毒力回归线的主要参数及其意义

通过概率值分析,主要获得的数据包括毒力回归线的斜率(slope)、致死中量(LD_{50})及其 95% 置信限,以及对毒力回归线卡方检验的结果(自由度及对应的卡方 χ^2 值和 P 值)。

LD_{50} 越小,说明杀死供试昆虫种群 50% 的个体所需要的药剂的量越少,即该药剂对所测试昆虫的毒力越大。LD_{50} 的 95% 置信限表明 LD_{50} 可靠范围的限度,从统计学角度讲,就是 100 次生物测定中有 95 次测定的 LD_{50} 是落在这个范围内的,也就是 LD_{50} 的最低可靠标准,当然也可以要求 99% 的可靠性。

毒力回归线的斜率,一般用斜率值±标准误($b\pm SE$)表示,代表所测试昆虫种群中不同个体对药剂敏感度的差异程度。毒力回归线越陡,即 b 值越大(如 $b>2$),说明种群中不同个体间对试验药剂的敏感度差异越小,即供试种群在遗传学上纯度越高。相反,毒力回归线越平坦,即 b 值越小(如 $b<1$),说明种群中个体间对药剂的敏感度差异越大,有的非常敏感,有的则非常耐药,即该种群在遗传学上杂合度越高。

在比较同一药剂对 2 个不同种群的毒力大小时,除了比较其 LD_{50} 的大小,还应看其 b 值的差异。如图 2.9 所示,同一种药剂对同种害虫的 A、B 两个种群的 LD_{50} 相同,但 A 种群毒力回归线的斜率显然大于 B 种群,说明 A 种群中不同个体对该药剂的敏感度差异较小,在田间防治时,只需较小的剂量(LD_{90}-A)即可杀死其 90% 的个体。而 B 种群中不同个体对药剂的敏感度差异较大,要达到同样的防治效果,则需要更高的剂量(LD_{90}-B)。

χ^2 值表示生测数据的离散程度。χ^2 值越小,说明生测数据与理论值之间的差异越小,即方程的拟合程度越好。P 值是对 χ^2 值的测验,应大于0.05,即差异不显著比较好。如果差异显著($P<0.05$),说明方程拟合得较差,即观测值与理论值之间的偏差较大。

另外,如果昆虫种群的纯合度比较高,不论是敏感种群还是抗性种群,其毒力回归线多为一条直线。如果是 1 个抗性杂合种群,其毒力回归线往往不是 1 条直线,由于一般的毒力测定只测定了 5 个剂量,这样本应在毒理回归线上出现的平台或拐点

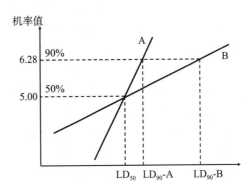

图 2.9　LD_{50} 相同而斜率不同的两条毒力回归线

往往会被遗漏。如果毒力测定时设置的剂量梯度比较多(如 8~10 个或更多),就会得到一条具有拐点和平台的毒力回归线。

如果抗性由显性基因控制,抗性纯合种群和敏感纯合种群杂交的 F_1 中全部为抗性个体;根据性状分离规律,F_2 中有 25% 为敏感个体,75% 为抗性个体。这样,其毒力回归线在死亡率为 25% 处会出现一个平台(图 2.10A)。相反,如果抗性由隐性基因控制,其 F_2 中有 75% 为敏感个体,25% 为抗性个体。相应地,其毒力回归线在死亡率 75% 处出现 1 个平台(图 2.10B)。

如果抗性基因是不完全显性,其 F_2 中有 25% 的敏感纯合子,25% 的抗性纯合子,还有 50% 为有一定抗性的杂合子。这样,其毒力回归曲线则会在 25% 和 75% 处分别出现 2 个平台(图 2.10C)。

在毒理学研究中,常常根据这一原理,通过杂交 F_2 LD-P 线的形状,来确定抗性单基因遗传还是多基因遗传,以及抗性基因的显隐性。但该方法不能判断抗性基因的连锁群及在染色体上的座位。另外,可以根据 F_1 与亲代回交后代的 LD-P 线来判断抗性基因的显隐性和数量,这将在第 6 章详细描述。

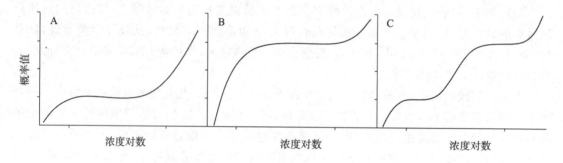

图 2.10　抗性和敏感种群杂交 F_2 生物测字的 LD-P 线

A. 抗性为单基因显性遗传;B. 抗性为单基因隐性遗传;C. 抗性为单基因不完全显性遗传

2.6　增效剂的增效作用及其测定

增效作用(synergism)是指一种有毒化合物与一种无毒化合物联合使用后,会使有毒化合物的毒性增强的现象。其中的无毒化合物称为增效剂。在昆虫毒理学研究中,尤其是害虫对杀虫药剂抗性的生化机制研究中,经常通过测定解毒酶的抑制剂对某种杀虫药剂的增效作用大小,来评价该解毒酶在害虫对该杀虫药剂抗性中的作用。

常用的增效剂主要有:细胞色素 P450 氧化酶的抑制剂增效醚(piperonyl butoxide,PBO)、增效菊和增效磷,羧酸酯酶的抑制剂脱叶磷(S,S,S-tributyl phosphorotrithioate,DEF)和磷酸三苯酯(triphenyl phosphate,TPP),以及谷胱甘肽 S-转移酶的抑制剂马来酸二乙酯(diethyl maleate,DEM)等。

测定增效剂的增效作用时,首先通过预实验,确定增效剂对供试昆虫无致死作用的最大剂量或最高浓度,然后再用该剂量(浓度)的增效剂和供试杀虫药剂共同处理试虫,进行生物测定。用点滴法或玻璃瓶药膜法等测定 LD_{50} 时,可先用增效剂量处理试虫 1~2 h 后,再用供试杀虫药剂处理,计算 LD_{50}。如果用浸虫法或叶片药膜法等测定 LC_{50},为简化操作,可以在配制的系列浓度的杀虫药剂溶液中分别加入增效剂,使不同浓度的药液中均含有相同浓度的增效剂。不能只在高浓度药液中加入增效剂后随药液一起等比例稀释,这样会使增效剂随药剂一起被稀释,测定出的增效作用往往会降低或无增效作用。另外,在做增效剂实验时,要同时用供试药剂单独做一个生物测定,即不加增效剂的生物测定。最后,计算药剂单独生物测定的 LD_{50} 与药剂+增效剂测定得到的 LD_{50} 比值,即增效比。根据增效比的大小,来判定所用增效剂对该药剂是否有增效作用。一般增效比越大,说明增效作用越显著。

$$增效比 = \frac{单独药剂的LD_{50}}{(药剂 + 增效剂)的LD_{50}}$$

2.7 LD$_{50}$值的比较

在昆虫毒理学研究中,经常要比较 2 个 LD$_{50}$是否存在显著差异,以比较 2 种药剂的相对毒力、同种药剂对不同种群的毒力以及计算抗性倍数等。经常见到的做法是比较 2 个 LD$_{50}$的 95％置信限:如果 2 个 LD$_{50}$的 95％置信限范围重叠,2 个 LD$_{50}$无显著差异;相反,如果其 95％置信限范围没有重叠,2 个 LD$_{50}$存在显著差异。这种做法虽然简单,易于操作,但由于其缺乏统计效能(statistical power),比较的结果缺乏说服力,并且灵敏度较低,很容易将有显著差异的 2 个 LD$_{50}$判定为无差异。Wheeler 等(2006)提出用致死剂量比值(lethal dose ratio)来比较从统计学上更合理,因为,该方法与 95％置信限比较法相比,具有更好的统计效能并能减少犯 I 型检验错误的风险。所谓致死剂量比值法就是首先计算 2 个 LD$_{50}$(或 LD$_{50}$或其他任意 LD)比值,再计算该比值的 95％置信限。如果 LD$_{50}$比值的 95％置信限包含 1,如 0.4~1.3,这 2 个 LD$_{50}$无显著差异;相反,如果其比值的 95％置信限不包含 1,如 0.3~0.8 或 3.0~5.0,这 2 个 LD$_{50}$存在显著差异。目前,国际上很多杂志都接受用致死剂量比值法比较 2 个 LD$_{50}$,如果还采用 95％置信限重叠判断法,会被要求用致死剂量比值法重新计算。致死剂量比值及其 95％置信限可用 PoloPlus 软件计算。具体方法参见软件说明书或 Robertson 等(2007)所介绍的使用方法。

2.8 联合毒力测定

生产上往往需要将 2 种或 2 种以上的有效成分按一定比例混合使用,以达到扩大杀虫谱、减少药剂用量、提高防治效果以及延缓害虫抗药性发展等目的。需要注意的是,作用机制不同的药剂才能混合使用,以避免混用后加速害虫抗药性的发展。严格来讲,仅仅作用机制不同还远远不够,应该是无交互抗性(最好具有负交互抗性)的 2 种药剂才能混用。

一般来说,2 种或 2 种以上药剂混用后对特定防治对象的作用可能产生 3 种结果:第一种是我们所期望的增效作用(synergism),即混用后的联合毒力明显大于各组分单独使用时的毒力总和。第二种是相加作用(addition),也称联合作用(joint action),即混用后的联合毒力与各组分药剂单独使用时的毒力总和相似,各组分间互不影响。第三种是我们不希望看到的拮抗作用(antagonism),即混用后的联合毒力明显小于各组分单独使用时的毒力总和。

2.8.1 联合毒力计算方法

对于多种药剂按一定比例混合使用后究竟表现出哪一种效果,可利用以下 3 种方法进行判断。

1. Sakai 公式法

假定有 2 种单剂 A 和 B 混用,分别测定 2 种单剂各自的毒力回归线,确定能引起供试对象 20% 的死亡率所需的剂量,然后测定所确定剂量下 2 个单剂单独使用时的实际死亡率(P_A 和 P_B),再根据下面的公式计算 A 和 B 混用后的理论死亡率。

$$理论死亡率 = [1-(1-P_A)(1-P_B)\cdots(1-P_N)] \times 100\%$$

再测定 2 种药剂混合后的实际死亡率。若混剂的实际死亡率与理论死亡率接近,为相加作用;若实际死亡率>理论死亡率,为增效作用;若实际死亡率<理论死亡率,为拮抗作用。这种比较只是原则性的表达,究竟实际死亡率要比理论死亡率大多少才是增效作用,小多少才是拮抗作用并没有说明。对此,姚湘江(1983)提出用协同毒力指数来判断。即

$$协同毒力指数 = \frac{实际死亡率-理论死亡率}{理论死亡率} \times 100\%$$

当协同毒力指数≥20%,为增效作用;当协同毒力指数≤-20%,为拮抗作用;在两者之间为相加作用。

例:测得单用辛硫磷 0.464 μg/g 和溴氰菊酯 0.021 2 μg/g 对菜青虫的死亡率分别为 18.3% 和 23.30%;辛硫磷 0.464 μg/g+溴氰菊酯 0.021 2 μg/g 联合处理的死亡率为 60.0%。按上述公式计算如下。

混合剂的理论死亡率 = $[1-(1-0.183)\times(1-0.233)]\times100\% = 37.3\%$

混合实际死亡率 60.0%>理论防效死亡率 37.3%,判定为增效。

协同毒力指数 = $(60\%-37.3\%)/37.3\%\times100\% = 60.9\% > 20\%$,同样判定为增效。

2. Finney 公式法

Finney(1964,1971)提出了以 LC_{50} 为基础的评价联合毒力的方法。先用下式计算混剂的理论 LC_{50}:

$$\frac{1}{混剂的理论LC_{50}} = \frac{A\ 药剂的百分含量}{A\ 药剂的LC_{50}} + \frac{B\ 药剂的百分含量}{B\ 药剂的LC_{50}} + \cdots$$

然后计算混剂的理论 LC_{50} 与实际测定的 LC_{50} 的比值,如果比值为 0.5~2.6,为相加作用;大于 2.6 为增效作用;小于 0.5 为拮抗作用。

例:将杀灭菊酯和杀虫脒按有效成分 1:10 混合,采用浸叶接虫法测得对棉铃虫的毒力 LC_{50} 为 26.7 μg/mL;单用杀灭菊酯和杀虫脒的毒力 LC_{50} 分别为 9.9 μg/mL 和 833.0 μg/mL。计算如下:

1/理论毒力 LC_{50} = $(1/11)/9.9+(10/11)/833.0 = 0.010\ 27$,

即理论毒力 LC_{50} = 97.36 μg/mL。

理论 LC_{50}/实际 LC_{50} = 97.36/26.7 = 3.65 > 2.6,判定为增效作用。

3. 孙云沛法

我们常说的孙云沛法(Yun-pei Sun)实际上是 Sun 和 Johnson(1960)提出的通过毒力指数(toxicity index,TI)计算混剂联合毒力的方法,即共毒系数法。具体步骤是:

①先测定混剂 M 及其各单剂(A 和 B)的 LD_{50}。

②以其中一个单剂为标准药剂,以 LD_{50} 计算各单剂的毒力指数。

③计算混剂的理论毒力指数(theoretical toxicity index,TTI)和实际毒力指数(actual toxicity index,ATI),最后计算共毒系数(co-toxicity coefficient,CTC)。各毒力指数的计算公式如下:

$$毒力指数\ TI = \frac{标准药剂的 LD_{50}}{供试药剂的 LD_{50}} \times 100$$

$$混剂\ M\ 的实际毒力指数\ ATI = \frac{标准药剂的 LD_{50}}{混剂\ M\ 的 LD_{50}} \times 100$$

$$混剂\ M\ 的理论毒力指数\ TTI = A\ 药剂的\ TI \times A\% + B\ 药剂的\ TI \times B\%$$

$$混剂\ M\ 的共毒系数\ CTC = \frac{ATI}{TTI} \times 100$$

判定标准:CTC 接近 100 为相加作用,明显大于 100 为增效作用,显著小于 100 为拮抗作用。但上述"接近""明显大于""明显小于"的具体尺度并未明确给出。国内学者多按下面的标准判定:CTC>120 为增效作用;CTC=80~120 为相加作用;CTC<80 为拮抗作用。但慕立义(1994)提出:CTC 大于等于 200 为增效作用,小于等于 50 为拮抗作用,在 50~200 为相加作用。

例:氰戊菊酯、氧乐果及氰戊菊酯和氧乐果混剂(1∶8)对棉蚜的 LD_{50} 分别为 2.238 5 μg/头、0.942 6 μg/头和 0.463 4 μg/头。以氧乐果为标准药剂分别计算得到氰戊菊酯和氧乐果的毒力指数 TI 分别为 42.11 和 100。

混剂的 ATI=0.942 6/0.463 4 ×100=203.41

混剂的 TTI=42.11 ×(1/9)+100 ×(8/9)=93.57

混剂的 CTC=203.41/93.57 ×100=217.39,因此为增效作用。

上述 3 种联合毒力计算方法均有较强的适用性,不仅适用于杀虫药剂,还适用于杀菌剂和除草剂的联合毒力测定。Sakai 法不用测定混剂的毒力回归线,节省工作量,但不能确切表达混剂毒力的增效倍数,因此,比较适用于大批量混剂配方的筛选。Finney 法和孙云沛法虽然需要测定混剂的毒力回归线,但能明确表达混剂毒力的增效倍数,适用于需要将测定结果定量表达的情况。

2.8.2 杀虫药剂混配最佳比例的确定

设两个单剂 a 和 b 的 LC_{50} 分别为 A 和 B,一般以 A 和 B 为起点,然后设定数个不同的混合比例,一般为 5~7 个。以 5 个混合比例为例,混剂中的两个单剂 a 和 b 的量分别:$(5/6\ A+1/6\ B)$、$(4/6\ A+2/6\ B)$、$(3/6\ A+3/6\ B)$、$(2/6\ A+4/6\ B)$ 和 $(1/6\ A+5/6\ B)$。然后再将每种比例的混剂等比例稀释为 5~7 个浓度,分别测定其 LC_{50},再根据上述联合毒力计算方法计算并分析其属于哪种联合作用,从而确定出最佳混配比例。

◆ 参考文献

1. Abbott W S. A method of computing the effectiveness of an insecticide. J Econ Entomol. 1925,18:

265-267.

2. Finney D J. Probit Analysis. Cambridge, England: Cambridge University Press, 1971.

3. Finney D J. Statistical Method in Biological Assay. London: Griffin, 1964.

4. Robertson J L, Russel R M, Preisler H K, et al. Pesticide Bioassays with Arthropods. Boca Raton: CRC, 2007.

5. Sun Y P, Johnson E R. Analysis of joint action of insecticides against house flies. J Econ Entomol. 1960, 53(5): 887-892.

6. Wheeler M W, Park R M, Bailey AJ. Comparing median lethal concentration values using confidence interval overlap or ratio tests. Environ Toxic Chem. 2006, 25: 1441-1444.

7. 慕立义. 植物化学保护研究方法. 北京: 中国农业出版社, 1994.

8. 姚湘江. 杀虫剂混配制剂药效的估价. 植物保护, 1983, 9(3): 32-37.

第3章 杀虫药剂侵入虫体的途径和杀虫药剂的穿透性

3.1 杀虫药剂侵入虫体的途径

杀虫药剂能否发挥其杀虫作用,取决于2个方面:首先,取决于它能否侵入虫体并有足够的量到达起作用的组织或部位;其次,取决于它到达作用部位后对害虫的毒力,也就是说对昆虫正常生理活动的抑制或破坏能力。杀虫药剂纵然对昆虫有很大的毒力,若不能顺利进入虫体并到达作用部位,仍然不能发挥它的杀虫效果。因此,正确使用杀虫药剂使它们易于侵入虫体,并且能尽快穿透相关组织到达其作用部位,就能充分发挥其对昆虫的毒杀作用。例如,天然除虫菊素作为触杀剂与体壁接触其毒性很强,与注射相差不多;但作为胃毒剂从口进入几乎不起杀虫作用,因为它很容易被消化液所破坏。又如,早期的无机杀虫药剂砷化物主要是胃毒剂,由口服进入才能发挥最大毒效,而很难从体壁进入。杀虫药剂进入虫体有3条途径:①由口进入,经过消化道进入虫体。如胃毒剂、内吸剂。②由体壁进入。主要是触杀剂。③由气门经气管进入。主要是气体形式的熏蒸剂及部分液体触杀剂和油剂。

一种杀虫药剂进入虫体的方式主要取决于其物理性质:①脂溶性差,且不易于挥发的极性物质,一般只能单独或者随食物一起从口进入。②在室温条件下容易气化的物质,即蒸气压较高的物质,可从气门或触角进入。表面张力低的物质亦可从气门气管进入(油剂等)。③具有脂溶性的物质易于从表皮穿透进入。即使从表皮穿透,其进入的部位也是不同的。例如,将马拉硫磷施于玻璃表面,使美洲大蠊 *Periplaneta americana* 在其上爬行,结果如表3.1所示。

表 3.1 马拉硫磷对美洲大蠊不同部位的穿透及在不同组织中的分布[A]

器官	马拉硫磷回收量 /(计数量/3 min)	器官重量 /mg	活性 /[计数量/(3 min·mg)]
气管系统	272[C]	3.8	71.5
表皮(除头部以外)	3 938	284.8	13.8
头和触角	947	53.2	17.8
足	11 700	383.1	41.4
肠和脂肪组织[B]	1 173	255.2	4.6

注:A. 将 40 mg ^{32}P-马拉硫磷均匀施于容积为 12 品脱(约 6 L)的电池缸内壁,将美洲大蠊放入 3 min 后解剖各组织器官,回收其中的 ^{32}P-马拉硫磷,穿透活性以每毫克组织 3 min 内回收的药剂的量表示。B. 尽可能收集,但不可能完全收集。C. 当气门用胶水封住,放射性降低 10%～30%(Matsumura,1959)。

从表 3.1 可以看出马拉硫磷从足穿透最多。虽然在气管系统中马拉硫磷的活性最高,在单位质量的组织中收集的马拉硫磷最多,但从整个器官组织吸收的总量来看,气管系统就不重要了,而以足最为重要。应该指出每种杀虫药剂都有其主要的穿透方式,有的以接触作用为主,有的以胃毒为主。

早期的有机氯、有机磷和氨基甲酸酯类的大多数杀虫药剂,对高等动物也表现出中等毒性甚至剧毒,但在很多情况下杀虫药剂对昆虫的毒性比高等动物高,其原因主要在于杀虫药剂对昆虫的体壁易于穿透,而对高等动物的皮肤不易透入。昆虫的表皮与高等动物的皮肤构造不同,进入的方式不同,因此毒性也不一样(表 3.2)。此外也应该注意,与哺乳动物相比,昆虫的体积小得多,因此,比表面积就大得多,接触的药量也就大得多。

表 3.2　几种杀虫药剂对美洲蜚蠊及哺乳动物点滴及注射急性毒力(Winteringham,1969)(LD$_{50}$,mg/kg)

杀虫药剂	美洲蜚蠊		哺乳动物	
	接触	注射	点滴	注射
DDT	10～30	5～18	大鼠 3 000	大鼠 40～50
乐果	2	1	大鼠 ＜150～1 150	大鼠 140
马拉硫磷	23.6	8.4	大鼠 ＞4 000	大鼠 50
E605	1.2	0.95	大鼠 11～21	大鼠 4～7
鱼藤酮	2 000	5～8	大鼠 —	大鼠 ＜6
除虫菊素	6.5	6.0	兔子 11 200	狗 ＜6～8

3.2　杀虫药剂对昆虫表皮的穿透性

我们首先复习一下昆虫表皮的构造及分布情况。无论杀虫药剂从哪一部分穿透虫体都必须通过昆虫的表皮,它不仅覆盖着虫体的外表,还凹陷形成消化道前、后肠及呼吸系统的气管,当然在一些结构上有所不同。

我们知道昆虫表皮分为 3 层,即上表皮(epicuticle)、外表皮(exocuticle)和内表皮(edocuticle)。外层的上表皮是最薄的一层,厚度一般在 1 μm 以下,最厚不超过 4 μm(如麻蝇幼虫)其厚度一般占整个体壁厚度的 5%,主要成分包括脂类、脂蛋白和蛋白,因此是脂溶性的。上表皮一般又分为 3 层,最外层是护蜡层(cement layer),含类脂、糅蛋白和蜡质,是疏水性的,主要功能是保护蜡层,防止水分蒸发等。中间层是蜡层,通常是 C$_{25}$～C$_{34}$ 的碳氢化合物的混合物,具有很强的疏水性,因此只有亲脂性的物质才能穿透。最里层是表面层(superficial layer),在多数昆虫中主要是糖原蛋白组成,具有抗无机酸和其他溶剂的特性。上表皮下面,分别是外表皮和内表皮,合称为原表皮(procuticle),厚度在 0.5～10 μm 之间,主要是几丁质和蛋白质的复合体,外表皮的蛋白质是糅化蛋白(图 3.1)。原表皮是亲水性的,物质需要有一定的水溶性才能穿透。

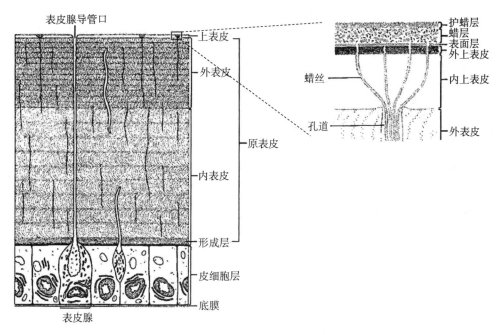

图 3.1　昆虫体壁的结构(彩万志等,2009)

3.2.1　表皮构造和杀虫药剂的性质对药剂穿透性的影响

杀虫药剂对昆虫体壁的穿透主要取决于昆虫的表皮构造、昆虫表皮对杀虫药剂的代谢以及杀虫药剂的性质 3 个方面。

3.2.1.1　表皮的构造对药剂穿透的影响

如前所述,昆虫表皮的构造复杂,不同结构的主要成分不同,因而对药剂穿透性的影响也不同。其影响主要包括以下 6 个方面。

1.昆虫表皮的附属物

昆虫表皮的附属物,如毛、刺等比较多的,可减少药剂与表皮接触的机会,从而减少药剂对体壁的穿透。如部分灯蛾科、毒蛾科和舟蛾科等的幼虫(图 3.2)。

图 3.2　毒蛾科、舟蛾科和灯蛾科幼虫

2.昆虫表皮分泌的蜡层

昆虫上表皮分泌的蜡层越厚(成板或片),药剂侵入越困难,如介壳虫、某些蚜虫。上表皮

中的蜡质和脂类虽然可以增加药剂的溶解性,但其含量过多会使上表皮具有贮存药剂的作用。原表皮中的总脂含量对药剂的穿透性也有影响,如草地螟原表皮中的总脂含量与其对药剂的敏感性成正比,即总脂含量越高,其对药剂越敏感;在家蝇中则相反,总脂含量越高,其对药剂越不敏感。

3. 昆虫表皮性质

从上表皮性质来看,水和强酸不能通过昆虫上表皮,而强碱能破坏昆虫上表皮,因此有一定的穿透性。

4. 昆虫外表皮骨化程序

昆虫外表皮的骨化程度越高,药剂穿透越困难,昆虫的抗药能力就越强。例如,鞘翅目、直翅目和鳞翅目的成虫,膜翅目的蛹等,药剂只能通过薄而柔软的节间膜才能侵入。老龄幼虫耐药性比低龄幼虫强,表皮厚度是造成该现象的主要原因之一。如小地老虎的幼虫比黏虫幼虫大 4 倍,其表皮也比黏虫厚 4.2 倍,因而,其对灭幼脲的耐药性也显著高于黏虫幼虫。

5. 昆虫表皮厚度和功能

昆虫表皮在身体各部分的厚度不同、功能不同,与其所联系的组织或器官(如神经、血淋巴)不同,因而,药剂的穿透性也不同。

一般头部和胸部的表皮比腹部容易透入,同时,头部是神经系统比较集中的地方,是许多神经毒剂的主要作用部位,因此,药剂处理头部容易杀死昆虫。昆虫身体上感觉器官分布较多的地方或毛的基部,表皮都较薄,因此,常常也是药剂比较容易穿透的部位。例如,头部的触角是各种感受器比较集中的部位,口器是味觉器官的主要部位,胸足跗节的中垫、爪垫也有感觉器官分布,因而,都是药剂容易穿透的部位。尤其是蝇类的爪垫上还有皮细胞导管的开口,并且腺体的分泌物对药剂有一定的溶解作用,可以加快药剂的进入。

许多昆虫翅的表皮是很薄的,所以药剂也容易透入。如果翅内有血液流通,昆虫更容易中毒死亡,例如,拟除虫菊酯类药剂对蜜蜂、胡蜂等膜翅类昆虫的毒性特别高,而对翅内没有血液流通的直翅目昆虫的毒力低得多。

气门是药剂容易穿透进入昆虫体内的一个重要部位。据 Sugiura 等(2008)报道,用拟除虫菊酯类药剂直接喷雾处理德国小蠊,其 KT_{50} 为 26.4 s;通过点滴处理其中胸气门时,KT_{50} 仅为喷雾处理时的 1/8;而点滴处理其中胸腹面时,KT_{50} 为喷雾处理的 2.6 倍。进一步将一侧的中胸气门堵塞后再喷雾处理,其 KT_{50} 为对照(不堵塞气门)的 1.8 倍。同时,直接喷雾处理后,通过中胸气管内壁进入虫体的杀虫药剂的量远远大于穿透中胸腹部体壁进入虫体的杀虫药剂的量。因此,作者认为喷雾处理后,拟除虫菊酯类药剂主要从中胸气门进入气管再穿透气管壁进入体内,引起对德国小蠊的击倒效应。

用对硫磷对二化螟幼虫测定的结果表明,对硫磷对表皮各部分的穿透性从易到难依次为:气门=腹足与胸足>节间膜>臀足>一般体壁表皮。同时气门有开闭结构,由神经控制,一些化学物质可以刺激神经从而打开或关闭气门。例如,空气中 CO_2 的含量达到 2% 时,害虫的所有气门都开启;增加至 5% 时,害虫的气管开始有通风作用(一些气门进行开闭活动);继续增加至 10%,则害虫的所有气门全部打开并且不再关闭。所以,熏蒸贮粮害虫时,可增加 CO_2 浓度开启害虫气门,使杀虫药剂更容易进入虫体。上述主要是针对熏蒸剂而言。

6.表皮穿透的动力学

杀虫药剂穿透昆虫表皮或哺乳动物皮肤的速率一般可以用 Fick 扩散定律予以说明。这种扩散属于一级反应,即任何时间的穿透速率与该时间在体表上杀虫药剂的量成正比:

$$\frac{\mathrm{d}c}{\mathrm{d}t}=Kc$$

式中:c 为体表上杀虫药剂的量,K 为穿透的速率常数。所以

$$c = c_0\,\mathrm{e}^{-Kt}$$

式中:c_0 为处理所用的杀虫药剂的量。以未穿透的量的对数与穿透时间作图,应该是一条直线,如 DDT 穿透蜚蠊表皮,但在其他情况下,常发现成双向型或更为复杂的型式,如六六六穿透美洲大蠊的表皮,或除虫菊酯穿透芥甲表皮(图 3.3)。

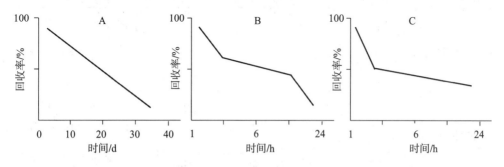

图 3.3　药剂对不同昆虫表皮穿透量与时间的关系
A.DDT 对石蜚蠊表皮的穿透;B.拟除虫菊酯对芥甲表皮的穿透;C.六六六对美洲大蠊表皮的穿透

这些情况的出现,有的是由于杀虫药剂进入虫体后被代谢的速度过快,在体内几乎无积累,由于浓度级差较少改变,穿透率不会很快下降。但在多数情况下,药剂开始穿透极快,然后到达一个平衡,成为双向型;有的开始阶段因被脂肪层吸收,之后才开始真正穿透体壁。

3.2.1.2　昆虫表皮对杀虫药剂的代谢

一般认为昆虫表皮对杀虫药剂无代谢能力,但也有报道认为可以代谢。如用 DDT 点滴处理蝗虫,发现 DDT 在表皮中可代谢为 DDE。用同位素标记的狄氏剂点滴法处理红头丽蝇 *Calliphora erythrocephala* 后,部分狄氏剂可在上表皮的蜡层中被代谢为艾氏剂,推测上表皮中可能存在环氧化物酶,而且 P450 的抑制剂增效菊(sesamex)不能抑制这种氧化酶的活性,说明其并非 P450 单加氧酶。但在沙漠蝗表皮中马拉硫磷可被氧化为马拉氧磷,表明其中存在多功能氧化酶。上述研究结果证明在昆虫表皮中至少存在 DDT 脱氯化氢酶、环氧化物酶和 P450 单加氧酶等代谢酶。这些酶在一定程度上可阻止杀虫药剂对昆虫表皮的穿透。

3.2.1.3　杀虫药剂的性质对穿透性的影响

上面谈的是表皮性质及构造对杀虫药剂穿透性的影响,但更重要的是药剂本身的性质对穿透的影响,主要包括以下 6 个方面。

1.杀虫药剂的脂溶性

绝大部分杀虫药剂都是脂溶性的,一般杀虫药剂的穿透性与脂溶性成正比,即脂溶性越大,穿透性越强,这是指穿透上表皮的情况。

2.杀虫药剂的穿透性

杀虫药剂的穿透性与其解离度或离子化程度成反比,解离度越大,穿透性越小。这对不具有脂溶性物质也一样。例如,一般情况下,硫酸烟碱的毒性不如烟碱,因为前者有一定离解度而后者则没有。用 0.03 mol/L 烟碱溶液在不同 pH 下点滴处理,其对淡色库蚊 *Culex pipicens* 幼虫的毒力见表 3.3。酸性越强,解离度越大,使 50% 的淡色库蚊幼虫昏迷所需的时间越长。这在一定程度上说明了药剂离解度与毒力的关系。但如果将烟碱与硫酸烟碱分别注射入蜚蠊体内,二者中毒速度相似。因为它们不通过表皮,所以表皮是防止药剂进入体内的一个很好阻隔物。

表 3.3　使 50% 的淡色库蚊幼虫昏迷所需的时间

化合物	pH	时间/s	结构
烟碱(非极性)	9.7	321	
硫酸烟碱(极性)	7.0	507	
	5.0	1 350	
	3.6	2 122	
	2.4	2 425	

3.杀虫药剂的区分系数

前面提到上表皮的脂溶性对杀虫药剂的穿透性有影响,但杀虫药剂的穿透性也不完全取决于上表皮的脂溶性。杀虫药剂在穿透上表皮之后,还需要通过具有亲水性的原表皮,因此,杀虫药剂的区分系数(partition coefficient,指药剂在正辛醇与水中分布量的比值)是真正的决定因素。因为,没有一定水溶性的药剂只能停留在上表皮,而不能穿透原表皮。一般区分系数越大,其脂溶性就越强,穿透能力就越强。总的说来药剂需要一个最佳的区分系数。

但也有例外。Olson 和 O'Brien(1963)用 4 种杀虫药剂处理美洲大蠊得出相反的结果,即穿透性与区分系数成反比例(表 3.4),极性高的乐果的穿透半时要比脂溶性高的 DDT 小得多。

表 3.4　杀虫药剂点滴处理美洲大蠊后药剂区分系数与穿透力

杀虫药剂	区分系数	穿透半时/min
DDT	316	1 584
狄氏剂	64	320
E605	4.06	55
乐果	0.34	27

杀虫药剂穿透表皮的机制目前有 2 种意见,大多数人认为药剂从表皮穿透,经皮细胞进入血腔,随血淋巴循环到达作用部位(如神经系统)。在这个过程中,可能有部分药剂由血液转移到气管系统,再由微气管进入神经系统。例如,将同位素标记的 DDT 点滴在家蝇足的腿

节,30 s 后在其颈部的血淋巴中可检测到该药剂。类似的,用同位素标记的马拉硫磷点滴家蝇胸部,仅 15 s 后在胸部的血淋巴中即可检测到该药剂。另一种意见是 Gerolt(1969,1970,1972)提出并经部分实验证实的,认为狄氏剂及一些其他化合物从表皮施药进入昆虫体内,完全是从侧面沿表皮蜡层扩散进入气管的,最后由微气管到达作用部位。这种方式称为横向运输,不需要血淋巴作为运输载体。但另外一些研究者利用除虫菊素Ⅰ和狄氏剂对美洲大蠊和家蝇的研究均没有发现这些药剂横向扩散通过气管系统到达靶标的证据。因此,是否存在药剂的横向运输这一机制仍无定论。

4.杀虫药剂的表面张力

杀虫药剂的表面张力与其穿透性有一定关系。一般表面张力越大,触杀毒性反而越小。这主要是由于表面张力大的杀虫药剂在表皮上不易展开,很容易滚落。实际上是减少了药剂与昆虫体壁接触的概率,很可能反映的不是真正的穿透能力。

5.杀虫药剂与昆虫表皮的亲和力

杀虫药剂与昆虫表皮的亲和力与杀虫药剂的穿透性也有关系。如 DDT 与几丁质有很强的亲和力。

6.杀虫药剂的分子结构

杀虫药剂的分子结构也与穿透性有关。如六六六的不同异构体,用接触滤纸法按 11 $\mu g/in^2$ (1 in＝2.54 cm)的剂量接触 7～12 h,对谷象表皮的穿透率各不相同,其中 γ-六六六最快(表 3.5)。

表 3.5　六六六不同异构体处理谷象后在体外和体内的回收量　　　　　　　　　　　μg

六六六异构体	α	β	γ	δ
蜡层外部	12	3	60	102
内部	4	4	43	8

综上所述,杀虫药剂对于昆虫表皮的穿透能力很难总结出一个统一的规律。一方面由于不同种类的昆虫其表皮结构及组成存在差异,另一方面由于不同药剂的理化性质不同,杀虫药剂和昆虫表皮之间的相互关系非常复杂。因此,只能笼统地谈一下脂溶性、区分系数和药剂解离度等的一般影响。

3.2.2　载体和溶剂对杀虫药剂穿透性的影响

1.不同溶剂对杀虫药剂穿透性的影响

绝大部分杀虫药剂的原药都是脂溶性的,因此,首先需要用相应的溶剂溶解后才能应用。不同溶剂对同一杀虫药剂的穿透性可能存在很大的影响。图 3.4 表示的是不同溶剂对 DDT 穿透舌蝇体壁能力的影响。舌蝇不能代谢 DDT,因此,从其体内回收的 DDT 的量就代表了 DDT 的穿透能力。从图 3.4 中可以看出,以二异丁基酮为溶剂时,随处理时间的延长,DDT 在舌蝇体内累积最快,以油酸甲酯为溶剂的最慢。DDT 在体内的累积量与舌蝇的死亡率有很好的相关性。值得注意的是应用最广泛的溶剂——丙酮的效果并不好。同样,除虫菊素Ⅰ和生物苄呋菊酯以正十二烷为溶剂比用丙酮为溶剂对家蝇的穿透能力更强。苄呋菊酯和胺

菊酯气雾剂中加入石蜡比加入辛酸异丙酯对德国小蠊具有更好的击倒效果(Sugiura et al.，2008)。从这些例子可以看出,不同溶剂对同一药剂的杀虫效果影响不同,同一溶剂对不同杀虫药剂的影响也不同。针对具体药剂选择最佳溶剂,可大幅度提高其杀虫效果。

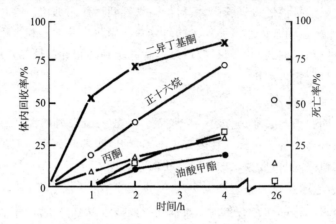

图3.4　不同溶剂对 DDT 穿透舌蝇体壁的影响(Yu,2015)

2.油对杀虫药剂穿透性的影响

将油加入杀虫药剂经常可增加药剂的毒性,例如,鱼藤酮很难从体壁进入虫体,如果加入油类(如煤油)就可加速其对表皮的渗透,大大增加其毒力。在某些情况下,油剂可以改变表皮的性质,增大药剂的穿透性。油是一个很好的非极性载体,它能起到3个方面的作用:①帮助药剂在昆虫表皮附着及展着;②溶解并破坏上表皮的蜡层,并携带药剂穿透;③破坏表皮内的蛋白质。

一般轻油比重油效果好。例如,沸点较低的轻油,如沸点 100~150℃ 的石油比沸点在 200~255℃ 的石油对蜚蠊表皮的穿透力高 4 倍。矿物油制成的乳剂容易由气门进入气管,产生堵塞作用,阻碍气体交换,导致害虫窒息而死,尤其是虫体小的红蜘蛛。用矿物油乳剂防治红蜘蛛等尚未发现抗药性。油类还可延缓昆虫的抗药性,这可能与加快药剂的穿透性有关。

20 世纪 80 年代,广东柑橘红蜘蛛对许多药剂产生抗性之后,广东农业科学研究院曾推广使用柴油乳剂进行防治,效果很好,同时,对介壳虫也有很好的防治效果。主要成分及比例为胶体硫∶水∶柴油∶洗衣粉=1∶2∶2∶0.02。

3.洗衣粉(中性)作为杀虫药剂使用

有人用 0.1% 洗衣粉防治蚜虫、红蜘蛛等花卉害虫。洗衣粉的主要成分是十二烷基苯磺酸钠,属于阴离子表面活性剂,不仅能破坏上表皮的蜡层,还能破坏内表皮层的蛋白质。洗衣粉既具有亲水性,又具有亲脂性,因此,在昆虫表皮的亲脂部分与亲水部分形成一座桥梁,从而加强了药剂的穿透性。一般较好的乳化剂或表面活性剂都具有亲脂性和亲水性 2 种基团,所以,能起到与洗衣粉类似的作用。

4.粉剂作为杀虫药剂使用

先前曾用灰、路土或煤烟灰来防治害虫,也有用活性炭、镁和钙的氧化物或碳酸盐、矿物矽、细铝粉等惰性粉的。其杀虫机制主要是利用机械摩擦,破坏昆虫上表皮的保护功能,使昆虫失水而死。

3.3　杀虫药剂对卵壳的穿透

卵壳的结构与昆虫表皮不同,卵壳分为外卵壳、内卵壳及卵黄膜。外卵壳由蛋白质及脂肪组成,这一层较厚,是一个整体;中间层是内卵壳,由蛋白质组成,这一层又分成许多小层。卵壳上有一个到几个卵孔,这是受精时精子进入的孔道。有些昆虫的卵壳上有许多气孔(例如 28 星瓢虫及玉米螟、马尾松毛虫等鳞翅目昆虫的卵),直径一般在 1 至几微米,主要用于胚胎发育过程中与周围进行气体交换。杀虫药剂可以由气孔进入卵内,特别是油剂。有些昆虫的卵壳是无孔的(如蝗虫、蚊子的卵),杀虫药剂只能由卵孔进入。很多情况下,卵孔有保护物覆盖,杀虫药剂不易进入。在卵壳的最内层为几丁质和蜡质层组成的卵黄膜,如果杀虫药剂由卵孔进入,仍可被卵黄膜所阻隔,不能产生毒效。此外,有的昆虫的卵壳外还有一些覆盖物,由雌虫分泌并附着鳞片,杀虫药剂更不容易与卵壳接触,无法起到杀卵作用。

杀卵剂的杀卵作用是多方面的,不完全取决于穿透卵壳,例如,石灰硫黄合剂能使一些卵壳变硬,在卵孵化时,幼虫不能钻出卵壳最终死亡;一些油剂覆盖在卵壳外面,阻止气体交换,使胚胎窒息而死等。真正能进入卵壳内的杀卵剂,能直接对胚胎起毒杀作用,导致胚胎死亡。这类杀卵剂的毒理机制又是多种多样的。例如,灭幼脲等几丁质合成抑制剂,可抑制胚胎发育过程中几丁质的合成,使幼虫体壁缺乏几丁质,不能孵化。

3.4　杀虫药剂对消化道的穿透

昆虫的消化道分为前肠、中肠和后肠 3 个部分。前肠和后肠发生于外胚层,由体壁向内凹陷而成,其构造和性质与体壁很相似,因此,一些能从体壁穿透的药剂也可以从这里穿透。消化道的主要机能在中肠中表现,它是由内胚层形成的,是消化道分泌消化液、分解食物及吸收营养物质的主要部位,和高等动物的胃、肠、大肠等一样,由细胞质膜保护。这种膜是典型的生物膜,是夹在两层蛋白质之间的磷脂双分子层(厚度 30~50 nm),膜质表面有细小的、充满水的孔洞,直径小于 4 nm 的水溶性化合物可以从这种孔进入到膜内,膜本身可容许亲脂性化合物简单扩散通过。一些亲水性的化合物不能靠扩散进入膜质,但它们可以靠质膜上镶嵌的蛋白质作为载体,由这些转运蛋白将其转移入膜内。例如,目前研究比较多的 ATP 结合盒转运蛋白(ATP-binding cassette transporter,ABC)。正常生理条件下,ABC 蛋白是细胞质膜上糖、氨基酸、磷脂和肽的转运蛋白,是哺乳动物细胞质膜上磷脂、亲脂性药物、胆固醇和其他小分子的转运蛋白。第一个被发现的真核细胞的 ABC 转运蛋白是多药抗性蛋白(multi-drug resistance protein,MRP),通常在肝癌患者的癌细胞中过量表达,可将抗癌药物转运出癌细胞,从而降低治疗效果。

Shah 和 Guthrie(1970,1971)及 Shah 等(1972)在离体情况下,将蜚蠊 *Blabenus* sp. 和烟草天蛾 *Manduca sexta* 中肠和小鼠的小肠扎成小囊,然后将有机氯、有机磷和氨基甲酸酯类

杀虫药剂放入囊内,再把小囊放在生理液或血浆内,80 min后小鼠小肠内0.1 μg ^{14}C标记的西维因有63%进入血浆中,其中大部分(82%)为未改变的西维因,余下大部分为1-萘酚(11%),还有极少量水溶性代谢物。留在肠道组织中的^{14}C西维因占12%。通过蜚蠊中肠进入血浆中的只有原来标记物的25%,有13%留在中肠组织中。烟草天蛾中肠产生的水溶性代谢物比例最高。总之,大部分放入囊内的西维因(62%,即肠组织加血浆中的含量)穿透小鼠小肠及烟草天蛾中肠,蜚蠊中肠中只有38%的西维因。如改用DDT及狄氏剂时,其穿透非常缓慢,并且大部分滞留在肠组织内。对于烟草天蛾而言,这些药剂进入血浆中及留在肠组织中的总和最高,说明这些药剂对烟草天蛾肠壁的穿透能力最强。

Conner(1974)做了同样的研究,在蜜蜂离体的前肠(蜜胃)囊内分别加入^{14}C标记的西维因、对硫磷及狄氏剂,结果为:开始药剂很快进入前肠组织中,进入的量的多少与区分系数成正比,即狄氏剂>对硫磷>西维因。但药剂穿透前肠组织进入血浆的总量并不与药剂的亲脂性成正比,其顺序是对硫磷>西维因>狄氏剂。这些结果表明对硫磷的理化性质促进其迅速穿透前肠,这和穿透表皮情况一样。西维因不易进入肠组织,狄氏剂则是在肠组织中保留较多,不易于从肠组织中出来。

杀虫药剂在被前肠迅速吸收后,穿透肠组织进入血浆的速率属于一级动力学。例如,乐果的直链二烷氧基化合物其穿透速率常数(K)与穿透半时($T_{0.5}$)的关系为

$$K = 0.693/T_{0.5}$$

上式由表皮穿透公式$c = c_0 e^{-Kt}$推导而来。在不同种的动物中,对肠壁组织的穿透动力学基本都遵循这个公式。

3.5 杀虫药剂在虫体中的分布

杀虫药剂穿过表皮或消化道之后进入血淋巴。一般杀虫药剂能够与血浆的蛋白质结合,并随血淋巴循环转运到虫体的各个组织。实际上杀虫药剂进入虫体后在主要作用部位分布的量由3个因素决定。

(1)穿透速率(rate of penetration)。即杀虫药剂穿透体壁或消化道进入昆虫血淋巴或组织的速率。穿透速率越大,单位时间内进入体内的杀虫药剂的量越多。

(2)生物转化速率(rate of biotransformation)。杀虫药剂进入昆虫体内后,在昆虫相关酶的作用下,发生氧化、水解、还原等反应,转化为代谢产物。这种生物转化产生的结果有2种:一种是代谢产物的杀虫活性比母体化合物更高,称为活化(activation),也称增毒代谢,如硫代磷酸酯类杀虫药剂在昆虫体内经P450氧化脱硫产生的氧化型有机磷杀虫药剂,其杀虫活性比硫代型的更高。另一种就是常规理解的解毒代谢,杀虫药剂经代谢后,其杀虫活性降低或丧失,转化为无毒化合物,经过进一步代谢,最终排出体外。

(3)排泄速率(rate of excretion)。即杀虫药剂或其代谢产物被排出体外的速率。

对于不需要发生增毒代谢的杀虫药剂,只要穿透速率大于生物转化速率,单位时间进入昆虫体内的药剂的量减去被代谢、排泄的量(图3.5A阴影部分)后,大于对昆虫致死所需的药量,即可引起昆虫中毒。对于需要经过活化才能发挥作用的药剂,则需要单位时间内进入昆

虫体内且被活化的药剂的量大于被代谢、排泄的量(图 3.5B 阴影部分),而且达到引起昆虫中毒的药量,才能发挥其杀虫活性。

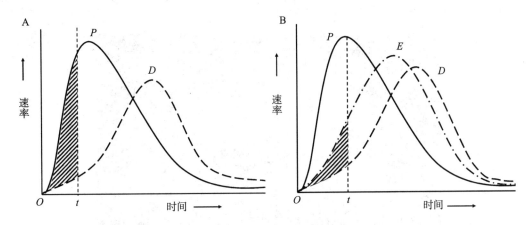

图 3.5　杀虫药剂进入昆虫体内的假想曲线(仿自 Sun,1968)

A. 不需要活化的杀虫药剂;B. 需要活化的杀虫药剂。P. 穿透速率;D. 降解速率;E. 活化速率

杀虫药剂从血淋巴到达作用部位(比如神经系统)才能发挥其毒效。Holey(1953)根据对蝗虫神经观察的结果,提出昆虫血淋巴与神经系统之间有一个血脑阻隔层,之后经很多人的研究,都认为昆虫具有很好的血脑阻隔层,在某些方面和脊椎动物类似。

O'Brien(1967)用 35 种神经毒剂对大鼠和 5 种昆虫进行比较之后指出,昆虫有一个保护神经系统的离子阻隔层,而哺乳动物没有。因此,如能控制溶液的 pH,减少杀虫药剂的电离度,则可以增加其对阻隔层的穿透,从而增加对昆虫的毒力。

胺吸磷在 pH 7.0 时大量离子化,导致它很难穿透昆虫血脑阻隔层,故对昆虫毒性很低。哺乳动物的外周神经为胆碱激性突触,具有乙酰胆碱酯酶,且无阻隔层,因此,对哺乳动物毒性很高。

昆虫的这个阻隔层到底在哪儿? 现在许多人认为是神经鞘(nerve sheath)。昆虫的神经鞘包括内外两层(图 3.6)。外层为神经围膜(neural lamella,NL),是由胶原蛋白和中性多糖等构成的非细胞组织(结缔组织),由内层的鞘细胞层(perineurium)分泌形成。整个神经围膜既具有柔软性又具有抵抗膨胀的性能。内层是由神经鞘胶质细胞(perineurial glia,PG)和亚神经鞘胶质细胞(subperineurial glia,SPG)构成的鞘细胞层,其细胞质中含有大量糖原、脂肪粒和线粒体,是中枢神经系统与周围血淋巴之间进行选择性物质交换的屏障,类似于脊椎动物的血脑屏障(blood-brain barrier,BBB)。昆虫的血液称为血淋巴(hemolymph),因此,也有人建议将昆虫的血脑屏障称为血淋巴脑屏障(hemolymph-brain barrier,HBB)。神经髓(neuropile)中的大型轴突及外周神经纤维的表面都包有神经鞘,而神经髓中的一般神经纤维无神经鞘。

脊椎动物的血脑屏障由血管内皮细胞及胶质细胞等多种细胞共同形成,血液位于血脑屏障内部。而昆虫的血脑屏障完全由胶质细胞形成,血淋巴位于血脑屏障外部,神经元被包围在血脑屏障以内。对黑腹果蝇的研究认为,神经鞘胶质细胞(PG)和亚神经鞘胶质细胞(SPG)是形成血脑屏障的主要组分。神经鞘胶质细胞参与营养成分的吸收并形成阻止血淋巴中的

成分扩散到神经系统的第一道屏障。亚神经鞘胶质细胞形成的折叠状间壁连接(septate junctions,SJ)阻止血淋巴中的物质通过细胞间隙扩散,形成第二道屏障。这2道屏障共同构成昆虫的血脑屏障,将神经系统与血淋巴隔离。

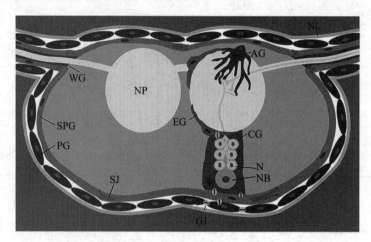

图3.6 果蝇腹神经索横截面结构示意图(Limmer et al.,2014)

注:神经系统外面包有神经围膜(NL),然后是神经鞘胶质细胞(PG)组成的胶质细胞层和亚神经鞘胶质细胞(SPG)形成的折叠状的间壁连接(SJ),可以阻止血液中的物质通过细胞间隙扩散。不同胶质细胞之间通过缝隙连接(gap junctions,GJ)相连。神经元(N)伸出神经纤维(neuropil,NP)。神经元细胞体和成神经细胞(neuroblasts,NB)被外层的皮质胶质细胞(cortex glia,CG)包裹,神经纤维被成鞘细胞(ensheathing glia,EG)覆盖。星形胶质细胞(astrocytes,AG)侵入神经纤维。在周围神经中,包裹胶质细胞(wrapping glia,WG)形成轴突鞘。

据 Bicker 等(2014)的综述,由于脊椎动物的血脑屏障的保护(阻隔)作用,几乎所有的大分子神经药物和98%以上的小分子化合物都无法穿过血脑屏障发挥其治疗作用而不能上市。昆虫的血脑屏障与脊椎动物的虽然结构不同,但是功能类似。目前,对于昆虫血脑屏障的毒理学功能仍然知之甚少,如昆虫的血脑屏障是如何阻隔杀虫药剂到达神经系统的?杀虫药剂又是如何穿透血脑屏障的?血脑屏障对进入神经系统的药剂或其代谢产物是否具有转运、排泄功能?等等,都有待进一步深入研究。

总的来说,杀虫药剂如何穿透昆虫体壁,并顺利分布到各个组织器官,尤其是在疏水和亲水两个生物相之间分布、代谢、保存,最后与靶标部位相互作用,是一个复杂的过程,受到多种因素的影响。杀虫药剂要发挥最佳杀虫效果,应该是能迅速穿透体壁并进入血淋巴中,然后由血淋巴转运到神经组织,最好不要分布到脂肪体、中肠、马氏管等组织或器官中,因为这些部位经常具有很强的解毒功能。

上述要求有些可能是相互矛盾的,如有效的乙酰胆碱酯酶抑制剂要求对酶有高度的亲和力,这和其脂溶性有关,但过高的脂溶性不仅不利于其穿透体壁,还有利于其分布到非靶标组织中,可能增加被代谢的机会,从而减少其对神经系统的有效性(图3.7)。

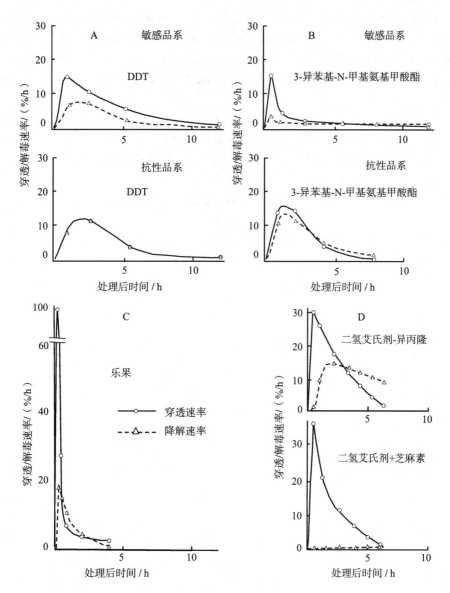

图 3.7 不同杀虫药剂在家蝇幼虫(A)和成虫(B～D)中的穿透/降解速率曲线(仿自 Sun,1968)

注:A 和 B 表示与敏感品系相比,抗性对药剂的解毒能力显著增强;C 表明乐果的穿透速率非常快;

D 表示多功能氧化酶抑制剂芝麻素可显著抑制家蝇对二氢狄氏剂的解毒能力。

◆ 参考文献

1. Gerolt P. Mode of entry of contact insecticides. J Insect Physiol,1969,15(4):563-580.

2. Gerolt P. Mode of entry of oxime carbamates into insects. Pestic. Sci,1972,3:43-55.

3. Gerolt P. The mode of entry of contact insecticides. Pestic. Sci,1970,1(5):209-212.

4. Bicker J,Alves G,Fortuna A,et al. Blood-brain barrier models and their relevance for a successful de-

velopment of CNS drug delivery systems: A review. Eur J Pharm Biopharm,2014,87(3):409-432.

5. Limmer S,Weiler A,Volkenhoff A,et al. The Drosophila blood-brain barrier: development and function of a glial endothelium. Front Neurosci,2014,8:365.

6. Matsumura F. The permeability of insect cuticle. M. S. thesis. Edmonton,Canada. University of Alberta,1959.

7. Olson W P,O'Brien R D. The relation between physical properties and penetration of solutes into the cockroach cuticle. J Insect Physiol,1963,9 (6):777-786.

8. Sugiura M,Horibe Y,Kawada H,et al. Insect spiracle as the main penetration route of pyrethroids. Pestic Biochem Physiol,2008,91(3):135-140.

9. Yu S J. The Toxicology and Biochemistry of Insecticide. 2nd Edition. Boca Raton,FL: CRC Press, 2015.

10. Gullan P J,Cranston P S.昆虫学概论.3 版.彩万志,花保祯,宋敦伦,等译.北京:中国农业大学出版社,2009.

第4章 杀虫药剂的作用机制

目前使用的杀虫药剂主要作用于昆虫的神经系统,其次是呼吸抑制剂、昆虫生长调节剂(包括几丁质合成抑制剂、保幼激素类似物、蜕皮激素类似物等)、取食阻断剂、生长发育抑制剂等。下面对其作用机制分别予以介绍。目前90%以上的杀虫药剂属于神经毒剂或者说是作用于神经系统的毒剂。

4.1 作用于神经系统的杀虫药剂

4.1.1 神经系统中与杀虫药剂有关的结构与生理

杀虫药剂对昆虫神经系统的影响主要是阻断神经信号的传导。神经系统中信号的传导主要有轴突传导和突触传导2种方式。轴突传导是指一个神经元内的信息以电流的形式由轴突传至细胞体,或由细胞体传给轴突。突触传导是指神经信号通过神经递质在神经元之间或神经元与肌肉细胞之间的传递方式。下面具体介绍2种传导方式的原理。

4.1.1.1 轴突传导

昆虫神经元的轴突由半透膜包围,在膜外的液体中有大量的钠离子(Na^+)及许多阴离子,主要是氯离子(Cl^-)。在膜内恰好相反,有大量的K^+和少量的Na^+;阴离子虽然有Cl^-,但主要是各种有机阴离子(表4.1)。之所以造成膜内外离子分布不同,除膜的选择通透性外,主要是由于细胞膜上具有Na^+-K^+泵,依赖Na^++K^+-ATP酶对三磷酸腺苷(ATP)水解释放出的能量,通过主动运输把Na^+送出膜外,把K^+运入膜内。Na^+-K^+泵每次可将3个Na^+运出膜外,同时把2个K^+运进膜内(图4.1)。除Na^+-K^+泵外,在细胞膜上还有一种称为K^+-Na^+"泄漏"通道(K^+-Na^+"leak" channel)的结构,可允许K^+通过自由扩散向膜外运动及Na^+向膜内扩散。但实际上它主要是K^+的泄漏通道,因为,它对K^+的通透性是Na^+的100倍。

当轴突膜静止时,K^+几乎可以自由出入,而Na^+几乎不能通过;Cl^-可以自由出入,而有机阴离子不能通透。结果K^+由于内部浓度高,在浓度梯度驱使下倾向于向外流出,但膜内的有机阴离子不能流出,使膜内具有更多的负电荷。当K^+外流达到一定程度时由于内部负电荷的吸引,K^+不再外流,两者力量相等时则达到一个平衡,即K^+的平衡电位(E_K)。这个电位显然主要决定于K^+的浓度梯度(或称级差)。在各种神经中一般为$-90\sim-50$ mV。同样我们也能算出Na^+的平衡电位E_{Na},一般为$40\sim60$ mV。虽然神经膜对Na^+的通透性极低,

但也有很少一部分 Na^+ 通过，Na^+ 对平衡电位的形成也起一定作用，因此，实际的膜电位（E_m）并不完全等于 E_K。因为轴突膜静止时，膜电位小于零，所以把轴突膜所处的这个状态称为极化状态（图 4.2）。轴突处于静止状态时的膜电位称为静息电位（resting potential）。

表 4.1　胞内和胞外液离子组成的比较（Guyton and Hall，2006）

离子或溶解物	细胞外液	细胞内液
Na^+	142 mmol/L	10 mmol/L
K^+	4 mmol/L	140 mmol/L
Ca^{2+}	1.2 mmol/L	0.000 05 mmol/L
Mg^{2+}	0.6 mmol/L	29 mmol/L
Cl^-	103 mmol/L	4 mmol/L
HCO_3^-	28 mmol/L	10 mmol/L
SO_4^{2-}	0.5 mmol/L	1 mmol/L
磷酸	4 mmol/L	75 mmol/L
葡萄糖	90 mg/dL	0～20 mg/dL
氨基酸	30 mg/dL	200 mg/dL
pH	7.4	7.0
蛋白质	2 g/dL	16 g/dL

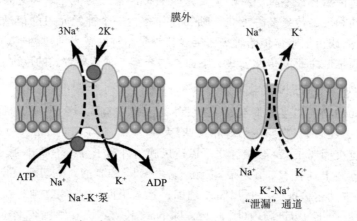

图 4.1　Na^+-K^+ 泵和 K^+-Na^+ 通道（Guyton and Hall，2006）

注：在 Na^+-K^+ 泵的作用下，每向外运输 3 个 Na^+，则向内运输 2 个 K^+。而 K^+-Na^+"泄漏"通道则主要允许 K^+ 由内向外扩散，只允许极少量的 Na^+ 进入，二者的比例约为 100：1。

　　当轴突膜受到一定刺激或轴突传导一个信息时，在刺激部位上膜电位上升，当膜电位超过阈值电位（threshold）时，刺激邻近的电压门控 Na^+ 通道（voltage-gated sodium channel）打开，于是 Na^+ 大量涌入，使膜电位在几毫秒之内就上升到几乎达到 Na^+ 的平衡电位（E_{Na}），这一阶段称为上升阶段。在此过程中，由于膜电位由负变正，极化状态被消除，这一过程称为去极化（depolarization）；同样由于 K^+ 还起着作用，膜电位并没有真正达到 E_{Na}。到高峰时由于 Na^+ 通道迅速关闭，Na^+ 流入停止，同时电压门控的 K^+ 通道（voltage-gated potassium channel)打开,K^+快速外流,导致膜电位下降,该阶段称为重新极化阶段,也称恢复极化(repolarization)。当膜电位下降到静息电位时,电压门控的 K^+ 通道关闭,在膜内外离子浓度和电场强度双重调节下,K^+ 的外流不会马上停止,仍有部分 K^+ 沿 K^+-Na^+“泄漏”通道外流,从而使膜电位继续下降,且低于原来的 E_m,更接近于 E_K,这个低于 E_m 的部分称为正相(positive)。由于静息状态时的 E_m 为负值,我们称其处于极化状态,而这时的膜电位比 E_m 更低(更负),因此,正相也称为超极化阶段(hyperpolarization)。由于 K^+ 过多地流出膜外,在膜外积累,降低了 K^+ 原来的浓度梯度,当浓度梯度小于电位压时,K^+ 又沿 K^+-Na^+“泄漏”通道向内流入,造成膜电位短时间的上升,比静止膜电位 E_m 稍高但又远低于阈值电位,称为负后电位(negtive after potential)(实际上正相和负后电位这 2 个名词都是错误的,这是由于最初膜电位测定时,电极放在膜外测定的结果与现在所说的膜内情况正好相反,但因习惯问题这里沿用了旧名)。最后,膜的离子通透性恢复正常,膜电位也恢复正常。整个上升、下降、正相电位和负后电位组成 1 个动作电位(图 4.2)。

当完成 1 个动作电位后,通过 Na^+-K^+ 泵的主动运输及 K^+-Na^+“泄漏”通道的自由扩散,最终膜内外的离子浓度恢复到原来的状态,膜电位恢复到静息电位。

产生一个动作电位所引起的膜内外离子浓度的变化是非常微小的,只有连续产生 10 万～5 000 万个动作电位,才可以导致膜内外离子浓度发生巨大变化而无法再产生新的动作电位。即使是极其微小的变化,也会迅速激活 Na^+-K^+ 泵,引发 Na^+ 的外流和 K^+ 的内流,且其对 Na^+ 运输的速度一般是因产生动作电位而引起的 Na^+ 浓度变化的 3 次方。例如,产生 1 个动作电位,使得膜内的 Na^+ 浓度由 10 mmol/L 增加到 20 mmol/L(2 倍),则 Na^+-K^+ 泵会以 8 倍的速度向外运输 Na^+。因此,产生 1 个动作电位后,膜电位很快就能恢复。即使恢复得再快,从动作电位产生到膜电位恢复还是需要一段时间,在此期间,再强的刺激也不会激发新的动作电位,这段时间称为绝对不应期(absolute refractory period)。在大的带鞘神经纤维中的绝对不应期时长约为 1/2 500 s。反过来,这种神经纤维每秒最多可产生 2 500 个动作电位(Guyton and Hall,2006)。

需要注意的是,虽然神经膜对 Na^+ 的通透性增加导致了膜电位的上升,但膜对 Na^+ 通透性的增加必须达到阈值(threshold)。它一般比静息电位高 10～20 mV,达到这个阈值可使 Na^+ 通道打开,激发 1 个动作电位;如果达不到阈值,就不会产生动作电位(图 4.2)。因此 Na^+ 的上升实际上分为 2 个阶段,第一个阶段是通透增加使膜电位达到阈值,第二阶段是膜进一步去极化,从而产生 1 个动作电位。因此,一般刺激实际上只须引起第一步,即可引发 1 个动作电位。

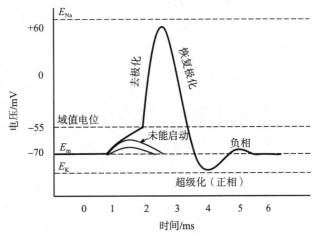

图 4.2　轴突膜的动作电位图

动作电位产生后即可沿着轴突进行传导。如图 4.3 所示,A 是静息状态时膜内外电荷的分布;B 表示膜上的 1 个点受到刺激,Na^+ 通道打开,产生向内的 Na^+ 流,使原来外正内负的情况变为外负内正,这样与邻近的位点之间就形成局部电流,这个电流虽然很弱,但能引起邻近位点去极化并使膜电位达到阈值,从而在邻近位点引发 1 个动作电位。这个动作电位同样又通过局部电流将其邻近的位点发生去极化,同样达到阈值而自发产生 1 个动作电位(图 4.3C)。这样,动作电位就沿着轴突向两端同时传递下去(图 4.3D)。因为相邻神经细胞间是以突触的形式连接,而突触对信号的传递具有单向性,所以,动作电位在整个神经系统中是定向传导的。

因此,动作电位的形成有 2 个特点:①动作电位是全或无(all-or-nothing)的反应;②神经冲动是定向传导的,而且是不会减弱的。

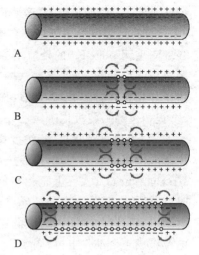

图 4.3 动作电位的传导
(Guyton and Hall,2006)

4.1.1.2 突触传导

神经元与神经元之间并非直接联系,而是以突触(synapse)相连的(图 4.4)。突触就是前一神经元的轴突末端与后一神经元的树突的接触处。前一神经元轴突末端的膜叫突触前膜(presynaptic membrane);后一神经元(或肌肉、腺体等)树突末端的膜称突触后膜(postsynaptic membrane),两个膜之间有一间隙,称为突触间隙(synaptic cleft),一般为 10～20 nm,有的达 20～50 nm。突触间隙有液体,神经传导必须通过这个间隙,神经冲动一般直接传不过去(虽然现在认为直接电刺激在极少数情况下也存在),而是依赖于某些化学物质,即神经递质(neurotransmitters)。神经递质有许多种,乙酰胆碱(acetylcholine,ACh)是其中的一种。昆虫中枢神经系统中的突触处,以及脊椎动物的中枢神经系统和神经肌肉连接处的神经递质都是 ACh,而昆虫的神经肌肉连接处为谷氨酸或 γ-氨基丁酸(γ-aminobutyric acid,GABA)。

我们这里只谈以乙酰胆碱为递质的突触传导——胆碱激性突触传导(cholinergic synaptic transmission)。

我们先了解一下胆碱激性突触的结构。突触后膜由基膜和质膜两层构成,中间充满胶原蛋白,乙酰胆碱受体(acetylcholine receptor,AChR)位于质膜上,乙酰胆碱酯酶(acetylcholinesterase,AChE)位于基膜上,形成 ACh 到达 AChR 必须先通过的 AChE"栅栏"(barrier)。突触后膜上的 AChE 和 AChR 一般占后膜表面的 40%～80%。

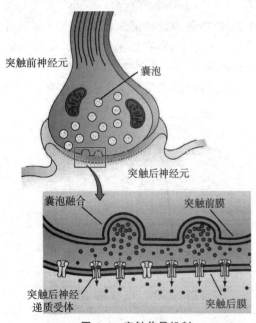

突触前神经元
囊泡
突触后神经元
囊泡融合
突触前膜
突触后神经递质受体
突触后膜

图 4.4 突触传导机制

在突触前膜内储存有许多小囊（vesicle），一般直径为 40～60 nm，个别脊椎动物中有达到 200 nm 的。每个小囊含有数量不等的 ACh 分子，在蛙的神经肌肉连接处，每个小囊含有 10 000～60 000 个；豚鼠脑中有 1 500～5 000 个；昆虫中约含有 306 个，最高可达 2 000 个。

当神经冲动沿轴突膜传导到达突触前膜时，突触前膜的离子通透性发生改变，主要是钙离子（Ca^{2+}）进入膜内，从而促使含有 ACh 的小囊向前移动并使小囊膜与突触前膜融合，然后小囊裂开，释放出的 ACh 进入突触间隙。这实际上是一种胞吐作用或胞外分泌（exocytosis）现象。每个神经冲动到达可使突触前膜中 100～150 个小囊向前移动并破裂，释放出大量 ACh 分子，具体数量因动物种类而异。昆虫 1 次典型刺激可使突触前膜释放出 3 万～10 万个 ACh 分子进入突触间隙。ACh 到达 AChR 之前必须先通过 AChE 形成的栅栏，AChE 的功能是分解 ACh，因此，会有许多 ACh 在到达 AChR 之前就被 AChE 水解。实际上只要有 900～1 000 个 ACh 分子与 AChR 结合，就可以在突触后膜上产生 1 个动作电位，因此，AChE 可通过控制到达 AChR 的 ACh 分子的数量对神经传导起到一定的调控作用。

AChR 是位于突触后膜上能与乙酰胆碱结合的一种受体蛋白，其氨基酸组成与 AChE 相似。但 AChR 是一种酸性糖蛋白，它位于突触后膜的质膜内，一端伸出膜外以接受 ACh。

ACh 与 AChR 结合可使突触后膜的离子通透性改变，可能通过 2 种方式：一种是直接改变膜的三维结构，使膜上的离子通道（即 Na^+ 门及 K^+ 门）开放或关闭，Na^+ 和 K^+ 等离子大量通过，有如上述轴突膜上 Na^+ 通道开放那样产生 1 个动作电位，完成神经冲动从突触前膜到突触后膜的传导。另一种是间接通过环核苷酸的磷酸化作用，即 ACh 使 AChR 的鸟苷酸环化酶活化，产生环鸟苷酸（cGMP），它再进行磷酸化作用使离子通道发生改变，从而使大量离子进入或流出。Na^+ 的进入与 K^+ 的流出使神经膜去极化，当去极化达到阈值时，在突触后膜上产生 1 个动作电位。因此 ACh 与 AChR 结合就引起 1 个冲动，产生兴奋性突触后电位（excitory post synaptic potential，EPSP）。这样，将原来突触前膜的神经冲动，通过前膜释放的 ACh 与突触后膜上 AChR 的结合传递到突触后膜上，产生的动作电位就能继续传导下去。上述就是依赖于神经递质的突触传导机制。

在正常情况下，ACh 与 AChR 的结合是非常短暂的，在引起后膜离子通透性改变之后立即脱离，受体也就恢复原状。与 AChR 脱离后的 ACh，则迅速被 AChE 水解为乙酸和胆碱。胆碱由胆碱输送系统通过主动运输送进突触前膜后被重新吸收，乙酸则被一般细胞及组织吸收后与辅酶 A（CoA）结合形成乙酰辅酶 A（ACoA）后再运送到突触前膜内，进一步在胆碱乙酰化酶（ChAc）的作用下，重新合成 ACh 后储存在小囊中备用（图 4.5）。

乙酰胆碱酯酶（AChE）是一种水解酶，可将 ACh 水解为乙酸和胆碱。AChE 水解 ACh 的活性部位主要有 2 个：一个是催化部位，主要由丝氨酸（S200）的羟基、组氨酸（H440）的咪唑基

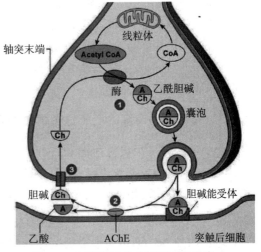

图 4.5　乙酰胆碱的水解及重新合成

和谷氨酸（E327）的羧基组成，是催化 ACh 酯的动力部位，也称酯动部位；另一个是阴离子部位，又称结合部位，ACh 通过这个部位与 AChE 结合，主要是谷氨酸或天冬氨酸的羧基（图4.6）。有关乙酰胆碱酯酶的生物化学和分子生物学知识可参考高希武（2012）和冷欣夫等（1996）编写的著作。

AChE 对 ACh 的水解过程可分为 5 个步骤：①ACh 分子中带正电的季铵离子通过静电作用和 AChE 的阴离子部位结合；②酶与 ACh 形成复合体（EAX）；③ACh 的乙酸部分与酶催化部位丝氨酸的—OH 相连，形成乙酰化酶（EA），同时胆碱部分与乙酸脱离，释放出一分子胆碱；④催化部位上通过电子转移和重排，乙酸脱离，酶（E）恢复原来的活性。

整个催化过程可归纳为下式：

$$E + AX \underset{K_{-1}}{\overset{K_{+1}}{\rightleftharpoons}} EAX \xrightarrow{K_2} EA \xrightarrow{K_3} E + A$$

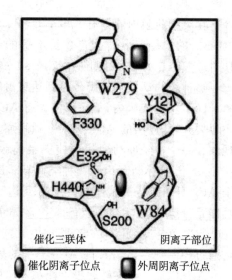

图 4.6　电鳐 *Torpedo californica* 乙酰胆碱酯酶活性位点的剖面图
（Silman and Sussman,2008）

式中，E 是 AChE，AX 为 ACh，A 是乙酸，X 是胆碱，EAX 为 AChE 与 ACh 的复合体，EA 为乙酰化酶。

上述反应中，$K_d(=K_{-1}/K_{+1})$、K_2 及 K_3 三步反应的发生都极为迅速，尤其是 K_3 去乙酰化作用，只需百分之一 ms。因此，AChE 与 ACh 结合后立即催化 ACh 分解，同时 AChE 迅速恢复活性，以便接受第二个神经冲动的到来再水解 ACh。

4.1.2　神经毒剂的中毒征象

神经毒剂的中毒征象一般分为 4 个阶段：过度兴奋期（hyperexcitation）、痉挛期（convulsion）、麻痹期（paralysis）和死亡期（death）。神经毒剂中毒征象有 3 个特点：①必须先有兴奋，然后转入痉挛期，这时产生运动失调、身体翻转及附肢抽搐、痉挛等现象；②麻痹属于强直性麻痹，即肌肉是强直收缩（肌肉受到一连串彼此间隔时间很短的连续兴奋性冲动刺激时，因得不到充分休息而发生的持续性收缩状态）；③由中毒到死亡需要较长时间，但拟除虫菊酯类药剂中毒则很快。

4.1.3　作用于轴突膜钠离子通道的杀虫药剂

神经系统在昆虫接受内源和外源信号刺激，并通过信息处理指挥肌肉等效应器做出快速、协调的反应中发挥着关键作用。如前所述，神经电信号（动作电位）的传导包括轴突传导和突触传导，电压门控 Na⁺ 通道在轴突传导中起着重要作用。

4.1.3.1　Na⁺ 通道的功能和结构

电压门控 Na⁺ 通道是轴突膜上对 Na⁺ 具有高度选择性的通道，其打开和关闭由位于通道上的 2 个门调控，一个是靠近通道外侧的活化门（activation gate），另一个是位于通道内侧的失活门（inactivation gate）（图 4.7）。当神经元处于静息状态时，Na⁺ 通道处于关闭状态

(closed),即活化门关闭,失活门打开。当神经元受到刺激、膜电位上升时,Na^+ 通道被激活(open),活化门打开,Na^+ 沿通道迅速进入膜内,使膜进一步去极化,膜电位上升。Na^+ 通道的打开仅持续几个 ms 后迅速失活(inactivated),即失活门关闭,Na^+ 停止内流。然后活化门也关闭,Na^+ 通道即从失活状态进入钝化状态(deactivation),即活化门和失活门均处于关闭状态(closed and inactivated)。当膜电位恢复到静息状态时,失活门打开,Na^+ 通道完成从钝化状态到静息状态的过渡,为下一个动作电位的产生做好准备。

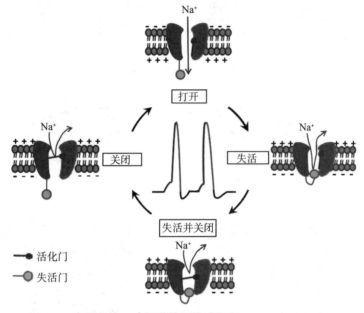

图 4.7　电压门控 Na^+ 通道的门控过程(Dong et al.,2014)

　　哺乳动物的 Na^+ 通道由 1 个 α 亚基和 1 个或多个 β 亚基组成。β 亚基是分子量小于 α 亚基的跨膜蛋白,包含 1 个胞外免疫球蛋白域、1 个单独的跨膜片段和短的胞内 C 端区域。在哺乳动物中已经发现了至少 5 个不同的 β 亚基,通过不同形式与 α 亚基结合调控其功能。但在昆虫中尚未发现 β 亚基。昆虫的 Na^+ 通道与哺乳动物 Na^+ 通道的 α 亚基具有高度的序列同源性和功能相似性。

　　绝大多数昆虫只有 1 个 Na^+ 通道基因,该基因编码的 α 亚基形成 Na^+ 通道。α 亚基是一条包含 4 个同源重复结构域(Ⅰ-Ⅳ)的多肽,每个重复结构域包含 6 个跨膜的螺旋片段(S1-S6)(图 4.8A),这 6 个片段通过胞内或胞外环相连接。每个 S4 片段上的多个重复基序(由 1 个带正电荷的氨基酸及其后 2 个疏水氨基酸组成)构成 Na^+ 通道的电压感受结构域(voltage-sensing domain),也称为电压传感器。中央供 Na^+ 进出的孔道由内外两层构成,4 个 S5 片段构成孔道的外层,4 个 S6 片段构成孔道的内层。孔道的外层、内层及 4 个 P-环(P-loop,即陷入细胞膜的连接 S5 和 S6 的片段)3 个部分共同构成孔道结构域(pore domain)。分别位于 P-环上升部位的 D、E、K 和 A 4 个氨基酸残基(天冬氨酸 Asp、谷氨酸 Glu、赖氨酸 Lys 和丙氨酸 Ala)共同构成 Na^+ 通道的离子选择性滤器(selective filter),因此,DEKA 也被称为选择性过滤基序。电压感受结构域和孔道结构域通过连接 S4 和 S5 的短的胞内连接(L45)相连。一旦细胞膜去极化,带正电的 4 个 S4 即向外运动,使激活门打开(激活门由 4 个 S6 片段位于胞质

的部分构成）。Na$^+$通道的快速失活主要由失活门控制，该失活门由结构域Ⅲ和Ⅳ的胞内连接环上的 IFM（Ile-Phe-Met）3 个氨基酸残基构成（在昆虫中为 MFM，Met-Phe-Met），主要利用物理作用堵塞开放的通道，使通道快速失活（inactivation）（图 4.9A）。

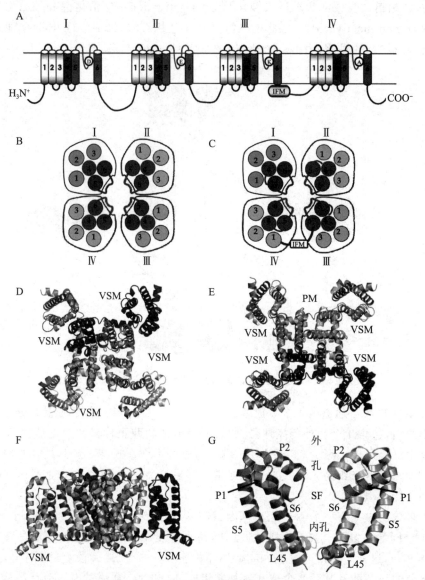

图 4.8 哺乳动物电压门控钠通道的结构（Payandeh et al.，2011）

注：A 为钠通道的拓扑结构图及关键序列，Ⅰ～Ⅳ是其 4 个同源结构域，每个结构域有 6 个跨膜片段（1～6）；IFM 基序在昆虫中为 MFM。B 和 C 为钠通道结构俯视图，分别为胞外观和胞内观。D～G 为 Na$_v$Ab 通道关闭状态的 X 射线晶体结构，黄、红、绿、灰分别代表Ⅰ、Ⅱ、Ⅲ和Ⅳ4 个结构域；D 为胞外观，E 为胞内观，F 为侧面观，G 为仅显示Ⅲ和Ⅳ的侧面观；VSM 为电压传感模块，PM 为孔道模块，SF 为选择性滤器区。

随着第一个细菌 K$^+$通道晶体的 X 射线结构的发表（Doyle et al.，1998），人们通过同源模建构建了大量的 Na$^+$通道模，型用于预测药物在 Na$^+$通道上的结合位点，包括局部麻醉剂、河豚毒素、箭毒蛙毒素（batrachotoxin）等。随后以哺乳动物电压门控 K$^+$通道（K$_v$1.2）开放状态的晶体结构(Long et al.,2005)和细菌 Na^+ 通道(Na_vAb)关闭状态的晶体结构(Payandeh et al.,2011)作为模板,分别构建了真核生物具有 4 个重复结构域的 Na^+ 通道的开放和关闭状态的模型。用 Na_vAb 亚基构建的 Na^+ 通道模型见图 4.8B 和 C。由 4 个电压感受结构域对称排列形成通道的外框,每个重复结构域的电压感受结构域与相邻重复结构域中的形成孔道的结构紧密相连,这种排列可能有助于增强 4 个重复结构域对通道门控的一致性(图 4.8 D 和 E)。Na^+ 通道的选择性滤器(DEKA 基序)将 Na^+ 进入细胞的孔道分为暴露于胞外的外孔(outer pore)和开放状态下暴露于细胞质的内孔(inner pore)2 部分。内孔由 S6 片段下部 2/3 的氨基酸和 P-环的 P1 螺旋的 C 端构成,外孔由 P-环的 P2 螺旋及连接 P1 和 P2 螺旋的肽链的上半部分构成(图 4.8 F 和 G)。

但 Amey 等(2015)发现桃蚜和豆蚜的 Na^+ 通道都是由 2 个亚基,即异聚体 1(heteromer 1)和异聚体 2(heteromer 2)组成。异聚体 1 包含同源结构域Ⅰ和Ⅱ,异聚体 2 包含Ⅲ和Ⅳ(图 4.9)。对基因组数据分析表明,编码这 2 个亚基的基因在 scaffold 318 上的排列方向相反,中间间隔 23 kb 的非编码区。异聚体 2 的同源结构域Ⅲ和Ⅳ的胞内连接环同样具有引起 Na^+ 通道快速失活的 3 个保守的氨基酸 MFM,但异聚体 1 上没有。另外,P-环上构成 Na^+ 通道离子选择性滤器的 4 个氨基酸在其他昆虫中为 DEKA,而在蚜虫中为 DENS。虽然存在上述差异,但这 2 个亚基分别与黑腹果蝇 Na^+ 通道Ⅰ-Ⅱ和Ⅱ-Ⅳ的氨基酸序列具有很高的同源性,分别为 64% 和 68%。因此推测编码这 2 个亚基的基因是由与其他昆虫 Na^+ 通道基因共同的祖先基因分裂形成的,在分裂之前很可能先进行了Ⅱ-Ⅲ 连接环部分的基因复制。

最近,Jiang 等(2017)发现褐色橘蚜 *Toxoptera citricida* 中既存在由 2 个基因编码的异源二聚体组成的 Na^+ 通道,同时也存在 1 个由更古老的 Na^+ 通道基因编码的单个亚基构成的 Na^+ 通道,带有典型的"DEEA"和"MFL"特征序列。这些发现进一步证实,蚜虫类的 Na^+ 通道基因与其他昆虫的不同,可能属于蚜虫类所特有的一个亚家族。

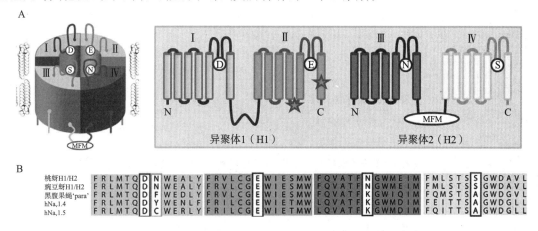

图 4.9　A. 蚜虫 Na^+ 通道异聚体 1 和异聚体 2 的结构图；B. 蚜虫、黑腹果蝇和人
(**$Na_v1.5$ 和 $Na_v1.4$**)Na^+ **通道 S6 片段的氨基酸序列比较**(Amey et al.,2015)

注:A 中 2 个绿色的星号分别表示 L1014F 和 M918T 突变。B 中 $Na_v1.5$ 为河豚毒素抗性 Na^+ 通道,$Na_v1.5$ 为河豚毒素敏感 Na^+ 通道。白色框内为 P-环上构成 Na^+ 通道离子选择性滤器的 4 个氨基酸;橘色框内的氨基酸与 Na^+ 通道对河豚毒素的敏感性有关,在对河豚毒素敏感的蚜虫中为非芳香族的天冬酰胺,而果蝇和人为芳香族的苯丙氨酸或酪氨酸。

电压门控 Na^+ 通道在轴突电信号的产生和传导中发挥着关键作用,因此其成为很多外源

神经毒素和多种杀虫药剂的作用靶标,包括河豚毒素(tetrodotoxin)、箭毒蛙毒素、蝎毒素等毒素,以及 DDT、拟除虫菊酯类、茚虫威(indoxacarb)和氰氟虫腙(metaflumizone)等杀虫药剂(表 4.2)。这些毒素或杀虫药剂与 Na$^+$ 通道上各自的结合位点结合,可导致通道多种性质的改变,包括离子通透性、离子选择性及通道的打开和关闭等。这些神经毒素和杀虫药剂对 Na$^+$ 通道的药理学效应多种多样,因此,对它们的结合位点的研究,也促进了对 Na$^+$ 通道结构的了解。如河豚毒素、石房蛤毒素和芋螺毒素可以阻断 Na$^+$ 通道的外孔(孔道靠近膜外的部分),而内孔(孔道靠近膜内的部分)的中心部位是局部麻醉剂、箭毒蛙毒素和 Na$^+$ 通道阻断杀虫药剂(sodium channel blocking insecticides,SCBIs)的作用靶标,某些蝎子、蜘蛛和海葵毒液中的多肽类毒素则可以特异性地阻断或改变昆虫 Na$^+$ 通道的门控过程,但对哺乳动物的 Na$^+$ 通道几乎没有影响,因而,这些毒素具有作为高选择性生物源杀虫药剂开发的潜力。

表 4.2　与电压门控 Na$^+$ 通道结合的毒素和药剂及其生理效应(Soderlund,2005)

作用位点	活性成分	生理效应
经特异性放射性配体验证的结合位点		
1	河豚毒素(tetrodotoxin,TTX)	抑制离子运输
	石房蛤毒素(saxitoxin,STX)	
	μ-芋螺毒素(μ-conotoxin)	
2	藜芦碱(veratridine,VTD)	引起持续活化
	箭毒蛙毒素(batrachotoxin,BTX)	
	乌头碱(aconitine,ACN)	
	木藜芦毒素(grayanotoxin,GTX)	
	N-烷基胺类(N-alkylamides)	
3	北非 α-蝎毒素(α-scorpion toxins)	延缓失活
	海葵毒素(sea anemone toxin,ATX)	
4	美洲 β-蝎毒素(America β-scorpion toxins)	增强活化
5	短裸甲藻毒素(brevetoxin,BvTX)	持续活化
	雪卡毒素(ciguatoxin,CTX)	
6	δ-芋螺毒素(δ-conotoxin)	延缓失活
	层云芋螺毒素(Conus stratus toxin)	
7	DDT 和拟除虫菊酯类(DDT and pyrethroids)	延缓失活
推测的但未经放射性配体验证的结合位点		
8	μO-芋螺毒素(μO-conotoxin)	抑制离子运输
9	角孔珊瑚青素(gonioporatoxin)	延缓失活
10	局部麻醉药(local anesthetics)	抑制离子运输
	抗惊厥药(anticonvulsants)	
	抗心律失常药(antiarrhythmics)	
	吡唑啉(pyrazolines)	

4.1.3.2　DDT 和拟除虫菊酯类杀虫药剂的作用机制

滴滴涕(DDT)和拟除虫菊酯类杀虫药剂虽然化学结构十分不同,但都是最早被发现作用于轴突膜 Na^+ 通道的药剂。这 2 类药剂引起昆虫中毒的征象也都是过度兴奋、痉挛、麻痹和死亡。早期研究证明 DDT 对感觉神经最为有效,只有在较高浓度时,才对运动神经有效,用极高浓度可以直接影响肌肉。虽然 DDT 早已在 20 世纪 70 年代被许多国家禁用或限制使用,但 DDT 作为一个经典的药剂及其在环境中长期残留的特性,人们对其毒理机制(尤其是对高等动物)研究得最多,并且现在仍然还有许多人应用代谢芯片等新技术在对其进行研究(Jellali et al.,2018)。另外,鉴于 DDT 对蚊虫具有很好的防治效果,DDT 在非洲于 2000 年又被重新用于蚊虫的防治,以控制疟疾等蚊媒传染疾病。

1. DDT 的作用特点和机制

1) DDT 对神经膜动作电位的影响

经 DDT 处理的神经,给予 1 个刺激可引起一系列的放电,即重复后放(repetitive discharges)。这个重复后放阶段相当于中毒征象的兴奋期;接着是不规则的放电,对应于痉挛期;重复后放的削弱及停止,则相当于麻痹期。因此,关键的问题是阐明重复后放是如何产生的。

在 DDT 电生理研究中,第一个重要的发现就是正相没有下降到超极化水

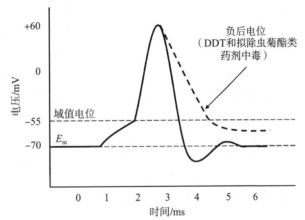

图 4.10　DDT 或拟除虫菊酯中毒对动作电位的影响

平,而负后电位延长且振幅增加,致使膜电位超过引起动作电位所需要的阈值,自发地引起另一个动作电位;如果第二个动作电位的负后电位同样超过阈值,则继续引发第三个动作电位,从而导致重复后放(图 4.10)。此外,研究还证明在 DDT 处理后,引起动作电位所需的阈值电位逐渐下降,使重复后放更容易发生,所以在痉挛期只要有极小的刺激,就会引发不规则的重复后放(图 4.11)。

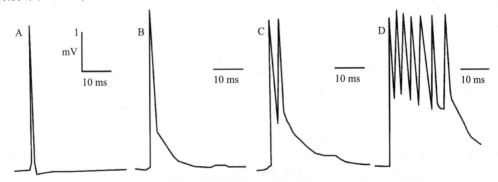

图 4.11　DDT 对单个神经细胞动作电位的影响(van den Berken,1972)

注:A. 对照;B. 5×10^{-5} md/L 的 DDT 处理后 65 min 的动作电位和负后电位;

C 和 D 分别是处理后 85 min 和 135 min 时动作电位的重复后放。

进一步利用电压钳法和 2 种专一性抑制剂(河豚毒素和 3,4-二氨基吡啶)研究了 DDT 处理后对神经膜离子通透性与负后电位的关系。河豚毒素可专一性抑制钠离子流而不影响钾离子流;3,4-二氨基吡啶则专一性抑制钾离子流而不影响钠离子流。利用这 2 种抑制剂就能清楚地区分 Na^+ 流和 K^+ 流。研究发现,DDT 引起昆虫中毒后,当轴突膜受到刺激时,Na^+ 通道激活和 Na^+ 通透性基本不受影响,但 Na^+ 通道的失活(关闭)大大延迟;同时 K^+ 通道的活化受到抑制,K^+ 流出减慢。这就使下降阶段延长,正相没有下降到超极化,因此,负后电位延长,振幅增大并达到阈值,从而产生第二个动作电位。

2) DDT 对 Ca^{2+} 平衡的影响

Ca^{2+} 在维持轴突膜功能的稳定方面具有重要作用。Ca^{2+} 在轴突膜内外都存在,但 Ca^{2+} 在膜外的浓度高于膜内。Ca^{2+} 主要通过 Na^+ / Ca^{2+} 交换泵将其运入膜内(每向外运送 3 个 Na^+,即向内运送 1 个 Ca^{2+}),通过 Ca^{2+} 泵将其送出膜外。Ca^{2+} 泵在细胞膜、线粒体内膜、肌肉细胞内的肌质网膜等部位都有分布,属于跨膜蛋白,实际上就是 Ca^{2+} 激活的 ATP 酶,即 Ca^{2+}-ATP 酶,每水解一个 ATP 可转运 2 个 Ca^{2+} 到细胞外。其主要利用水解 ATP 产生的能量使自身磷酸化(phosphorylation),从而发生构象改变来转移 Ca^{2+},形成钙离子梯度,调控膜内外的离子浓度,维持轴突膜的稳定。在正常情况下,Ca^{2+} 的平衡主要由这 2 个泵调节。

Clark 和 Matsumura(1982)发现 Ca^{2+}-ATP 酶与 Na^+ / Ca^{2+} 交换泵在对 Na^+、K^+ 和 Ca^{2+} 等离子浓度的要求、对这些离子的亲和力、对温度的相对不敏感性、对莫能霉素(monensin)的敏感性等方面都非常相似,都有 2 个 Ca^{2+} 敏感位点,并且都对 DDT 和丙烯菊酯非常敏感。当 DDT 和丙烯菊酯中毒后,Ca^{2+}-ATP 酶和 Na^+ / Ca^{2+} 交换泵活性都被抑制,膜内的 Ca^{2+} 和 Na^+ 不能被运出膜外,膜外的正电荷减少,膜内外的电位差降低,轴突膜更容易去极化,从而促进重复后放的发生。

3) DDT 对 ATP 酶的抑制

除了抑制 Ca^{2+}-ATP 酶的活性外,人们发现 DDT 还能抑制 $Na^+ + K^+$-ATP 酶和 Mg^{2+}-ATP 酶的活性。如前所述,Na^+ 泵主要通过 $Na^+ + K^+$-ATP 酶提供的能量,将 3 个 Na^+ 运出膜外,同时将 2 个 K^+ 运进膜内,从而维持膜内外 Na^+ 和 K^+ 的离子梯度,在保持静息膜电位及调节细胞体积方面起着重要作用。

Lacinova(1975)在家蝇中发现 DDT 的主要结合部位是线粒体,通过改变线粒体膜的渗透性来改变线粒体的结构。Koch 等(1969)最早报道了 DDT 和其他有机氯类杀虫药剂如氯丹和丙体六六六可抑制昆虫神经系统的 $Na^+ + K^+$-ATP 酶和 Mg^{2+}-ATP 酶。Mg^{2+}-ATP 酶有 2 种,一种是寡霉素敏感的(oligomycin sensitive,OS)Mg^{2+}-ATP 酶,另一种为寡霉素不敏感的(OIS)Mg^{2+}-ATP 酶。其中(OS)Mg^{2+}-ATP 酶对 DDT 更加敏感。如 5.2 μmol/L 的 DDT 能抑制蜚蠊神经索 $Na^+ + K^+$-ATP 酶约 50% 的活性,而只需 0.65 μmol/L 的 DDT 就能抑制(OS)Mg^{2+}-ATP 酶 50% 的活性,但这个浓度的 DDT 不能抑制(OIS)Mg^{2+}-ATP 酶。用 0.66 μmol/L 的 DDT 可抑制蜚蠊肌肉线粒体(OS)Mg^{2+}-ATP 酶 50% 的活性,但对(OIS)Mg^{2+}-ATP 酶而言,要达到同样效果浓度需要提高到 5.46 μmol/L。

DDT 对 $Na^+ + K^+$-ATP 酶和 Mg^{2+}-ATP 酶活性的抑制,使得轴突膜上的相关离子泵因缺乏能量而不能启动,进而破坏了轴突膜内外离子的平衡,最终影响动作电位的产生和传导。这是 DDT 致毒的主要原因之一。

总之,已证实 DDT 及其类似物对昆虫主要抑制最敏感的是(OS)Mg^{2+}-ATP 酶,其次是 $Na^+ + K^+$-ATP 酶和 Ca^{2+}-ATP 酶。

4) DDT 中毒与神经毒素

早在 1952 年就有人发现 DDT 中毒的美洲大蠊血淋巴内会出现一种有毒物质,但并不是 DDT 或其代谢物。后来发现许多药剂如溴氰菊酯、六六六、硫特普等,使昆虫中毒时也产生这种毒素,甚至不断电刺激,也会产生这种毒素,说明这不是 DDT 所特有的毒理机制。凡能产生极度兴奋的神经毒剂都可能导致这种毒素的产生,而不能引起神经极度兴奋的药剂如巴丹、杀虫脒,甚至对硫磷中毒都不会产生这种毒素。

这种毒素对神经有毒,用它处理离体的神经索就能引起一串放电,在高浓度时(10^{-4} mol/L)可阻断神经传导。它的毒性还相当高,取中毒蜚蠊的血淋巴液 20 μL 注射到红头丽蝇体内,即可引起麻痹和死亡。因此,DDT 的毒理作用大致可分为 2 个部分,一部分是 DDT 等自身引起的,主要是前期的中毒征象;另一部分是由于产生这种有毒物质,从而引起后期的麻痹甚至死亡。

这种神经毒素到底是什么? Sternburg 等(1960)、Hawkjns 和 Sternburg(1964)初步鉴定认为,这种毒素可能是一种芳香胺。张宗炳等(1984)进一步鉴定认为是酪胺(tyramine)或酪胺为其主要成分(可能部分为苯乙胺)。罗远等(1985)证实 DDT 中毒的蜚蠊体内的酪氨酸脱酸酶活性增加,因而产生大量酪胺。此外,还证明酪胺的另一条代谢途径是经酪胺羟基化酶作用转化为章鱼胺(octopamine)。因此 DDT 中毒的蜚蠊神经系统中,不但酪胺的含量增加,章鱼胺的含量也同时增加。酪胺及章鱼胺都作用于章鱼胺受体,使第二信使环腺苷酸(cAMP)含量增加,进而引发细胞内的一系列反应。过量的酪胺和章鱼胺作用于章鱼胺受体会使正常的神经信号传导受到抑制。甲脒类杀虫药剂对 DDT 和多种菊酯类药剂具有增效作用的原因就是可以抑制单胺氧化酶的活性,使章鱼胺不能被单胺氧化酶代谢为无毒的对羟基扁桃酸,进一步增加了酪胺和章鱼胺在神经系统中的积累(图 4.12)。

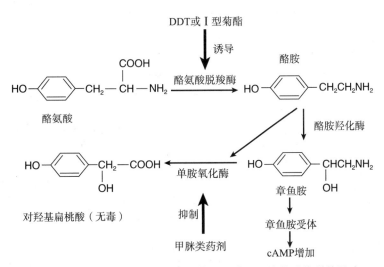

图 4.12 DDT 和拟除虫菊酯类杀虫药剂对神经系统单胺代谢的影响

总结一下,DDT 的作用机制主要包括延迟 Na^+ 通道的关闭和抑制 K^+ 通道的活化引发重复后放,破坏 Ca^{2+} 平衡降低阈值电位,抑制 Mg^{2+}-ATP 酶等的活性从而阻止离子泵的启动以

及诱导酪胺和章鱼胺积累产生神经毒素4个方面。

2.拟除虫菊酯类杀虫药剂的作用特点和机制

拟除虫菊酯类杀虫药剂是以除虫菊中含有的天然杀虫活性物质——除虫菊素,为先导化合物合成的一大类高效药剂。根据其所引起昆虫中毒的征象、化学结构及对神经系统作用的不同,拟除虫菊酯类药剂可分为Ⅰ型拟除虫菊酯和Ⅱ型拟除虫菊酯两大类(图4.13)。

Ⅰ型拟除虫菊酯:不含氰基和苯氧基苄基

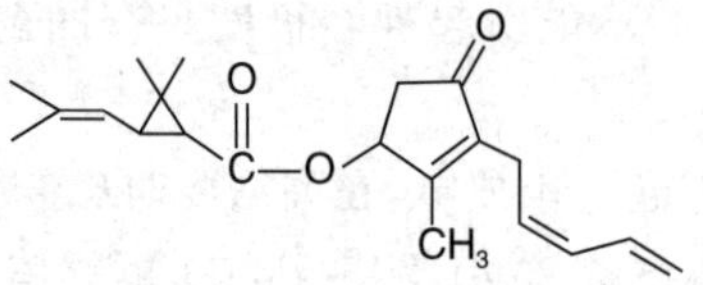

除虫菊素Ⅰ pyremethrin Ⅰ(1 030 mg/kg)

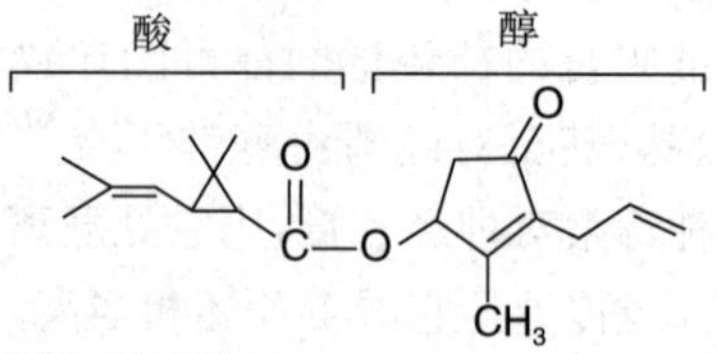

酸　　　　醇

生物丙烯菊酯 bioallethrin(1 042 mg/kg)

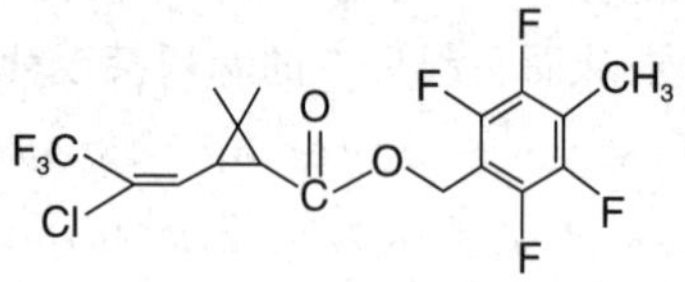

七氟菊酯 tefluthrin(35 mg/kg)

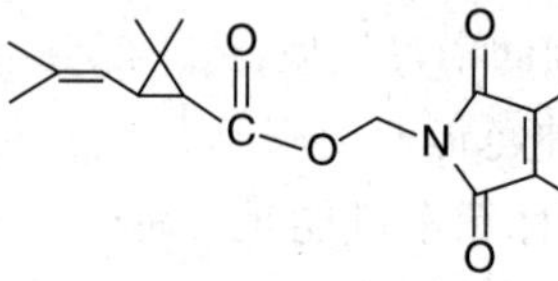

胺菊酯 tetramethrin(>5 000 mg/kg)

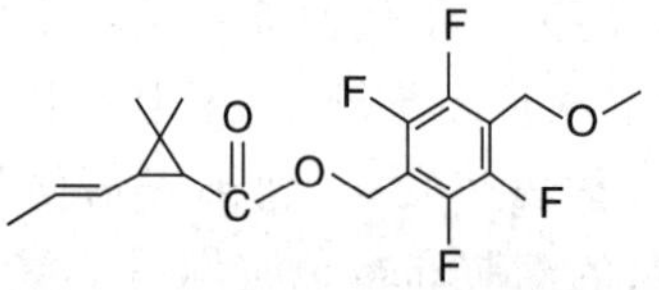

甲氧苄胺菊酯 metofluthrin(>2 000 mg/kg)

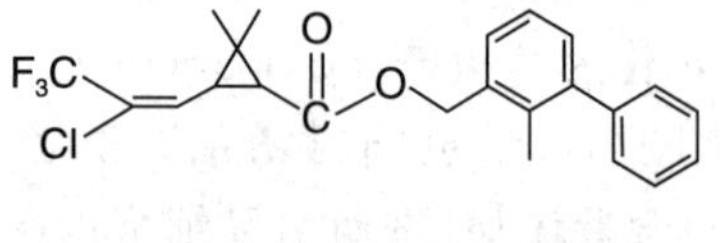

联苯菊酯 bifenthrin(53.4 mg/kg)

Ⅰ型拟除虫菊酯:不含氰基,含3-苯氧基苄基

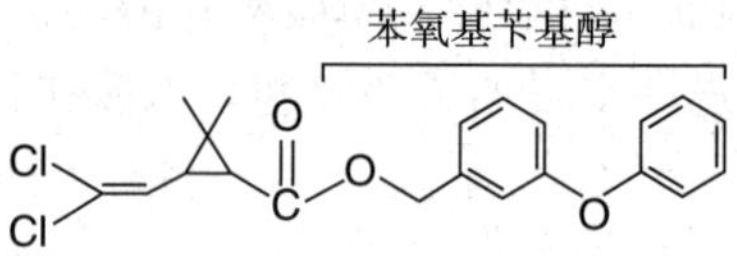

氯菊酯 permethrin(4 000 mg/kg)

苯氧基苄基醇

Ⅱ型拟除虫菊酯:含 α-氰基-3-苯氧基苄基

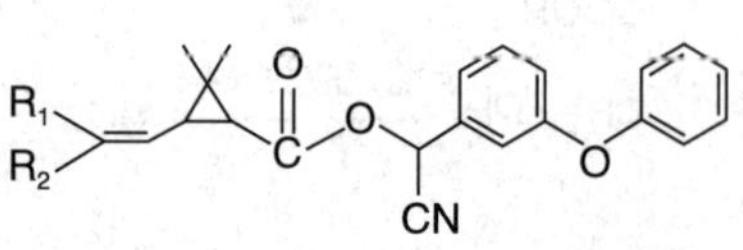

氯氰菊酯 cypermethrin:$R_1=R_2=Cl$
（250～4150 mg/kg）

溴氰菊酯 deltamethrin:$R_1=R_2=Br$
（>5 000 mg/kg）

氯氟氰菊酯 cyhalothrin: $R_1=Cl,R_2=CF_3$（144 mg/kg）

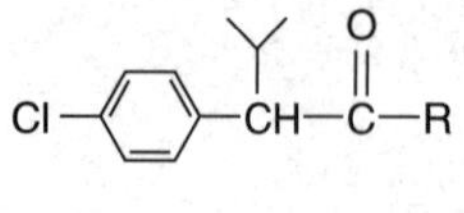

氰戊菊酯 fenvalerate
（451 mg/kg）

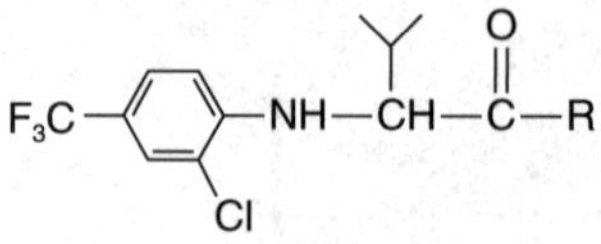

氟胺氰菊酯 fluvalinate
（6 300 mg/kg）

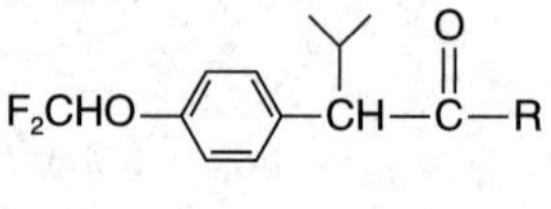

氟氰戊菊酯 flucythrinate
（67 mg/kg）

$R=\alpha$-氰基-3-苯氧基苄基

图4.13　拟除虫菊酯类杀虫药剂的结构（Bloomquist,2015）

注:括号中的数值为该药剂对大鼠的急性经口 LD_{50},引自 *The Pesticide Manual 16th Edition*。

　　Ⅰ型拟除虫菊酯以天然除虫菊素、丙烯菊酯和胺菊酯等为典型代表,其结构中不含 α-氰基(α-cyano)。此类杀虫药剂作用于多种类型的神经元,可产生广泛的重复放电现象。中毒昆虫出现高度兴奋,且具有击倒(knock down)效应,即一定剂量的药剂可使害虫暂时麻痹,但需要更高的剂量才能将其杀死。此外,Ⅰ型拟除虫菊酯引起的过度兴奋和最终死亡具有明显的负温度系数(negative temperature coefficient)效应,即其活性随温度下降而增加。

　　Ⅱ型拟除虫菊酯包括溴氰菊酯、氯氰菊酯和氰戊菊酯等含有 α-氰基的种类,其作用机制完全不同于Ⅰ型,中毒后神经系统不产生重复放电现象,但可引起运动神经原的轴突膜缓慢去极化,降低动作电位的振幅,从而导致电兴奋性丧失。Ⅱ型的中毒征象也不同于Ⅰ型,不表现高度兴奋和不协调运动。昆虫接触该种杀虫药剂后很快产生痉挛,然后进入麻痹状态,最后中毒死亡。Ⅱ型拟除虫菊酯的杀虫活性具有明显的正温度系数(positive temperature coefficient)效应,对害虫的毒力随温度上升而增加。

　　Ⅰ型和Ⅱ型拟除虫菊酯类杀虫药剂引起哺乳动物中毒的征象也不同。Ⅰ型菊酯类药剂能使其表现出兴奋、暴躁、具有攻击性并导致全身震颤和虚脱;Ⅱ型菊酯类药剂则使哺乳动物分泌大量唾液,表现出剧烈的战栗,进一步导致癫痫的发生。

　　由于Ⅰ型拟除虫菊酯类杀虫药剂引起的中毒与 DDT 非常相似,包括:①其杀虫活性都具有负温度系数;②和 DDT 引起的击倒抗性(knockdown resistance,kdr)具有交互抗性;③都产生重复放电现象;④都抑制各种 ATP 酶的活性。因此,目前认为Ⅰ型拟除虫菊酯类杀虫药剂与 DDT 具有相同的作用机制,即延迟 Na^+ 通道的关闭和抑制 K^+ 通道的活化,引起动作电位的重复后放,抑制多种 ATP 酶的活性,从而阻止离子泵的启动以及产生神经毒素等。而Ⅱ型拟除虫菊酯类杀虫药剂则主要作用于 Na^+ 通道,引起膜的去极化并抑制动作电位,降低动作电位的振幅。Ⅰ型拟除虫菊酯类引起的 Na^+ 通道关闭延迟一般仅持续数十至数百 ms,而Ⅱ型拟除虫菊酯可显著抑制 Na^+ 通道的钝化(deactivation),维持开放达几 min 或者更长时间。此外,Ⅱ型拟除虫菊酯还可以刺激 GABA 的释放,其高浓度时可直接作用于肌肉系统(图 4.14)。

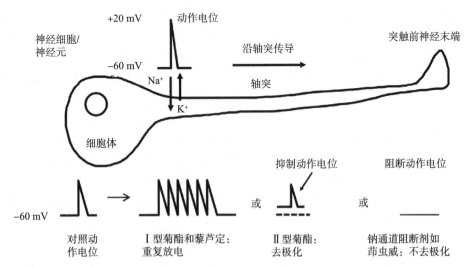

图 4.14　拟除虫菊酯及钠通道阻断剂对轴突膜动作电位的影响(Bloomquist,2015)

实际上,拟除虫菊酯类杀虫药剂的作用机制比 DDT 复杂得多,不仅有 DDT 的毒杀作用,还有驱避作用。一般认为驱避作用是菊酯类杀虫药剂作用于感觉器官引起的反应,它在极低浓度时即有效,不影响神经系统的其他部分,与击倒和毒杀作用无关。但击倒与毒杀作用是否为同一机制,是否作用于同一部位还有争论。一种说法是击倒只影响外周神经,而毒杀是破坏中枢神经系统。由于拟除虫菊酯处理昆虫时,击倒发生的时间大约正好是药剂透入表皮的时间,毒杀的发生则晚得多,因此,击倒发生时,只可能到达外周神经系统,而毒杀发生时,才可能到达中枢神经系统。相反的实验则证明,不论点滴或注射处理都能产生击倒和毒杀效应,因此击倒和毒杀的发生都是对中枢神经系统的影响,只是中毒的程度不同,即击倒是毒杀的初步征象,击倒后如不继续中毒即可恢复。最后应该提一下由于拟除虫菊酯类药剂作用比 DDT 快得多,因此,其中毒征象可分为兴奋期、麻痹期和死亡期。

3. 关于杀虫药剂毒力与温度的关系

大部分有机磷及氨基甲酸酯类药剂对靶标害虫的毒力都呈正温度系数效应,而 DDT 和 I 型拟除虫菊酯类药剂则呈负温度系数效应。如二氯苯醚菊酯对粉纹夜蛾 *Trichoplusia ni* (Harris et al.,1978)、氰戊菊酯对斜纹夜蛾 *Spodoptera litura* 和草地夜蛾 *Spodoptera frugiperda* 在 15~25℃也呈负温度系数效应(Harris,1979)。但二氯苯醚菊酯、氰戊菊酯及其他含 α-氰基的拟除虫菊酯对蟋蟀 *Gryllus pennsylvanicus* 都呈正温度系数效应。氰戊菊酯对棉象甲、DDT 对蚊子幼虫也都呈正温度系数效应。

Sparks 等(1982)测定了 4 种拟除虫菊酯对 3 种鳞翅目幼虫的活性与温度的关系(表 4.3),发现 I 型菊酯氯菊酯对 3 种幼虫均呈负温度系数效应,从 15.6~37.8℃随温度增加毒力下降 5.2~9.0 倍。而 II 型菊酯氰戊菊酯和溴氰菊酯只对粉纹夜蛾表现出负温度系数效应,但是对草地夜蛾和烟芽夜蛾则主要表现为正温度系数效应,从 15.6~37.8℃毒力增加最高可达 5.5 倍。Das 和 Mclntosh(1961)发现杀虫药剂的温度系数并不是固定不变的,如他们测定发现氰戊菊酯对草地夜蛾在 15.6~26.7℃范围内呈负温度系数效应,而在 26.7~37.8℃则呈正温度系数效应,说明在不同温度范围内其表现可能不同。

至于为什么会出现负温度系数,这可能是因为:①DDT 和 I 型菊酯引起的重复后放具有负温度系数;②对(OS)Mg^{2+}-ATP 酶的抑制也是负温度系数。此外,还可以用 Na$^+$ 通道的学说来解释。假定轴突膜的脂肪在高温时熔解,在低温时凝固,在低温下凝固时离子通道易于开放并维持开放状态,而在高温下熔解时,脂肪层可能覆盖部分离子通道,因此,在高温时脂肪对离子通道影响变小,这就使轴突膜渗透性的改变受到其中脂肪凝固或熔解的影响。当然还有人报道虾轴突外的 Ca^{2+}-ATP 酶对 DDT 的抑制特别敏感,最少比线粒体 Mg^{2+}-ATP 酶或 Na$^+$＋K$^+$-ATP 酶敏感 1000 倍,而且 DDT 对外 Ca^{2+}-ATP 酶的抑制程度也属于负温度系数,这也符合 DDT 典型中毒征象,可惜这个现象不是发生在昆虫身上的。此外,还有人证明 DDT 及拟除虫菊酯与中枢神经系统神经膜受体的结合,在低温时结合增加,这也可能是导致负温度系数的原因之一。

表 4.3　不同温度下拟除虫菊酯类药剂对 3 种鳞翅目幼虫的毒力（Sparks et al. ,1982）

昆虫 Insect	杀虫药剂 Insecticide	温度 Temp /℃	LD$_{50}$ /(μg/g)	LD$_{50}$ ratio 24 h/72 h	95% Fiducial limits Upper-lower [a]	斜率 Slope	Ratio of LD$_{50}$ 37.8℃∶15.6℃[a,b]
粉纹夜蛾 Trichoplusia ni	氯菊酯 permethrin	37.8	0.540	1.21	0.652～0.452	3.10	
		26.7	0.244	1.36	0.292～0.212	3.58	−7.50[c]
		15.6	0.072	1.28	0.088～0.060	2.90	
	氰戊菊酯 fenvalerate	37.8	0.228	1.16	0.272～0.184	2.90	
		26.7	0.168	1.07	0.192～0.144	4.45	−2.04[c]
		15.6	0.112	1.39	0.144～0.080	2.05	
	溴氰菊酯 delta-methrin	37.8	0.016	2.00	0.260～0.00002	2.08	
		26.7	0.012	1.25	0.017～0.009	1.88	−3.20[c]
		15.6	0.005	1.40	0.010～0.003	2.39	
草地夜蛾 Spodoptera frugiperda	氯菊酯 permethrin	37.8	1.084	1.39	1.240～0.892	4.08	
		26.7	0.733	1.42	0.924～0.526	2.25	−5.21[c]
		15.6	0.208	2.13	0.280～0.168	1.86	
	氰戊菊酯 fenvalerate	37.8	6.864	2.27	9.304～4.324	1.83	
		26.7	10.316	1.73	7.924～3.272	1.92	+1.20
		15.6	8.248	3.88	11.132～5.352	1.74	
	溴氰菊酯 delta-methrin	37.8	0.810	1.36	0.276～0.124	1.31	
		26.7	0.180	1.36	0.248～0.128	1.54	+1.89
		15.6	0.340	2.30	0.472～0.212	1.71	
烟芽夜蛾 Heliothis virescens	氯菊酯 permethrin	37.8	1.944	1.44	2.276～1.660	1.64	
		26.7	1.440	1.67	1.652～1.248	2.99	−9.00[c]
		15.6	0.216	10.37	0.280～0.168	1.51	
	氰戊菊酯 fenvalerate	37.8	0.224	2.68	0.244～0.208	1.64	
		26.7	0.396	1.12	0.788～0.139	2.65	+2.29[c]
		15.6	0.512	3.51	0.640～0.408	1.73	
	溴氰菊酯 delta-methrin	37.8	0.016	6.75	0.024～0.012	1.73	
		26.7	0.044	1.90	0.064～0.032	1.45	+5.50[c]
		15.6	0.088	1.73	0.108～0.072	2.11	
	氯氰菊酯 cypermethrin	37.8	0.511	2.07	0.654～0.408	2.34	
		26.7	0.241	1.27	0.276～0.211	4.29	−1.81[c]
		15.6	0.283	1.83	0.390～0.202	1.52	

注：a.72 h 统计结果；b.温度系数（—）负，（＋）正；c.显著性 $P<0.05$。

4.1.3.3　茚虫威和氰氟虫腙的作用机制

茚虫威（indoxacarb）和氰氟虫腙（metaflumizone，MFZ）都属于钠通道阻断剂（sodium channel blocker insecticides，SCBIs）（图 4.15）。这类杀虫药剂引起的昆虫中毒的征象主要有痉挛、颤抖、不协调的运动、停止取食，最后死亡。特别值得注意的是除了痉挛和颤抖外，还有

一个与其他所有药剂都不同的中毒征象——假麻痹（pseudoparalytic state），即中毒昆虫看起来处于完全麻痹状态，但如果受到干扰就会剧烈踢腿或抽搐。这种征象在德国小蠊中可以持续几天（Silver et al.，2017）。

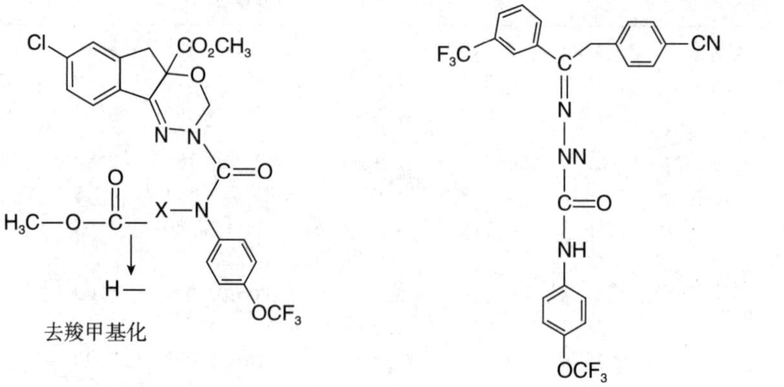

茚虫威 indoxacarb（>5 000 mg/kg）　　　　氰氟虫腙 metaflumizone（>5 000 mg/kg）

图 4.15　茚虫威和氰氟虫腙（Bloomquist，2015）

茚虫威是美国杜邦（DuPon）公司 20 世纪末开发、2000 年上市的新型噁二嗪类（oxadiazine）杀虫药剂，具有结构新颖、作用机理独特、用量低等特点，对几乎所有鳞翅目昆虫都有效，而对人类、环境、作物和非靶标生物安全。

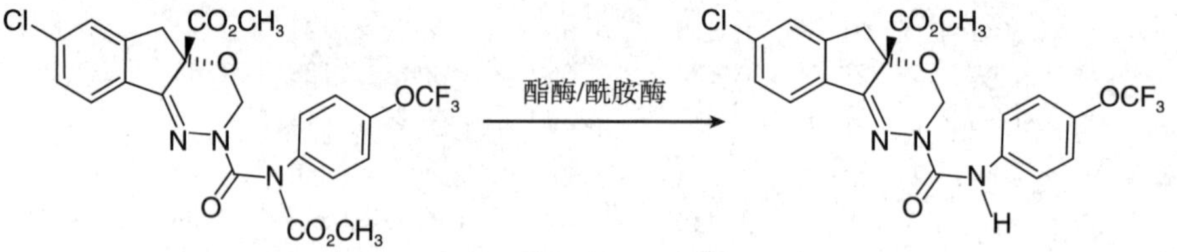

茚虫威　　　　　　　　　　　　　　　　　　DCJW

图 4.16　茚虫威的水解活化

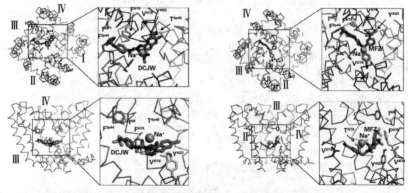

图 4.17　DCJW(左)和氰氟虫腙(右)与钠通道内孔中 Na⁺ 的结合（Zhang et al.，2016）

上：胞外观及其局部放大图；下：侧面观及其局部放大图；为清楚起见结构域Ⅱ未显示。
侧链中突出显著的氨基酸残基分别为 DCJW 和氰氟虫腙（MFZ）。

茚虫威在昆虫体内很容易通过酯酶或酰胺酶代谢成为 N-2-去甲氧羰基代谢物（DCJW）（图 4.16）。对于大部分鳞翅类幼虫,在给药不到 4 h 就能将 90% 的茚虫威转化为 DCJW。这种代谢产物是昆虫钠离子通道的有效阻断剂,可作用于神经细胞膜上处于失活状态的电压门控 Na^+ 通道靠近胞质的内孔道,不可逆地抑制 Na^+ 流,阻断动作电位的产生和传递,导致害虫运动失调、不能进食、麻痹并最终死亡。Zhang 等（2016）构建了处于开放状态的德国小蠊 *Blattella germanica* Na^+ 通道 $BgNa_v1$-1a 的三维结构模型,并通过计算预测表明,茚虫威和氰氟虫腙 2 个钠通道阻断剂都是与钠通道的内孔结合,通过与位于 P1 螺旋中心的 Na^+ 互作,以及将其芳香基团伸入结构域Ⅲ和Ⅳ的界面,从而阻断了 Na^+ 通道（图 4.17）。

尽管茚虫威和拟除虫菊酯类药剂一样都可以作用于 Na^+ 通道,但是它们的作用位点不同,所发挥的作用也不同。拟除虫菊酯能够延长膜的去极化,进而导致神经的重复放电;而 DCJW 能够抑制自发的中枢神经系统的动作电位（Wing et al.,1998,2005）。换句话说,拟除虫菊酯类杀虫药剂作用于 Na^+ 通道并维持其开放状态,而 DCJW 作用于特定的 Na^+ 通道,阻止 Na^+ 流入轴突膜内（Yu,2015）。用 1 μmol/L 的 DCJW 处理烟草天蛾腹部神经节 5 min,即可对动作电位产生抑制作用。随时间的延长,

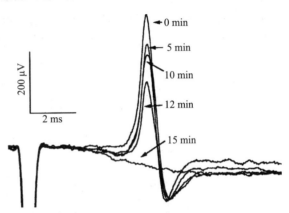

图 4.18　DCJW（1 μmol/L）处理对烟草天蛾腹部神经节动作电位的影响（Wing et al.,1998）

对动作电位的抑制作用明显增强,至 15 min 时动作电位完全被抑制（图 4.18）

在昆虫中,氰氟虫腙同样作为 Na^+ 通道阻断剂发挥作用,其作用机制与茚虫威相同（图 4.17）。Salgado 和 Hayash（2007）利用全细胞膜片钳技术研究了氰氟虫腙对离体的烟草天蛾中枢神经细胞 Na^+ 电流的影响,发现用 1 μmol/L 的氰氟虫腙处理后,仅 20 min 即可完全抑制 Na^+ 电流,阻断动作电位的产生（图 4.19）。

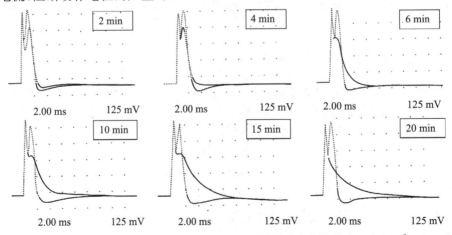

图 4.19　氰氟虫腙（1 μmol/L）处理对烟草天蛾中枢神经细胞动作电位的影响（Salgado & Hayash,2007）

茚虫威和氰氟虫腙的杀虫速度比拟除虫菊酯类药剂慢,但中毒后的数天内死亡率不断增加。这2种杀虫药剂的作用机制与拟除虫菊酯类药剂不同,因此不存在交互抗性。

关于钠通道阻断剂的发展、中毒征象及作用机制的其他情况,Silver等(2017)已经做了详细综述,这里不再赘述。

4.1.3.4 藜芦碱的作用机制

藜芦碱是从沙巴藜芦(sabadilla)种子中提取的具有杀虫活性的生物碱,其活性成分主要为亲脂性的瑟瓦定(cevadine)和藜芦定(veratridine)(图4.20),前者有更强的杀虫活性,但其光稳定性差,极易光解。藜芦碱中毒后,可导致哺乳动物的肌肉僵硬,在昆虫中则表现为瘫痪和麻痹。另外,藜芦碱还对黏膜具有强烈的刺激作用,可导致哺乳动物剧烈地打喷嚏。藜芦提取物的毒性比其他常用杀虫药剂小很多,因此对高等动物比较安全。

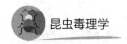

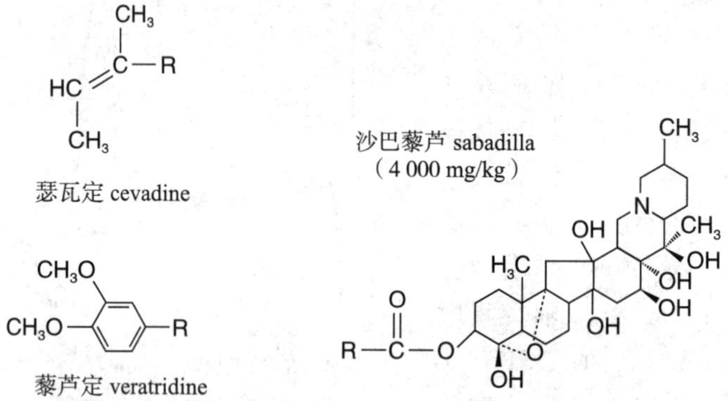

图4.20 藜芦碱(Bloomquist,2015)

藜芦定的作用方式与拟除虫菊酯类杀虫药剂类似,可能与Na^+通道上临近电压依赖的激活和失活区域的某一位点结合,导致轴突膜的负后电位增加、重复放电以及神经膜的去极化。因此,它能通过增加Na^+通道的开放概率和延迟Na^+通道的失活,延长Na^+通道保持开放的时间(Bloomquist,2015)。藜芦定引起的轴突膜去极化需要膜外有Na^+存在,并且其引发的轴突膜去极化还可引起多种神经递质的释放。

藜芦定和拟除虫菊酯类杀虫药剂同时作用于Na^+通道还具有增效作用(Bloomquist,2015)。

4.1.4 作用于配体门控氯离子通道的杀虫药剂

Cl^-通道是控制Cl^-进入细胞膜的最重要的阴离子通道。昆虫体内的Cl^-通道分为配体门控的Cl^-通道和电压门控的Cl^-通道两大类。已经明确配体门控Cl^-通道是多种杀虫药剂的重要靶标,但电压门控Cl^-通道作为杀虫药剂靶标的研究还很少。

昆虫体内的配体门控Cl^-通道主要有γ-氨基丁酸(gama-amino butyric acid,GABA)门控Cl^-通道(GABA-gated chloride channels)和谷氨酸门控Cl^-通道(glutamate-gated chloride channels,GluCls)两大类,也称为GABA受体和谷氨酸受体。

4.1.4.1 作用于GABA受体的杀虫药剂

GABA受体和烟碱型乙酰胆碱受体(nAChR)、5-羟色胺3型受体(5-HTT$_3$)、马钱子碱敏感的甘氨酸受体(GlyRs)及谷氨酸受体均属于半胱氨酸-环(cysteine-loop)超家族的离子型神经递质受体。半胱氨酸-环受体因其所有家族的亚基的胞外氨基末端都有由 2 个相邻的半胱氨酸通过二硫键相连形成的环状结构,因此得名(图 4.21)。每个受体由 5 个亚基对称排列,中间形成一个亲水性离子通道(图 4.21)。构成受体的不同亚基之间的同源性虽然一般仅有20%～40%,但其结构框架非常相似:①都含有 4 个以 α-螺旋形式横跨细胞膜的疏水区(M1～M4);②亚基的—NH₂ 末端是位于细胞外的长链的亲水区,含有由 2 个半胱氨酸通过二硫键形成的 β 环,同时还有多个构成 GABA 结合位点的天门冬酰胺糖基化部位;③与 M4紧密相连的较短的羧基末端分布于细胞外,M3 与 M4 之间具有较长的胞内连接。细胞膜内外两侧大量带正电的氨基酸残基形成离子通道口,起着阴离子滤膜的作用。5 个亚基的 M2共同构成了 Cl⁻ 进出细胞膜的通道,M2 中较多的苏氨酸和丝氨酸有利于 Cl⁻ 在通道内的流动;M1 部位脯氨酸的存在,使肽链能够弯曲,因此其在 Cl⁻ 通道的打开及关闭过程中起着关键作用(梁沛,2012)。

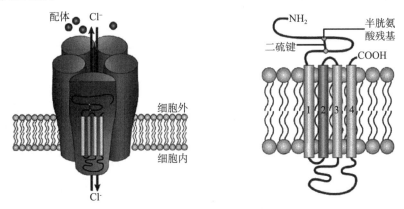

图 4.21　配体门控氯离子通道结构示意图(Raymond and Sattelle,2002)

GABA 受体的基本药理学性质就是对神经递质 GABA 做出反应。GABA 是一种抑制性神经递质。当神经冲动沿轴突传递到突触前膜时,突触前膜释放的 GABA 通过扩散作用与位于突触后膜或肌肉细胞膜上的 GABA 受体结合(通常需要 2 个 GABA 分子与受体结合),诱导受体构象发生变化,将大量带正电的氨基酸残基暴露在通道口,并改变 M1 的构型,此时通道开放,Cl⁻ 顺电化学梯度迅速进入膜内。Cl⁻ 的进入使细胞膜瞬间超极化,诱发抑制性突触后电位,神经系统的兴奋性下降。

在昆虫 GABA 受体上同时存在着激动剂、竞争性拮抗剂、非竞争性拮抗剂及变构调节剂等其他配体的结合位点,任何配体的结合都可能导致受体构象发生变化,从而改变受体与GABA 或其他配体的亲和力,影响 Cl⁻ 通道的功能。

作用于昆虫 GABA 受体的杀虫药剂主要有两大类,一类是氯离子通道阻断剂,包括木防己苦毒素(picrotoxin)、多氯环烷烃类(polychlorocyclohexanes)、环戊二烯类(cyclodiene)、苯并吡唑类(phenylpyrazoles)、异唑啉类(isoxazolines)和间位双酰胺类杀虫药剂(meta-diamides)等(图 4.22);另一类是氯离子通道激活剂,主要包括阿维菌素类的阿维菌素(abamectin)、甲氨基阿维菌素苯甲酸钠盐等(图 4.25)。

木防己苦毒素是 19 世纪就已经使用的一种天然的植物源杀虫药剂,其主要成分包括苦

亭(picrotin)和苦毒宁(picrotoxinin)。人们对 GABA 受体的研究最早就是从木防己苦毒素开始的,它也是最早发现的非竞争性 GABA 抑制剂,对 GABA 引起的 Cl^- 流具有拮抗作用,能产生过度兴奋的征象。

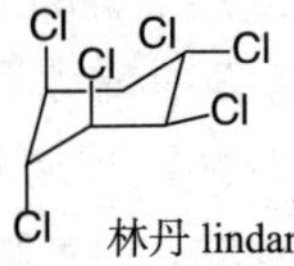

林丹 lindane
（88~270 mg/kg）

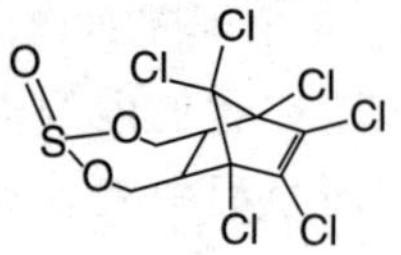

硫丹 endosulfan
（70 mg/kg）

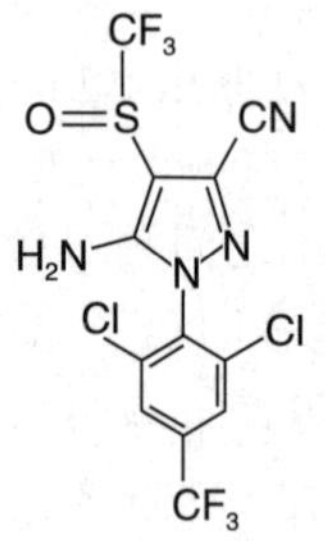

氟虫腈 fipronil
（经口 97 mg/kg，经皮>2 000 mg/kg）

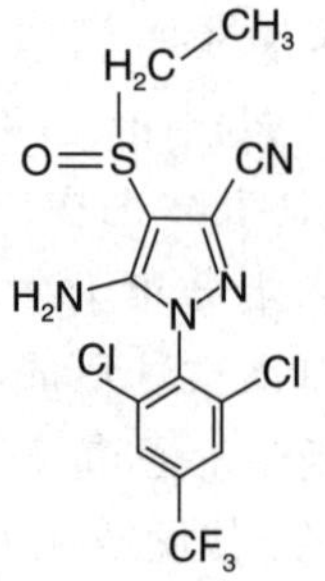

乙虫腈 ethiprole
（7 080 mg/kg）

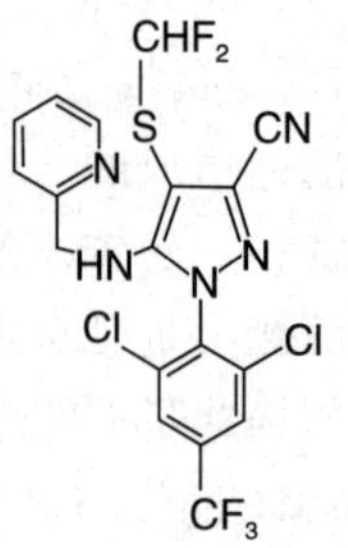

吡唑虫啶 pyriprole
（>300 mg/kg）

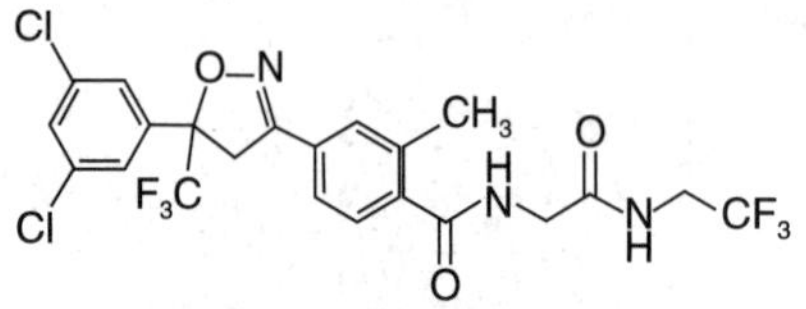

氟雷拉纳 fluralaner（>2 000 mg/kg）

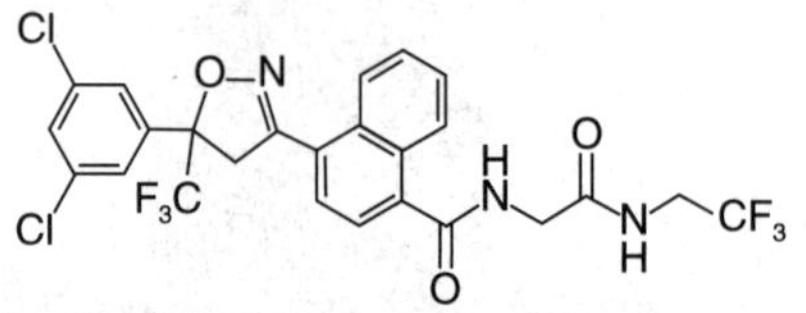

阿福拉纳 afoxolaner（>1 000 mg/kg）

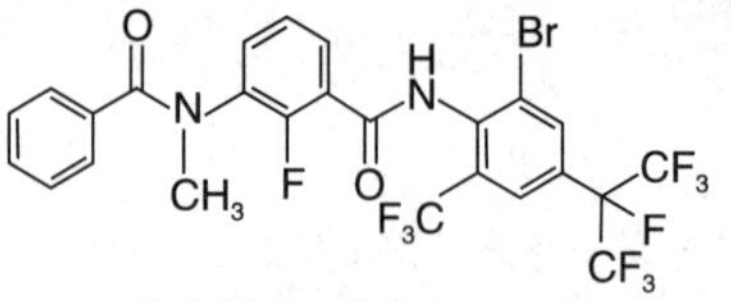

溴虫氟苯双酰胺 broflanilide

图 4.22　氯离子通道阻断剂(Bloomquist,2015)

多氯环烷烃类的林丹(即 γ-六六六,lindane)和环戊二烯类的硫丹(endosulfan)、七氯、艾氏剂、狄氏剂和氯丹等,是最早一批商品化的杀虫药剂,其中大部分种类因其在环境中残留期长,容易通过食物链在生物体内富集,对环境和非靶标生物危害较大等早已被禁用,只有林丹和硫丹一直在使用。从 1993 年开始,苯并吡唑类的氟虫腈(fipronil)、乙虫腈(ethiprole)和吡唑虫啶(pyriprole)以及芳基杂环类的 fiproles 等杀虫药剂开始应用,这些药剂的作用机制与多氯环烷烃类和环戊二烯类相似,但相较而言对高等动物的毒性明显降低。最新开发的具有杀虫杀螨活性的异唑啉类的氟雷拉纳(fluralaner)、阿福拉纳(afoxolaner)和 fluxametamide(这 3 种原来都作为兽药开发),以及间位双酰胺杀虫药剂溴虫氟苯双酰胺(broflanilide),其结构更为复杂,选择性也更高,对高等动物的毒性更低。其中异唑啉类和间位双酰胺类药剂与 *rdl* 抗性不存在交互抗性,有研究认为这 2 类药剂虽然也作用于 GABA 受体,但对氟虫腈抗性害虫也有效,因此,认为其作用机制可能与其他的 Cl^- 通道阻断剂不同。

上述 Cl^- 通道阻断剂主要作用于 GABA 受体,引起昆虫的过度兴奋和痉挛(图 4.23)。正常情况下,突触前膜释放的 GABA 与突触后膜上的 GABA 受体结合后,Cl^- 通道打开,Cl^-

进入膜内,引起神经膜的超极化,从而产生抑制性动作电位。而 Cl^- 通道阻断类杀虫药剂主要作为拮抗剂与 GABA 受体上的木防己苦毒素位点结合,使 GABA 不能激活 Cl^- 通道,不能产生正常的抑制性突触后电位,导致中枢神经系统过度兴奋,最终导致昆虫死亡。

图 4.24 显示了不同浓度的氟虫腈处理后,对非洲爪蟾卵母细胞中 GABA 诱导的 Cl^- 流的抑制作用,氟虫腈浓度越高,抑制作用越显著(Gant et al.,1998)。

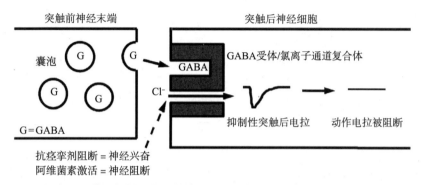

图 4.23　氯离子通道阻断剂和激活剂对 GABA 激发突触系统的影响(Bloomquist,2015)

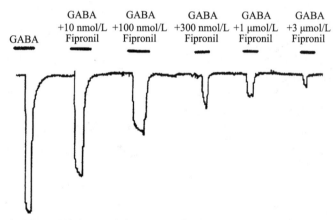

图 4.24　氟虫腈对非洲爪蟾卵母细胞中 GABA 诱导的 Cl^- 流的抑制作用响(Gant et al.,1998)

Chen 等(2006)筛选出 GABA 受体上 4 个可能与杀虫药剂结合密切相关的氨基酸,分别是 M2 区第 1,2,6,9 位的氨基酸(分别为 A、A、T 和 L);进一步通过分子模拟证明硫丹、林丹、氟虫腈和植物源的苦毒宁等能够与 M2 第 2 位的 A 和第 9 位的 L 结合并与第 6 位 T 的羟基形成氢键,同时与这 3 个氨基酸的取代烷基通过疏水作用阻断 Cl^- 通道。这一结论随后被 Nakao 等(2011)证实,他们发现氟虫腈对野生型灰飞虱 *Laodelphax striatellus* RDL 的 IC_{50} 只有 14 nmol/L,但对于 RDL 亚基的 M2 区第 2 位的 A 突变为 N 的氟虫腈抗性灰飞虱,即使用高达 10 μmol/L 的氟虫腈处理,对其 RDL 也没有抑制作用,证明该位点确实与氟虫腈与 GABA 受体的结合密切相关。

需要注意的是,氟虫腈因对蜜蜂和水生生物毒性很大,自 2009 年 7 月 1 日开始在我国禁用,其仅允许作为卫生杀虫剂、部分旱田种子包衣剂及专供出口的产品使用。硫丹也因为对高等动物高毒、在环境中稳定等,已经在 50 多个国家被禁用。我国自 2018 年 7 月 1 日起,撤

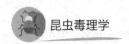

销所有硫丹产品的农药登记证，并于 2019 年 3 月 27 日起，禁止所有硫丹产品在农业上使用。

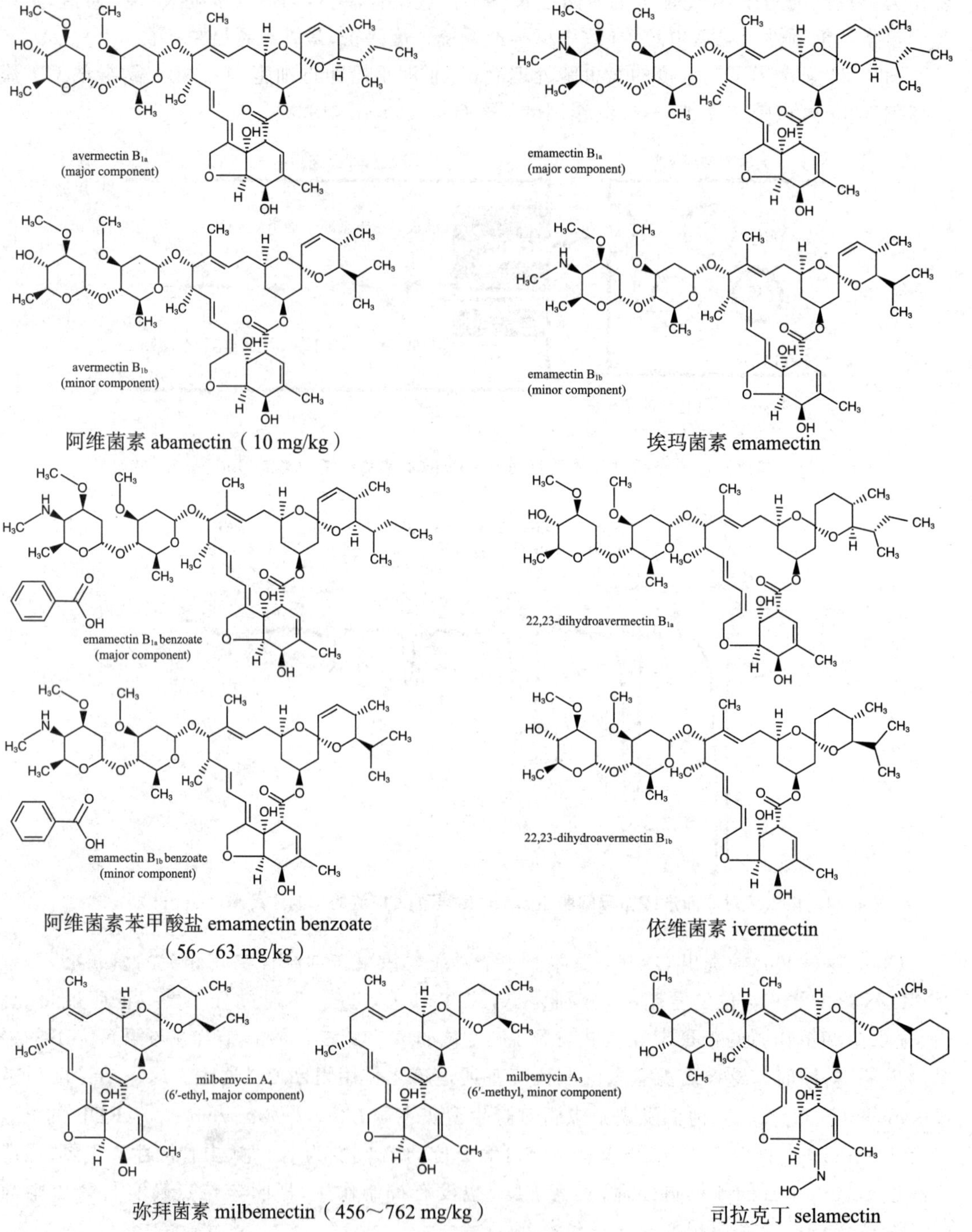

avermectin B₁ₐ
(major component)

emamectin B₁ₐ
(major component)

avermectin B₁ᵦ
(minor component)

emamectin B₁ᵦ
(minor component)

阿维菌素 abamectin（10 mg/kg）

埃玛菌素 emamectin

emamectin B₁ₐ benzoate
(major component)

22,23-dihydroavermectin B₁ₐ

emamectin B₁ᵦ benzoate
(minor component)

22,23-dihydroavermectin B₁ᵦ

阿维菌素苯甲酸盐 emamectin benzoate
（56～63 mg/kg）

依维菌素 ivermectin

milbemycin A₄
(6′-ethyl, major component)

milbemycin A₃
(6′-methyl, minor component)

弥拜菌素 milbemectin（456～762 mg/kg）

司拉克丁 selamectin

图 4.25　氯离子通道激活剂

1975 年，由美国新泽西州默克（Merck）公司的寄生虫学家 William Campbell 领导的团队，在对 4 万多份从世界各地获取的土壤样品进行抗生素筛选时，从日本北里研究所微生物学家大村智(Satoshi Ōmura)提供的一份土样中发现了阿维菌素,并将产生阿维菌素的土壤链霉菌命名为阿维链霉菌 *Streptomyces avermitilis*。阿维菌素是阿维链霉菌的天然发酵产物,属于大环内酯类物质,具有强大的杀虫、杀螨、杀线虫活性。其以胃毒作用为主,兼具触杀作用。因最初发现阿维菌素对动物肠道寄生虫有很好的防治效果,1981 年首先作为兽药登记,1985 年作为农药投放市场。

阿维菌素类药剂主要包括农药和兽药两大类。最早作为农药和兽药应用的都是阿维菌素(abamectin),其主要有效成分是阿维菌素 B$_{1a}$,次要成分为 B$_{1b}$。但因其对哺乳动物口服毒性很高,从安全角度考虑,科学家们通过对阿维菌素的结构进行修饰,得到了半合成的伊维菌素(ivermectin)和埃玛菌素(emamectin)。伊维菌素因其更高的安全性和稳定性作为兽药推广。埃玛菌素因其具有比阿维菌素更广的杀虫谱和对鳞翅目害虫更高的杀虫活性而作为农药应用。埃玛菌素在我国称为甲氨基阿维菌素(abamectin-aminomethyl),具有酯和盐 2 种形式,目前市场上应用的主要为甲氨基阿维菌素苯甲酸盐(emamectin benzoate)。虽然阿维菌素和埃玛菌素对哺乳动物高毒,但因其使用后能穿透植物叶片、对靶标害虫具有很高的胃毒活性及易光解等特点,所以符合害虫生物防治(integrated pest management,IPM)的要求。另外,虽然原药高毒,但田间实际使用浓度很低,所以对高等动物也比较安全。后来开发的杀虫杀螨剂弥拜菌素(milbemecins)和兽药司拉克丁(selamectin)对高等动物的毒性也都明显降低(图 4.25)。

阿维菌素类药剂引起哺乳动物中毒后,首先表现为过度兴奋、颤抖和不协调,然后为共济失调,并呈昏迷状睡眠(coma-like sedation)状态;而昆虫和线虫中毒后主要表现为共济失调和麻痹,很少或没有过度兴奋现象。这类药剂对 GABA 受体的作用与 GABA 类似,即可激活 GABA 受体,但这种激活不可逆,可使 Cl$^-$ 通道持续开放,抑制兴奋性动作电位(图 4.22)。

4.1.4.2　作用于谷氨酸门控氯离子通道的杀虫药剂

昆虫的谷氨酸门控 Cl$^-$ 通道(GluCl)也称谷氨酸受体,也属于半胱氨酸-环超家族,在神经系统和肌肉系统均有分布。其基本结构与 GABA 门控氯离子通道类似,每个通道由 5 个亚基组成,其中心形成离子通道;每个亚基有 1 段 N 端胞外区域,该区域包含神经递质(谷氨酸)的结合位点和 4 个跨膜的 α 螺旋结构(M1-M4)。但和 GABA 门控氯离子通道明显不同的是,谷氨酸门控 Cl$^-$ 通道在 N 端胞外区域有 2 个半胱氨酸-环。和 GABA 门控 Cl$^-$ 通道一样,谷氨酸与谷氨酸门控 Cl$^-$ 通道受体结合激活 Cl$^-$ 通道,随即激发向内的 Cl$^-$ 流,使膜电位超极化并保持静止状态。谷氨酸门控 Cl$^-$ 通道只存在于昆虫和线虫等无脊椎动物中。

在昆虫中,氟虫腈等 Cl$^-$ 通道阻断剂除了阻断 GABA 门控的 Cl$^-$ 通道之外,还可阻断谷氨酸门控 Cl$^-$ 通道;而阿维菌素类 Cl$^-$ 通道激活剂不仅能激活 GABA 门控的 Cl$^-$ 通道,同样也可激活谷氨酸门控 Cl$^-$ 通道。大量研究表明,阿维菌素类药剂作用于谷氨酸门控 Cl$^-$ 通道,一是可以使通道直接打开,二是可以增强谷氨酸与受体的作用。虽然可以直接打开通道,但其速度远低于与正常配体结合后打开的速度;一旦打开 Cl$^-$ 通道,则长时间保持开放状态,最终阻断神经信号的传导(Lynagh and Lynch,2012)。Wolstenholme(2012)对谷氨酸门控 Cl$^-$ 通道的结构及伊维菌素的作用机制做了综述。对由秀丽隐杆线虫 *Caenorhabditis elegans* GLC-1 亚基构成的同源五聚体 Cl$^-$ 通道的研究表明,伊维菌素的结合位点位于组成通道的相邻 2 个亚基的 M1 和 M3 之间,伊维菌素与该位点结合后,通过与 M2 和 M3 之间的胞外连接

环（M2/M3 loop）作用，改变谷氨酸结合位点的构象；并通过与构成 Cl⁻ 孔道的 M2 的互作，Cl⁻ 通道可维持长时间的开放状态。图 4.26 显示了所有可能的伊维菌素的结合位点。虽然需要多少个伊维菌素分子与通道结合才能使其打开尚不清楚，但可以肯定需要多个分子。

谷氨酸门控 Cl⁻ 通道仅在昆虫和线虫等部分无脊椎动物中发现，脊椎动物中尚未发现，因此，作用于谷氨酸门控 Cl⁻ 通道的杀虫药剂对谷氨酸门控 Cl⁻ 通道正常生理功能的影响，可能使其对昆虫具有更高的毒力。以谷氨酸门控 Cl⁻ 通道为靶标，可以研发选择性更高的、更符合绿色植保理念的新型杀虫药剂。

尽管只需纳摩尔级的伊维菌素就可激活昆虫等无脊椎动物的谷氨酸门控 Cl⁻ 通道，但高浓度（微摩尔级）的伊维菌素对脊椎动物烟碱型乙酰胆碱受体、GABA 受体及甘氨酸受体等半胱氨酸-环家族的受体都有激活或调控作用（Lynagh and Lynch，2012）。

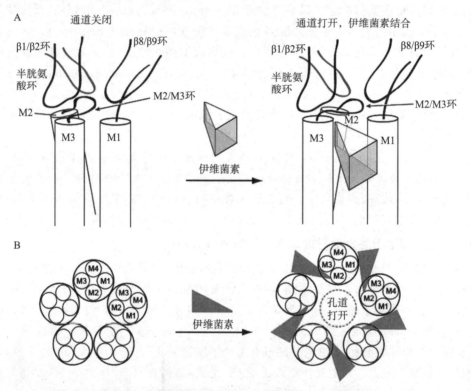

图 4.26　伊维菌素激活谷氨酸门控 Cl⁻ 通道的机制（Wolstenholme，2012）

注：伊维菌素分子从通道相邻 2 个亚基的 M1 和 M3 之间插入通道，将通道打开，并通过与 M2-M3 胞外连接环及其他胞外部分接触，将通道的变构信息传递配体结合位点。A. 侧视图；B. 俯视图。

4.1.5　作用于乙酰胆碱酯酶的杀虫药剂

4.1.5.1　乙酰胆碱酯酶概述

乙酰胆碱酯酶是催化水解神经递质乙酰胆碱的重要水解酶，对于维持正常的神经信号传导必不可少。在胆碱激性突触传导中，由突触前膜释放的乙酰胆碱通过突触间隙与突触后膜上的乙酰胆碱受体结合，激活位于乙酰胆碱受体中心的 Na⁺ 通道，在突触后膜上产生 1 个动作电位,从而完成突触传导。乙酰胆碱在激活乙酰胆碱受体后立即与受体分离,在乙酰胆碱酯酶的作用下水解为乙酸和胆碱,分别由突触前膜和其他组织吸收后,在突触前膜内重新合成乙酰胆碱备用。如果一个神经冲动传导完成后,与受体分离的乙酰胆碱及扩散到突触间隙中的乙酰胆碱不能被及时水解,则会持续刺激乙酰胆碱受体,造成神经的长期过度兴奋,最终阻断神经传导。

自 Dale 1914 年首次从马血清中制备得到胆碱酯酶的粗提物开始,人们对胆碱酯酶的认识就在不断加深中。胆碱酯酶属于丝氨酸水解酶超家族中的一个家族,分布广泛,具有丰富的多样性。不同动物中胆碱酯酶的底物特异性及其对抑制剂的敏感度都有差异。根据对底物水解能力的不同,脊椎动物中的胆碱酯酶可分为两大类:以乙酰胆碱等乙酰酯类为最适底物的称为乙酰胆碱酯酶;以丁酰胆碱(butyrylcholine)等为最适底物的则称为丁酰胆碱酯酶(butyrylcholinesterase,BChE)。丁酰胆碱酯酶也称为假胆碱酯酶(pseudocholinesterase)、非特异性胆碱酯酶(non-specific cholinesterase)等。这两大类胆碱酯酶在进化上虽然关系接近,但有明显区别。①AChE 的最适底物是乙酰胆碱,其水解乙酰胆碱的速度比其他任何胆碱都要快,但不能水解丁酰胆碱,而 BChE 水解的最佳底物是丁酰胆碱;②AChE 存在底物过量反馈抑制现象,但 BChE 不存在;③这 2 种酶的专一性抑制剂不同:AChE 的专一抑制剂是 BW284C51 和 GD-42,而 BChE 的专一抑制剂为四异丙基焦磷酰胺(iso-OMPA)、爱普杷嗪(ethopropazine hydrochloride)和 GT-106(鲁艳辉,2011);④AChE 主要分布在神经组织内,BChE 则主要分布于血清及肝脏中,肌肉和脑组织中仅有少量 BChE 存在。昆虫中目前只发现了乙酰胆碱酯酶,但兼有脊椎动物中乙酰胆碱酯酶和丁酰胆碱酯酶 2 种酶的特点。

乙酰胆碱酯酶由 *ace* 基因编码,目前,在脊椎动物中只发现 1 种 *ace* 基因。在昆虫中,最早于 1986 年在黑腹果蝇中发现了 1 种 *ace* 基因(Hall and Spierer,1986),此后一直认为昆虫中只有 1 种 *ace* 基因。2002 年,Gao 等在麦二叉蚜 *Schizaphis graminum* 中发现了第二个 *ace* 基因序列,即 *ace*1。此后陆续发现在很多昆虫中均存在 *ace*1 和 *ace*2 2 个编码乙酰胆碱酯酶的基因,包括冈比亚按蚊 *Anopheles gambiae*、尖音库蚊 *Culex pipiens*、埃及伊蚊 *Aedes aegypti*、德国小蠊 *Blattella germanica*、桃蚜 *Myzus persicae*、棉蚜 *Aphis gossypii*、臭虫 *Cimex lectularius*、书虱 *Liposcelis paeta* 和家蚕 *Bombyx mori* 等。但黑腹果蝇和家蝇 *Musca domestica* 仅有 *ace*2 1 种基因。其中,*ace*1 是编码昆虫突触乙酰胆碱酯酶的主要基因(Alout et al.,2007;Lee et al.,2007)。

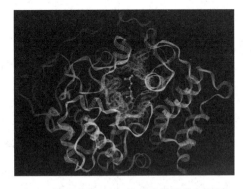

图 4.27　电鳐乙酰胆碱酯酶的连续剖面图
(Dvir et al.,2010)

注:粉红色的棍状及点面结构为 14 个保守的芳香族氨基酸残基,橘色的球棍状结构为与活性中心结合的 ACh。

4.1.5.2　乙酰胆碱酯酶的功能位点

Sussman 等(1991)首次报道了电鳐乙酰胆碱酯酶催化亚基晶体的 X 射线衍射图谱(图 4.27,另见彩图 1)。该催化亚基由 14 个 α 螺旋和 12 个 β 折叠组成,外观呈椭圆形,大小为4.5 nm×6.0 nm×6.5 nm。α 螺旋和 β 折叠在晶体中的含量分别为 15% 和 30%。β 折叠位于球形分子的中央,周围的 α 螺旋将其包围。该分子结构最明显的一个特征就是在球形分子

的表面有一向内凹陷、深而窄的谷(gorge),深达 2 nm,几乎是酶分子的一半。AChE 的活性中心就位于这个内陷的沟内,因而,这个谷也称为活性位点谷(active site gorge)(图 4.28,另见彩图 2)。在活性位点谷的不同部位分布有几个与 AChE 的功能密切相关的位点,现分别介绍如下。

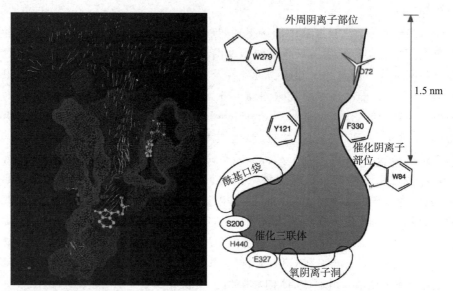

图 4.28　电鳐乙酰胆碱酯酶活性位点结构图(Silman and Sussman,2008;Dvir et al.,2010)

注:左,紫色为 AChE 分子,绿色为静电场矢量;催化三联体 Ser200、Glu327 和 His440 分别表示为黄色、橘色和红色;外周阴离子部位的 Trp279 和靠近催化三联体的阴离子部位的 Trp84 显示为白色。

(1)活性中心(active site)。即酯动部位(esteratic site),位于逐渐变宽的谷底,也称为催化中心,主要由第 200 位的丝氨酸(Ser200)、第 327 位的谷氨酸(Glu327)和第 440 位的组氨酸(His440)组成,因此,这 3 个氨基酸也称为催化三联体(catalytic triad)。催化三联体以氢键相连,使 Ser200 变得更为亲核,攻击 ACh 的羰基碳,形成乙酰化酶,并迅速去乙酰化。

(2)阴离子亚位点(anionic subsite)。又称胆碱结合位点(choline binding site),由色氨酸Trp 84、酪氨酸 Tyr330、酪氨酸 Tyr442 3 个芳香族氨基酸和第 199 位的谷氨酸(Glu199)共同构成了乙酰胆碱酯酶活性中心底物与酶的结合部位。阴离子亚位点通过识别底物 ACh 的季铵基团并与之结合,催化三联体将其水解。Trp84 在所有已知的胆碱酯酶氨基酸序列中高度保守,对于稳定酶-底物复合物起着至关重要的作用。第 330 位酪氨酸的芳香环对稳定酶-底物复合物也很重要。对 Trp84、Tyr330 和 Tyr442 3 个芳香族氨基酸中的任何一个进行定向突变都会显著降低底物与乙酰胆碱酯酶的亲和力及酶的活性。

(3)外周阴离子位点(peripheral anionic site,PAS)。位于谷的入口处,具有椭球形分子的外表面,由带负电荷的酪氨酸 Tyr70、酪氨酸 Tyr71、色氨酸 Trp279 和天冬氨酸 Asp72 组成。氨基酸定点突变研究表明,不同的配体在外周阴离子部位的结合位点不同,但所有配体结合位点中均包含 Asp72 和 Trp279,这 2 个氨基酸的突变可影响配体与外周阴离子部位的结合。关于外周阴离子位点的作用目前还不太清楚,它可能有助于提高乙酰胆碱酯酶的催化效率:即乙酰胆碱进入活性中心之前,先通过静电引力与外周阴离子部位结合,然后顺势滑入谷内并进一步扩散到活性中心,从而加速底物与活性中心的结合过程。不过外周阴离子位点也有可能涉及起始复合物的形成并促进底物向谷底转移。

(4)酰基口袋(acyl pocket)。位于谷内壁一侧的 2 个苯丙氨酸(Phe288 和 Phe290)构成了 AChE 的酰基口袋。这 2 个苯丙氨酸的侧链伸向活性中心,限制了活性中心的空间范围,从而限制结构较大的底物或配体进入活性中心。Phe288 和 Phe290 的突变可导致 AChE 对 ACh 的催化活性有所下降,但对丁酰胆碱的催化活性却显著增强。

(5)氧阴离子洞(oxyanion hole)。位于谷的底部,由甘氨酸 Gly118、甘氨酸 Gly119 和丙氨酸 Ala201 的主链氮原子与羰基氧互相作用,以及酯键的氧与 His440 的咪唑基互相作用共同构成。Gly119 作为底物结合位点阴离子亚位点的成分,与底物中四甲基的碳原子或胆碱的 α-碳原子紧密接触。它突变成 Glu 对动力学参数影响不大。Gly119 可能直接或通过水分子与 Glu443 形成氢键。

(6)谷的内表面。由 14 个疏水性芳香族氨基酸残基的芳香环组成,包括 5 个酪氨酸 Tyr(Tyr70、Tyr121、Tyr130、Tyr334 和 Tyr442)、5 个色氨酸 Trp(Trp80、Trp114、Trp233、Trp279 和 Trp432)和 4 个苯丙氨酸 Phe(Phe288、Phe290、Phe330 和 Phe331),这 14 个疏水性芳香族氨基酸残占组成谷内表面氨基酸残基的 40%(图 4.27)。它们在 AChE 与底物结合过程中发挥着重要作用,主要功能是加速底物向活性中心扩散,即一旦乙酰胆碱被吸引到谷口,立即沿谷内表面带负电的芳香族氨基酸快速移动至谷底的活性位点,这称为芳香族引导(aromatic guidance)机制。类似的,被水解释放出的胆碱分子也可以迅速移出,从而使酶具有极高的催化效率。

4.1.5.3　乙酰胆碱酯酶的功能

乙酰胆碱酯酶最经典的生理功能就是在胆碱激性突触中,水解突触前膜释放的过多乙酰胆碱,以及与乙酰胆碱受体结合完成了突触传导的乙酰胆碱,避免其结合在乙酰胆碱受体上引起突触后膜细胞的持续兴奋,保持突触间隙畅通,为下一个神经冲动的传导做准备。

乙酰胆碱酯酶水解乙酰胆碱的反应可分为 3 步。第一步,ACh 分子中的季铵氮所带正电荷与 AChE 的阴离子部位所带的负电荷通过静电引力结合,而 ACh 分子中亲电的羰基碳原子与 AChE 酯动部位的丝氨酸羟基以共价键形式结合,形成 AChE-ACh 复合物。同时由于咪唑基的氮带有 2 个多余的电子可以吸引丝氨酸羟基的质子,使氧原子更容易和 ACh 亲电中心的碳结合。第二步,酯动部位羟基上的氢原子通过氢键的形成转移至乙酰胆碱的胆碱部分,之后胆碱被释放出来,而乙酸部分与 AChE 形成乙酰化 AChE。这一过程被称作 AChE 的乙酰化。第三步,乙酰化的 AChE 经水解释放出乙酸,AChE 恢复活性。去乙酰化作用仅需几 ms,因此该酶能很快再结合并水解下一个乙酰胆碱分子。

乙酰胆碱酯酶水解乙酰胆碱的过程如下(图 4.29):

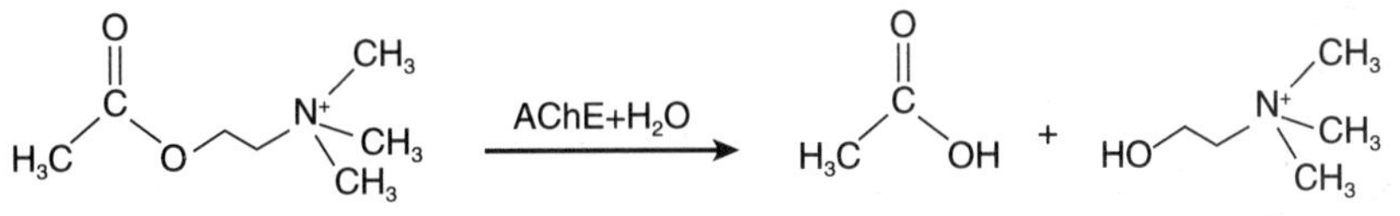

图 4.29　AChE 对乙酰胆碱的水解(Silman and Sussman,2008;Dvir et al.,2010)

除了水解乙酰胆碱这一经典功能,AChE 还具有很多"非经典"功能,主要涉及神经突发生(neuritogenesis)、突触发生(synaptogenesis)、多巴胺神经元的活化(activation of dopamine neurons)、淀粉样纤维聚集(amyloid fibre assembly)、造血和血栓形成(haematopoiesis and thrombopoiesis)(Soreq and Seidman,2001)及卵巢发育(鲁艳辉,2011)等多个方面。据分析,AChE 的这些"非经典"功能可能与其外周阴离子位点介导的蛋白质之间的相互作用有关(张千和王取南,2008)。

4.1.5.4 有机磷酸酯类及氨基甲酸酯类杀虫药剂的作用机制

作用于昆虫乙酰胆碱酯酶的杀虫药剂主要有有机磷酸酯和氨基甲酸酯两大类。

1.有机磷酸酯类杀虫药剂

有机磷酸酯类杀虫药剂简称有机磷杀虫药剂。从 1939 年开始到现在,已经成功开发出 150 多种有机磷杀虫药剂,是发展速度最快的一类药剂。根据化学结构,有机磷酸酯类杀虫药剂可以分为很多亚类,图 4.30 只列出了其中一些主要类型或种类。在众多品种中,毒死蜱、久效磷、甲基对硫磷、对硫磷、甲胺磷、乙酰甲胺磷、乐果、氧化乐果、特丁磷、杀螟硫磷、二嗪磷、甲拌磷、倍硫磷、杀扑磷、马拉硫磷、地虫硫磷、丙溴磷、敌敌畏、敌百虫、辛硫磷等 20 个品种一直发挥着重要作用,占整个有机磷杀虫药剂的绝大部分市场。

图 4.30　有机磷酸酯类杀虫药剂的主要结构及其与乙酰胆碱酯酶的作用(Bloomquist,2015)

但有机磷杀虫药剂的急性毒性问题一直困扰着人们,尤其是一些剧毒、高毒品种在我国一些地方普遍使用,造成农产品中农药残留超标,从而导致我国出口产品频遭各国绿色壁垒"封杀"。因此,我国自 2007 年 1 月 1 日起,全面禁止甲胺磷、对硫磷、甲基对硫磷、久效磷和磷胺 5 种高毒有机磷杀虫药剂在农业上使用。

2.氨基甲酸酯类杀虫药剂

1864 年从生长于西非的豆科植物毒扁豆 *Physostigama benenosun* 中分离出的对高等动物剧毒的毒扁豆碱(eserine)是首次发现的天然氨基甲酸酯类化合物。1951 年 Geigy 公司人工合成了第一个氨基甲酸酯类杀虫药剂——地麦威(dimetan),并于 1956 年上市。此后,又相继开发出了涕灭威、灭多威、速灭威等近 50 个氨基甲酸酯类杀虫药剂(图 4.31)。由于其具有广谱、低毒、价廉等特点,一度成为继有机磷杀虫药剂之后的第二大类杀虫药剂,直到 20 世纪 90 年代中期才被拟除虫菊酯类杀虫药剂超越。灭多威、抗蚜威、涕灭威、异丙威、速灭威、仲丁威、硫双威、克百威和丁硫克百威等品种在我国一直应用较多,但同样面临高毒品种(如克百威、灭多威等)的替代问题。

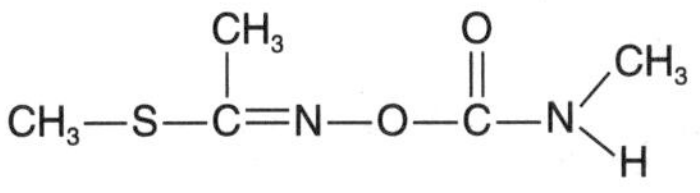

灭多威 methomyl
（30 mg/kg，经皮>2 000 mg/kg）

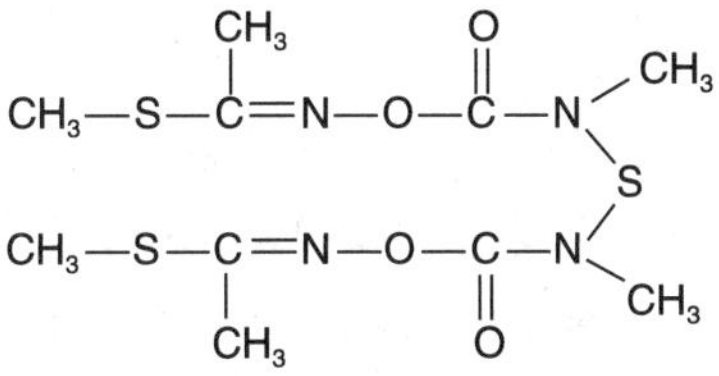

硫双威 thiodicarb
（66～120 mg/kg）

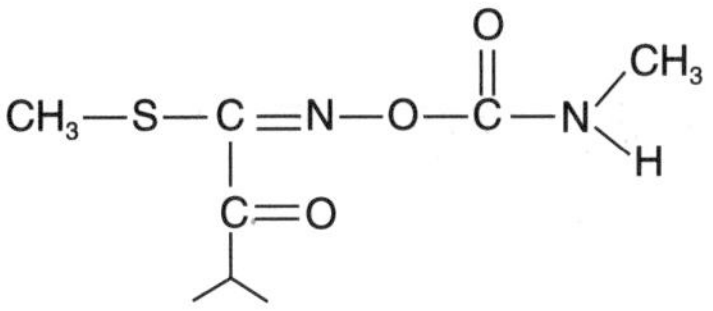

杀线威 oxamyl
（2.5 mg/kg，经皮：5 027 mg/kg）

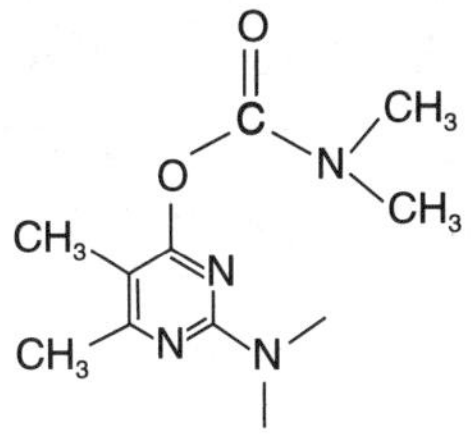

抗蚜威 pirimicarb
（142 mg/kg，经皮 >2 000 mg/kg）

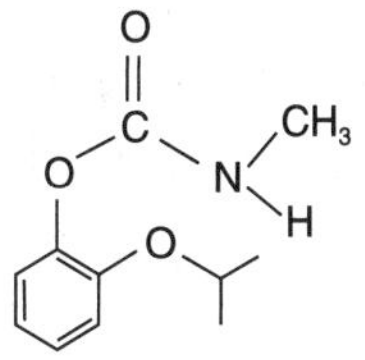

残杀威 propoxur
（50 mg/kg）

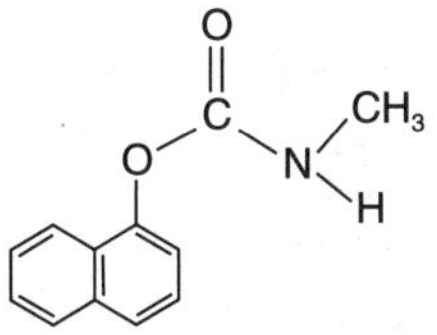

西维因 carbaryl
（264 mg/kg）

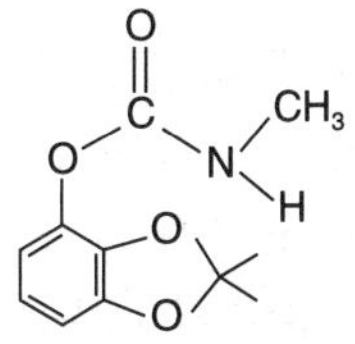

恶虫威 bendiocarb
（25～156 mg/kg）

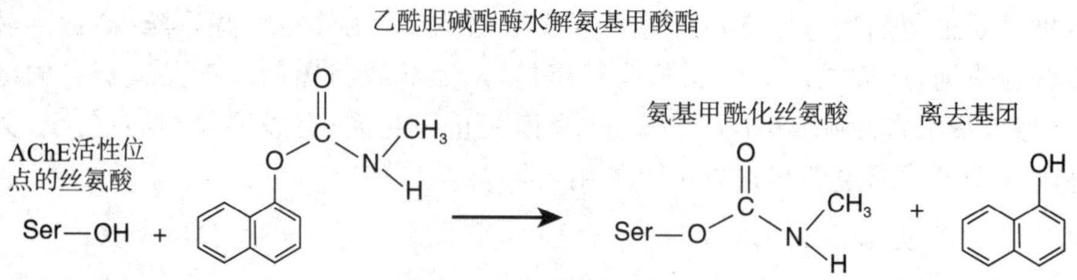

乙酰胆碱酯酶水解氨基甲酸酯

AChE活性位
点的丝氨酸

氨基甲酰化丝氨酸　　离去基团

Ser—OH　+　　　　　　　→　　　　Ser—O　　　　+

图4.31　氨基甲酸酯类杀虫药剂的主要结构及其与乙酰胆碱酯酶的作用（Bloomquist,2015）

有机磷类和氨基甲酸酯类杀虫药剂都是通过抑制中枢神经系统中的乙酰胆碱酯酶的活性而发挥杀虫作用的。这2类杀虫药剂与乙酰胆碱类似,都可作为底物与乙酰胆碱酯酶结合并发生水解反应。乙酰胆碱酯酶和这2类化合物的反应过程可分为以下3步(图4.32)。

(1)形成复合体。即AChE与有机磷酸酯类或氨基甲酸酯类杀虫药剂结合形成复合体。这对有机磷酸酯的活性发挥不太重要,因为它主要是看磷原子(P)的亲电性。但对氨基甲酸酯来说,与酶形成复合体非常重要,它的活性与酶的亲和力成正相关,亲和力越大,活性也越大。即 K_d (解离常数)值($K_d = K_{-1}/K_{+1}$)越小,它与乙酰胆碱酯酶的亲和力越大,活性也越大。

(2)酰化反应(磷酰化或氨基甲酰化反应)。即在乙酰胆碱酯酶的作用下,有机磷酸酯或氨基甲酸酯药剂分子水解释放出醇的部分(即离去基团,leaving group),其酸的部分与乙酰胆碱酯酶分别发生磷酰化或氨基甲酰化反应,形成磷酰化或氨基甲酰化乙酰胆碱酯酶。有机磷酸酯的磷酰化对乙酰胆碱酯酶活性的抑制能力与其分子中磷的正电性成正比,即磷的正电性强其亲电性就强,因而对酶的抑制能力也就强。不同有机磷和氨基甲酸酯类药剂对乙酰胆碱酯酶的抑制能力不同,多数在 10^{-6} mol/L时,在5～50 min内可完全抑制AChE。抑制能力一般用 I_{50} 来表示。 I_{50} 为抑制中浓度,即在一定时间(t)内抑制酶活性的50%所需要的药剂浓度。 I_{50} 值越小,说明药剂对酶的抑制能力越强。还可以用双分子速率常数 $K_i = K_2/K_d$ 表示,即抑制强度等于磷酰化速率常数除以解离常数(即亲和力常数)。 K_i 越大,表明药剂对酶的抑制能力越强。有关乙酰胆碱酯酶动力学及抑制动力学参数的计算可参考郭晶等(2007)发表的文章。

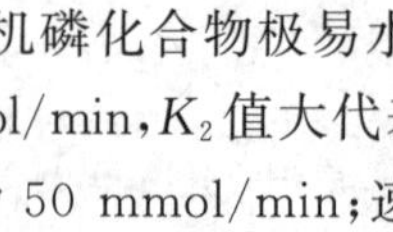

有机磷酸酯的通式

如上述有机磷酸酯的通式所示,R是供电基团,主要是甲基或乙基,对P的亲电性影响不大,因此主要是X基团改变P的亲电性。X的亲电性强,会使P的亲电性变强,对酶的抑制活性就会变强。但亲电性过强会使有机磷化合物极易水解,因此 K_2 有一个最适值。

一般 K_2 的单位为mmol/min或mol/min, K_2 值大代表反应速度快。氨基甲酸酯一般 K_2 为1～5 mmol/min;有机磷酸酯一般 K_2 为50 mmol/min;速度最快的一般 K_2 为126 mmol/min。一般有机磷酸酯反应速率比氨基甲酸酯快, K_2 值一般大10～50倍。

(3)酶的恢复或复活。磷酰化或氨基甲酰化乙酰胆碱酯酶水解脱去酸的部分,使酶恢复活性,也称去磷酰化或去氨基甲酰化。其中,去磷酰化速率非常缓慢,往往需要几天甚至几周。该恢复速率取决于有机磷酸酯类杀虫药剂中R取代基的化学构成。二甲基磷酰化

AChE 的恢复速率就相对迅速。如二乙基磷酰化 AChE 的活性恢复一半需要 500 min，二甲基磷酰化 AChE 恢复一半只需要 80 min，而二异丙基磷酰化 AChE 的恢复时间几乎可以忽略（Matsumura，1985）。根据 R 取代基的不同，鼠脑 AChE 恢复速率从大到小排序为：二甲基＞二乙基＞二丙基＞二异丙基＝二异丙基氨基（Gallo and Lawryk，1991）。因此，有机磷杀虫药剂被认为是 AChE 的不可逆抑制剂。因为，磷酰化 AChE 不能水解乙酰胆碱，从而导致其在突触间隙大量累积并长时间与突触后膜上的烟碱型乙酰胆碱受体（nAChR）结合，产生大量的神经冲动。

　　有机磷杀虫药剂主要作用于中枢神经系统，中毒征象主要表现为躁动不安、过度兴奋、颤抖、抽搐、麻痹等。

　　氨基甲酸酯类杀虫药剂的作用方式与有机磷类杀虫药剂相似（图 4.32）。氨基甲酸酯类杀虫药剂先与乙酰胆碱酯酶反应形成氨基甲酰化的 AChE，然后经由水解作用去氨基甲酰化。氨基甲酸酯类杀虫药剂也作用于中枢神经系统，并且中毒征象与有机磷类杀虫药剂类似。但与有机磷杀虫药剂不同的是，AChE 的去氨基甲酰化速度较快，一般仅需几分钟，因而氨基甲酸酯类杀虫药剂被认为是 AChE 的可逆性抑制剂。

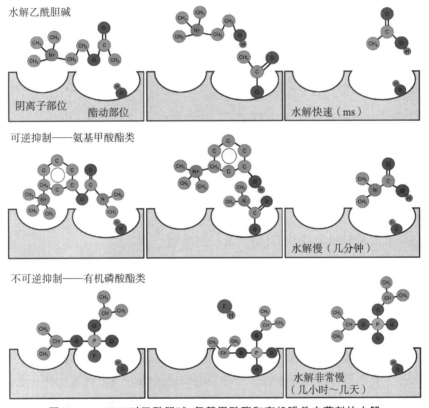

图 4.32　AChE 对乙酰胆碱、氨基甲酸酯和有机磷杀虫药剂的水解

　　有机磷杀虫药剂引起的哺乳动物中毒的征象一般包括肌肉抽搐、小便失禁、极度虚弱、流涎、麻痹和腹泻，严重者全身震颤。氨基甲酸酯类引起的中毒征象与有机磷杀虫药剂引起的基本一致。这 2 类杀虫药剂对人类红细胞 AChE 活性具有中等程度的抑制作用（15％～

36%)即可导致轻微到严重中毒。

有机磷酸酯类和氨基甲酸酯类杀虫药剂中毒后,推荐使用阿托品(atropine)进行解毒。阿托品与乙酰胆碱一起竞争乙酰胆碱受体上的结合位点并形成阿托品-受体复合物,从而抑制乙酰胆碱与受体结合,减少突触后膜上神经冲动的产生。解磷定(pyridine-2-aldoxime me-thiodide,2-PAM)也是一种有机磷杀虫药剂中毒的解毒剂,它能与结合在 AChE 上的烷基磷酸酯反应,使其与 AChE 脱离,从而恢复 AChE 活性。解磷定不是氨基甲酸酯类杀虫药剂中毒的解毒剂,因为 AChE 的去氨基甲酰化速度非常快。这 2 种不同作用方式的解毒剂混用会有增效作用,如单独使用阿托品可使对氧磷对小鼠的致死剂量增加约 2 倍,单独使用解磷定可使对氧磷的致死剂量增加 2～4 倍,但当阿托品和解磷定联合使用时,要达到同样的死亡率,剂量须增加 128 倍(Yu,2015)。有机磷杀虫药剂中毒后,解磷定解毒的效果主要取决于施用时间,施用越早解毒效果越好。

磷酰化的 AChE 更倾向于转变为一种不被肟重新激活的状态。这种现象称为老化(aging),即二烷基磷酰化 AChE 失去一个烷基而产生一个对肟等亲核试剂不敏感的磷酸盐阴离子(图 4.33)。一旦磷酰化的 AChE 发生老化,杀虫剂对老化的 AChE 的抑制就不可逆了(Costa,2008)。氨基甲酰化的 AChE 则

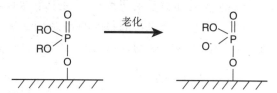

图 4.33 磷酰化乙酰胆碱酯酶的老化(Yu,2015)

不会发生老化,氨基甲酰化酶的恢复,也就是表示 AChE 的去氨基甲酰化这一步相当快。

4.1.6 作用于乙酰胆碱受体的杀虫药剂

前面已经提到,乙酰胆碱受体(AChR)属于半胱氨酸-环超家族的成员,是一种酸性糖蛋白,主要位于突触后膜上,其主要功能是受突触前膜释放的神经递质乙酰胆碱激活,可调控与 AChR 耦联的离子通道开放,使细胞膜外的 Na^+ 流入膜内,造成突触后膜去极化,在后膜上引发一个动作电位,从而完成神经冲动在神经细胞之间的传导。

4.1.6.1 乙酰胆碱受体的类型、结构及门控机制

1. 乙酰胆碱受体的类型

根据乙酰胆碱受体对天然生物碱蕈毒碱(muscarine)和烟碱(nicotine,即尼古丁)药理学反应的不同,脊椎动物的乙酰胆碱受体主要分为烟碱型乙酰胆碱受体(nicotinic AChR,nAChR)和蕈毒碱型乙酰胆碱受体(muscarinic AChR,mAChR)。昆虫中同样也存在 nAChR 和 mAChR 2 种类型的受体。nAChR 属于离子型乙酰胆碱受体,主要分布于脑、神经节等中枢神经系统中,主要作用为调控兴奋性神经冲动的快速传递。因为烟碱能够与其紧密结合并将其激活,所以被称为 nAChR。α-管箭毒(在骨骼肌中)或六甲镓(在自主神经节中)则可抑制 nAChR 正常生理功能。mAChR 属于促代谢型乙酰胆碱受体,与 G 蛋白耦联,配体与 mAChR 结合后,通过 G 蛋白引起一系列的级联反应,从而调控细胞膜的离子通透性。mAChR 可被蕈毒碱特异性激活,而被阿托品抑制。在肌肉系统中,一般平滑肌中的受体为 mAChR,骨骼肌中的受体是 nAChR。

此外,在家蝇头部还发现了一种蕈毒酮样(muscaronic type)乙酰胆碱受体,它由蕈毒酮所激活。蕈毒酮是一种十分特殊的激活剂,它对 nAChR 和 mAChR 同样有效,但它对蕈毒酮样乙酰胆碱受体的亲和力更强。被激活的蕈毒酮样乙酰胆碱受体,不但能被烟碱、α-管箭毒和六甲镓等烟碱类药物所抑制,也可被阿托品和芸香果碱等蕈毒碱类药物抑制,甚至非胆碱激性药物如毒扁豆碱(eserine)、安非他明(amphetamine)和酪胺(tyramine)对其也有明显抑制作用。这 3 类药物在蕈毒酮样乙酰胆碱受体上的作用部位相同,这说明它们的作用机制相同。

蕈毒酮样乙酰胆碱受体目前只在昆虫中发现,且该受体被抑制与昆虫的死亡率密切相关。烟碱及其类似物对家蝇的致死中量与其对蕈毒酮样乙酰胆碱受体的抑制活性呈负相关,即抑制活性越高,致死中量越小,毒力越高。因此,蕈毒酮样乙酰胆碱受体作为昆虫所特有的受体,是一类非常具有潜力的杀虫药剂新靶标,可专门针对蕈毒酮样乙酰胆碱受体设计合成具有高选择性的新型杀虫药剂。

2. nAChR 的结构

昆虫的 nAChR 是由 5 个亚基对称排列而成的。每个亚基分别含有 1 个大的胞外 N 端结构域(其中包含竞争性配体结合区和 1 个半胱氨酸环(形成该环的 2 个半胱氨酸之间相距 13 个氨基酸),随后是 M1~M3 3 个疏水跨膜区、连接 M3 和 M4 的巨大的胞内环、第四个跨膜结构域 M4 及 C 端胞外区(图 4.34A)。5 个亚基形成 1 个 nAChR,其中每个亚基的 M2 区

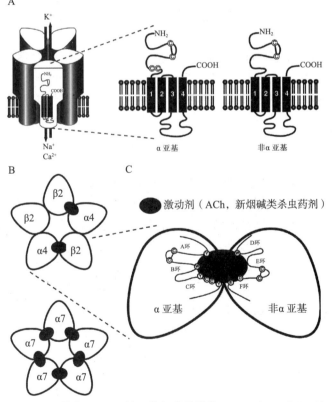

图 4.34　昆虫 nAChR 的亚基组成及结构(Matsuda et al. 2005)

注:A 为侧视图,B、C 为俯视图。

环状排列共同构成阳离子进出细胞膜的通道。2个相邻亚基的结合面是乙酰胆碱的结合位点区，其中一些重要氨基酸形成 6 个相互独立的环，即 A～F 环（图 4.34C），这些环中的一些氨基酸残基共同构成了乙酰胆碱和其他激活剂的结合位点。nAChR 的亚基大体可分为 α 亚基和非 α 亚基两大类：如果亚基的 C 环中含有 2 个相邻的半胱氨酸（对应于最先克隆得到的电鳐 *Torpedo marmorata* nAChR 亚基的 Cys192 和 Cys193），称为 α 亚基；如果不含有这 2 个相邻的半胱氨酸，归为非 α 亚基（图 4.34 A,C）。在脊椎动物中，非 α 亚基包括 β 亚基、δ 亚基、ε 亚基和 γ 亚基，而昆虫中到目前为止只发现了 α 和 β 亚基。

nAChR 分为同源五聚体和异源五聚体 2 种类型。绝大部分异源五聚体是由 2 个 α 亚基和 3 个非 α 亚基构成的（如昆虫中），配体结合位点位于 α 亚基及其相邻的非 α 亚基的交接面上；在全部由 α 亚基构成的 3 个同源五聚体受体（如脊椎动物的 α7、α8 和 α9 亚基均可分别形成 3 个同源五聚体受体，而 α9 亚基和 α10 亚基可形成 1 个异源五聚体受体）中，配体结合位点位于 2 个相邻的 α 亚基之间（图 4.34B）。

3. nAChR 受体的门控机制

nAChR 形成的离子通道在胞外区直径最大，然后向内逐渐缩小，到跨膜区的中部偏下（对应于电鳐的 251、256 位氨基酸）时直径最小。而且，处于该位置的 251 位的亮氨酸和相邻的 252 位的丙氨酸（或丝氨酸）的侧链产生疏水作用，256 位的苯丙氨酸与相邻的 255 位的缬氨酸（或异亮氨酸）的侧链也产生疏水作用。通道由 5 个 M2 对称排列组成，通过每个 M2 区的 251 位和 256 位氨基酸与相邻氨基酸侧链的疏水作用，在离子通道的最窄处形成一个腰带状的紧密的疏水环，其直径最小处（Leu251 和 Val255 处）从通道中轴到最近的范德华分子表面的距离接近 0.3 nm，远小于 Na^+、K^+ 加上其水合外层的有效直径（约 0.8 nm），并且在这种疏水环境中 Na^+、K^+ 的水合外层无法脱掉。因此，这个疏水环即构成了阻止阳离子进入细胞膜的门。在构成离子通道门（疏水环）的 5 个亚基中，α 亚基起着比其他亚基更为重要的作用。

内源性的 ACh 可以诱导 AChR 发生 4 种状态的变化，包括静止、活化、过渡和脱敏。当没有 ACh 刺激时，大约 80% 的 nAChR 处于静止状态，另有约 20% nAChR 处于脱敏状态，离子通道呈关闭状态。当 ACh 与 nAChR 结合约 5 ms 后，nAChR α 亚基的胞外 β 片层结构（2 个 β 折叠通过二硫键连接形成的类似于三明治的结构）中靠近内部的 β 片层环绕通道轴旋转 15°（图 4.35A），同时带动 α 螺旋形成的 M2 同样转动并向通道壁外侧移动，由此打破了形成疏水环的氨基酸侧链之间相互作用力的稳定，使离子通道门打开（即活化），细胞膜外的 Na^+ 向膜内流动及膜内的 K^+ 向膜外流出，从而破坏膜电压的平衡状态，产生一个兴奋性动作电位（图4.35B）。因为 M2 螺旋与形成通道的外环结构域相对分离，且连接内外环的是流动性较大的甘氨酸，所以 M2 螺旋可以比较容易地在内部 β 片层的带动下发生转动。

4.1.6.2 作用于昆虫乙酰胆碱受体的杀虫药剂

已有研究表明，与 nAChR 发生作用的物质主要有激动剂、竞争性拮抗剂和非竞争性阻断剂 3 类。激动剂如乙酰胆碱、烟碱和卡巴胆碱（carbamylcholine）及新烟碱类杀虫药剂等，可以与受体上的 ACh 结合位点结合，使通道开放。竞争性拮抗剂如二甲基-*d*-筒箭毒碱、己烷双胺、箭毒等也可以与受体的 ACh 结合位点结合，阻止通道开放。非竞争性阻断剂主要与打开的通道相结合，在空间上阻断通道的关闭，同时也阻止离子的通过，使通道的静息状态（关闭

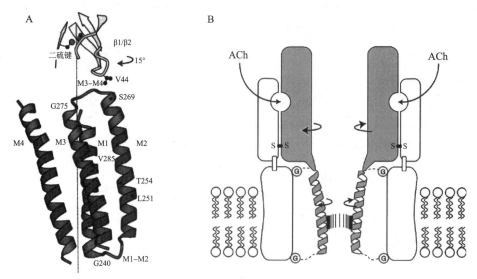

图 4.35　nAChR 的门控机制模型（Miyazawa et al.，2003）

注：A.胞外区的 β 折叠结构和二硫键以及 4 个跨膜区；B.通道的打开。阴影部分为可转动的部分，S—
S 为二硫键，G 为 240 位和 275 位的 Gly。β 片层的内层和 M2 分别以二硫键和 Gly 为轴旋转 15°。

状态）更加稳定，导致通道处于脱敏状态。这些阻断剂主要包括杀螟丹等沙蚕毒素类杀虫药
剂。多杀菌素类也作用于乙酰胆碱受体，但具体的结合位点还不清楚。另外，在乙酰胆碱受
体上可能还有其他一些不同的配体结合位点（图 4.36），如伊维菌素（ivermectin）除了作用于
昆虫谷氨酸门控 Cl⁻ 通道外，同样也作用于脊椎动物 α7-AChRs，但对昆虫 nAChR 是否有作
用，尚有待进一步研究。

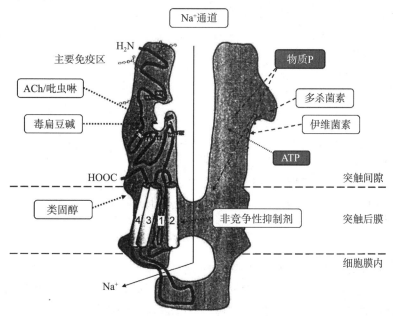

图 4.36　昆虫乙酰胆碱受体配体结合位点模式图（Miyazawa et al.，1999）

注：侧面观，示乙酰胆碱受体蛋白的折叠模式和配体结合位点。

目前,成功应用于生产上的作用于昆虫乙酰胆碱受体的杀虫药剂主要有 3 类,新烟碱类、沙蚕毒素类和生物源杀虫药剂多杀菌素类。

1. 新烟碱类杀虫药剂

烟碱是已知的以 nAChR 为靶标的最古老的天然杀虫药剂(图 4.37)。早在 1690 年,人们就已经用烟碱来防治害虫,到 1893 年,确定了烟碱的化学结构,并明确了其活性基团为 3-吡啶甲氨基。烟碱具有高度的亲脂性,可以穿过真皮组织以及血脑屏障,作用于昆虫 nAChR 上的 ACh 结合位点,激活 Na^+ 通道并使其长期处于开放状态。

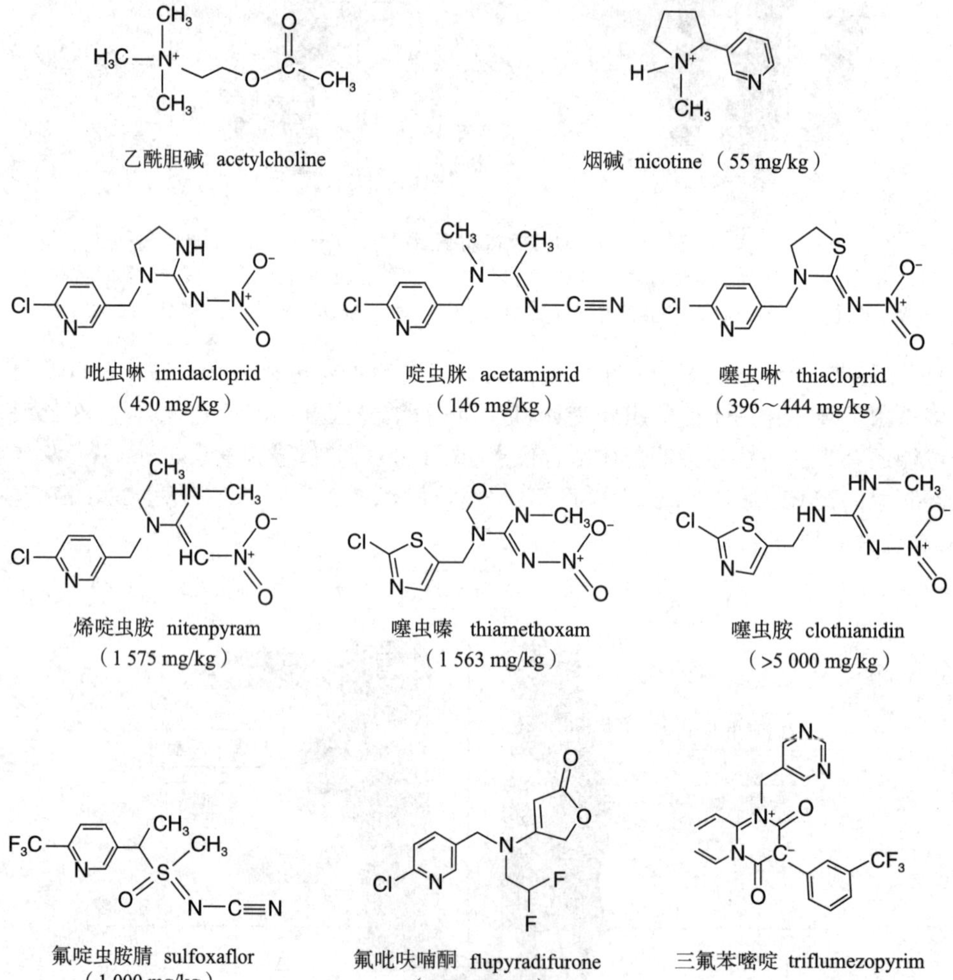

乙酰胆碱 acetylcholine

烟碱 nicotine (55 mg/kg)

吡虫啉 imidacloprid
(450 mg/kg)

啶虫脒 acetamiprid
(146 mg/kg)

噻虫啉 thiacloprid
(396~444 mg/kg)

烯啶虫胺 nitenpyram
(1 575 mg/kg)

噻虫嗪 thiamethoxam
(1 563 mg/kg)

噻虫胺 clothianidin
(>5 000 mg/kg)

氟啶虫胺腈 sulfoxaflor
(1 000 mg/kg)

氟吡呋喃酮 flupyradifurone
(2 000 mg/kg)

三氟苯嘧啶 triflumezopyrim

图 4.37　烟碱和新烟碱类杀虫药剂

虽然烟碱有较好的杀虫效果,但选择性差,对昆虫和高等动物表现出同样的毒性,并且残效期也短。20 世纪 70 年代,壳牌公司(Shell)的研究人员合成了一些作用于 nAChR 的硝基亚甲基杂环化合物,其中活性最高的是硝噻嗪(nithiazin)和噻虫醛(WL-108477)。但二者对光不稳定,难以开发成有价值的农用杀虫药剂,因此一直未能商品化。1991—1996 年通过引入 6-氯吡啶-3-甲基作为硝甲基杂环的取代基,这类化合物的特性得到了很大改善,代表性品种包括对同翅目和鞘翅目害虫高活性的吡虫啉(imidacloprid)、烯啶虫胺(nitenpyram)、啶虫脒(acetamiprid)和噻虫啉(thiacloprid)等氯代吡啶类化合物(chloronicotinyls),被称为第一代新烟碱类杀虫药剂(neonictinoid insecticides)。1997 年后开发的噻虫嗪(thiamethoxam)、噻虫胺(clothianidin)和我国江苏省南通江山农药化工股份有限公司自主研发的氯噻啉(imidaclothiz)等氯代噻唑类属于第二代新烟碱类杀虫药剂(图 4.37)。2002 年上市的呋虫胺(dinotefuran)是新烟碱类杀虫药剂中唯一不含氯原子和芳环的,具有 3-四氢呋喃甲基的特征结构,被称为第三代新烟碱类杀虫药剂。2012 年由陶氏农业科学开发的氟啶虫胺腈(sulfoxaflor)及华东理工大学开发的环氧虫啶(cycloxaprid)和哌虫啶,因其独特的活性结构,被称为第四代新烟碱类杀虫药剂(图 4.38)。

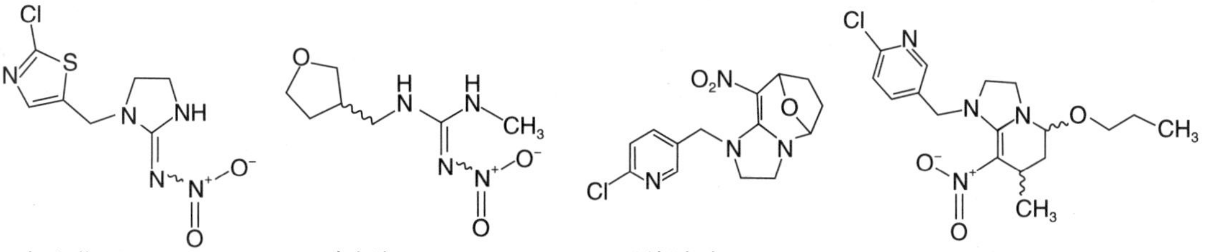

氯噻啉　imidaclothiz　　　　呋虫胺　dinotefuran　　　　环氧虫啶　cycloxaprid　　　　哌虫啶　paichongding

（>2 000 mg/kg）

图 4.38　第三代和第四代新烟碱类杀虫药剂

关于新烟碱类杀虫药剂的作用方式,Simon-Delso 等(2015)做了详细综述。这类杀虫药剂主要作为激动剂与 nAChR α 亚基胞外亲水区的 ACh 作用位点竞争性结合,持续激活 nAChR,引起中枢神经系统的持续兴奋,最终导致麻痹和细胞能量消耗殆尽,从而阻断中枢神经系统的信号传导,导致昆虫死亡。因此,新烟碱类杀虫药剂是 nAChR 的竞争性抑制剂。这类杀虫药剂中毒的昆虫表现出典型的神经中毒征象,即兴奋、痉挛、麻痹,最后死亡。

新烟碱类药剂的杀虫活性与其对 nAChR 的结合能力密切相关,而这种结合能力主要取决于药剂独特的分子构像。此外,昆虫 nAChR 对新烟碱类药剂的敏感性也可能受其磷酸化的调节,导致不同药剂的杀虫活性存在差异。

人们对烟碱和新烟碱类药剂的结合位点、识别亚位点和毒性基团的特性等都已经进行了深入研究。利用光亲和性标记(photoaffinity labelling)技术鉴定出了乙酰胆碱受体或乙酰胆碱结合蛋白(acetylcholine binding protein,AChBP)中与新烟碱类药剂相互作用的氨基酸残基。研究表明,在同一个结合腔内,对烟碱和新烟碱类药剂的识别存在两种完全不同的互作方式。新烟碱类药剂的活性基团带负电,烟碱类药剂的活性基团带正电,所以,导致这 2 类药剂与结合位点的结合方向完全相反。

虽然新烟碱类杀虫药剂的作用靶标都是 nAChR,但不同时期开发的药剂品种的作用机制还是具有一定差别的,并不完全相同。下面分别作简单介绍。

(1)第一代新烟碱类杀虫药剂。包括吡虫啉、烯啶虫胺、啶虫脒和噻虫啉。作为激动剂竞争性与乙酰胆碱结合位点结合,激活 nAChR,引起昆虫神经系统过度兴奋,最终阻断神经信号传导,导致昆虫死亡。

新烟碱类药剂在不同昆虫神经膜上似乎有多个结合位点。美洲大蠊的神经系统中有 2 种类型的 nAChR,分别是 nAChR1 和 nAChR2,并且这 2 种类型的受体对 nAChR 拮抗剂α-环蛇毒素(α-bungarotoxin)均具有抗性。其中 nAChR1 对吡虫啉敏感,而 nAChR2 对吡虫啉不敏感。所以,吡虫啉主要作用于 nAChR1,对 nAChR2 没有影响;而烟碱、啶虫脒和氯噻啉作为激动剂主要激活 nAChR2。

吡虫啉及其代谢产物对蜜蜂高毒,是蜜蜂蕈状体中构成神经纤维网的凯尼恩细胞(Kenyon cell)的部分激动剂。凯尼恩细胞参与大脑中与嗅觉学习等有关的高级神经活动,其 nAChR 的药理学性质和分子构成与触角叶(antennal lobes)中的不同。在触角叶神经元中存在脱敏较慢的Ⅰ型 nAChR 和脱敏较快的Ⅱ型 nAChR,这 2 种类型的 nAChR 对吡虫啉及其代谢产物的亲和力也明显不同。进一步通过对吡虫啉及其代谢产物 5-OH-吡虫啉和烯烃-吡虫啉(olefin-imidacloprid)对蜜蜂喙伸肌反射(proboscis extension reflex)习惯影响的研究,明确了在蜜蜂发育过程中,存在 2 种亚型的 nAChR(Guez et al.,2003),这可能是导致了低剂量和极低剂量的吡虫啉对蜜蜂的毒力存在差异的原因。桃蚜 Myzus persicae 也存在 2 种不同的 nAChR。利用[³H]-吡虫啉进行的饱和结合实验发现桃蚜中存在一个对[³H]-吡虫啉具有高亲和力的 nAChR(K_d= 0.14 nmol/L)和一个低亲和力 nAChR(K_d= 12.6 nmol/L),随后进一步在豆蚜 Aphis craccivora、桃蚜和飞蝗 Locusta migratoria 中均得到了证实。Li 等(2010)证明在褐飞虱中也存在 2 种类型的 nAChR,与[³H]-吡虫啉的 K_d 分别为 3.5 pmol/L 和 1.5 nmol/L,并明确了低亲和力 nAChR 由 α1、α2 和 β1 亚基构成,而高亲和力 nAChR 由 α3、α8 和 β1 亚基构成。因此,在昆虫中普遍存在对新烟碱类药剂亲和力不同的 nAChR。

(2)第二代新烟碱类杀虫药剂。噻虫嗪属于第二代新烟碱类杀虫药剂(图 4.37),其与第一代新烟碱类药剂的作用机制不同。噻虫嗪是 nAChR 非常弱的激动剂,却是颈部传入神经元和巨大中间神经元突触的强激动剂,其诱导的神经膜的强烈去极化可被蕈毒碱样受体的拮抗剂阿托品部分抑制,说明噻虫嗪能与 nAChR/蕈毒碱样受体混合体结合。但其代谢产物噻虫胺可作用于对吡虫啉敏感的 nAChR1 和对吡虫啉不敏感的 nAChR2。噻虫嗪对蟑螂运动的影响与其代谢产物噻虫胺的出现密切相关。另外与噻虫嗪相比,噻虫嗪的 N-去甲基代谢产物与 nAChR1 的亲和力明显增强,但其杀虫活性仍然比噻虫嗪低约 25 倍。

(3)第三代新烟碱类杀虫药剂。呋虫胺(图 4.37)和第一代新烟碱类杀虫药剂一样,也作用于昆虫的 nAChR。但斯卡查德分析(scatchard analysis,用于推断蛋白质结合部位的数目和性质的方法)表明,它同样作用于 2 种不同类型的 nAChR,具有神经兴奋活性和神经阻断活性。其神经兴奋活性与噻虫胺相当,比吡虫啉低;它的神经阻断活性与吡虫啉相当,比噻虫胺稍高。呋虫胺的杀虫活性与其神经阻断活性具有更好的相关性。

(4)第四代新烟碱类杀虫药剂。砜亚胺类药剂氟啶虫胺腈(sulfoxaflor)属于第四代新烟碱类杀虫药剂(图 4.37),对多种刺吸式口器害虫都有很好的防治效果。氟啶虫胺腈同样作用于昆虫 nAChR,但作用的本质与其他新烟碱类杀虫药剂不同。作用于非洲爪蟾卵母细胞中表达的果蝇 α2 和鸡 β2 亚基构成的 nAChR,所诱导的电流远远高于吡虫啉、烯啶虫胺、啶虫脒、噻虫啉和呋虫胺诱导的电流。虽然氟啶虫胺腈在受体脱敏化、受体选择性、低浓度和高浓度作用不同等方面与吡虫啉相似,但利用果蝇 Dα1 和 Dβ2 表达的 nAChR 及抗性烟粉虱的突变研究表明,氟啶虫胺腈与吡虫啉和多杀菌素类药剂不存在靶标交互抗性。

同样属于第四代新烟碱类杀虫药剂的还有由华东理工大学开发的环氧虫啶和哌虫啶(图4.38)。环氧虫啶是一种由硝基亚甲基咪唑(nitromethyleneimidazole,NMI)合成得到的具有顺式氧桥杂环结构的新烟碱类杀虫药剂。环氧虫啶很可能是作为前体杀虫药剂,主要通过其水解产物 NMI 发挥其杀虫活性。环氧虫啶作用机理与其他新烟碱类杀虫药剂有所不同,电生理和同位素标记物取代实验表明,环氧虫啶可以与 nAChR 高亲和力结合,同时能够抑制乙酰胆碱的反应;对美洲大蠊 nAChR 和非洲爪蟾卵母细胞表达的 Nlα1/β2 受体没有激动作用。这些结果表明环氧虫啶可能是 nAChR 的拮抗剂,作用于与吡虫啉不同的作用位点,因而,不容易与吡虫啉等新烟碱类药剂产生交互抗性,并且对室内抗噻虫嗪 B 型烟粉虱成虫、抗吡虫啉褐飞虱、抗吡虫啉的 B 型和 Q 型烟粉虱均表现出高活性。因此,在实际生产应用中,环氧虫啶可考虑作为吡虫啉等新烟碱类杀虫药剂抗性治理的替代品种(须志平等,2013;Shao et al. ,2013)。哌虫啶是我国自主研发的第一个新烟碱类杀虫药剂,其主要作用机制目前只知道是nAChR 的激动剂,具体作用过程尚未见报道。

氟吡呋喃酮(flupyradifurone)属丁烯羟酸内酯类化合物,是 2014 年进入市场的新烟碱类杀虫药剂。和新烟碱类药剂含有的 N-硝基胍、N-氰基-脒或者硝基亚甲基等药效基团及砜亚胺类的氟啶虫胺腈不同,氟吡呋喃酮具有全新的生物活性骨架(图 4.39),因此,具有特殊的理化性质和杀虫活性。该药剂具有良好的渗透性,对于叶片背面没有直接接触到药剂的害虫也有很好的防治效果;同时具有良好的内吸性,被植物根部或茎秆吸收后,可经木质部向顶端运输,因此,适合用于种子处理或灌根施药。氟吡呋喃酮作为部分激动剂可与昆虫中枢神经系统的 nAChR 上的 ACh 结合位点可逆性结合,激活 nAChR;氟吡呋喃酮能与 Q 型烟粉虱的CYP6CM1 结合,但不能被代谢,因此,与吡虫啉不存在因 CYP6CM1 活性增强引起的交互抗性(Nauen et al. ,2015)。

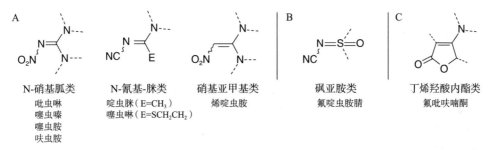

图 4.39　新烟碱类杀虫药剂药效基团的比较

三氟苯嘧啶(triflumezopyrim)是杜邦研发的新型介离子类杀虫药剂,是 nAChR 的强烈抑制剂,可竞争性与 nAChR 上的 ACh 结合位点结合,通过快速抑制 ACh 诱导的离子流而阻断神经信号传导(图 4.40)。因此三氟苯嘧啶中毒的昆虫不表现出神经兴奋,而表现出对刺激的反应迟缓,困倦。三氟苯嘧啶是目前唯一抑制而非激活 nAChR 的化合物,与组内(包括新烟碱类杀虫药剂在内)及组外的其他杀虫药剂无交互抗性(图 4.41)。但三氟苯嘧啶对nAChR 的抑制是使其处于静息状态还是脱敏状态目前尚不清楚(Cordova et al. ,2016)。

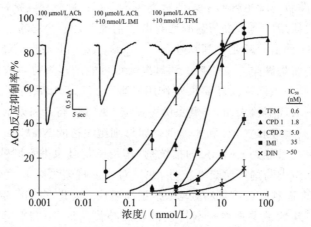

图 4.40　三氟苯嘧啶和吡虫啉对美洲大蠊胸部神经中 ACh 诱导的电流的抑制作用(Cordova et al.,2016)

注:IMI,吡虫啉;TFM,三氟苯嘧啶;CPD1 和 CPD2 均为介离子类化合物;DIN,呋虫胺

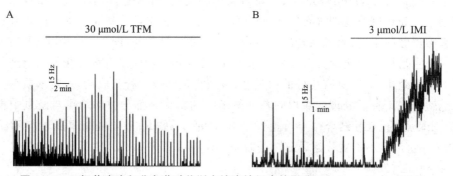

图 4.41　三氟苯嘧啶和吡虫啉对美洲大蠊腹神经索的影响(Cordova et al.,2016)

注:30 μmol/L 的三氟苯嘧啶(TFM)对自发的神经活性具有显著抑制作用(A),而 3 μmol/L 的吡虫啉(IMI)则有明显激活作用(B)。

　　三氟苯嘧啶对鳞翅目、同翅目等多种害虫均具有很好的防效,可用于棉花、水稻、玉米和大豆等作物。三氟苯嘧啶的特点:持效期长(7～10 d);作用速度快,能在短时间内使害虫停止取食,及时保护作物免受飞虱危害,避免"冒穿"现象发生,并能阻止病毒病的传播;具有内吸传导性,叶面喷雾和土壤处理皆可;具有良好的渗透性,耐雨水冲刷;同时对天敌安全,对有益节肢动物群落有着很好的保护作用,对传粉昆虫无不利影响,适合 IPM 的要求;对环境友好,在环境及收获的作物中残留极低。

　　2. 沙蚕毒素类杀虫药剂

　　沙蚕毒素(nerestoxin)是从异足索蚕(俗称沙蚕,*Lumbriconereis heteropoda*)体内提取的具有杀虫活性的物质。沙蚕毒素类杀虫药剂是根据天然沙蚕毒素仿生合成的第一类动物源杀虫药剂,包括杀螟丹(cartap)、杀虫双(bisultap)、杀虫单(monosultap)、杀虫环(thiocyclam hydrogen oxalate)和杀虫磺(bensultap)等(图 4.42),对害虫具有很强的触杀和胃毒作用,还具有一定的内吸和熏蒸作用。可用于防治水稻、蔬菜、甘蔗、果树、茶树等多种作物上的多种食叶性害虫和钻蛀性害虫,对有些品种上的蚜虫、叶蝉、飞虱、蓟马、螨类等也具有良好的防治效果。

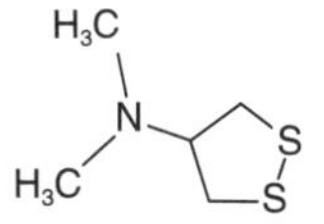

沙蚕毒素 nereistoxin 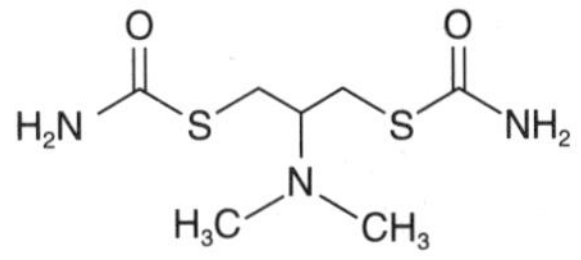　　　　　　　　杀螟丹 cartap（325 mg/kg）

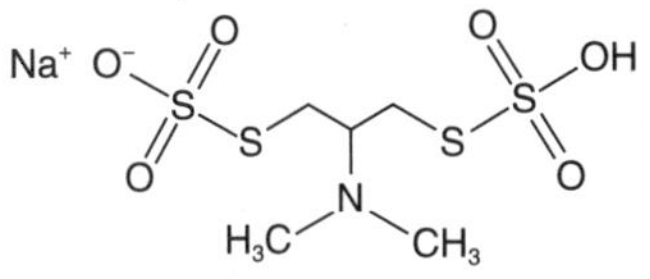

杀虫单 monosultap 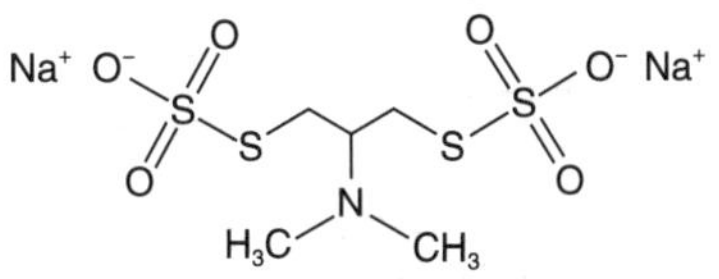　　　　　　　　　杀虫双 disultap

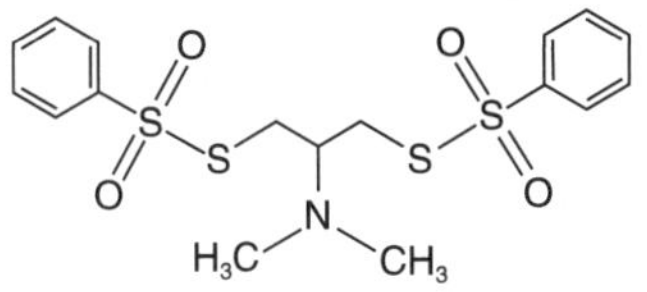

杀虫磺 bensultap（1 100 mg/kg） 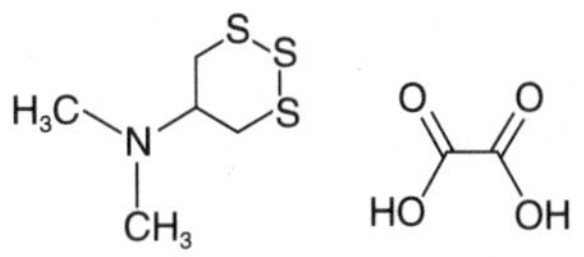　　杀虫环 thiocyclam hydrogenoxalate（370 mg/kg）

图 4.42　沙蚕毒素类杀虫药剂

以前人们认为这类杀虫药剂在生物体内代谢为沙蚕毒素或二氢沙蚕毒素等与DTT(1,4-二硫苏糖醇)结构类似的化合物后发挥其毒杀作用,主要以其巯基进攻 nAChR 阴离子部位及附近的二硫键,将二硫键还原为巯基,从而使受体失活,降低突触后膜上 nAChR 对 ACh 的敏感性,不能引起动作电位,阻断突触传导。但 Lee 等(2003)研究认为,沙蚕毒素主要作用于nAChR 的非竞争性抑制剂结合位点(位于通道内的 M2 区,图 4.36),阻断离子通道;同时作为不完全激动剂,在高浓度时也可竞争性地作用于 ACh 结合位点,引起昆虫的局部兴奋,如足的颤抖等。杀螟丹等化合物则只作用于非竞争性阻断剂结合位点,引起的中毒征象类似于乙醚或 CO_2 导致的麻醉状态,即中毒后很快呆滞不动,处于麻痹状态,昆虫的行动完全受到抑制,而无过度兴奋或痉挛阶段,明显不同于新烟碱类杀虫药剂中毒后所表现出的兴奋征象。

脊椎动物沙蚕毒素中毒后,可用 L-半胱氨酸、d-青霉胺或二巯基丙醇等硫醇类药剂作为解毒剂注射,使其恢复。

3. 多杀菌素(spinosad)类杀虫药剂

多杀菌素是美国陶氏益农公司 1994 年开发、1997 年首次登记的一类同样作用于昆虫nAChR,但与新烟碱类杀虫药剂结构明显不同的杀虫药剂,是土壤放线菌多刺糖胞菌 *Saccharopolyspora soinosa* 发酵产生的近 30 种次生代谢物质的混合物,其中以多杀菌素 A 和多杀菌素 D 2 种成分活性最高。第一个商品化的多杀菌素类药剂就是多杀菌素,后更名为多杀霉素,有效成分主要为多杀菌素 A 和多杀菌素 D 的混合物(图 4.43),从结构上看,这些化合物属于大环内酯类,包含 1 个独特的四核环系,连接着 2 个不同的六元糖。多杀霉素是一种广谱、高效的生物源杀虫药剂,能有效控制梨小食心虫、卷叶蛾、蓟马和潜叶蛾等多种鳞翅目害虫以及双翅目和缨翅目害虫,同时,对鞘翅目、直翅目、膜翅目、等翅目、蚤目、革翅目和啮虫目的某些特定种类的害虫也有一定的毒杀作用,但对刺吸式口器昆虫和螨虫类防效不理想。

多杀霉素（3 783 mg/kg）　　乙基多杀菌素（>5 000 mg/kg）

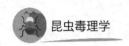

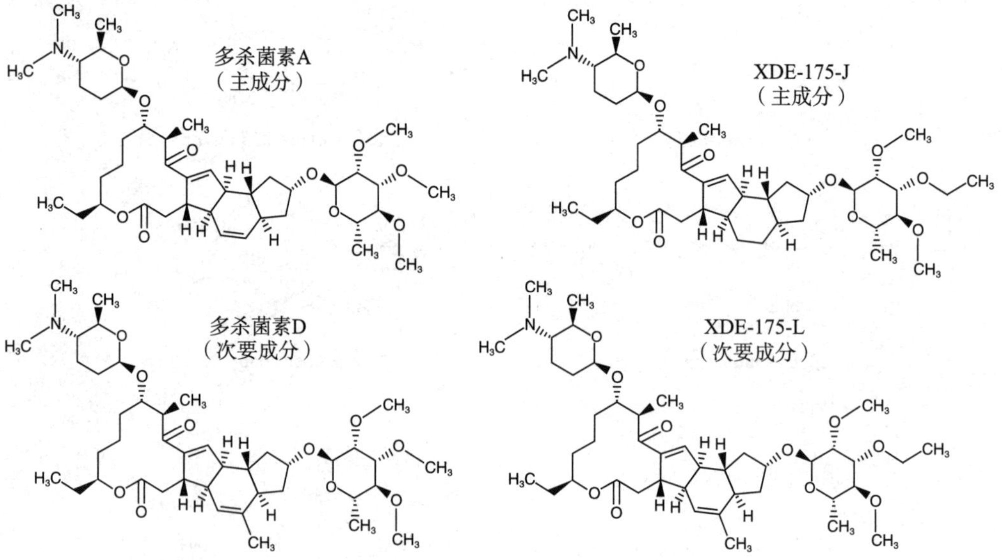

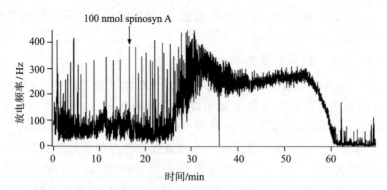

图 4.43　多杀霉素和乙基多杀菌素

乙基多杀菌素(spinetoram)是陶氏益农公司研发的第二代多杀菌素类杀虫药剂，主要活性成分分别为 XDE-175-J(占 75.5%)和 XDE-175-L(图 4.43)。第二代多杀菌素的杀虫谱比第一代更广，特别是对果树上一些重要的害虫(如苹果蠹蛾)高效，对多种作物上的蓟马也具有很高的杀虫活性，同时对靶标作物上大多数主要益虫比较安全。

多杀菌素类药剂主要作为 nAChR 的激动剂，但作用于与 ACh 完全不同的一个新位点，可以与 ACh 同时作用于 nAChR，极大地延长 ACh 作用于 nAChR 的时间，引起神经系统的过度兴奋(图 4.44)。同时，多杀菌素还可以作用于直径小于 20 μm 的小神经元 GABA 受体上与阿维菌素类药剂完全不同的作用位点，抑制 GABA 诱导的 Cl^- 流(图 4.45)，增强其激活 nAChR 所引起的兴奋作用，使昆虫过度兴奋，随之痉挛、瘫痪、死亡。

图 4.44　家蝇幼虫合神经节动作电位产生频率(Salgado，1998)

注：正常状态下，其频率在 20～120 Hz，偶尔达到 400 Hz；用 100 nmol/L 的多杀菌素 A 处理后约 10 min，动作电位产生频率迅速升高随后维持在 200～300 Hz；25～30 min 后，频率迅速下降至比对照还低的水平。

4.1.7 作用于章鱼胺受体的杀虫药剂

作用于章鱼胺受体的杀虫药剂主要是甲脒类(amidine)药剂,包括杀虫脒(chlordimeform)、双甲脒(amitraz)和单甲脒(semiamitraz)(图4.46)。目前用得比较多的主要是双甲脒和单甲脒。单甲脒是双甲脒的水解产物。另外还有一种新药得米地曲(demiditraz)主要是兽医用杀虫药剂,尚未用于农业害虫防治。

其中,研究最多的也是最有效的是杀虫脒,但因其主要代谢产物对氯磷甲苯胺能诱发膀胱癌,国内外已经禁用。甲脒类药剂主要对鳞翅目、半翅目害虫及蜱螨类有效,如双甲脒就是少数对蜜蜂寄生螨狄氏瓦螨 *Varroa destructor* 有效的药剂之一。对昆虫除表现兴奋、痉挛、麻痹等典型的神经毒剂征象外,还有拒食及驱避效应。对哺乳动物则为中等毒性。

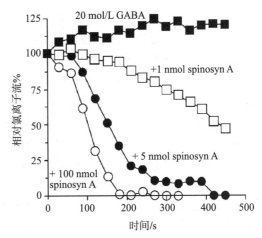

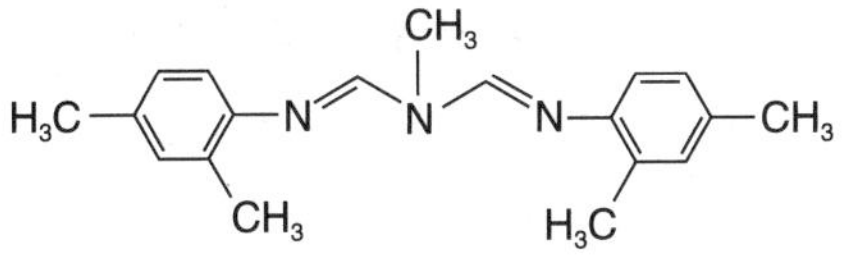

图 4.45 Spinosyn A 对 GABA 诱导的氯离子流的抑制作用(Salgado and Sparks,2005)

双甲脒 amitraz(800 mg/kg)

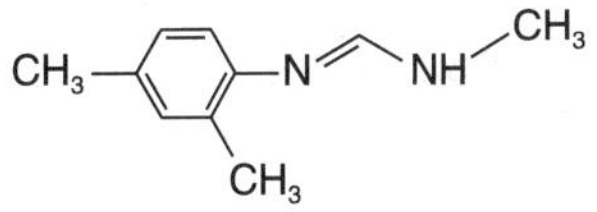

单甲脒 semiamitraz

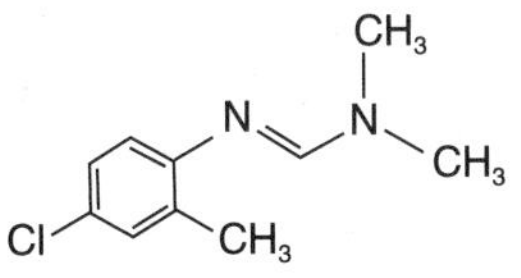

杀虫脒 chlordimeform(265 mg/kg)

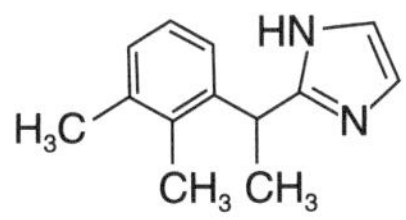

得米地曲 demiditraz

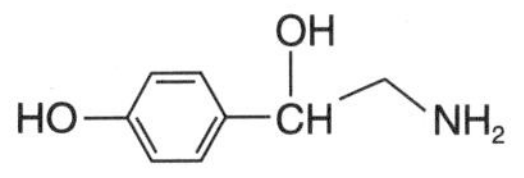

章鱼胺 octopamine

图 4.46 作用于章鱼胺受体的药剂

下面以杀虫脒为例,介绍该类药剂对靶标害虫不同发育阶段的影响及其作用机制。

4.1.7.1 杀虫脒对靶标害虫不同发育阶段的影响

(1)对卵的影响。杀虫脒不是真正的杀卵剂,因为无论在卵期的什么时候施药,都要等到幼虫咬破卵壳准备孵化时,才能杀死幼虫,所以幼虫多半死在卵壳内。孵化后的幼虫对杀虫脒的敏感性则大大降低。如早期1龄幼虫比在卵内时对杀虫脒的敏感度降低 10～26 倍,因此,孵化是药剂作用的临界点。如海灰翅夜蛾 *Spodoptera littoralis* 幼虫孵化后 30 min 内对杀虫脒的敏感性迅速降低。但杀虫脒对粉纹夜蛾1龄幼虫的毒力比对卵的毒力高得多。用双甲脒处理鳞翅目的卵,孵化出来的幼虫习性改变,很少取食,表现出真正的厌食效果,在随后的 2～3 d 死亡。

(2)对幼虫的影响。对鳞翅目幼虫立即致死作用不明显,LD_{50} 多在 100～1 000 $\mu g/g$,但

在极低浓度下（0.1～1 μg/g），即可对幼虫的行为产生严重干扰，包括兴奋及运动能力增强，幼虫向周围扩散离开处理区，最后饥饿或脱水致死。如烟草天蛾 Manduca sexta 幼虫在杀虫脒喷雾处理过的番茄上取食后变得不安静，头部颤抖，行动不协调，从植株上掉下来，但不立即死亡，又爬上植株取食，同样又掉下来，如此反复，直至最后死亡。因此，取食为害大幅度减少，客观上表现出拒食效果。处理舞毒蛾 Lymantria dispar 和榆巢丝虫等的情况类似。

（3）对成虫的影响。除某些鳞翅目和刺吸式口器昆虫外，杀虫脒对多数害虫的成虫也没有迅速致死作用。鳞翅目昆虫的成虫对杀虫脒极为敏感，浓度为 0.1～10 μg/g 的药剂即可干扰其行为甚至致死。主要分 2 种情况：一是低浓度可引起成虫高度活动，并改变活动习性，如由昼伏夜出改为白天飞行，这在美洲棉铃虫 Heliothis zea 和烟草天蛾的幼虫和成虫中都可以看到；低浓度还影响成虫交尾和产卵，交尾不能分开，产卵量减少，产的卵不能形成正常的卵块，卵也产在不正常的地方。二是高浓度处理后则引起翅不断振动和不协调试图飞行，美洲棉铃虫和烟芽夜蛾成虫就这样坚持数小时，直至翅破碎死亡。

4.1.7.2 甲脒类杀虫药剂的作用机制

甲脒类杀虫药剂的作用机制比较复杂，目前认为主要有 2 个方面。其主要作用是模仿章鱼胺，作为激动剂作用于单胺激性系统中的章鱼胺受体。章鱼胺受体位于章鱼胺激性突触上，是一种 G 蛋白偶联受体（G protein-coupled receptors，GPCRs），以章鱼胺为神经递质。在章鱼胺激性突触上，章鱼胺与受体结合使腺苷酸环化酶活化，将腺苷三磷酸（ATP）转化为第二信使环腺苷酸（cAMP）。cAMP 水平的提升使得神经兴奋性增强（图 4.47）。甲脒类杀虫药剂模仿神经递质章鱼胺的作用，调节包括中枢神经系统在内的行为兴奋，导致昆虫颤抖、抽搐、成虫连续飞行等。杀虫脒被细胞色素 P450 氧化产生的去甲基杀虫脒，以及双甲脒通过水解产生的代谢产物单甲脒等代谢物的结构与章鱼胺类似，因此，可作为章鱼胺受体的激动剂。Chen 等（2007）发现在 2 个对双甲脒具有高度抗性的微小牛蜱 Rhipicephalus microplus 品系中，其章鱼胺受体存在 2 个氨基酸替换（T8P 和 L22S）。虽然未见到进一步对这 2 个突变的功能进行验证，但该发现为章鱼胺受体作为甲脒类杀虫药剂的作用靶标提供了证据。

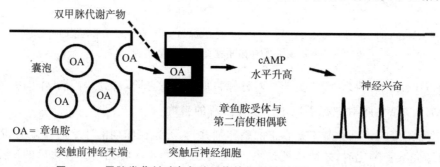

图 4.47 甲脒类药剂对章鱼胺受体的作用机制（Bloomquist，2015）

第一个证明甲脒类药剂模仿章鱼胺作用的是对萤火虫成虫的实验。用章鱼胺处理萤火虫发光器官的神经，可以引起发光器发光；而杀虫脒的代谢产物去甲杀虫脒的效果更强，维持的时间也更长。因此，它可能是章鱼胺受体的激活剂。研究也证明，用去甲杀虫脒处理激活了依赖于章鱼胺的腺苷酸环化酶，这为去甲杀虫脒激活章鱼胺受体提供了证据。杀虫脒也能激活章鱼胺受体，使发光器发光，但处理 4 h 以后才产生效应。杀虫脒本身并不能激活依赖于章鱼胺的腺苷酸环化酶。显然杀虫脒在昆虫体内发生了增毒代谢,形成去甲杀虫脒后才产生效应。而之所以处理 4 h 后才起作用,是因为杀虫脒需要时间代谢为去甲杀虫脒。另外,有人用杀虫脒(10^{-5} mol/L)和去甲杀虫脒(10^{-7} mol/L)处理蝗虫的足神经,引起了与章鱼胺处理导致的相同的肌肉收缩,且早已经证明只有章鱼胺才在该组织中起作用。这些都说明甲脒类药剂的主要作用靶标是章鱼胺受体。

此外,甲脒类药剂还可抑制单胺氧化酶(monoamine oxidase)的活性。1972 年就有人证实,杀虫脒和去甲杀虫脒可抑制大鼠、小鼠的肝和脑中单胺氧化酶的活性,其抑制中浓度(I_{50})分别为 1.4×10^{-5} mol/L 和 4.7×10^{-6} mol/L。正常情况下,章鱼胺、酪胺等单胺类物质可被单胺氧化酶氧化为对羟基扁桃酸。甲脒类药剂中毒后,单胺氧化酶的活性被抑制,导致神经系统中章鱼胺、酪胺等单胺类物质大量积累,这些物质的积累与乙酰胆碱在乙酰胆碱激性突触处的积累一样,必然会引起信号传导中断(图 4.12)。对单胺氧化酶的抑制很可能不是甲脒类药剂的主要作用机制。首先,对单胺氧化酶的抑制所造成的中毒征象与杀虫脒中毒造成的征象有所不同。杀虫脒可迅速引起兴奋和痉挛,而单胺氧化酶抑制剂引起的中毒无此征象。其次,用致死剂量的杀虫脒只能引起在体内的、可逆的单胺氧化酶的抑制;用别的抑制剂处理抑制程度再大,也不引起杀虫脒的中毒征象。

甲脒类药剂对单胺氧化酶的抑制可使章鱼胺积累,同时,甲脒类药剂又可模拟章鱼胺的作用激活章鱼胺受体,2 种作用机制很可能具有一定的协同作用,至少不互相排斥。

4.1.7.3 杀虫脒代谢产物的毒理作用

杀虫脒在大鼠体内的代谢产物有以下 6 种:① N-去甲基杀虫脒,或去甲杀虫脒;② 二去甲基杀虫脒;③ N-甲酰-4-氯-邻甲苯胺;④ 4-氯-O-邻甲苯胺;⑤ N-甲酰基-5-氯代邻氨甲基苯甲酸;⑥ 5-氯代邻氨基苯甲酸。

这些代谢物都有生物学意义。用腹腔注射或皮下注射测定发现,对大鼠的毒性由高到低依次是②＞①＞杀虫脒,也就是说①和②是增毒代谢的产物。这 2 种代谢物是杀虫脒最普遍的代谢物,不但在杀虫脒的光解产物中有,在苹果、柚子、微生物、家蝇、大鼠、犬和山羊及人的肺细胞培养组织等对杀虫脒的代谢物中也都能找到。这 2 种代谢物,不但毒性较杀虫脒大,而且作用也较快。杀虫脒处理到表现中毒征象则需要一段时间,主要是其代谢所需的时间。代谢物③和④对大鼠的急性毒性都不高,低于杀虫脒,但高剂量时(400～500 mg/kg)也有毒,起麻醉作用。另外代谢物③对单胺氧化酶的抑制能力极强,代谢物④对去甲肾上腺素与大鼠心脏受体的结合有影响。

4.2 作用于呼吸系统的杀虫药剂

这里的呼吸指的是内呼吸,即发生在细胞内的能源物质的氧化代谢,它使燃料分子以 ATP 的形式产生能量并释放出细胞废物。在所有动物中,ATP 由其食物中的有机分子,如糖、蛋白质和脂肪的代谢产生。这些能源物质最初在细胞质中被代谢为它们的基本结构单位。例如,淀粉被水解为葡萄糖然后转变成丙酮酸。丙酮酸等产物被转运到线粒体中转化成乙酰辅酶 A(ACoA),再继续通过三羧酸循环(tricarboxylic acid cycle,TCA cycle)、电子传递

及与其相偶联的氧化磷酸化,最终在 ATP 合成酶的作用下合成 ATP,为生物的各种生命活动、生物合成及生理过程提供能量。

糖、蛋白质和脂肪等有机物质在生物体内彻底氧化之前,必须先进行分解代谢。它们的分解代谢途径非常复杂且各不相同,但它们在彻底氧化为水和二氧化碳时都有一段相同的过程,即都要经过三羧酸循环、呼吸链电子传递和氧化磷酸化等过程。

现将呼吸毒剂的中毒征象以及作用于糖酵解过程、三羧酸循环、呼吸链电子传递及能量转移系统等过程中的呼吸毒剂分别进行介绍。

呼吸毒剂的中毒征象一般只有麻痹和死亡 2 个阶段,这种麻痹是松弛性麻痹,与神经毒剂的僵直收缩型的麻痹不同。在呼吸毒剂中毒时,某些昆虫可能出现兴奋期,但极少有抽搐、痉挛。个别昆虫也可能有兴奋及抽搐、痉挛,但时间很短,例如家蝇幼虫用鱼藤酮处理则出现此类现象。

4.2.1 作用于糖酵解过程的杀虫药剂

糖酵解过程是呼吸作用的第一阶段,是在无氧条件下通过酶的催化作用将葡萄糖代谢为丙酮酸的过程(图 4.48)。作用于这个过程的呼吸毒剂不多,主要是砷化物(砷酸盐 AsO_4^{3-} 和亚砷酸盐 AsO_2^-),属于原生质毒剂。五价砷在生物体内常形成三价砷。五价砷抑制磷酸甘油酯激酶,阻断 1,3-二磷酸甘油酯到 3-磷酸甘油酯的代谢,从而减少 ATP 形成。三价砷 AsO_2^- 则抑制由丙酮酸到乙酰 CoA 过程中的丙酮酸脱氢酶系的作用。该酶系主要包括:二硫辛酸乙酰转移酶、丙酮酸脱氢酶和二氢硫辛酸脱氢酶等。亚砷酸盐主要对二硫辛酸乙酰转移酶的双—SH 起作用,使 $NAD-NADH_2$ 的电子传递受影响。氟化物也能抑制很多酶,烯醇酶对氟化物十分敏感。氟化物可阻断烯醇式丙酮酸形成丙酮酸,因而也影响 ATP 的形成。

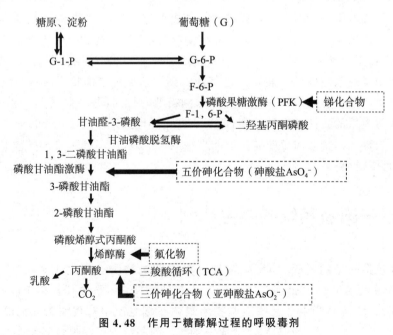

图 4.48　作用于糖酵解过程的呼吸毒剂

　　呼吸毒剂对糖酵解过程虽然能产生一定的毒效,但是除非用较大的剂量,不然对呼吸影响不大。因为昆虫仍能通过磷酸己糖支路(也称戊糖磷酸途径)进行呼吸作用,只是效率差一些。实际上砷化物和氟化物都是原生质毒剂,可使蛋白质沉淀,因此,其对原生质的破坏作用远远大于对呼吸的抑制作用。

4.2.2　作用于三羧酸循环的杀虫药剂

　　三羧酸循环是由乙酰辅酶 A(C2)与草酰乙酸(OAA)(C4)缩合生成含有 3 个羧基的柠檬酸(C6),经过 4 次脱氢[3 分子 $NADH+H^+$ 和 1 分子还原型黄素二核苷酸($FADH_2$)],1 次底物水平磷酸化,最终生成 2 分子 CO_2,并重新生成草酰乙酸的循环反应过程。在这阶段起作用的呼吸毒剂最主要的是氟化物的氟乙酸、氟乙酰胺及其类似物,例如杀螨剂联氟螨(fluenethye)。这类化合物对离体的酶都没有作用,只有在生物体内通过水解作用,形成氟乙酸,然后氟乙酸与乙酰辅酶 A 合成氟乙酰辅酶 A,再与草酰乙酸缩合形成氟柠檬酸,由于其结构与柠檬酸类似,故可竞争性抑制顺乌头酸梅,使柠檬酸不能转变为异柠檬酸,从而阻断三羧酸循环,使呼吸无法进行(图 4.49)。因氟柠檬酸对三羧酸循环的阻断可以造成昆虫死亡,所以,氟柠檬酸的形成称为"致死合成"。氟乙酸、氟乙酰胺与其他呼吸毒剂不同,属于强烈的呼吸毒剂,一定剂量可导致人畜立即死亡,并且人畜中毒后没有解毒药剂,因此,此类药剂已经禁止使用。

　　除氟化物外,对三羧酸循环具有抑制作用的药物还有亚砷酸盐,主要抑制 α-酮戊二酸脱氢酶。50 $\mu mol/L$ 的亚砷酸盐能抑制蜜蜂线粒体中 α-酮戊二酸脱氢酶 38% 的活性,100 $\mu mol/L$ 则抑制 65% 的活性。亚砷酸的作用部位是丙酮酸去氢酶中的二氢硫辛酸琥珀酰转移酶,具有 2 个-SH 基,可与亚砷酸结合形成复合体而被抑制。

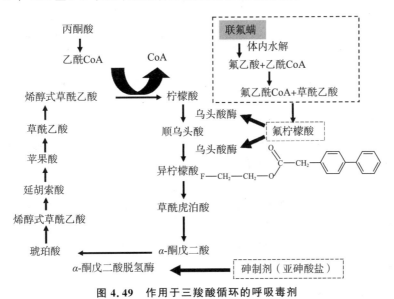

图 4.49　作用于三羧酸循环的呼吸毒剂

4.2.3　作用于呼吸电子传递链的杀虫药剂

　　呼吸电子传递链(respiratory electron-transport chain)位于线粒体内膜上,由一系列电子

传递体组成,如黄素单核苷酸(FMN)、CoQ 和各种细胞色素等,分子氧是电子传递链中最后的电子受体。电子传递体按一定顺序排列在线粒体内膜上,其中很多电子传递体和线粒体内膜上的蛋白质紧密结合形成 4 个电子传递体和蛋白质的复合体(图 4.50)。这 4 个复合体包括:NADH-CoQ 还原酶(复合体Ⅰ)、琥珀酸-CoQ 还原酶(复合体Ⅱ)、细胞色素还原酶(复合体Ⅲ)、细胞色素氧化酶(复合体Ⅳ),它们在线粒体内膜上的位置是固定的。除传递电子外,电子传递链还起着质子泵的作用,将质子泵入膜间腔中,使得膜间腔和基质之间形成一个电化学梯度,膜间腔内的质子通过 ATP 合成酶复合体进入基质,释放的能量用来合成 ATP。每 2 个质子穿过线粒体内膜所释放的能量可合成 1 个 ATP 分子。所有能源物质的代谢都要经过呼吸电子传递链才能最后合成 ATP,对呼吸链的抑制能有效杀死害虫,因此,该抑制作用具有重要的毒理学意义。目前商品化应用的作用于呼吸系统的杀虫剂、杀螨剂都是作用于电子传递系统的。下面根据其作用部位分别作介绍。

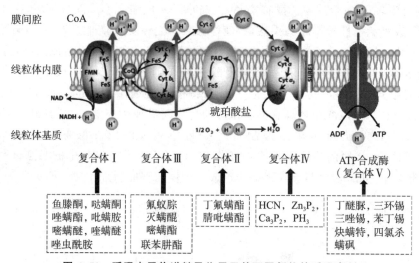

图 4.50　呼吸电子传递链及作用于其不同部位的呼吸毒剂

4.2.3.1　作用于复合体Ⅰ的药剂

复合体Ⅰ主要是 NADH-CoQ 还原酶,以 FMN 和铁-硫聚簇(Fe-S 聚簇)为辅基,以辅酶 Q 为辅酶,由辅基或辅酶负责传递电子和氢。Fe-S 聚簇主要以(Fe-S)、(2Fe-2S) 或 (4Fe-4S) 的形式存在,Fe-S 聚簇与蛋白质结合称为铁硫蛋白。

作用于复合体Ⅰ的药剂主要有鱼藤酮(rotenone)、唑螨酯(fenpyroximate)、哒螨酮(pyridaben)、唑虫酰胺(tolfenpyrad)、吡螨胺(tebufenpyrad)、嘧螨醚(pyrimidifen)和喹螨醚(fenazaquin)等(图 4.51)。唑螨酯是日本农药公司 1985 年发现,并于 1991 年商品化的吡唑类化合物。它是 2 个吡唑类杀螨剂之一,另一为吡螨胺。唑螨酯为含肟的吡唑类化合物,而吡螨胺分子中含有一个氨基甲酰基。唑螨酯对主要农业害螨的所有生长阶段都有活性,其中对幼螨的活性高于其他生长阶段。唑螨酯对益虫和益螨具有低至中等毒性,对哺乳动物有中等毒性(对大鼠 LD_{50} 为 245 mg/kg),在环境中的持效期长,施用后环境中的浓度降解为初始浓度的一半所需要的时间(DT_{50})为 26 d。其作用机制为抑制复合体Ⅰ的 NADH-CoQ 还原酶,阻断电子从 NADH 到辅酶 Q 的传递。

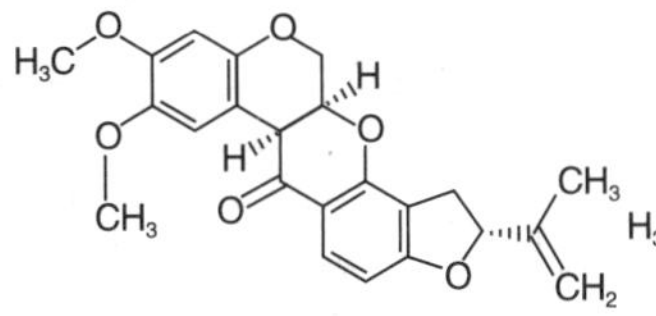

鱼藤酮 rotenone（132 mg/kg） 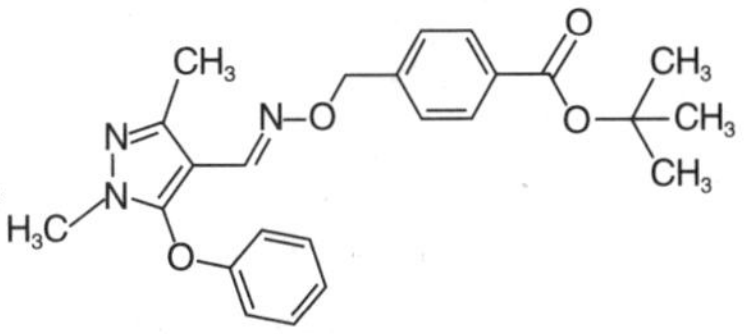　　唑螨酯 fenpyroximate（245 mg/kg） 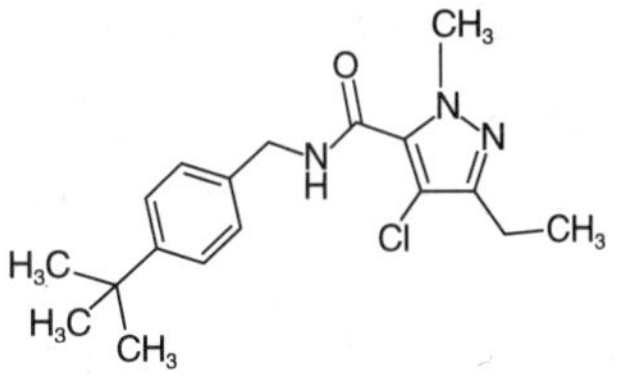　　吡螨胺 tebufenpyrad（>224 mg/kg）

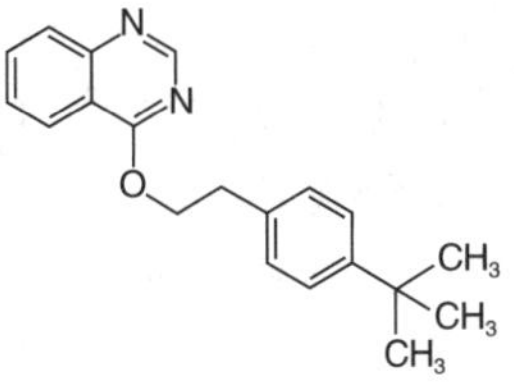

喹螨醚 fenazaquin（>134 mg/kg） 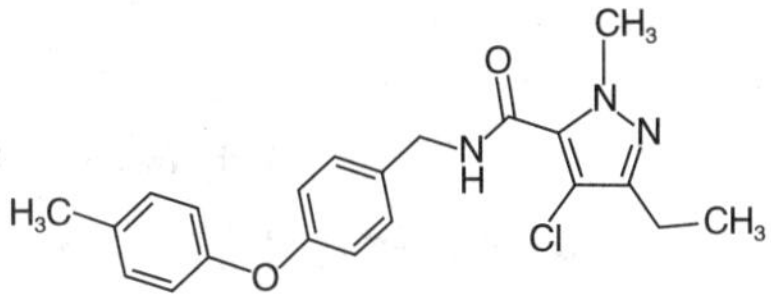　　唑虫酰胺 tolfenpyrad（113~150 mg/kg） 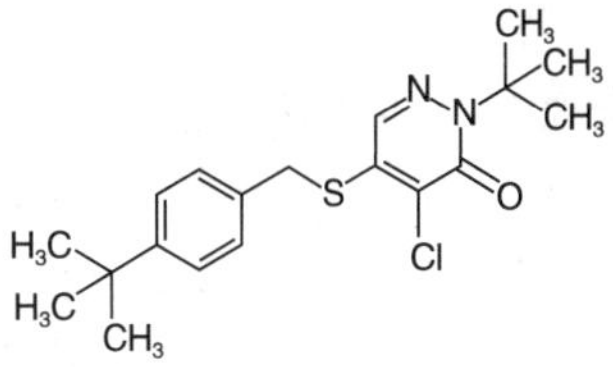　　哒螨酮 pyridaben（>820 mg/kg）

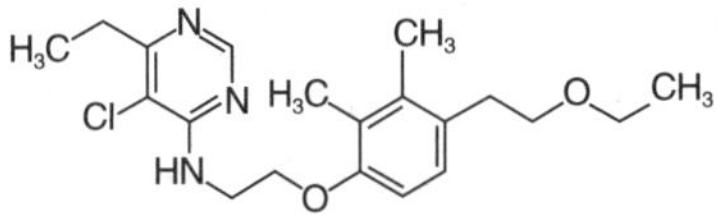

嘧螨醚 pyrimidifen（115 mg/kg） 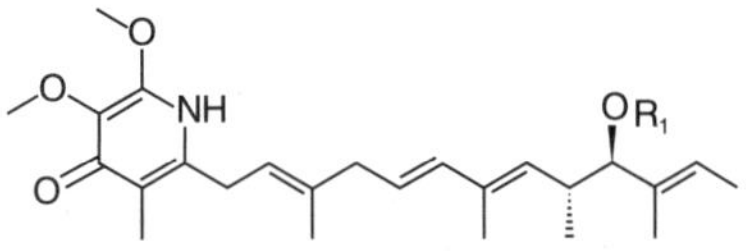　　　杀粉蝶菌素 piericidin
杀粉蝶菌素A：R=H，杀粉蝶菌素B：R_1=CH$_3$

图 4.51　作用于复合体 I 的呼吸毒剂

哒螨酮是由日产化学工业公司于 1984 年发现 1991 年商品化的哒嗪类化合物。该杀螨剂对植食性害螨整个生长期和粉虱、蚜虫、蓟马等均有效，对益虫安全，对哺乳动物毒性低，环境中的持效期较短（DT$_{50}$ 为 20 d）。

唑虫酰胺是原日本三菱化学公司（其农药部分现属日本农药公司）于 1988 年开发的吡唑杂环类杀虫杀螨剂，于 2002 年在日本登记，于 2004 年在中国开始进行蔬菜和果树的田间药效试验。它的主要作用机制是抑制呼吸链电子传递。该杀虫药剂具有杀卵、抑食、抑制产卵及杀菌作用，可用于防治鳞翅目、半翅目、鞘翅目、双翅目、膜翅目、蓟马类害虫和螨类等害虫。

另外，从链霉菌属的茂原链霉菌 *Streptomyces mobaraensis* 中分离出来的抗生素杀粉蝶菌素（piericidin）A 和 B 对昆虫及螨类都有毒杀作用。Hall 等（1966）发现杀粉蝶菌素 A 是牛心脏线粒体呼吸链的强抑制剂，认为这是其具有杀虫活性的原因。杀粉蝶菌素 A 与辅酶 Q 的结构十分相似，而且杀粉蝶菌素 A 对复合体 I 的抑制可通过加入辅酶 Q 抵消。这说明杀粉蝶菌素作用于复合体 I，主要是竞争性抑制辅酶 Q 的作用。另外，杀粉蝶菌素在高浓度时对琥珀酸氧化能形成可逆性抑制。因此，杀粉蝶菌素有 2 个作用部位，一个与鱼藤酮相同作用于 NAD 与辅酶 Q 之间，另一个是直接抑制辅酶 Q。但对前一个部位的抑制作用比对后一个更为重要。鱼藤酮及其类似物、杀粉蝶菌素、安密妥和异戊巴比妥等均可抑制 NADH 的氧化，其中，杀粉蝶菌素的抑制作用最强，它与作用部位结合后，不能再被鱼藤酮或异戊巴比妥等取代。

4.2.3.2　作用于复合体 II 的药剂

复合体 II 主要是琥珀酸-CoQ 还原酶。琥珀酸脱氢酶也是此复合体的一部分，其辅基包

括黄素二核苷酸(FAD)和 Fe-S 聚簇。琥珀酸脱氢酶催化琥珀酸氧化为延胡索酸,同时其辅基 FAD 还原为 $FADH_2$,然后 $FADH_2$ 将电子传递给 Fe-S 聚簇。最后电子由 Fe-S 聚簇传递给琥珀酸-CoQ 还原酶的辅酶 Q。

　　作用于复合体Ⅱ的主要有 β-酮腈类(beta-ketonitrile)的丁氟螨酯(cyflumetofen)和腈吡螨酯(cyenopyrafen),以及甲酰苯胺类(carboxanilide)的 pyflubumide。丁氟螨酯于 2007 年由日本大冢化学公司开发,腈吡螨酯于 2009 年由日产化学公司研制。这 2 种药剂均以触杀为主,可有效控制水果、柑橘、茶叶、蔬菜上的各种害螨,且对各个阶段均有效。尤其丁氟螨酯具有快速击倒作用,害螨接触药剂后 3 h 即可被击倒,持效期可达 28 d 左右。丁氟螨酯对短须螨属 *Brevipalpus* sp. 的害螨也有很好的防治效果。丁氟螨酯和腈吡螨酯都通过抑制复合体Ⅱ发挥活性,二者都属于前体杀虫药剂,须经水解后才能发挥作用。丁氟螨酯首先经酯酶水解形成代谢物 1,然后再自发脱去羧基生成代谢物 2(图 4.52);腈吡螨酯则通过叔丁基酯的水解,活化成羟基形式,这种羟基代谢物主要抑制复合体Ⅱ中琥珀酸脱氢酶的活性,从而阻碍电子传递。

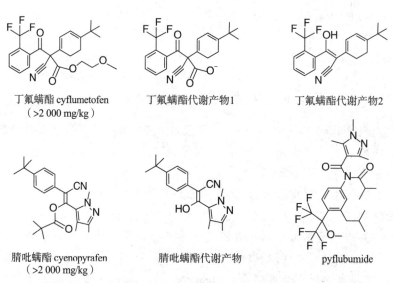

丁氟螨酯 cyflumetofen
(>2 000 mg/kg)

丁氟螨酯代谢产物 1

丁氟螨酯代谢产物 2

腈吡螨酯 cyenopyrafen
(>2 000 mg/kg)

腈吡螨酯代谢产物

pyflubumide

图 4.52　作用于复合体Ⅱ的呼吸毒剂

　　Pyflubumide 由日本农药株式会社(Nihon Nohyaku)开发,目前还未商品化。该杀虫药剂也属于前体化合物,其水解产物对复合体Ⅱ具有很好的抑制活性,其与复合体Ⅱ的结合方式可能与丁氟螨酯和腈吡螨酯不同,但具体机制尚未见报道。

4.2.3.3　作用于复合体Ⅲ的药剂

　　复合体Ⅲ主要是细胞色素还原酶,含有细胞色素 b、细胞色素 c_1 2 种细胞色素和 1 个铁硫蛋白(2Fe-2S)。细胞色素 b c_1 复合体的作用是将电子从 $CoQH_2$ 转移到细胞色素 c。

　　作用于复合体Ⅲ的主要杀螨剂有联苯肼酯(bifenazate)、嘧螨酯(fluacrypyrim)及卫生杀虫药剂氟蚁腙(hydramethylnon)等(图 4.53),均通过与细胞色素 b 的 Q_o 位点结合阻断呼吸链电子传递。

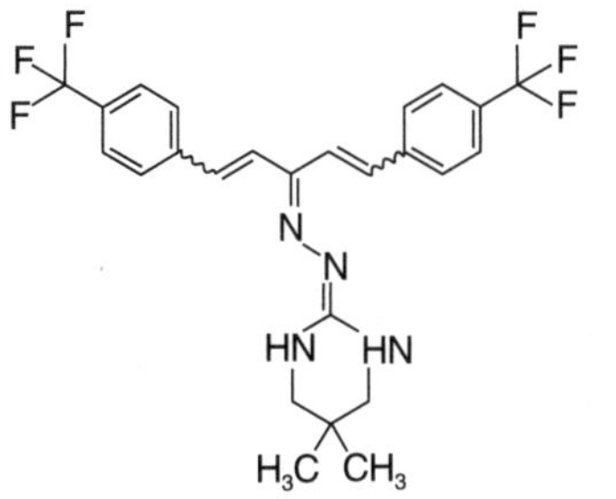

氟蚁腙 hydramethylnon（1 131 mg/kg）

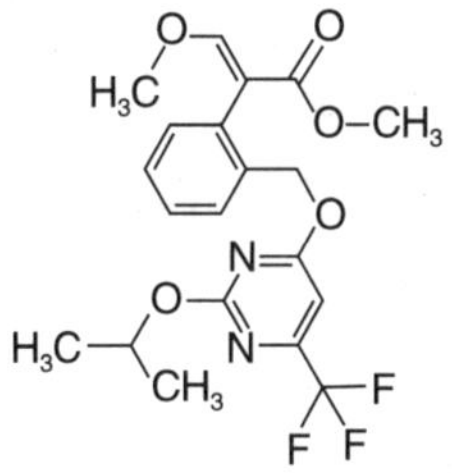

嘧螨酯 fluacrypyrim（5 000 mg/kg）

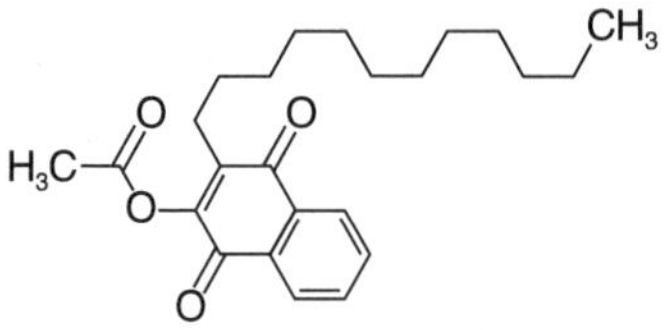

灭螨醌 acequinocyl（5 000 mg/kg）

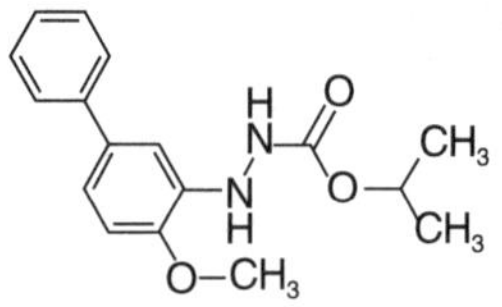

联苯肼酯 bifenazate（5 000 mg/kg）

图 4.53　作用于复合体Ⅲ的呼吸毒剂

灭螨醌(acequinocyl)是 20 世纪 70 年代开发的萘醌类杀螨剂，为前体杀螨剂，真正发挥活性的是其 O-脱乙酰基代谢产物(图 4.54)。

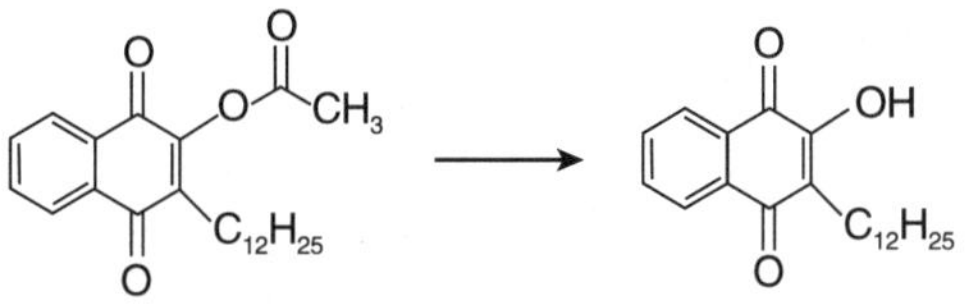

灭螨醌　　　　O-脱乙酰基代谢产物

图 4.54　灭螨醌及其 O-脱乙酰基代谢产物

联苯肼酯是 1999 年开始应用的肼基甲酸酯类杀螨剂，具有很好的触杀和胃毒作用，对多种螨的各个阶段均有很好的防治效果，并且作用迅速，持效期长，对捕食螨和其他天敌生物安全。2007 年之前，联苯肼酯一直被认为是作用于 GABA 受体的神经毒剂。后来发现在构成细胞色素 b 的 Q_0 口袋的 cd1 和 ef 螺旋区具有多个与联苯肼酯抗性密切相关的突变，而且这些突变同样导致了对复合体Ⅲ抑制剂灭螨醌的交互抗性，这些分子水平的证据证明联苯肼酯作用于复合体Ⅲ的 Q_0 位点(Van Leeuwen et al.,2015)。

嘧螨酯是第一个甲氧基丙烯酸酯类杀螨剂，具有很好的触杀和胃毒作用，对害螨的各个阶段，包括卵、若螨、成螨均有效；且速效性好，持效期长达 30 天以上。主要用于防治果树的多种害螨，但由于对鱼、蚕、蜜蜂高毒，国内外均未生产使用。

4.2.3.4　作用于复合体Ⅳ的药剂

复合体Ⅳ主要是细胞色素 c 氧化酶，由细胞色素 a(Cyt a)和 a_3 组成。复合体中除了含有铁卟啉外，还含有 2 个铜原子(CuA,CuB)。Cyt a 与 CuA 相配合，Cyt a_3 与 CuB 相配合。通过细胞色素的 Fe^{3+}-Fe^{2+} 循环和 Cu^{2+}-Cu^{+} 循环将电子从 Cyt c 直接传递给 O_2。细胞色素 c 氧化酶位于呼吸链的末端，因此，也叫末端氧化酶，是由 10 个亚基构成的多聚蛋白。

作用于复合体Ⅳ的主要是一些无机杀虫药剂，包括 HCN，PH_3、Zn_3P_2 和 Ca_3P_2 等。氰化

物可与细胞色素 c 氧化酶中的铁原子稳定结合,使其不能接受电子,从而阻断通过有氧代谢合成 ATP 的途径。由于缺乏 ATP,生物体只能通过戊糖磷酸途径等无氧代谢进行补充,但这会导致 NADH 的大量积累,进而导致钙离子的累积,对细胞会造成损伤。

4.2.3.5 ATP 合成酶(ATPase)抑制剂

ATP 合成酶,也称为电子传递链复合体 V,包括 F0 和 F1 两部分。F0 构成 ATP 合成酶的离子通道,允许释放到膜间腔的质子再流回线粒体基质。F0 包括 a,b,c 3 个亚基。膜间腔中的质子首先通过 a 亚基的通道进入 ATP 合成酶。c 亚基的数量决定了进入 ATP 合成酶的质子数,如人的 ATP 合成酶有 8 个 c 亚基,即每次可允许 8 个质子进入。然后质子再通过 a 亚基的通道进入线粒体基质,同时释放出形成氧化型质子载体(NAD^+ 和 Q)所产生的自由能,这些自由能再在 F1 催化下合成 ATP。

作用于 ATP 合成酶的呼吸毒剂主要有丁醚脲(diafenthiuron)、三唑锡(azocyclotin)、三环锡(cyhexatin)、苯丁锡(fenbutatin oxide)、炔螨特(propargite)和四氯杀螨砜(tetradifon)(图 4.55)。

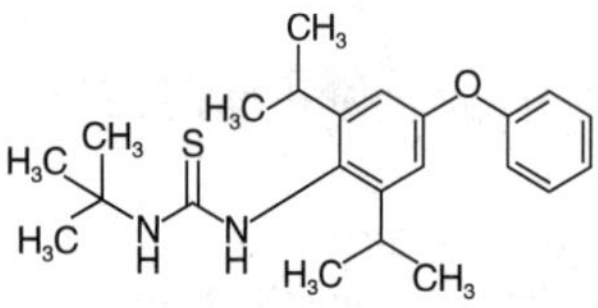

丁醚脲 diafenthiuron
(2 068 mg/kg)

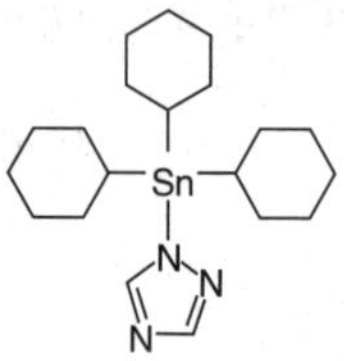

三唑锡 azocyclotin
(209 mg/kg)

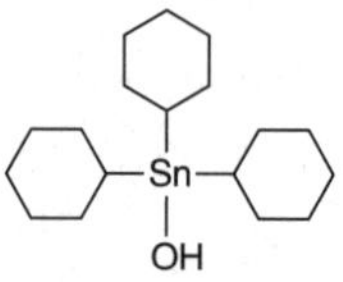

三环锡 cyhexatin
(540 mg/kg)

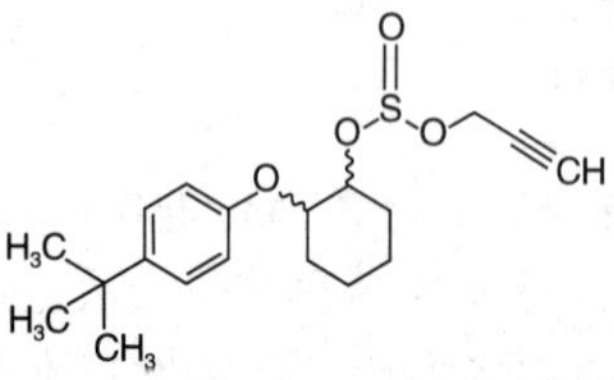

炔螨特 propargite
(2 843 mg/kg)

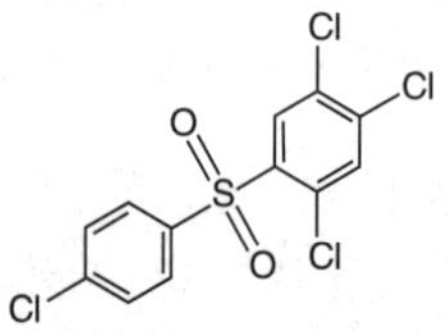

四氯杀螨砜 tetradifon
(14 700 mg/kg)

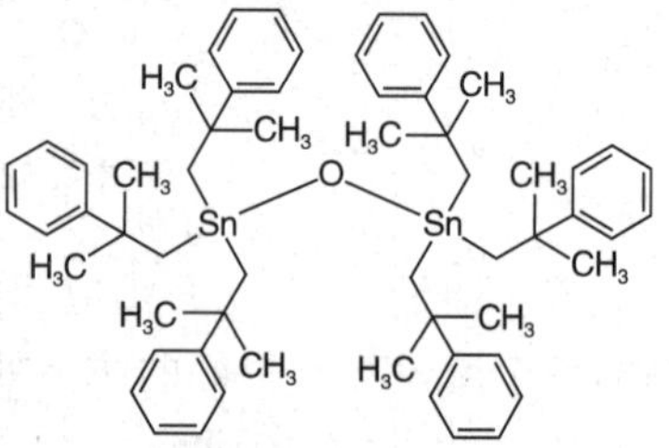

苯丁锡 fenbutatin oxide
(3 000～4 400 mg/kg)

图 4.55 作用于 ATP 合成酶的呼吸毒剂

丁醚脲是汽巴·嘉基公司(现先正达公司)1980 年发现的一个硫脲类化合物,于 1991 年商品化,是一种高效的杀虫、杀螨剂,具有触杀、胃毒、内吸和熏蒸作用,且具有一定的杀卵效果。丁醚脲可防治多种作物和观赏植物上的蚜虫、粉虱、叶蝉、夜蛾科害虫及害螨。其低毒,但对鱼和蜜蜂高毒。丁醚脲属于前体杀虫药剂,在阳光照射下或在纯态氧条件下,可转化为相应的碳二亚胺(carbodiimide,含有 N=C=N 官能团)类化合物(CGA 140408)后才能发挥其杀虫活性,而在昆虫体内经过 P450 氧化为碳二亚胺类代谢产物(图 4.56)。该代谢产物通过与 F0 结合而抑制线粒体 ATP 酶活性,其作用位点与二环己基碳二亚胺(dicyclohexylcarbodiimide,DCCD)相同。[14]C 标记的丁醚脲的碳二亚胺代谢产物和 DCCD 均可通过共价键,既与丽蝇线粒体内膜上 F0 ATP 酶的分子量为 8 ku 的蛋白质结合,也可与线粒体外膜上的形成通道的

32 ku的孔道蛋白结合。但在大鼠肝脏细胞线粒体中，^{14}C 标记的丁醚脲只与蛋白质结合，而不与孔道蛋白结合。这可能是丁醚脲具有选择性的原因之一（Ruder et al.，1991，1992）。

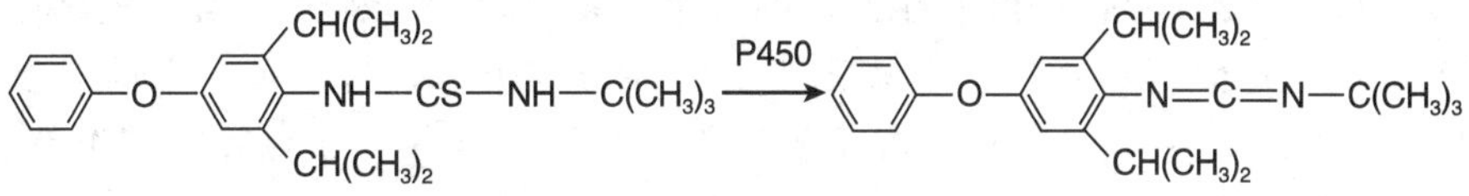

图 4.56　丁醚脲在生物体内的活化

4.2.3.6　解偶联剂

解偶联剂（uncoupler），也称为氧化磷酸化抑制剂，能增大线粒体内膜对 H$^+$ 的通透性，消除线粒体内膜内外的质子梯度，使呼吸链中电子传递所产生的能量不能用于 ADP 磷酸化生成 ATP，而是全部以热的形式散发，即解除氧化和磷酸化的偶联作用（即解偶联）。也就是说，虽然氧化反应照常进行，但不能进行 ADP 的磷酸化，从而不能生成 ATP。质子载体 2,4-二硝基苯酚（DNP）就是典型的解偶联剂。

作为解偶联剂的杀虫药剂主要有氟虫胺（sulfluramid）和虫螨腈（chlorfenapyr）。

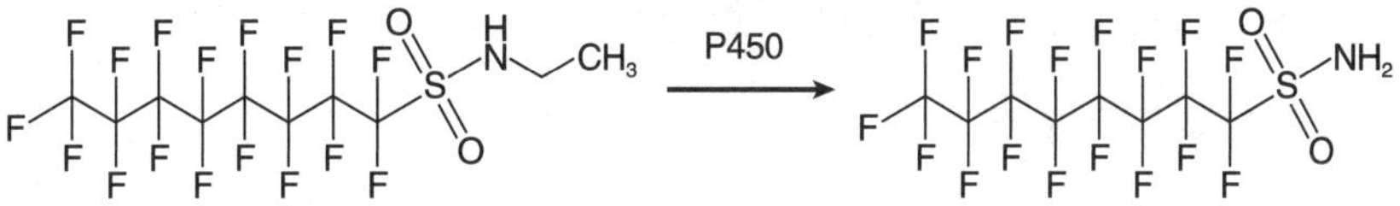

氟虫胺作为卫生杀虫药剂，主要以毒饵的形式用于室内防治蚂蚁和蟑螂。氟虫胺在昆虫体内首先被 P450 氧化脱去 N-乙基转化为全氟辛烷磺酰胺（图 4.57）。这种氧化代谢物是强烈的氧化磷酸化抑制剂（解偶联剂），可破坏线粒体内膜内外的质子梯度从而抑制 ATP 的合成。

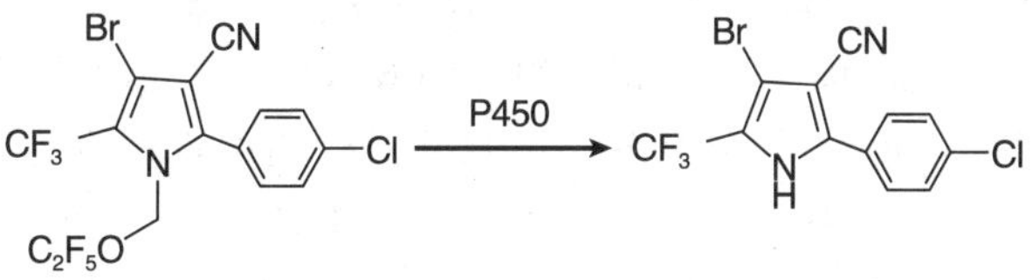

图 4.57　虫螨腈和氟虫胺的氧化代谢

但巴西南里奥格兰德州农用毒性物质登记分析委员会（Diagro）2018 年表示，氟虫胺暴露与人类膀胱癌发病率相关性较高，并且男性生殖系统和胃肠道肿瘤的患病风险也较高。该委员会认为，"在自然环境中，氟虫胺被降解为全氟辛烷磺酰基化合物。该物质具有高毒性，不易分解，可在体内远距离转运以及生物累积。在环境暴露情况下会对鱼类、鸟类和哺乳动物造成风险，具有亚慢性的负面影响和生殖毒性，并对鱼类和甲壳动物产生不利影响"，因此，多

数国家拒绝登记含有氟虫胺的杀虫剂产品。

虫螨腈是氰胺公司(现巴斯夫公司)1988年发现的吡咯类化合物,于1995年开始商品化。虫螨腈为广谱性杀虫杀螨剂,对植食性害螨的各个发育阶段和多种害虫均有效,但对有些捕食螨的卵和幼螨高毒而对另一些捕食螨则没有明显影响。虫螨腈也是一个前体杀螨剂,经P450氧化脱去N-乙氧基甲基形成N-脱烷基代谢产物CL303268(图4.57),其作为氧化磷酸化的解偶联剂,可破坏跨线粒体内膜的质子梯度从而破坏线粒体产生ATP的能力,导致受影响的细胞死亡并最终导致昆虫死亡。

另外,硝基酚类似物如杀螨剂敌螨通(dinobuton)和敌螨普(dinocap)、杀白蚁剂五氯苯酚(PCP)以及具有杀菌、杀线虫和灭螺活性的水杨酸替苯胺类(salicylanilide)都是解偶联剂,如原来防治血吸虫最有效的药剂就是5-氯-2-氯-4-硝基水杨酰替苯胺。

4.3 昆虫生长调节剂

昆虫生长调节剂类(insect growth regulators,IGRs)杀虫药剂,包括几丁质合成抑制剂、保幼激素(juvenile hormone,JH)类似物和蜕皮激素(molting hormone,MH)类似物等。这类药剂的作用靶标为节肢动物所特有而哺乳动物没有,因此,其对靶标害虫高效而对哺乳动物安全,具有极高的选择性;同时,对天敌等非靶标生物也比较安全,对环境无污染,是符合目前绿色植保理念的理想药剂。

在介绍不同类型的昆虫生长调节剂之前,先复习一下昆虫激素在昆虫生长发育和生殖过程中所起的作用。昆虫激素由脑、与脑相连的咽侧体和心侧体以及与脑不相连的前胸腺分别分泌。在不同内外因素刺激下,脑神经分泌细胞分泌的脑激素进入血淋巴内,通过心侧体刺激前胸腺,由前胸腺分泌蜕皮激素。在脑的直接控制下,咽侧体分泌并释放保幼激素。蜕皮激素促使昆虫蜕皮,保幼激素则使昆虫保持幼虫形态,抑制幼虫的形态分化。在幼虫蜕皮时,如果有大量保幼激素存在,则蜕皮后仍保持幼虫形态;如果只有极少量保幼激素,则幼虫蜕皮后化蛹;在没有保幼激素时,蛹蜕皮成为成虫。但到成虫期,咽侧体又恢复分泌保幼激素,促使生殖系统发育成熟,并与蜕皮激素共同调控昆虫的生殖。

4.3.1 几丁质合成抑制剂的作用机制

几丁质是由N-乙酰葡糖胺通过β-1,4糖苷键连接形成的线性大分子聚合物,主要存在于昆虫和甲壳类动物的表皮以及真菌的细胞壁中。几丁质的生物合成途径如图4.58所示。最初可能来源于储藏形式的葡萄糖(海藻糖或动物淀粉),由ATP磷酸化形成葡萄糖-1-磷酸,再异构化为果糖-6-磷酸。再将谷氨酰胺的氨基加到果糖-6-磷酸上,将其氨化为葡萄糖胺-6-磷酸。然后把乙酰辅酶A的乙酰基团加到葡萄糖胺-6-磷酸上,将其乙酰化为N-乙酰葡糖胺-6-磷酸。N-乙酰葡糖胺-6-磷酸进一步转化为N-乙酰葡糖胺-1-磷酸,再与尿苷三磷酸反应生成尿苷二磷酸-N-乙酰葡糖胺(UDP-GlcNAc)。几丁质生物合成的最后一步由几丁质合成酶(chitin synthase)催化,该酶将底物UDP-GlcNAc分子通过β-1,4糖苷键连接形成N-乙酰葡糖胺聚合物。有关N-乙酰葡糖胺-1-磷酸聚合成几丁质的精确机制尚不明确。目前,发现昆虫

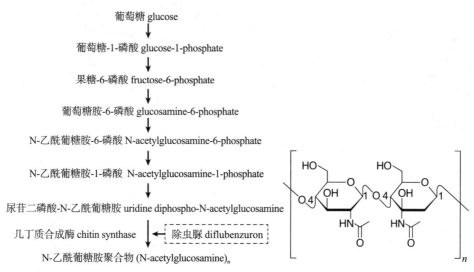

图 4.58 几丁质合成途径(左)及几丁质(右)

中有两种几丁质合成酶:几丁质合成酶 1(chitin synthase 1,CHS1)和几丁质合成酶 2(chitin synthase 2,CHS2)。几丁质合成酶 1 存在于表皮和气管系统中,参与发育过程中表皮的形成;几丁质合成酶 2 存在于肠道上皮细胞中,参与围食膜中几丁质的合成。

作为杀虫药剂成功应用的几丁质合成抑制主要有 3 类,包括苯甲酰基脲类(benzoylphenylureas)的除虫脲(diflubenzuron)、氟铃脲(hexaflumuron)、氟苯脲(teflubenzuron)、氟虫脲(flufenoxuron)、虱螨脲(lufenuron)和杀铃脲(triflumuron)等,噻二嗪类的噻嗪酮(buprofezin)以及二苯基恶唑啉类的乙螨唑(etoxazole)。

苯甲酰基脲类的第一个品种除虫脲于 1975 年开始应用,经过 40 多年的发展,目前已经商品化的共有 15 个品种(图 4.59),是到目前为止应用最为广泛的一类几丁质合成抑制剂。该类药剂引起的中毒征象在不同种类的害虫中大致类似,先是活动和取食量减少,身体逐渐缩小,体表变黑,到蜕皮时出现 3 种情况:①不能蜕皮立即死亡。②蜕皮到一半时死亡。③老熟幼虫不能蜕皮化蛹,或化为一半幼虫一半蛹;如能化蛹则成畸形蛹;如能化成正常蛹,羽化后的成虫也是畸形的。由于几丁质减少,表皮薄,昆虫体壁易破裂或穿孔,流出体液;昆虫蜕皮时,部分旧皮蜕不下来。

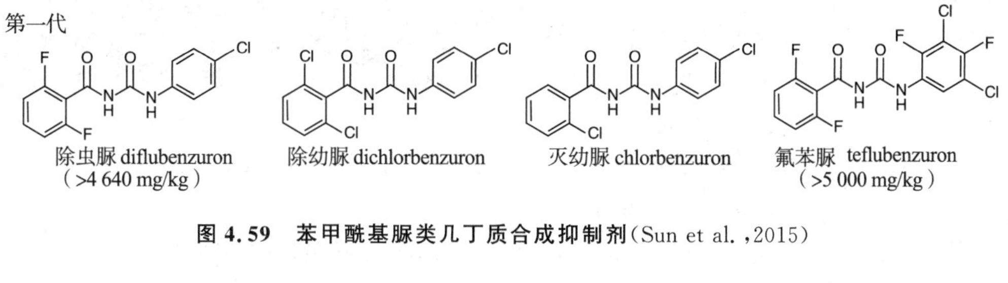

第一代

除虫脲 diflubenzuron
(>4 640 mg/kg)

除幼脲 dichlorbenzuron

灭幼脲 chlorbenzuron

氟苯脲 teflubenzuron
(>5 000 mg/kg)

图 4.59 苯甲酰基脲类几丁质合成抑制剂(Sun et al.,2015)

第二代

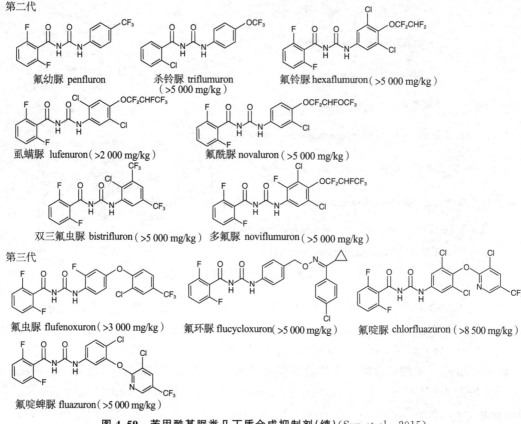

氟幼脲 penfluron　　　　杀铃脲 triflumuron　　　　氟铃脲 hexaflumuron（>5 000 mg/kg）
　　　　　　　　　　　　（>5 000 mg/kg）

虱螨脲 lufenuron（>2 000 mg/kg）　　　氟酰脲 novaluron（>5 000 mg/kg）

双三氟虫脲 bistrifluron（>5 000 mg/kg）　　多氟脲 noviflumuron（>5 000 mg/kg）

第三代

氟虫脲 flufenoxuron（>3 000 mg/kg）　　氟环脲 flucycloxuron（>5 000 mg/kg）　　氟啶脲 chlorfluazuron（>8 500 mg/kg）

氟啶蜱脲 fluazuron（>5 000 mg/kg）

图 4.59　苯甲酰基脲类几丁质合成抑制剂（续）（Sun et al.，2015）

苯甲酰基脲类杀虫药剂对几丁质合成的抑制普遍认为主要是阻断了几丁质合成的最后步骤，即 N-乙酰葡糖胺的聚合，从而影响昆虫内表皮的弹性和硬度，使体壁不足以支撑昆虫，也无法使昆虫完成蜕皮，最终导致昆虫死亡。从图 4.60 中可以看出，除虫脲处理会导致大菜粉蝶 *Pieris brassicae* 幼虫表皮细胞和角质层间的结构消失，仅剩下许多散乱的凝固球状物，即内表皮缺失（Gijswijt et al.，1979）。据报道，除虫脲处理大菜粉蝶幼虫仅15 min，即可阻断其

图 4.60　除虫脲处理组（右）和对照组（左）大菜粉蝶幼虫表皮的剖面图（Gijswijt et al.，1979）

表皮中几丁质的生物合成。Farnesi 等（2012）研究发现，用氟酰脲处理可显著抑制昆虫成虫羽化，幼虫死亡率增加，发育延迟；幼虫体壁中几丁质含量显著下降，表皮层与皮细胞层脱离，变得不连续，呈绳状；皮细胞层退化、变薄（图 4.61）；但围食膜中的几丁质含量无变化。

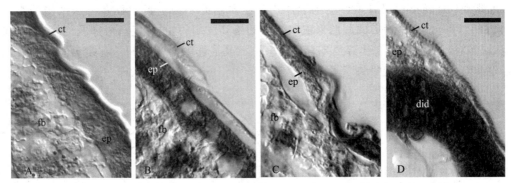

图 4.61　氟酰脲对埃及伊蚊 *Aedes aegypti* 4 龄末期幼虫表皮层和皮细胞层的影响（Farnesi et al.，2012）

　　注：组织用苏木精和曙红染色。A. 对照组，表皮层、皮细胞层和邻近的脂肪体层紧密相连。B～D. EI₉₉（抑制 99% 成虫羽化）的氟酰脲处理组。B. 表皮层呈半透明的不连续分布，并与皮细胞层分离；C. 皮细胞层变薄；D. 皮细胞层退化，表皮层呈绳状。ct. 表皮层，did. 紊乱的器官芽，ep. 皮细胞层，fb. 脂肪体。

　　虽然很多生理学及形态学研究结果都证明苯甲酰基脲类杀虫药剂确实抑制了几丁质的合成，但对这一过程的分子机制一直不清楚，主要缺乏对几丁质合成及其沉积的深入了解。有人认为是抑制了几丁质合成酶的活性，但研究表明除虫脲对赤拟谷盗 *Tribolium castaneum*、厩蝇 *Stomoxys calcitrans*、天蚕蛾和粉纹夜蛾中参与几丁质聚合的几丁质合成酶均无抑制作用。有研究发现，除虫脲作用于乳草长蝽 *Oncopeltus fasciatus*，其几丁质合成被抑制的同时，几丁质合成的前体尿苷二磷酸-N-乙酰葡糖胺（UDP-GlcNAc）的积累增加。因此，认为对几丁质合成的阻断也许是通过抑制 UDP-GlcNAc 的跨膜运输过程所致。Mitsui 等（1985）利用甘蓝夜蛾 *Mamestra brassicae* 末龄幼虫的中肠培养物研究发现，除虫脲可以抑制 UDP-GlcNAc 对中肠上皮细胞膜的穿透，从而阻断几丁质的合成。Nakagawa 和 Matsumura（1994）通过对美洲大蠊的活体研究发现，除虫脲可抑制其表皮囊泡对钙离子的吸收，表明这一过程可能与阻止液泡型囊泡的胞外分泌有关，从而导致了几丁质合成失败。进一步研究显示，磺酰脲类受体（sulfonylurea receptor）抑制剂格列苯脲（glibenclamide），与除虫脲类似也可抑制几丁质合成过程。因此，推测除虫脲的作用位点是磺酰脲受体，是一种调控几丁质通过膜泡运输的 ATP 结合盒（ABC）转运蛋白（Abo-Elghar et al.，2004）。但近期的研究发现黑腹果蝇的一个磺酰脲受体缺失突变品系，其幼虫表皮中的几丁质水平正常，表明磺酰脲受体并非几丁质合成的必需受体（Meyer et al.，2013）。另外，利用完整的器官芽及细胞系的研究表明，苯甲酰基脲类通过 20-羟基蜕皮酮依赖性几丁质合成酶系统抑制了从 UDP-GlcNAc 合成几丁质的过程（Oberlander and Silhacek，1998；Oberlander and Smagghe，2001）。

　　早期研究也显示除虫脲可能具有以下作用：①激活降解几丁质的几丁质酶的活性，因而干扰含几丁质的表皮的形成；②抑制蜕皮激素代谢酶的活性，导致蜕皮激素滴度提高从而激活几丁质酶，同时阻止几丁质在新表皮中的正确沉积；③抑制丝氨酸蛋白酶，从而阻止几丁质合成酶酶原的活化；④抑制表皮器官芽的扩增。然而，这些目前都被认为是除虫脲作用的次级效果，并不是苯甲酰基脲类杀虫药剂的主要作用，因为这类杀虫药剂对昆虫的作用非常迅速。

　　虽然对苯甲酰基脲类杀虫药剂的作用机制从第一个品种除虫脲开始应用后就开始研究了，但一直没有明确的结论。

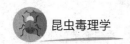

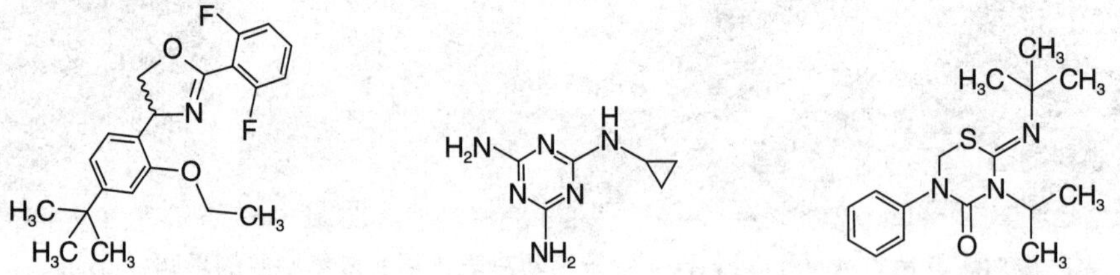

乙螨唑(etoxazole)是日本住友化学株式会社研制的一种全新的具有特殊结构的杀螨剂(图 4.62),可有效抑制螨卵的胚胎形成以及从幼螨到成螨的蜕皮过程,对卵及幼螨高效;对成螨无效,但对雌性成螨具有很好的不育作用。因此其最佳的防治时间是害螨为害初期。乙螨唑耐雨性强,持效期长达 50 d。

乙螨唑 etoxazole　　　　灭蝇胺 cyromazine　　　　噻嗪酮 buprofezin

(>5 000 mg/kg)　　　　(3 920 mg/kg)　　　　(2 198 mg/kg)

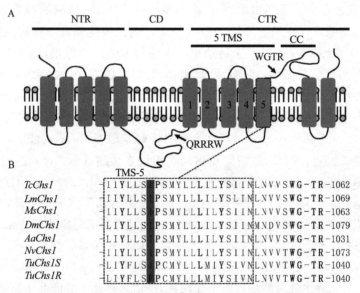

图 4.62　乙螨唑、灭蝇胺和噻嗪酮

乙螨唑的主要作用机制也是抑制几丁质的合成。Van Leeuwen 等(2012) 发现二斑叶螨几丁质合成酶 1(CHS1)第 1017 位异亮氨酸到苯丙氨酸的突变(I1017F)可导致其对乙螨唑产生数万倍的高水平抗性。该突变位于 CHS1 的 C 端 5 个跨膜片段簇的第 5 个片段上,该区域参与了几丁质分泌孔的构成(图 4.63)。上述结果证明乙螨唑通过抑制 CHS1 发挥作用,即 CHS1 是乙螨唑的直接靶标。

图 4.63　二斑叶螨 CHS1 的基因结构(A)及与乙螨唑抗性相关的点突变(I1017F)的位置(B)(Van Leeuwen et al.,2012)

在此基础上,Douris 等(2016)的研究终于揭示了苯甲酰基脲类杀虫药剂等几丁质合成抑制剂的作用机制。他们用杀虫隆对采自菲律宾的一个小菜蛾田间种群(Sudlon)经过 10 代筛选后获得了一个高抗品系,该品系同时对除虫脲、虱螨脲、氟环脲和乙螨唑都具有高水平的交互抗性。通过序列分析,发现其 CHS1 的 C 端 5 个跨膜片段簇的第 5 个片段上存在一个点突变 I1024M,对应于二斑叶螨对乙螨唑抗性的 I1017F 突变。进一步基于反向遗传学策略,利用 CRISPR/Cas9 技术将该突变引入黑腹果蝇(I1056F/M),发现其对所测试的除虫脲、虱螨脲、氟环脲、乙螨唑及噻嗪酮都具有明显的交互抗性,由此证明苯甲酰基脲类、乙螨唑和噻嗪酮 3 类几丁质合成抑制剂具有相同的作用机制,即作用于 CHS1。

灭蝇胺(cyromazine)是环丙氨嗪类昆虫生长调节剂,对双翅目幼虫有特殊活性,可诱使双翅目幼虫和蛹在形态上发生畸变,成虫羽化不全或受抑制。灭蝇胺不会抑制几丁质的生物合成,但它是一种蜕皮的破坏剂。它通过增加表皮的硬度而影响表皮的骨化。也有研究发现,灭蝇胺处理过的烟草天蛾幼虫表皮会迅速失去延展性,无法再扩展到正常水平,导致幼虫发育受损,最终出现表皮病变,几天后死亡。表皮的硬化说明表皮中各种成分的交互作用增强,但其机理尚不明确。上述 Douris 等(2016)等的研究发现,引入黑腹果蝇 CHS1 的突变(I1056F/M)并不影响其对灭蝇胺的敏感性,说明灭蝇胺可能具有不同的作用机制。

4.3.2 保幼激素类似物的作用机制

保幼激素(juvenile hormone,JH)是由昆虫咽侧体分泌的多种半倍萜类化合物的总称,具有维持幼虫特征、阻止变态发生的作用。早在 1930 年左右,Wigglesworth 就证实有保幼激素的存在。1956 年 Williams 发现天蚕蛾的腹部组织内含有大量的保幼激素。1967 年 Roller 等利用质谱及核磁共振技术从天蚕蛾成虫腹部分离鉴定了第一个 JH 的化学结构,命名为 JH I。1982 年又从烟草天蛾卵中发现了 JH 0。Schmialek(1961)在黄粉甲的粪便中发现一种具有保幼激素活性的化合物,后来被证明为 JH III。另一种化合物保幼酮(juvabione)是从香脂冷杉(Abies balsamea)做成的纸中发现的,它能使始红蝽(Pyrrhocoris apterus)的若虫蜕皮后保持若虫形态,而不能变为成虫(Slama and Williams,1966)。目前已经在不同昆虫中发现了 7 种 JH,包括 JH 0、JH I、4-甲基 JH I(4-methyl JH I)、JH II、JH III、JH III 双环氧化物(JH III bisepoxides,JH B3)和甲基法尼酯(methyl farnesoate,JH III 的非环氧化物)(图 4.64)。

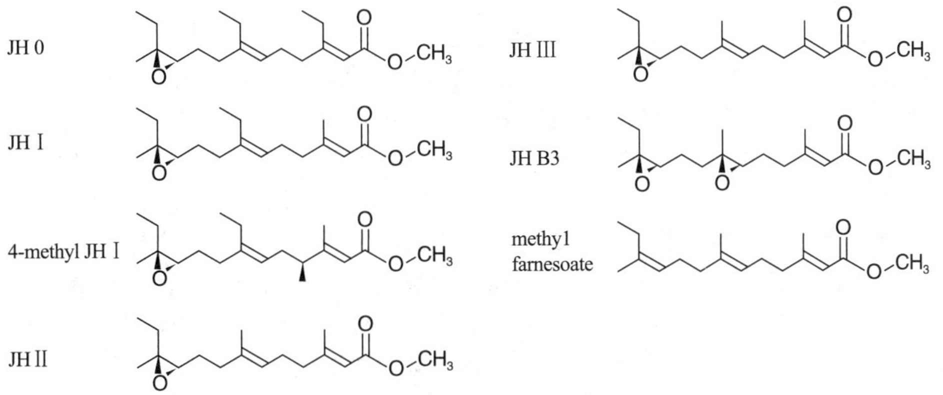

图 4.64 已经发现的昆虫的保幼激素

Williams(1967)提出保幼激素可以作为农药使用,而且可能不会产生抗性。但天然保幼激素因其在环境中不稳定,且合成难度大,很难作为杀虫药剂直接使用。Bower(1969)成功合成替代芳香萜类醚是一个重大的突破,其活性比天然保幼激素对黄粉甲和乳草长蝽高几百

倍,就此开始了保幼激素类似物杀虫药剂的合成和应用。早期合成的具有不同替代基、不同杀虫活性和特性的类似物有 500 多种,但由于其局限性,在美国注册应用的主要有蒙 515(烯虫酯 methoprene)和蒙 777(烯虫炔酯 kinoprene)。目前,已经商品化的具有保幼激素活性的杀虫药剂主要有 8 种(图 4.65),基本都是 20 世纪 70—80 年代所开发的。

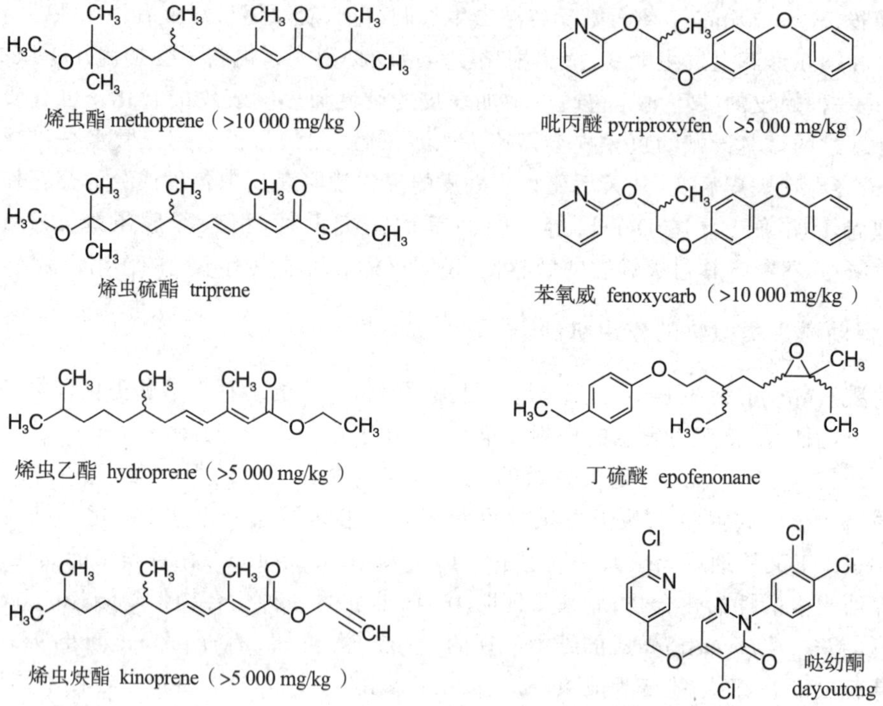

烯虫酯 methoprene(>10 000 mg/kg)

吡丙醚 pyriproxyfen(>5 000 mg/kg)

烯虫硫酯 triprene

苯氧威 fenoxycarb(>10 000 mg/kg)

烯虫乙酯 hydroprene(>5 000 mg/kg)

丁硫醚 epofenonane

烯虫炔酯 kinoprene(>5 000 mg/kg)

哒幼酮 dayoutong

图 4.65　保幼激素类似物杀虫药剂

烯虫酯是 1973 年合成的第一个商品化的保幼激素类杀虫药剂,具有触杀和胃毒作用,对蚊蝇幼虫有较强的杀灭作用。随后的烯虫乙酯(hydroprene)对鳞翅目、半翅目和某些鞘翅目、同翅目害虫有效。苯氧威(fenoxycarb)于 1982 年由瑞士开发,主要用于防治仓贮害虫,主要影响其繁殖;也可防治红火蚁、白蚁、蚊幼虫及果树木虱、蚧类、卷叶蛾等;另外,在林业上防治松毛虫、美国白蛾、尺蠖、杨树舟蛾、苹果蠹蛾等。吡丙醚(pyriproxyfen)于 1989 年由日本开发,具有胃毒、触杀和内吸作用,不仅具有强烈的杀卵活性,还能影响昆虫的蜕皮和繁殖。国外在农业、卫生害虫的防治上使用吡丙醚较为普遍,国内主要用于卫生害虫防治。

保幼激素是昆虫在生长发育的特定时期所必需的一种化学物质。当昆虫处于变态蜕皮过程中,体内保幼激素浓度很低时,人为增加保幼激素的浓度就会导致昆虫中毒。保幼激素最重要的作用是调控依赖于蜕皮激素的幼虫和蛹的蜕皮,防止昆虫过早变态。保幼激素存在于幼虫的整个生长过程中,随着昆虫的生长,保幼激素的浓度逐渐降低。在幼虫的最后一个龄期,保幼激素的浓度非常低,几乎检测不到,这有利于它们进行变态发育。这种模式在不完全变态和完全变态昆虫中不同。在不完全变态昆虫中,保幼激素在最后一龄若虫中的浓度极低或者检测不到,比如东亚飞蝗。而在完全变态昆虫中,保幼激素浓度在末龄幼虫的前期还相当高,在开始发生变态的时候,浓度才急剧下降,比如烟草天蛾;到成虫阶段,保幼激素浓度又升高,主要调控成虫的生殖(如卵母细胞的发育、卵黄蛋白原的产生)和雌虫的受精。

保幼激素类似物如烯虫酯、烯虫乙酯、仲丁威和吡丙醚等的作用和保幼激素一样,在变态刚开始时,即末龄幼虫或蛹的早期阶段施用会表现出很高的毒力。保幼激素类似物具有极高的选择性。用保幼激素类似物处理德国小蠊末龄若虫,可抑制其生长,导致不育,不能正常蜕皮和变态而致畸,包括翅的畸形、黑化作用增强等。吡丙醚在很多昆虫中可以破坏激素平衡,抑制胚胎发育、变态和成虫的形成。例如,对于柑橘木虱 *Diaphorina citri*,施用吡丙醚可抑制其卵的孵化,并引起所有龄期幼虫的死亡,而且这种作用在低龄(1～3 龄)若虫中比在高龄(4、5 龄)若虫中更加明显。用吡丙醚处理 4 龄或 5 龄若虫往往导致触角变厚、成虫畸形,包括腹部变宽、翅扭曲及体色加深等;足和腹部无法脱离蜕皮而不能正常蜕皮,最后导致死亡。无论用吡丙醚处理 5 龄若虫还是直接点滴处理成虫,对它们的生殖力和繁殖力均有不利影响。烯虫酯和其他保幼激素类似物在很多昆虫中均可模拟 JH 发挥破坏性作用或者替代 JH 的作用,这有力地支持了保幼激素类似物是 JH 受体的激动剂这一假说。

早期研究认为,烯虫酯所呈现的毒性并不是作为保幼激素类似物起作用,而是作为保幼激素降解抑制剂,使内源性保幼激素大量积累。而现在通过组织培养或者细胞培养等一系列研究否定了这一假说。

4.3.3　早熟素

如前所述,1965 年 Slama 从香脂冷杉做成的滤纸中发现能阻止始红蝽 pyrrhcoris apterus 变态的保幼酮后,就有人也想从植物中找出和保幼激素起相反作用的物质,最后从菊科藿香蓟属植物熊耳草 *Ageratum houstonianum* 中鉴定出两个色烯化合物,一种是早熟素 Ⅰ (precocene Ⅰ),另一种是早熟素 Ⅱ(precocene Ⅱ),都具有明显的抗保幼激素活性。后来又发现了早熟素Ⅲ(Precocene Ⅲ)。目前已知的具有明显抗保幼激素活性的早熟素共 3 种(图 4.66)。

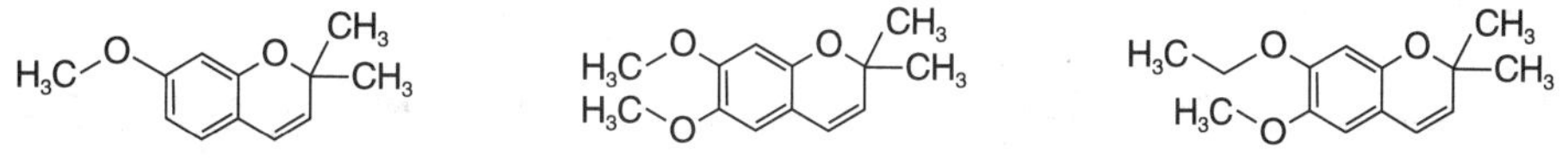

早熟素 Ⅰ prococene Ⅰ　　　　早熟素 Ⅱ prococene Ⅱ　　　　早熟素 Ⅲ prococene Ⅲ

图 4.66　早熟素

4.3.3.1　早熟素的生物活性

(1)诱导早熟变态。早熟素主要对半翅目的一些种类如乳草长蝽 *Oncopeltus fasciatus*、棉二点红蝽 *Dysdercus cingulatus*、棉铃喙缘蝽 *Leptoglossus phyllopus* 和长红猎蝽 *Rhodnius prolixus* 等可以诱导早熟变态,但对完全变态昆虫无效,唯有早熟素Ⅱ对家蚕幼虫有诱导早熟变态作用。

(2)对生殖的影响。早熟素处理新羽化的雌成虫,如棉红蝽或乳草长蝽,可导致其不育;处理生殖期的成虫,可使其停止产卵,吸收卵母细胞,卵巢萎缩,不再生殖而死亡。保幼激素Ⅲ可使早熟素处理导致不育的昆虫恢复正常。

(3)诱导滞育。保幼激素调节着昆虫的滞育生理,因此,早熟素也能使马铃薯甲虫 *Leptinotarsa decemlineata* 和梅球颈象 *Conotrachellus nenuphar* 成虫在无滞育诱导条件下(长光照)入土滞育。

(4)对成虫行为的影响。早熟素主要影响性外激素的分泌,如早熟素Ⅱ处理美洲大蠊分泌性外激素的未交配雌虫,能很快结束其性激素的释放。用早熟素Ⅱ处理小菜蛾未交配雌蛾可明显降低其诱雄能力。早熟素Ⅰ则无此作用。

(5)对蚜虫翅发育的影响。在适合产生无翅蚜的条件下,用早熟素Ⅱ点滴初羽化的无翅孤雌生殖的雌蚜,结果产生有翅后代。用保幼激素Ⅰ处理可使其恢复。

(6)对蚊子幼虫的影响。用早熟素Ⅱ处理埃及伊蚊幼虫可阻止其化蛹。另外,早熟素处理伊蚊蛹后,羽化的成虫外表虽然正常,但生殖力很低。

4.3.3.2　早熟素的作用机制

从上面早熟素的生物学研究中,可以看出早熟素的作用是阻止保幼激素的分泌,因此,其作用的各个方面都可以通过加入保幼激素恢复过来。一系列研究证明,早熟素直接作用于昆虫的咽侧体,破坏其功能,阻止保幼激素的分泌。如早熟素Ⅰ可使蝗虫咽侧体中的大分子烷基化;早熟素Ⅱ首先发生环氧化代谢,形成化学活性极高的 3,4-环氧化物,使咽侧体细胞蛋白质烷基化,导致咽侧体细胞退化,无法分泌保幼激素。

20 世纪 80 年代初,国内外对早熟素的研究较多,人们都希望早熟素能作为第四代杀虫药剂应用,但一直未开发出高效品种。

4.3.4　蜕皮激素类似物

蜕皮激素又称蜕皮甾醇(ecdysteroid)或蜕皮酮(ecdysone),由昆虫的前胸腺合成并分泌到血淋巴中。蜕皮激素主要分为 α-蜕皮激素和 β-蜕皮激素(也称为 20-羟基蜕皮酮,20-hydroxyecdysone)。α-蜕皮激素本身无活性,必须转化为 β-蜕皮激素才具有活性。昆虫自身不能合成蜕皮激素的前体物三萜烯化合物,必须通过取食植物获得,再在前胸腺中合成 α-蜕皮激素,释放后经血液循环进入脂肪体细胞或中肠细胞后转化为具有活性的 β-蜕皮激素(图4.67)。

蜕皮激素通过与保幼激素协调作用,对昆虫的蜕皮、生长和繁殖等生理过程起到重要调控作用。蜕皮激素启动和调整蜕皮过程,保幼激素则决定每次蜕皮后昆虫的发育方向。当高浓度的保幼激素存在时,蜕皮激素启动幼虫不同龄期之间的蜕皮,促使幼虫到幼虫状态的转变;当保幼激素滴度降低或消失时,蜕皮激素启动变态蜕皮,促使幼虫到蛹或成虫的转变。

正是由于蜕皮激素在调控昆虫蜕皮、变态及生殖中过程中发挥着重要作用,1967 年,Williams 等提出用蜕皮激素类似物作为杀虫药剂的设想,认为可以通过人为改变昆虫体内蜕皮激素的水平,干扰其正常的生长发育,达到防治害虫的目的。虽然目前发现了几百种植物甾醇类化合物,但是很少能成为防治害虫的有效杀虫药剂。在对大量天然或人工合成化合物进行筛选的基础上,美国罗门哈斯公司的 Rohm 和 Haas 于 1983 年开发出第一个与天然蜕皮激素结构不同,却同样具有蜕皮激素活性的双酰肼类昆虫生长调节剂(diacylhydrazines)——抑食肼(RH5849)。随后又陆续推出了虫酰肼(tebufenozide)、甲氧虫酰肼(methoxyfenozide)和氯虫酰肼(halofenozide)。另外,还有日本化药株式会社和三共株式会社联合开发并于 1999年推出的环虫酰肼(chromafenozide)及我国南方农药创制中心江苏基地创制的呋喃虫酰肼(fufenozide)(图 4.67)。

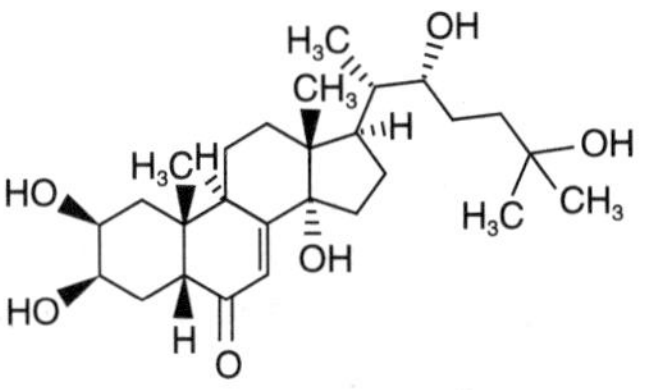

图 4.67　昆虫蜕皮激素及双酰肼类杀虫药剂

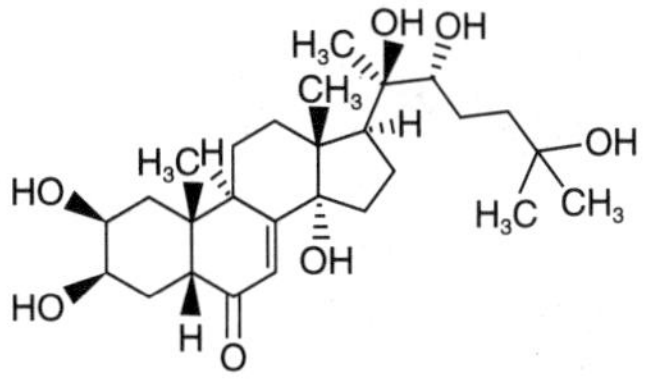

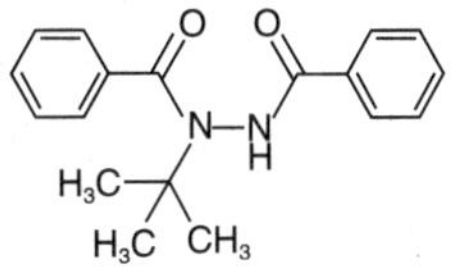

双酰肼类杀虫药剂主要对鳞翅目害虫高效,其中氯虫酰肼对鞘翅目害虫也有较好的防治效果。此类药剂引起害虫中毒的征象相似,均表现出蜕皮激素过剩的征象,称为"超蜕皮酮症"(hyperecdysonism)。用双酰肼类杀虫药剂处理鳞翅目昆虫,其在中毒后 4～16 h 内停止取食,24 h 开始早熟蜕皮,中毒昆虫的头壳早熟开裂,企图蜕皮但不能顺利完成。这可能是由于血淋巴和皮细胞中的双酰肼类杀虫药剂抑制了羽化激素的释放。因为在正常蜕皮过程中,要等 β-蜕皮激素降低至正常水平时才会释放羽化激素。中毒昆虫开裂的头壳下形成的新表皮骨化、鞣化不完全,另外中毒昆虫会排出后肠,血淋巴和蜕皮液流失,导致脱水,最终死亡。浓度低到 1 mg/L 的抑食肼对地下害虫日本金龟子 *Popillia japonica* 仍具有很高活性,中毒后可使其体色改变,摄食停止,体重减轻,并有很高的致死蜕皮率。

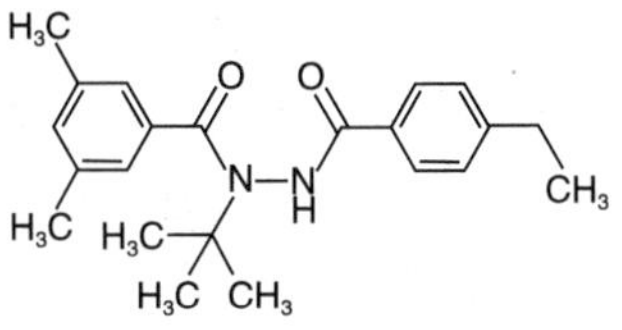

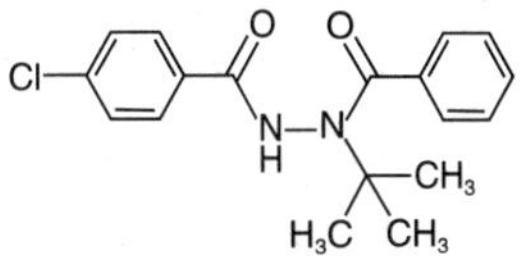

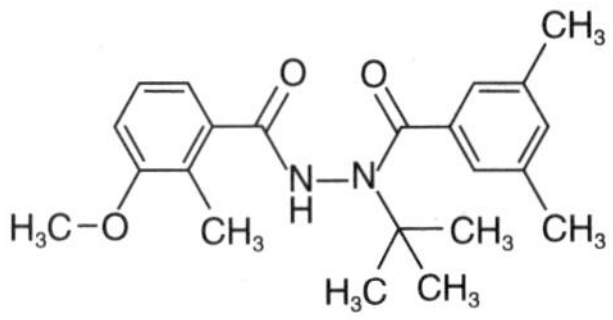

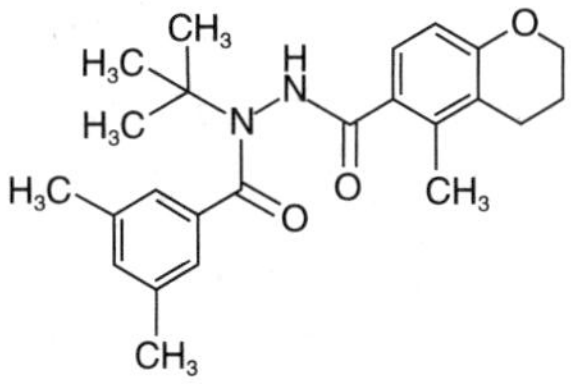

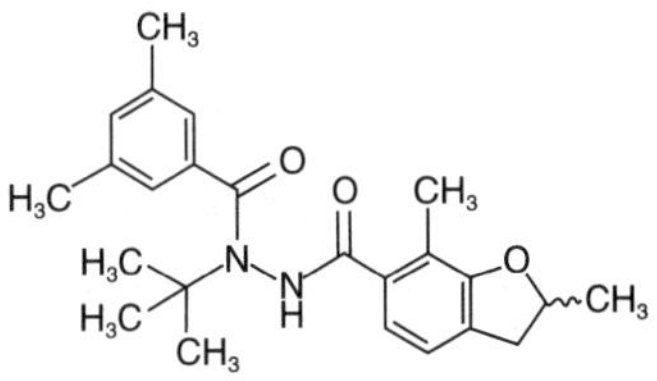

双酰肼类杀虫药剂虽然是非甾醇类化合物,但可以作为蜕皮激素受体的激动剂,即模仿20-羟基蜕皮酮,与蜕皮激素受体复合体 EcR/USP 结合,激活受体蛋白,启动致死性早熟蜕皮,引起昆虫死亡。

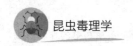

4.4　鱼尼丁受体激动剂

1948 年 Rogers 等首次从分布于南美洲及加勒比海地区的大风子科植物尼亚那 *Ryania speciosa* 的根部和茎部提取到一类具有杀虫活性的物质,主要成分包括鱼尼丁(*ryanodine*)、10-(O-甲基)-鱼尼丁[10-(O-methyl)-ryanodine]和 9,21-二氢鱼尼丁(9,21-dihydroryanodine)。其中含量和活性最高的是鱼尼丁和 9,21-二氢鱼尼丁。鱼尼丁对哺乳动物的骨骼肌和心肌具有强烈的致瘫痪作用。进一步研究发现,鱼尼丁能够与哺乳动物肌质网膜上的某种蛋白结合并抑制肌质网膜内钙离子的释放。随后,从肌质网膜分离得到一种与鱼尼丁具有很高的亲和性的蛋白(K_d 为 5~15 nmol/L),表现出明显的配体门控的离子通道特征,命名为鱼尼丁受体(ryanodine receptor,RyR)(Hymel et al.,1988;Lai et al.,1988)。

4.4.1　鱼尼丁受体的结构和功能

鱼尼丁受体是一种膜受体离子通道,主要定位于肌肉细胞的肌质网膜和神经细胞的内质网膜上。哺乳动物中共有 3 种鱼尼丁受体亚型,即 RyR1、RyR2 和 RyR3,分别由位于 3 条不同染色体上的 3 个基因编码。RyR1 主要分布在骨骼肌的横纹肌中,RyR2 主要分布于心肌中,RyR3 也分布在横纹肌中,但含量低于 RyR1 受体。在昆虫中目前只发现了一个鱼尼丁受体。

Xu 等(2000)首次对黑腹果蝇的鱼尼丁受体进行了详细的研究,克隆了果蝇鱼尼丁受体全长基因,并通过体外表达研究了通道的活性。与哺乳动物一样,果蝇的鱼尼丁受体蛋白的羧基端包含有介导钙离子通透的孔道结构。亚细胞定位发现该受体通道位于细胞的内质网膜上。Scott-Ward 等(2001)采用蔗糖密度梯度离心法获得了包含有烟芽夜蛾 *Heliothis virescens* 鱼尼丁受体的细胞结构,测得鱼尼丁受体与鱼尼丁的结合常数 K_d 为 3.82 nmol/L,另外,发现鱼尼丁与该受体的结合依赖于钙离子的浓度,低浓度钙离子促进结合,而高浓度钙离子抑制结合。

鱼尼丁受体通道主要分布于细胞质内的内质网(endoplasmic reticulum,ER)膜和肌质网(sarcoplasmic reticulum,SR)膜上,是一个由 4 个相同亚基组成的同源四聚体,每个亚基约 560 ku,整个蛋白质的分子质量超过 2 300 ku,是目前已知的分子质量最大的离子通道蛋白。整个通道分为胞质区和跨膜区 2 个明显的结构域。从侧面看,鱼尼丁受体的结构呈蘑菇状,较大的伞部为胞质区,该部分占整个受体的 80%,由每个亚基的 N 端多肽链组成,为疏水结构域;较小的柄部为 RyR 的跨膜区,仅占整个受体蛋白的 20%,由每个亚基的 C 端的 6 个跨膜片段组成。4 个亚基跨膜区的中央为用于释放 Ca^{2+} 的孔道。

Ca^{2+} 是细胞内最重要的第二信使之一,生物体内的几乎所有活动都与 Ca^{2+} 息息相关,如突触神经递质的释放,蛋白质激素的合成、分布和代谢,细胞内外多种酶的激活,生物信号的跨膜传递,维持神经、肌肉正常兴奋,以及调节腺体分泌等等。

在正常情况下,当运动神经元中的动作电位沿轴突传递到末端,激活轴突膜上的 Ca^{2+} 通道,引发一个向内的 Ca^{2+} 离子流,Ca^{2+} 的进入刺激轴突末端释放出神经递质谷氨酸,谷氨酸激活突触后膜上的受体,使 Na^+ 和 Ca^{2+} 进入膜内,从而使肌肉细胞膜去极化,并通过横管系统传递到肌质网。肌质网内贮存了大量的 Ca^{2+},称为"钙库"。肌质网膜的去极化激活位于

肌质网膜上的 Ca^{2+} 通道——鱼尼丁受体,释放出 Ca^{2+} 并作用于负责肌肉收缩的蛋白细丝,引起肌肉收缩(图 4.68)。

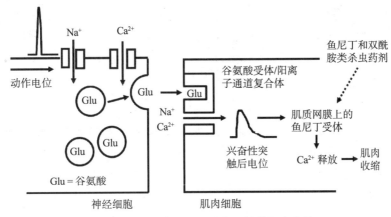

图 4.68　神经电信号及配体调控的肌肉收缩

4.4.2　鱼尼丁受体激动剂及其作用机制

虽然鱼尼丁作为高活性的植物源杀虫药剂应用历史悠久,其化学结构也于 1943 年被鉴定,但因其对哺乳动物高毒,并未得到广泛使用。也有人尝试将鱼尼丁与其他杀虫药剂如鱼藤酮和拟除虫菊酯类药剂作为混剂在美国登记,但由于产品中含有鱼尼丁而始终未能获得批准。另外,由于鱼尼丁的合成成本过高以及通过结构改造提高杀虫活性和选择毒性方面遇到的问题,鱼尼丁始终未能商品化。从 20 世纪 80 年代开始,一类环境友好且具有全新杀虫作用机制的小分子化合物——双酰胺类再次引起了人们的关注。日本农药公司在 1993 年进入了对此类杀虫药剂的研发高峰,并在 1998 年通过用全氟烷基取代邻苯二甲酰胺中的苯胺基获得了对鳞翅目害虫高效的化合物,与拜耳公司共同推出了第一个商品化的邻苯二甲酰胺类杀虫药剂——氟苯虫酰胺(flubendiamide),并于 2007 年登记。杜邦公司在邻苯二甲酰胺的基础上经过一系列的化学修饰,于 2008 年推出了具有更高杀虫活性的邻甲酰氨基苯甲酰胺类化合物——氯虫苯甲酰胺(chlorantraniliprole)。因为氟苯虫酰胺与氯虫苯甲酰胺在结构上相似,都具有二酰胺结构,所以统称为双酰胺类杀虫药剂。这 2 种药剂虽然对鳞翅目害虫高效,对部分双翅目和鞘翅害虫也有比较好的防治效果,但对半翅目等刺吸式口器害虫无效。于是,杜邦公司又开发出第二代双酰胺类杀虫药剂溴氰虫酰胺(cyantraniliprole),也叫氰虫酰胺,其于 2012 年上市,对鳞翅目、半翅目和鞘翅目害虫都有效,使用范围更广(图 4.69)。

2008 年,沈阳化工研究院以氯虫苯甲酰胺为先导化合物,通过对其结构中的苯环取代基、吡唑取代基进行结构修饰,合成了具有高杀虫活性的化合物四氯虫酰胺(tetrachlorantraniliprole)。该产品对哺乳动物低毒,杀虫谱广,可用于防治水稻上的二化螟、稻纵卷叶螟等,以及蔬菜上的小菜蛾、菜青虫等鳞翅目害虫。

上述双酰胺类杀虫药剂对几乎所有的鳞翅目幼虫都有优良的活性,作用速度快,中毒后几分钟内,即由于肌肉收缩性麻痹而停止取食,并很快丧失活动能力,随后几天因饥饿导致死亡。这类药剂主要是作为昆虫肌肉组织中鱼尼丁受体的激动剂,选择性地结合于鱼尼丁受体

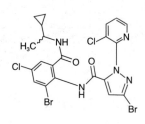

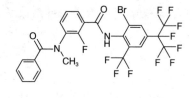

鱼尼丁 ryanodine　　　　氟苯虫酰胺 flubendiamide　　　氯虫苯甲酰胺 chlorantraniliprole
（>2 000 mg/kg）　　　　　　（>5 000 mg/kg）

四氯虫酰胺 tetrachlorantraniliprole　　溴氰虫酰胺 cyantraniliprole　　环溴虫酰胺 cyclaniliprole
（>5 000 mg/kg）

氟氰虫酰胺 tetraniliprole　　　　　　溴虫氟苯虫酰胺 broflanilide

图 4.69　鱼尼丁及双酰胺类杀虫药剂

上不同于鱼尼丁的另一结合位点,激活胞内 Ca^{2+} 释放通道,并使其不可逆地持久开放,导致肌质网内的 Ca^{2+} 大量快速释放到胞质中,引起肌肉强烈收缩,使昆虫收缩性麻痹,不能运动和取食,最终死亡(图 4.68)。

环溴虫酰胺(cyclaniliprole)是日本石原产业公司于 2013 年开发的新型双酰胺类杀虫药剂,作用靶标也是鱼尼丁受体,但作用位点可能与其他双酰胺类药剂不同,对于因鱼尼丁受体发生 G4946E 突变而对其他双酰胺类药剂产生抗性的小菜蛾也有很好的防治效果。环溴虫酰胺可用于鳞翅目、鞘翅目、缀翅目、双翅目和同翅目等多种害虫的防治。另外,还有拜耳公司开发的氟氰虫酰胺(tetraniliprole)和日本农药公司开发的 pyflubumide,目前尚未登记,具体作用机制还不清楚。

值得注意的是,日本三井化学开发的 broflanilide(图 4.69)也是具有双酰胺结构的杀虫药剂,但其作用靶标与其他双酰胺类药剂不同,并不作用于鱼尼丁受体,而是以其脱甲基代谢产物为活性物质,作用于 GABA 受体,作用位点也与氟虫腈等不同,位于 GABA 受体 M3 跨膜区的 G336 附近,可有效地控制对环戊二烯类和氟虫腈产生抗性的害虫。

4.5　昆虫取食阻断剂

目前,通过阻断昆虫取食来发挥其杀虫作用的药剂主要有吡蚜酮(pymetrozine)、氟啶虫酰胺(flonicmid)、双丙环虫酯(afidopyropen)和 pyrifluquinazone 4 种(图 4.70),都可破坏昆虫的协调性,阻断昆虫取食,最终导致昆虫因饥饿和脱水而死。

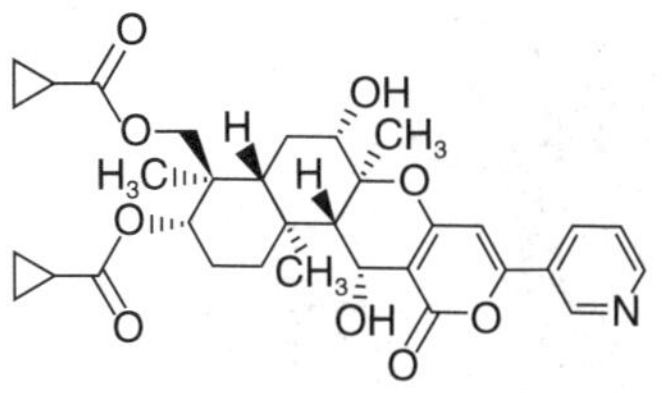

双丙环虫酯 afidopyropen 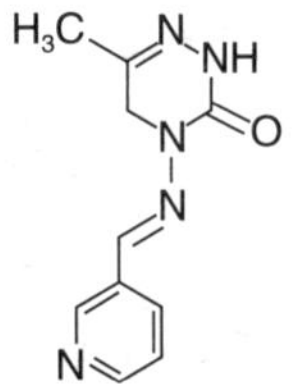　　　　　　吡蚜酮 pymetrozine(>5 000 mg/kg)

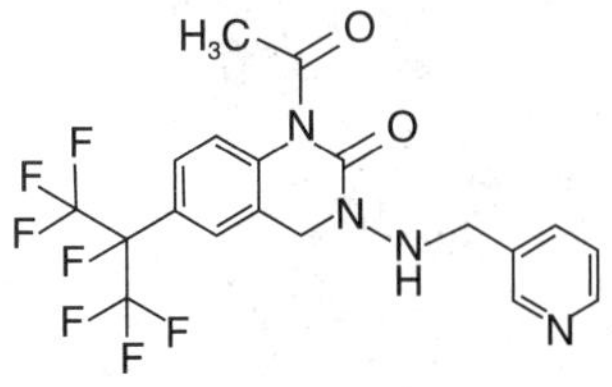

pyrifluquinazon(300~2 000 mg/kg) 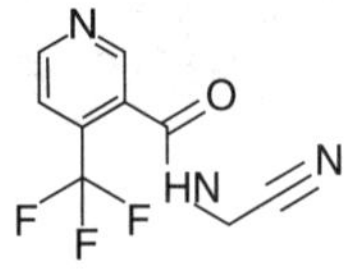　　　　氟啶虫酰胺　flonicmid

图 4.70　昆虫取食阻断剂

吡蚜酮属吡啶偶氮甲碱类,是一种选择性取食阻断剂,而非杀生性杀虫药剂。最早由瑞士汽巴嘉基公司于 1988 年开发,对多种作物的刺吸式口器害虫表现出优异的防治效果。吡蚜酮对害虫具有触杀作用,同时还有良好的内吸活性,在植物体内既能在木质部输导(向顶传导),也能在韧皮部输导(向基传导)。蚜虫或飞虱等刺吸式口器害虫一接触到吡蚜酮几乎立即产生口针阻塞效应,停止取食,并最终饥饿致死,并且此过程不可逆转。因此,吡蚜酮具有优异的阻断昆虫传毒的功能。

双丙环虫酯(afidopyropen)是由日本明治制药公司与日本北里研究所共同开发的新型杀虫药剂,同样可以快速阻断昆虫取食。

前期研究发现,吡蚜酮可作用于东亚飞蝗后足股节上的音频机械感受器,导致后足抬升和伸展。最新证据表明,吡蚜酮和双丙环虫酯虽然结构不同,但具有相同的作用机制:都可作为特异性激动剂,过度刺激昆虫弦音神经元伸展感受器(strech receptor)细胞中的瞬时感受器电位(transient receptor potential,TRP)离子通道复合体,使 Ca^{2+} 流入,从而沉默弦音神经元,破坏昆虫口器肌肉的协调性并阻断取食(Nesterov et al.,2015;Kandasamy et al.,2017)。吡蚜酮和双丙环虫酯是以昆虫机械感受器为靶标的具有全新作用机制的杀虫药剂。

TRP 最早发现于果蝇的视觉系统中,因突变体果蝇对持续的光刺激产生瞬时而非持续

的峰电位而得名。TRP 通道是一类在外周和中枢神经系统广泛分布的阳离子通道蛋白,参与生物体内视觉、听觉、痛觉、触觉和温度等感觉信息的传递,以及调节胞内 Ca^{2+} 平衡等,具有多种重要的生理功能(Venkatachalam and Montell,2007;Peng et al.,2015)。TRP 通道超家族成员的数量仅次于电压门控 K^+ 通道,是第二大阳离子通道家族。该家族共有 30 多个蛋白,可分为 7 个亚家族,包括 TRPA(ankyrin)、TRPC(canonical)、TRPM(melastatin)、TRPML(mucolipin)、TRPN(NOMPC)、TRPP(polycystin)和 TRPV(vanilloid)(图 4.71,另见彩图 3)。TRP 通道具有 6 个跨膜的 α 螺旋结构域,第五和第六跨膜片段间形成离子孔道,N 端和 C 端区域均在胞内,N 端包含多个与锚蛋白结合的部位(锚蛋白重复区域 ankyrin-like repeat domian)(Peng et al.2015)。有关昆虫 TRP 的详细综述见高聪芬等(2017)发表的文章。

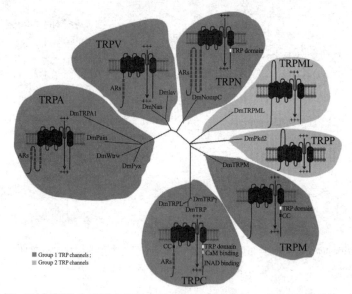

图 4.71　果蝇瞬时感受器电位通道系统进化树及结构示意图(高聪芬等,2017)

注:以黑腹果蝇 TRP 通道家族基因跨膜区氨基酸序列构建进化树。蓝色圆柱代表跨膜结构域,红色方块代表锚蛋白重复序列(AR),黑色方块代表卷曲螺旋区域(CC),其他结构域名称均在对应图形处标注。浅灰色和黄色背景分别代表 TRP 通道根据序列同源性远近分成的 2 个组。

TRPV(vanilloid)是瞬时感受器电位香草素受体亚型通道,在哺乳动物中已经发现了至少 6 种 TRPV 通道。昆虫的 TRPV 是由 Nanchung(Nan)和 Inactive(Iav)2 种蛋白组成的异源二聚体,且只特异性地在弦音伸展感受器神经元中表达(Peng et al.,2015)。目前对昆虫 TRPV 的功能研究较少。在果蝇中 Nan 和 Iav 2 种蛋白与本体感受、听力和重力感知有关。

Kandasamy 等(2017)的研究进一步证明,吡蚜酮和双丙环虫酯均作用于 Nan 和 Iav 构成的异源二聚体 TRPV,并且作用位点完全相同。在竞争结合实验中,二者可以完全相互取代,即吡蚜酮可以将与 TRPV 结合的双丙环虫酯完全取代,反之亦然。但双丙环虫酯与果蝇 TRPV 的亲和力($K_i=0.06$ nmol/L)要比吡蚜酮($K_i=50$ nmol/L)高约 800 倍。

同时也发现,吡蚜酮和双丙环虫酯虽然主要都作用于 Nan 和 Iav 2 种蛋白构成的异源二聚体 TRPV($K_d=0.032$ nmol/L),但它们也可以与单独表达的 Nan 蛋白结合($K_d=2.3$ nmol/L),而不能和单独表达的 Iav 蛋白结合,虽然与 Iav 蛋白的共表达可以增强这 2 种药剂与 Nan 蛋白结合的亲和力。Nan 蛋白在很多组织和细胞中都有表达,例如,可单独在唇瓣机械感受器中表达负责感知食物的硬度,在触角第三节的湿度感受器中表达负责感受空气湿度等,因此不排除吡蚜酮和双丙环虫酯可能作用于其他细胞中表达的 Nan 蛋白或 Nan 蛋白与其他家族成员形成的 TRP 通道受体。

另外,对已知的 44 种昆虫的 Nan 完整蛋白序列的比较发现,其相似性只有 29%;而 Iav 蛋白在 24 种昆虫中的相似性也只有 25%。这可能是吡蚜酮这类以 TRPV 为靶标的杀虫药剂具有高度选择性的原因。当然从另一方面也说明针对此类靶标设计开发靶向不同类群害虫的高选择性杀虫药剂成为可能。

氟啶虫酰胺属于三氟甲基烟酰胺类杀虫药剂,和吡蚜酮一样也是一种选择性拒食剂,主要通过阻止蚜虫口针对植物组织的穿透,从而影响蚜虫的取食行为,最终蚜虫也会因饥饿死亡。此外,经氟啶虫酰胺处理的蚜虫表现出运动不协调、腿部伸展和步履蹒跚等征象。因此,氟啶虫酰胺的杀虫活性与吡蚜酮相似。但 Kandasamy 等(2017)的研究表明,氟啶虫酰胺并不能激活 Nan 和 Iav 2 种蛋白形成的 TRPV,显示其具有与吡蚜酮不同的作用靶标,但其具体机制尚不清楚。

Pyrifluquinazon 是日本农药公司发明并与日本组合化学公司联合开发的一种新喹唑啉(间二氮杂苯)类杀虫药剂,2010 年在日本获得登记。其主要用于防治蔬菜、果树和茶叶上的刺吸式口器害虫,包括烟粉虱、蚜虫、叶蝉、蓟马和介壳虫等,对各种天敌安全,对高等动物低毒(对雌、雄大鼠的急性经口 LD_{50} 为 300~2 000 mg/kg)。Pyrifluquinazon 处理后的昆虫很快停止取食,最终饥饿致死。Pyrifluquinazon 的具体作用机制尚未见报道。

4.6　生长发育抑制剂

抑制昆虫生长发育的药剂主要有 2 类,一类是抑制脂肪酸的合成,另一类是引起蛋白降解和细胞凋亡。

由拜耳公司开发的杀虫杀螨剂螺螨酯(spirodiclofen)、螺甲螨酯(spiromesifen)和螺虫乙酯(spirotetramat)都属于季酮酸类化合物(图 4.72),其作用机制也相同,都主要通过抑制乙酰辅酶 A 羧化酶(acetyl-coenzyme A carboxylase,ACCase)的活性,阻断重要脂肪的合成,破坏其能量代谢活动,最终杀死害虫。

螺螨酯于 2002 年进入市场,以触杀和胃毒为主,对多种螨类的各个发育阶段都有效,尤其对卵也有较好的防治效果,其亲脂性强,耐雨水冲刷,持效期可达 50 d。

螺甲螨酯是 20 世纪 90 年代初发现的第二个季酮酸类杀虫、杀螨剂,对螨卵和幼龄期叶螨有效,也可防治粉虱,尤其对幼虫阶段有较好的活性;同时,还可以产生卵巢管闭合作用,降低螨虫和粉虱成虫的繁殖力。

螺虫乙酯也是具有双向内吸传导性能的杀虫药剂,可以在整个植物体内向上、向下移动,并在整个植株内分布。这种独特的内吸性能可以保护新生茎、叶和根部免受害虫危害。螺虫乙酯的另一个特点是持效期长,可提供长达 8 周的有效防治。防治对象广谱,对各种刺吸式口器害虫,如蚜虫、蓟马、木虱、粉蚧、粉虱和介壳虫等都有效。

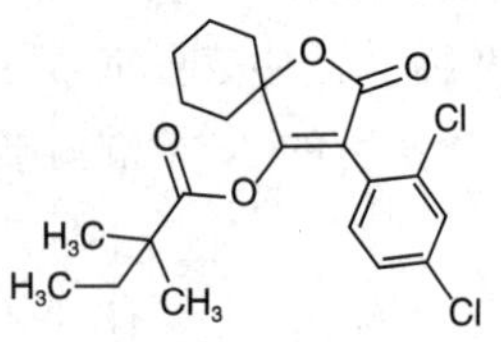

螺螨酯 spirodiclofen
（>2 500 mg/kg）

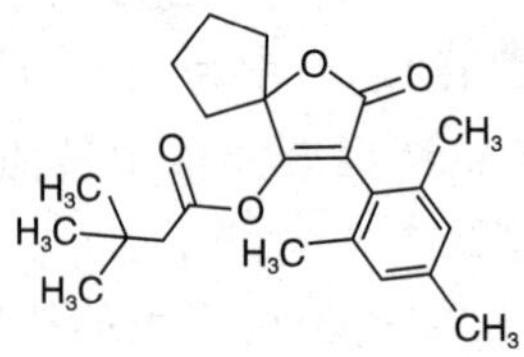

螺甲螨酯 spiromesifen
（>2 500 mg/kg）

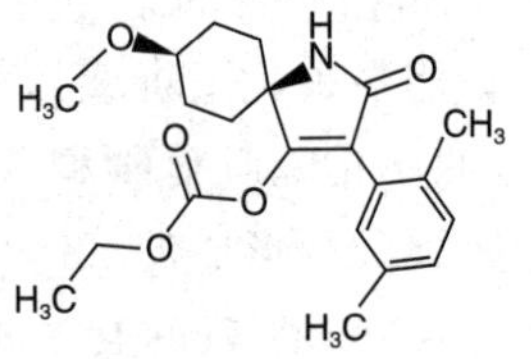

螺虫乙酯 spirotetramat
（>2 000 mg/kg）

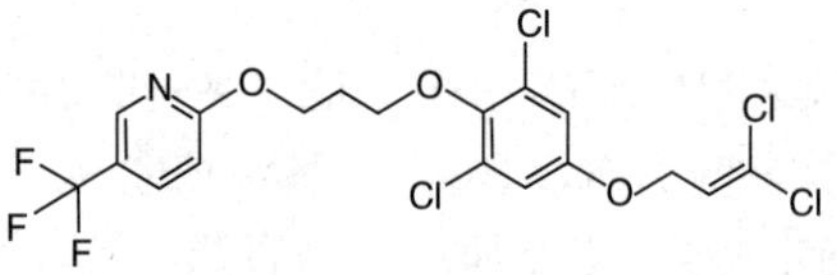

三氟甲吡醚 pyridalyl（>5 000 mg/kg））

图 4.72　生长发育抑制剂

三氟甲吡醚(pyridalyl)又称啶虫丙醚,是日本住友公司于 2004 年开发的一种新型杀虫药剂,对为害观赏植物的鳞翅目害虫和蓟马具有很高的杀虫活性。研究表明,三氟甲吡醚在昆虫体内首先被细胞色素 P450 单加氧酶活化,其活化代谢物可导致活性氧的产生,进而损坏细胞大分子如蛋白质,从而使蛋白酶体(proteasome)的活性增强,导致蛋白质降解和坏死性细胞凋亡增加(Powell et al.,2011)。蛋白酶体是生物体中普遍存在的一种巨型蛋白质复合物,其主要功能是通过水解蛋白来降解不需要的或者损坏的蛋白质。

4.7　苏云金杆菌

苏云金杆菌(*Bacillus thuringiensis*,Bt)作为微生物杀虫药剂,具有专一、高效和对人畜安全等优点,是世界上目前应用最广、用量最大、效果最好的微生物杀虫药剂。Bt 可产生内毒素和外毒素两大类毒素,用于害虫防治主要依靠其内毒素,即在孢子形成期间产生的伴胞晶体,也称 δ-内毒素(δ-endotoxin),对鳞翅目、鞘翅目、双翅目、膜翅目、同翅目等昆虫以及动植物线虫、蜱螨等节肢动物都有毒杀活性。外毒素作用缓慢,在蜕皮和变态时作用明显,这 2 个时期是 RNA 合成的高峰期,外毒素能抑制依赖于 DNA 的 RNA 聚合酶。外毒素作用缓慢,一般需 3～4 d 才能达到死亡率高峰。在害虫低龄期使用效果较好。对鱼类、蜜蜂安全,但对家蚕高毒。

δ-内毒素被鳞翅目幼虫取食后,在其中肠的碱性环境中溶解,释放出分子质量为 130～140 ku 的原毒素(Cry)。这些原毒素经蛋白酶水解成分子质量更小(55～70 ku)的毒素,再经过进一步水解形成毒素单体;毒素单体经蛋白酶对其螺旋 α-1 水解切割后被活化,再与中肠上皮细胞微绒毛膜上的受体钙黏蛋白(cadherin)结合并聚合形成四聚体;毒素四聚体再与受体氨肽酶(aminopeptidase-N,APN)结合后,其构象发生改变,插入上皮微绒毛膜并在膜上形成穿孔,破坏细胞渗透平衡,引起细胞膨胀溶解,最终在中肠壁上形成穿孔,使中肠内的强碱性液体(pH 9.0～10.5)进入血淋巴,导致血淋巴的 pH 从 6.8 提高到 8.0 甚至更高。血淋巴碱性的增强引起昆虫的麻痹,然后死亡(图 4.73)。Bt 引起昆虫中毒的时间因 Bt 毒素的种类与昆虫的种类而异。一般摄入 Bt 毒素后 1 h 内停止取食,2 h 内活动减少,6 h 内活动渐渐停滞并瘫痪。

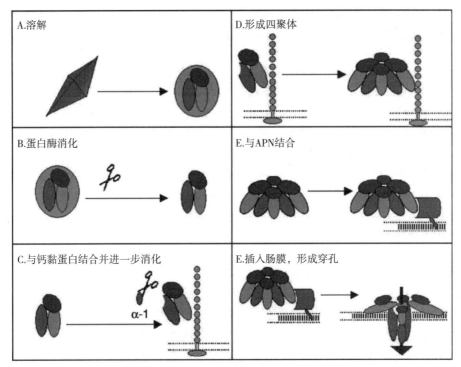

图 4.73 Cry 毒素的作用机制(Bravo et al.,2005)

注:A、B.Cry 毒素晶体溶解并经蛋白酶消化形成小分子毒素;C.小分子毒素与钙黏蛋白受体结合,之后螺旋 α-1 蛋白被水解活化形成毒素单体;D.毒素单体与钙黏蛋白结合并聚合形成四聚体;E.毒素四聚体与受体 APN 结合;F.寡聚体构象改变,插入膜中,形成穿孔。

近年来,在不同昆虫中发现了一些新的 Cry 结合蛋白。在鳞翅目中,Cry 结合的蛋白质包括钙黏蛋白、APN、ALP(碱性磷酸酶)、270 复合糖(一种分子量为 270 ku 的蛋白)和 P250(一种分子质量为 252 ku 的蛋白)。在双翅目中,Cry 结合的蛋白质包括钙黏蛋白、APN、ALP、α-糖苷酶和 α-淀粉酶。鞘翅目中 Cry 的结合蛋白质包括钙黏蛋白、ALP 和 ADAM3。ADAM 即解整合素金属蛋白酶(A disintegrin and metalloprotease),属于锌蛋白酶超家族metzincin 亚家族。

通过对舞毒蛾的研究,Broderick 等(2006)提出了一种新的 Bt 作用机制。他们认为,δ-内毒素在幼虫消化道上形成小孔,这些小孔使得肠道中的细菌如大肠杆菌和杆状细菌进入血腔中,这些细菌在血腔中增殖引起败血病。因此,中肠中的细菌是 Bt 发挥杀虫活性所必需的。败血病是指由于在血液中存在病原微生物而引起败血症。

细胞毒素 Cyt 是原毒素分子为 25~28 ku 的溶血蛋白和溶细胞蛋白。这些细胞蛋白与Cry 蛋白之间没有序列同源性(Rubin,2001),也需要在其靶标昆虫的中肠中被蛋白酶水解活化。被活化的毒素与膜脂质相结合然后插入中肠上皮膜。这表明这些 Cyt 毒素可作为 Cry在膜上的结合受体从而增强 Cry 毒素的毒力(Bravo et al.,2007)。

◆ **参考文献**

1. Abo-Elghar G E, Fujiyoshi P, Matsumura F. Significance of the sulfonylurea receptor (SUR) as the target of diflubenzuron in chitin synthesis inhibition in Drosophila melanogaster and *Blattella germanica*. Insect Biochem Mol Biol, 2004, 34(8): 743-752.

2. Alout H, Berthomieu A, Hadjivassilis A, et al. A new amino-acid substitution in acetylcholinesterase 1 confers insecticide resistance to Culex pipiens mosquitoes from Cyprus. Insect Biochem Mol Biol, 2007, 37: 41-47.

3. Amey J S, O'Reilly A O, Burton M J, et al. An evolutionarily-unique heterodimeric voltage-gated cation channel found in aphids. FEBS Lett, 2015, 589(5): 598-607.

4. Bloomquist J R. Insecticides: chemistries and characteristics. 2nd Edition. National IPM Network, University of Minnesota, Minneapolis, MN. (https://ipmworld. umn. edu/bloomquist-insecticides), 2015.

5. Bravo A, Gill S S, Soberón M. Mode of action of *Bacillus thuringiensis* Cry and Cyt toxins and their potential for insect control. Toxicon, 2007, 49(4): 423-435.

6. Bravo A, Soberon M, Gill S S. *Bacillus thuringiensis*: Mechanisms and use. In: Gilbert L I, Iatrou K, Gill S S. (Eds.), Comprehensive Molecular Insect Science Vol. 6. Amsterdam: Elsevier, 2005.

7. Broderick N A, Raffa K F, Handelsman J. Midgut bacteria required for *Bacillus thuringiensis* insecticidal activity. Proc Natl Acad Sci USA. 2006, 103 (41): 15196-15199.

8. Chen L G, Durkin K A, Casida J E. Structural model for gamma-aminobutyric acid receptor noncompetitive antagonist binding: widely diverse structures fit the same site. Proc. Natl. Acad. Sci. USA. 2006, 103: 5185-5190.

9. Clark J M, Matsumura F. Two different types of inhibitory effects of pyrethroids on nerve Ca-and Ca^+ Mg ATPase activity in the squid, *Loligo pealei*. Pestic Biochem Physiol, 1982, 18 (2): 180-190.

10. Cordova D, Benner E A, Schroeder M E, et al. Mode of action of triflumezopyrim: A novel mesoionic insecticide which inhibits the nicotinic acetylcholine receptor. Insect Biochem Mol Biol, 2016, 74: 32-41.

11. Costa L G. Toxic effects of pesticides // Klaassen C D (ed.). Casarett and Doull's Toxicology: The Basic Science of Poisons. 7 th edition. New York: McGraw-Hill, 2008, 883.

12. Dong K, Du Y, Rinkevich F, et al. Molecular biology of insect sodium channels and pyrethroid resistance. Insect Biochem Mol Biol, 2014, 50: 1-17.

13. Douris V, Steinbach D, Panteleri R, et al. Resistance mutation conserved between insects and mites unravels the benzoylurea insecticide mode of action on chitin biosynthesis. Proc Natl Acad Sci, 2016, 113(51): 14692-14697.

14. Doyle D A, Morais C J, Pfuetzner R A, et al. The structure of the potassium channel: molecular basis of K^+ conduction and selectivity. Science, 1998, 280: 69-77.

15. Dvir H, Silman I, Harel M, et al. Acetylcholinesterase: From 3D structure to function. Chem Biol Interact, 2010, 187(1-3): 10-22.

16. Farnesi L C, Brito J M, Linss J G, et al. Physiological and morphological aspects of *Aedes aegyp-*

ti developing larvae: effects of the chitin synthesis inhibitor novaluron. PLoS One, 2012, 7 (1): e30363.

17. Gallo M A, Lawryk N J. Organic phosphorus pesticides. In Hayes WJ and Laws ER (Eds), Handbook of Pesticide Toxicology. San DCA: A Press, 1991, 917.

18. Gant D, Chalmers A, Wolff M, et al. Fipronil: action at the GABA receptor. Reviews in Toxicology, 1998, 2: 147-156.

19. Gao J R, Kambhampati S, Zhu K Y. Molecular cloning and characterization of a greenbug (*Schizaphis graminum*) cDNA encoding acetylcholinesterase possibly evolved from a duplicate gene lineage. *Insect Biochem. Mol. Biol.*, 2002, 32: 765-775.

20. Gijswijt J M, Deul D H, de Jone B J. Inhibition of chitin synthesis by benzoylphenylurea insecticides III. Similarity in action in *Pieris brassicae* (L.) with Polyoxin D. Pestic Biochem Physiol, 1979. 12 (1): 87-94.

21. Guez D, Belzunces L P, Maleszka R. Effects of imidacloprid metabolites on habituation in honeybees suggest the existence of two subtypes of nicotinic receptors differentially expressed during adult development. Pharmacol Biochem Behav, 2003, 75: 217-222.

22. Guyton A C. and Hall J E. Text book of medical physiology. 11 th Edition. Philadelphia, Pennsylvania: Elsevier Inc., 2006.

23. Hall L M, Spierer P. The Ace locus of Drosophila melanogaster: structural gene for acetylcholinesterase with an unusual 5' leader. EMBO J, 1986, 5(11): 2949-54.

24. Hawkjns W B, Sternburg J R. Some chemical characteristics of a DDT-induced neuroactive substance from cockroaches and crayfish. J Econ Entomol, 1964, 57 (2): 241-247.

25. Hymel L, Inui M, Fleischer S, et al. Purified ryanodine receptor of skeletal muscle sarcoplasmic reticulum forms Ca^{2+}-activated oligomeric Ca^{2+} channels in planar bilayers. Proc Natl Acad Sci USA, 1988, 85: 441-445.

26. Jellali R, Gilard F, Pandolfi V, et al. Metabolomics-on-a-chip approach to study hepatotoxicity of DDT, permethrin and their mixtures. J Appl Toxicol, 2018. DOI: 10. 1002/jat. 3624.

27. Jiang X Z, Pei Y X, Lei W, et al. Characterization of an insect heterodimeric voltage-gated sodium channel with unique alternative splicing mode. Comp Biochem Physiol B Biochem Mol Biol, 2017, 203: 149-158.

28. Kandasamy R, London D, Stam L, et al. Afidopyropen: New and potent modulator of insect transient receptor potential channels. Insect Biochem Mol Biol, 2017. 84: 32-39.

29. Lacinova R I. Veranderungen in den mitochondrien bei *Musca domestica* unter DDT-einfluss. Angewandte Parasitologie, 1975, 97-106.

30. Lai F A, Erickson H P, Rousseau E, et al. Purification and reconstition of the calcium release channel from skeletal muscle. Nature, 1988, 331: 315-319.

31. Lee D W, Choi J Y, Kim W T, et al. Mutations of acetylcholinesterase1 contribute to prothiofos-resistance in *Plutella xylostella* (L.). Biochem Biophys. Res. Commun., 2007, 353: 591-597.

32. Lee S J, Tomizawa M, Casida J E. Nereistoxin and cartap neurotoxicity attributable to direct block of the insect nicotinic receptor/channel. J. Agric. Food Chem, 2003, 51(9): 2646-2652.

33. Li J,Shao Y,Ding Z,et al. Native subunit composition of two insect nicotinic receptor subtypes with differing affinities for the insecticide imidacloprid. Insect Biochem Mol Biol，2010,40(1):17-22.

34. Long S B,Campbell, E B,Mackinnon R. Crystal structure of a mammalian voltage-dependent Shaker family K^+ channel. Science,2005,309: 897-903.

35. Lynagh T,Lynch J W. Molecular mechanisms of Cys loop ion channel receptor modulation by ivermectin. Front Mol Neurosci,2012,5: 60.

36. Matsuda K,Shimomura M,Ihara M,et al. Neonicotinoids show selective and diverse actions on their nicotinic receptor targets: electrophysiology, molecular biology, and receptor modeling studies. Biosci Biotechnol Biochem,2005,69(8):1442-1452.

37. Matsumura F. Toxicology of Insecticides. 2nd Eds. New York and London: Plenum Press,1985.

38. Meyer F,Flötenmeyer M,Moussian B. The sulfonylurea receptor Sur is dispensable for chitin synthesis in *Drosophila melanogaster* embryos. Pest Manag Sci,2013,69(10):1136-1140.

39. Miyazawa A,Fujiyoshi Y,Stowell M,et al. Nicotinic acetylcholine receptor at 4. 6 Å resolution: transverse tunnels in the channel wall. J Mol Biol,1999,288(4):765-786.

40. Miyazawa A,Fujiyoshi Y,Unwin N. Structure and gating mechanism of the acetylcholine receptor pore. Nature,2003,423(6943):949-955.

41. Nakagawa Y,Matsumura F. Diflubenzuron affects gamma-thioGTP stimulated Ca^{2+} transport in vitro in intracellular vesicles from the integument of the newly molted American cockroach, *Periplaneta americana* L. Insect Biochem Mol Biol,1994,24(10):1009-1015.

42. Nauen R,Jeschke P,Velten R,et al. Flupyradifurone: a brief profile of a new butenolide insecticide. Pest Manag Sci,2015,71(6):850-862.

43. Nesterov A,Spalthoff C,Kandasamy R,et al. TRP channels in insect stretch receptors as insecticide targets,Neuron, 2015. 86:665-671.

44. Oberlander H and Smagghe G. Imaginal discs and tissue cultures as targets for insecticide action. In Ishaaya I (eds.). Biochemical Sites of Insecticide Action and Resistance. Berlin,Germany: Springer-Verlag,2001,p133.

45. Oberlander H,Silhacek D L. New perspectives on the mode of action of benzoylphenyl urea insecticides//Ishaaya I and Degheele D (eds.). Insecticides with Novel Modes of Action. Berlin, Germany: Springer-Verlag,1998,p92.

46. Payandeh J,Scheuer T,Zheng N,et al. The crystal structure of a voltage-gated sodium channel. Nature,2011,475:353-358.

47. Peng G,Shi X,and Kadowaki T. Evolution of TRP channels inferred by their classification in diverse animal species. Mol Phylogenet Evol,2015,84:145-157.

48. Powell G F,Ward D A,Prescott M C, et al. The molecular action of the novel insecticide,Pyridalyl. Insect Biochem Mol Biol,2011,41(7):459-469.

49. Rubin A L. Mammalian toxicity of microbial pest control agents//Krieger R I (eds.). Handbook of Pesticide Toxicology. 2 nd edition. San Diego,CA: Academic Press,2001,p859.

50. Ruder F J,Guyer W,Benson J A,et al. The thiourea insecticide/acaricide diafenthiuron has a novel mode of action: Inhibition of mitochondrial respiration by its carbodiimide product. Pestic

Biochem Physiol,1991,41:207-219.

51. Ruder F J,Kayser H. The carbodiimide product of diafenthiuron reacts covalently with two mitochondrial proteins,the F0-proteolipid and porin,and inhibits mitochondrial ATPase in vitro. Pestic Biochem Physiol,1992,42:246-261.

52. Salgado V L,Hayashi J H. Metaflumizone is a novel sodium channel blocker insecticide. Vet Parasitol,2007,150(3):182-189.

53. Salgado V L. Studies on the mode of action of spinosad: insect symptoms and physiological correlates. Pestic. Biochem. Physiol,1998. 60:91-102

54. Scott-Ward T S,Dunbar S J,Windass JD,et al. Characterization of the ryanodine receptor-Ca^{2+} release channel from the thoracic tissues of the lepidopteran insect *Heliothis virescens*. J Membr Biol,2001,179(2):127-141.

55. Shao X,Swenson T L,Casida J E. Cycloxaprid insecticide: nicotinic acetylcholine receptor binding site and metabolism. J Agric Food Chem,2013,61:7883-7888.

56. Silman I,Sussman J L. Acetylcholinesterase: how is structure related to function? Chem Biol Interact,2008,175(1-3):3-10.

57. Silver K,Dong K,Zhorov B S. Molecular mechanism of action and selectivity of sodium channel blocker insecticides. Curr Med Chem,2017,24(27):2912-2924.

58. Simon-Delso N,Amaral-Rogers V,Belzunces L P,et al. Systemic insecticides (neonicotinoids and fipronil): trends,uses,mode of action and metabolites. Environ Sci Pollut Res,2015,22: 5-34.

59. Soderlund D M. Sodium channels∥Gilbert L I,Iatrou K,Gill S S(eds.). Comprehensive Molecular Insect Science Volume five. Amsterdam: Elsevier,2005. 1-24.

60. Sternburg J,Chang S,Kearns C W. The release of a neuroactive agent by the American cockroach after exposure to DDT or electrical stimulation. J Econ Entomol,1960,52 (6):1070-1076.

61. Sun R,Liu C,Zhang H,Wang Q. Benzoylurea Chitin Synthesis Inhibitors. J Agric Food Chem, 2015,63(31):6847-6862.

62. Sussman J L,Harel M,Frolow F,et al. Atomic structure of acetylcholinesterase from *Torpedo californica*: a prot64. otypic acetylcholine-binding protein. Science,1991,253(5022):872-879. van den Berken J,The effect of DDT and dieldrin on myelinated nerve fibres. European J. Pharmacol,1972,20(2):205-214.

63. Van Leeuwen T,Demaeght P,Osborne E J,et al. Population bulk segregant mapping uncovers resistance mutations and the mode of action of a chitin synthesis inhibitor in arthropods. Proc Natl Acad Sci, 2012,109(12):4407-4412.

64. Van Leeuwen T,Tirry L,Yamamoto A,et al. The economic importance of acaricides in the control of phytophagous mites and an update on recent acaricide mode of action research. Pestic Biochem Physiol,2015,121:12-21.

65. Venkatachalam K,Montell C. TRP channels. Annu Rev Biochem,2007,76:387-417.

66. Wing K D,Andaloro T,McCann S F et al. Indoxacarb and the sodium channel blocker insecticides: Chemistry,physiology,biology in insects∥Gilbert L I,Iatrou K,Gill S S(eds.). Comprehensive Molecular Insect Science Volume five. Amsterdam: Elsevier,2005. 32.

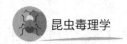

67. Wing K D,Schnee M E,Sacher M,et al. A novel oxadiazine insecticide is bioactivated in lepidopteran larvae. Archives of Insect Biochemistry and Physiology,1998,37:91-103.

68. Wolstenholme A J. Glutamate-gated chloride channels. J Biol Chem,2012,287（48）: 40232-40238.

69. Xu X H,Bhat M B,Nishi M,et al. Molecular cloning of cDNA encoding a *Drosophila* ryanodine receptor and functional studies of the carboxyl-terminal calcium release channel. Biophys J,2000, 78:1270-1281.

70. Yu S J. The Toxicology and Biochemistry of Insecticide. 2nd Edition. CRC Press,Boca Raton, FL,2015.

71. Zhang Y,Du Y,Jiang D,et al. The receptor site and mechanism of action of sodium channel blocker insecticides. J Biol Chem,2016,291(38):20113-20124.

72. 高聪芬,牛春东,王利祥,等. 昆虫瞬时感受器电位(TRP)通道研究进展. 南京农业大学学报, 2017,40(5):769-779.

73. 高希武. 乙酰胆碱酯酶(AChE)与害虫抗药性//高希武,害虫抗药性分子机制与治理策略. 北京:科学出版社,2012:53-87.

74. 郭晶,高菊芳,唐振华. 乙酰胆碱酯酶的动力学机制及其应用. 农药,2007,46(1):18-21.

75. 冷欣夫,唐振华,王荫长. 杀虫药剂分子毒理学及昆虫抗药性. 北京:中国农业出版社,1996.

76. 梁沛. 昆虫 γ-氨基丁酸(GABA)受体与抗药性//高希武,害虫抗药性分子机制与治理策略. 北京:科学出版社,2012:40-52

77. 鲁艳辉. 赤拟谷盗两种乙酰胆碱酯酶基因的分子特性及功能分析. 北京:中国农业大学博士学位论文,2011.

78. 罗远,倪逸声,张宗炳. 昆虫神经毒素的研究:DDT 对美洲蜚蠊 L-酪氨酸脱羧酶的诱导作用. 昆虫学报,1985(3):3-10.

79. 须志平,邵旭升,徐晓勇,等. 新型杀虫药剂环氧虫啶的研究进展//创新驱动与现代植保——中国植物保护学会第十一次全国会员代表大会暨 2013 年学术年会论文集,2013.

80. 张千,王取南. 乙酰胆碱酯酶生物功能的研究进展及其应用. 国外医学卫生学分册,2008,35: 143-147.

81. 张宗炳,吴士雄,金恒亮. 昆虫神经毒素的研究:酪胺为 DDT 麻痹的蜚蠊血淋巴毒素. 昆虫学报,1984,27(1):15-22.

第 5 章　杀虫药剂在昆虫体内的代谢

杀虫药剂在田间施用后,不可避免地会进入生物体内。研究杀虫药剂在生物体内的代谢,有助于我们科学评价杀虫药剂的残留风险,包括对环境的风险、对非靶标生物尤其是对高等动物的风险等。另外,研究杀虫药剂在不同生物体内的代谢,也有助于我们了解杀虫药剂的作用机制及在靶标生物和非靶标生物之间选择性的机制,从而为进一步开发环境友好的具有新型作用机制的杀虫药剂提供有用的信息。

昆虫的一生既要面对不同寄主植物中多种多样的植物防御性次生物质,还要应对人类施用到田间的各种人工合成的杀虫药剂。在长期的协同进化过程中,昆虫已经获得了一整套对付植物次生物质的解毒代谢系统,而这套解毒代谢系统对于杀虫药剂同样有效,只是其代谢对象和代谢能力在不同昆虫、同种昆虫的不同发育阶段及不同种群中存在较大差异,从而导致同一杀虫药剂对不同昆虫、不同发育阶段及不同种群的防治效果也千差万别。因此,研究了解昆虫对杀虫药剂的代谢机制,也有助于我们理解昆虫对杀虫药剂的抗性机制。

5.1　初级代谢与次级代谢

杀虫药剂进入昆虫体内,常常遭受不同酶系的进攻,有时甚至在穿透过程中即被代谢。根据各种酶系对杀虫药剂的反应程序可将整个代谢过程分为 2 类反应,即初级(primary)代谢和次级(secondary)代谢,前者又称Ⅰ相(phaseⅠ)代谢,后者又称Ⅱ相(PhaseⅡ)代谢。初级代谢主要包括对外来化合物的氧化、水解、还原以及基团转移;次级代谢主要是共轭反应,也就是使初级反应代谢产物与内源性物质通过共轭反应结合,最后排出体外(图 5.1)。

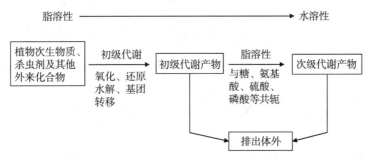

图 5.1　脂溶性外来化合物在昆虫体内的代谢

实际上,杀虫药剂进入昆虫体内后所发生的一系列生化变化称为生物转化(biotransformation)更为确切。虽然杀虫药剂在昆虫体内代谢的最终命运是由脂溶性向水溶性转化,最

终被转化为无毒的水溶性化合物排出体外,但是有些杀虫药剂在代谢过程中会发生增毒代谢,如艾氏剂氧化成狄氏剂,硫代型有机磷杀虫药剂转换成氧化型,茚虫威水解为 DCJW 等,这些增毒代谢的结果是代谢产物的杀虫活性比其母体化合物更高。因此,杀虫药剂的代谢并非都具有解毒效果。

能够进入昆虫体内的外来化合物一般都是脂溶性的,只有这样才能穿透脂膜(lipid membranes),并在体液中由脂蛋白运转。

初级反应将一个或多个极性基团加到底物上,使其变成次级反应中共轭酶的合适底物。初级反应和次级反应使非极性的母体化合物变成水溶性高(脂溶性低)的产物,从而更容易排出体外。

尽管Ⅰ相反应能够使外来化合物的水溶性增强,其部分代谢产物也会被排出体外,但其主要功能是使外来化合物能够作为Ⅱ相反应的底物,在Ⅱ相反应中使Ⅰ相反应的产物与内源性底物(如糖、氨基酸和磷酸等)结合,形成高度水溶性的共轭产物,以便排出体外。

5.2 氧化代谢

在早期,杀虫药剂的生物氧化作用并没有引起足够的重视,主要原因是大多数杀虫药剂都是酯类(有机磷酸酯、氨基甲酸酯、拟除虫菊酯等),很容易被碱水解,人们认为似乎应该是水解酯酶起主要作用,特别是某些代谢产物好像也是水解产物。后来的研究证实,大多数所谓的"水解产物",实际上是氧化代谢产物,并证明大多数杀虫药剂的生物转化作用始于氧化而非水解。杀虫药剂的氧化代谢主要是由微粒体多功能氧化酶(microsomal mixed-function oxidases,MFO)介导的初级代谢。

5.2.1 微粒体多功能氧化酶的发现

Claude(1938)首先证明在细胞质中存在染色比较深的物质,称为亲碱性的细胞质,属于业细胞颗粒,可以用差速离心(differential centrifugation)的办法分离出来。Claude 把这些分离得到的直径约为 200 μm 的亚细胞颗粒称之为微粒体(microsome),但当时并不知道其在氧化代谢中的作用。

Axelrod(1954)首先发现兔肝的微粒体对苯异丙胺具有脱胺氧化作用。从此人们才开始注意到微粒体作为氧化代谢场所的重要意义。

Brodie 等(1958)证明了离体微粒体氧化酶系催化的氧化反应需要还原型烟酰胺腺嘌呤二核苷酸磷酸(NADPH),即还原型辅酶Ⅱ的参与。

Agosin 等(1961)首先在德国小蠊中发现了昆虫微粒体氧化酶。

1962 年,Omura 等发表了关于细胞色素 P450 的第一篇论文。此后,关于 P450 的研究主要集中于肝脏微粒体在药物代谢中的作用。20 世纪 70 年代初,从线粒体和微粒体中纯化了多种不同形式的 P450,使得对细胞色素 P450 的研究取得了很大进展。P450 纯化技术与分子生物学技术的结合极大地推动了 P450 分子生物学研究的进展。1980 年首次得到两个 P450 3′端的 cDNA 探针,并于 1983 年得到第一个 P450 基因全长 cDNA 序列。

微粒体多功能氧化酶是广泛分布于几乎所有生物体内的一类代谢酶,包括动物、植物、昆虫、细菌等,而且几乎在所有的生物体内都有多种同工酶,底物谱广泛,催化机制多样,其参与的反应包括羟基化、过氧化、环氧化等数十种类型。相应地,其功能也复杂多样,主要包括两个方面,一方面是负责生物体内多种具有重要生理功能的内源性物质如蜕皮激素、保幼激素、脂肪酸等的合成及代谢;另一方面是参与对侵入生物体内的多种外源物质,如植物防御性次生代谢产物、杀虫药剂及其他药物等的解毒代谢,因而在生物体中发挥着十分重要的作用。

5.2.2　微粒体多功能氧化酶的分离

微粒体一般指细胞中的内质网膜经人工破碎后,离心时位于 100 000 g 沉淀部分的一种亚细胞组分。其一般的分离程序见图 5.2。微粒体很容易失活,因此整个分离操作都要尽可能在低温(4℃以下)或冰浴中进行。同时在所用缓冲液中要加入一些保护剂,如 DTT、苯甲基磺酰氟(PMSF)等。

内质网分粗面内质网和光面内质网两种,二者均有微粒体氧化酶的活性,但光面内质网膜比粗面的活性要高。在实际中很难得到非常纯的且不失活的微粒体。

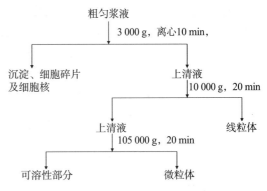

图 5.2　亚细胞组分分离示意图

5.2.3　微粒体多功能氧化酶的组成及作用机制

1.微粒体多功能氧化酶的组成

微粒体多功能氧化酶(MFO)也称为细胞色素 P450 酶系(cytochrome P450 system),由多种成分组成。一般认为主要包括细胞色素 P450(cytochrome P450)、NADPH-细胞色素 P450 还原酶、细胞色素 b_5(Cyt b_5)、NADH-细胞色素 b_5 还原酶以及磷脂(phospholipids),共同组成电子传递体系。P450 是整个酶系中的末端氧化酶,不仅负责活化氧分子,同时负责与底物结合,并决定酶系的底物专一性,在整个酶系功能的发挥中起关键作用。

NADPH-细胞色素 P450 还原酶(cytochrome P450 reductase,CPR)又称 NADPH-细胞色素 C 还原酶,是 P450 酶系的一个必需组分。其主要功能是作为电子从 NADPH 到 P450 的介体,即将电子从 NADPH 转移到氧化酶(P450)。

NADPH-细胞色素 b_5 还原酶及细胞色素 b_5 系统是 P450 酶系氧化时第二个电子的供给系统,将来源于 NADPH-细胞色素 b_5 还原酶或细胞色素 P450 还原酶的电子转移给细胞色素 P450。另外,该系统还可能加强依赖于 NADPH 系统的氧化作用。

MFO 的另一成分是磷脂,主要是卵磷脂(phosphodylcholine),即磷脂酰胆碱。Strobel 等(1970)报道,要使 MFO 达到最大的羟基化活性,需要一种脂因子,即磷脂酰胆碱,其具体作用方式目前还不清楚,但是有可能促进电子由 NADPH-细胞色素 P450 还原酶向细胞色素 P450 转移。其他磷脂以及非离子型去污剂也能起到磷脂酰胆碱的作用。Ingelman-sundberg (1977)提出磷脂有 2 个功能:①结合到细胞色素 P450 分子上,诱导酶的活化构型;②通过形成一个合适的流体环境,促进电子从还原酶到血红蛋白的转移。

2. 细胞色素 P450

1）P450 与配体结合的光谱特征

细胞色素 P450 属于细胞色素 b 型血红素蛋白,是微粒体中仅有的 CO 结合色素,其还原形式与 CO 结合后在波长 450 nm 附近产生特征吸收峰(图 5.3),故命名为 P450。

细胞色素 P450 具有氧化型和还原型 2 种形式。P450 与一系列的配体作用后,形成不同的结合光谱。根据细胞色素 P450 与不同类型配体形成的光谱特性将其分为不同的类型,常见的 P450 与配体形成的光谱见表 5.1。由醇类与细胞色素 P450 形成的光谱称为可逆 Ⅰ 型光谱,又叫作改性 Ⅱ 型光谱,在 415～420 nm 有一个吸收峰,在 390 nm 有一个波谷。

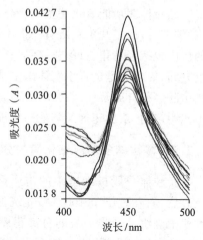

图 5.3 棉铃虫细胞色素 P450 的 CO 差光谱(于彩虹和高希武,2005)

表 5.1 细胞色素 P450 差光谱分析 nm

光谱类型	底物	波峰	波谷
Ⅰ 型	甲基苯异丙基	389～390	418～420
Ⅱ 型	吡啶	424～430	390～410
Ⅱ 型	胡椒基丁醚	455,427	
ETNC 光谱(Ⅲ)	乙基异氰化物	455,430	索端区有 2 个峰
Ⅱ 型	正辛胺	432	410,394(S 品系);390(R 品系)
可逆 Ⅰ 型光谱(改性 Ⅱ 型)	醇类	415～420	390

P450 与配体结合光谱的变异常作为昆虫 P450 定性的指标之一。所有细胞色素 P450 都具有一个非共价结合的血红素和一个高度保守的半胱氨酸,该半胱氨酸被一段由 26 个氨基酸残基组成的保守序列环绕,为血红素铁提供第五个配体。当血红素铁接受电子被还原后再与 CO 结合,产生 P450 的特征吸收光谱,即在 450 nm 具有最大光吸收。这是对 P450 进行定性和定量的重要特征。细胞色素 P450 的含量可通过以下方法测得:还原状态的 P450 与 CO 结合后在 450 nm 和 490 nm 的光吸收的差值乘以其摩尔消光系数[91 L/(mol·cm)]即为 P450 的含量。该方法称为 CO 差光谱法(Omura and stato,1964)。

当 P450 失活变为 P420 时,其 CO 差光谱在 450 nm 的光吸收显著下降或消失,而在 420 nm 的光吸收明显增强(图 5.4)。

2）P450 的分类

根据电子从 NAD(P)H 传递到催化中心的方式不同,Werck-Reichhart 和 Feyereisen (2000)将 P450 分为 4 种类型(P450 的这种分类与其进化历史无关)。

Ⅰ 型 P450 需要含 FAD 的还原酶(FAD-containing reductase)和 1 个铁硫还原酶。这类

P450 包含 3 种组分,主要由 FAD 或 FMN 黄素蛋白(依赖于 NADPH 或 NADH 还原酶,即第一个电子由 NADPH 或 NADH 提供)、铁硫蛋白和 P450 组成,真核细胞线粒体和大多数细菌型 P450 系统属于这种类型。在这种系统中铁硫蛋白通过依赖于 NADH 的含 FAD 的还原酶向与底物结合的 P450 运送电子。虽然向其提供电子的组分是可溶的,但线粒体细胞色素 P450 属于膜结合蛋白。

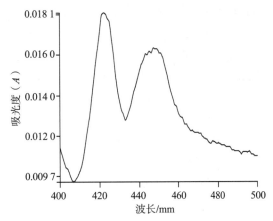

图 5.4　部分失活的 P450 的 CO 差光谱
(于彩虹和高希武,2005)

Ⅱ 型 P450 只需要含有 FAD/FMN 的 P450 还原酶用于电子传递。FAD 作为 NAD-PH 的最初电子受体,而 FMN 类似于运送电子并且还原 P450 的还原酶。目前,绝大多数的研究集中于这类 P450,并且除了 P450 和还原酶以外,有时也需要细胞色素 b_5 的参与。

Ⅲ 型 P450 属于自自给足型的,不需要电子供体。

Ⅳ 型 P450 主要是真核生物微粒体细胞色素 P450 系统,由 P450 和 NADPH-细胞色素 P450 还原酶(CPR)2 种蛋白质组成,P450 直接从 NAD(P)H 获得电子。

3)P450 的命名及多样性

细胞色素 P450 是一个超级家族,由于其基因序列、功能和分布的多样性,必须要有一套系统的命名法则对这些 P450 进行命名,并将每一种 P450 归到对应的家族和亚家族中。Nelson 等(1987;1993;1996)提出根据 P450 蛋白的氨基酸序列进行命名,并由此提出了一套标准的细胞色素 P450 系统分类法,现已被广泛接受。该法则规定:①以英文缩写 CYP 代表细胞色素 P450,细胞色素 P450 基因超家族的所有基因成员的名称都以 CYP 开始(小鼠和果蝇例外,为 Cyt),接着是一个代表基因家族的数字,然后是一个代表基因亚家族的字母和代表单个基因的数字(如 CYP6A1)。代表基因的数字后面的 P 代表假基因(pseudogene)。②同一家族的基因成员,其氨基酸序列的同源性必须大于 40%;同一亚家族成员的氨基酸序列同源性要大于 55%。同源性>80%的属于等位基因,同源性>97%则属于等位基因的变体,按发现的顺序分别用v1、v2 等表示。但也有例外,例如,虽然 CYP6A1 和 CYP6B2 的氨基酸序列同源性仅为 32%,低于 40%的标准,这 2 个蛋白质也被归到同一家族,主要是由于半胱氨酸保守区具有相同的侧翼序列(Nelson et al. ,1993)。③同时规定,当所用 P450 名称代表基因时,用斜体表示,代表 cDNA、mRNA 和蛋白时,用正体表示,如 *CYP6B2* 代表基因,CYP6B2 代表 cDNA、mRNA 或其编码的蛋白(Nelson et al. ,1996)。与前面提到的 P450 的分类并不代表其进化历史不同,这一命名规则很好地体现了 P450 不同基因之间的进化关系。

在 P450 的进化过程中,经常会产生假基因。假基因是指其核苷酸序列与相应的具有正常功能的基因基本相同,但不能合成功能蛋白的失活基因。假基因普遍存在于多种生物中,可以通过编码区的异常、转录的异常或综合考虑这 2 个方面对其进行鉴定。

近年来,随着测序技术及各种组学的快速发展,越来越多的昆虫基因组完成测序,已经鉴定的 P450 基因数量呈极速增长。据 Nelson(2018)统计,到 2017 年初,已经有大约 35 万个

P450 被发掘(在未来 4 年预计可达到 100 万个),其中 41 000 多个已经被命名,未命名的也已经通过 BLAST 被归到不同的族、家族或亚家族,等待进一步命名(图 5.5)。昆虫中已命名的 P450 基因到 2013 年 8 月就已经达 3 452 个,分属 CYP2、CYP3、CYP4 和线粒体 4 个族 (Clan)、59 个家族、338 个亚家族,已知基因组的昆虫中 P450 基因的数量介于 36～215 个之间,其中数量最多的是厩螫蝇 *Stomoxys calcitrans*,有 215 个;其次是肩突硬蜱 *Ixodes scapularis*,有 206 个;数量最少的是人体虱 *Pediculus humanus*,有 36 个。随着 i5K(完成 5 000 种节肢动物的基因组测序,到 2017 年底已经完成 304 种)计划的推进,已经有近 70 种昆虫的 P450 基因得到测序和鉴定。

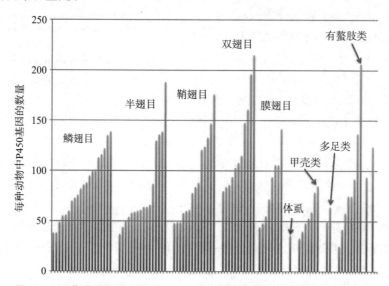

图 5.5　泛节肢动物不同物种中 P450 基因的数量分布(Nelson,2018)

　　除了数量庞大,P450 还具有同工酶的多样性(通过不同变体和假基因的产生获得多个同工酶)、表达调控的多样性(通过不同水平如转录、加工、mRNA 的稳定性、翻译、酶的稳定性等调控其表达)、时空表达的多样性(在昆虫的不同发育阶段、不同性别、不同组织和不同种群中差异表达),从而导致其功能极其丰富多样。但与 P450 基因数量井喷式增加不对称的是,由于其功能研究的复杂性,目前对 P450 基因功能的了解还非常欠缺。

　　4)P450 的结构

　　Ⅱ型 P450 是真核生物中最常见的一类膜结合蛋白。P450 和 NADPH-细胞色素 P450 还原酶相互分离,分别通过氨基末端的疏水定位结构锚定在内质网膜的外表面上。细胞色素 b5 则是通过羧基端锚定在内质网膜上,在一定程度上能增强某些 P450 的活性。

　　在 P450 超家族中,不同 P450 的氨基酸序列同源性差异较大,有的甚至不到 20%,只有位于血红素结合位点的 E、R 和 C 3 个氨基酸完全保守。但越来越多的 P450 晶体结构显示,这种氨基酸序列的高度变异性并不影响其主要的拓扑结构和结构折叠的高度保守性。

　　P450 的结构通常为球状,在 C 端有多个高度保守的 α-螺旋,在 N 端则多为 β-折叠。在 P450 的结构中,最保守的部分是围绕血红素(heme)的蛋白质中心。该保守中心由 D、E、I 和 K 4 个螺旋组成的螺旋束、螺旋 J 和 K、2 套 β-折叠和 1 个称为"meander"的弯曲组成(图5.6,

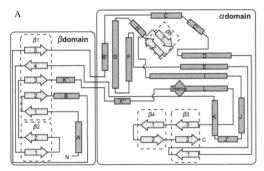

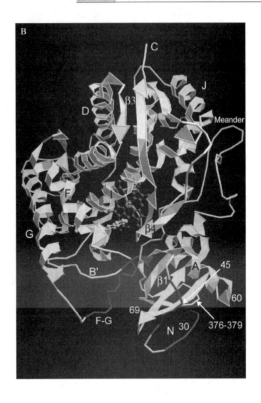

图 5.6 哺乳动物细胞色素 P450 CYP2C5 的结构

（Werck-Reichhart and Feyereisen，2000）

注：紫色部分为内质网膜。橘红色为血红素，黄色为底物。左上部为 α 功能域，右中部靠近内质网膜的为 β 功能域。I 螺旋位于血红素上方，靠近底物结合位点。血红素结合环位于血红素原卟啉的后方。K 螺旋中保守的 Glu-X-X-Arg 结构也位于后面不易看到。P450 蛋白的远端（后面）与其他氧化还原蛋白的识别及电子向活性位点的传递有关；质子从 P450 蛋白的近端（前面）传递到活性位点。底物进入通道一般认为位于与膜紧密接触的 F-G 环、A 螺旋和 β 折叠 1-1 及 1-2 之间。

另见彩图 4）。P450 的结构主要包括三大部分：第一部分是血红素结合环（heme-binding loop），含有 P450 的标志性保守序列（Phe-X-X-Gly-X-Arg-X-Cys-X-Gly）。该保守序列位于 L 螺旋之前的血红素的近端，其中最为保守的半胱氨酸是血红素铁的第五个配体。第二部分是 K 螺旋中绝对保守的 Glu-X-X-Arg 基序，也位于血红素的近极面，可能具有稳定核心结构的作用。第三部分是 I 螺旋的中心部分，包含另一个保守的 P450 的特征序列（Ala/Gly-Gly-X-Asp/Glu-Thr-Thr/Ser），对应于血红素远端的质子转运槽，其中的苏氨酸（Thr）残基是氧结合点的一部分（Werck-Reichhart and Feyereisen，2000）。

5）催化的氧化反应机制

P450 催化的反应过程比较复杂，除了一分子氧外，还需要电子供体提供 2 个电子。电子供体因细胞内部不同部位的细胞色素 P450 而不同。在内质网上的 P450 属于Ⅱ型细胞色素单加氧酶系，需要细胞色素 b_5 的参与，NADPH-细胞色素 P450 还原酶是最常见的电子供体；真核细胞线粒体中和细菌型细胞色素 P450 单加氧酶系（Ⅰ型）通过铁氧化还原蛋白（ferredoxin）和铁氧化还原蛋白还原酶（ferredoxin reductase）由短的电子转移链提供电子。

P450 催化的氧化反应，其基本功能是利用分子氧和从电子供体传来的电子催化各种底物发生羟化反应。其反应可用下式表示：

$$NADPH + H^+ + O_2 + RH \Rightarrow NADP^+ + H_2O + R—OH$$

这个反应中氧分子只有 1 个氧原子结合到底物中，另外 1 个氧原子被还原为水，据此，该反应又称作单加氧反应（唐振华，1993），细胞色素 P450 也被称为细胞色素 P450 单加氧酶

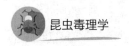

(Cytochrome P450 monooxygenase)。

P450 酶系循环催化的反应过程:第一步,底物取代第六配体溶剂与酶结合,并诱导血红素蛋白系统的最大光吸收、自旋状态和氧化还原势发生偏移;第二步,在增加的氧化还原势驱动下,由 NADPH-细胞色素 P450 还原酶供给 1 个电子使得酶上的三价铁被还原为二价铁;第三步,铁的还原作用使其与分子氧结合,产生过氧化复合体;第四步,由 NADPH-细胞色素 P450 还原酶或细胞色素 b_5 提供 1 个电子,发生第二个还原反应,产生 1 个活性氧(activated oxygen species)。随后 1 个质子加到铁上形成 $Fe^{3+}(O_2^{2-})$ 和底物复合体;该复合体失去 1 分子水形成 $(Fe_2O)^{3+}$ 复合体,新生成的复合体将其氧原子转移到底物上,释放出被氧化的底物,游离的细胞色素 P450 又重复下一个循环(图 5.7)。

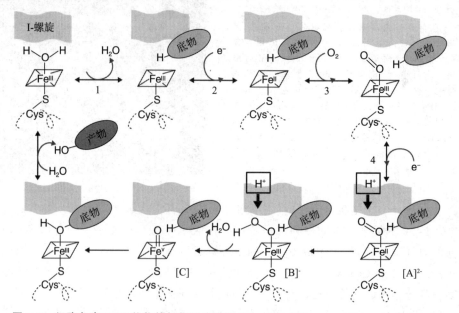

图 5.7　细胞色素 P450 催化的氧化反应机制(Werck-Reichhart and Feyereisen,2000)。

5.2.4　P450 对外来化合物的反应类型

P450 催化的反应不仅仅是加氧,也可以是脱烷基、脱水、脱氢、异构化、二聚化、裂解 C—C 键等,甚至发生还原反应。P450 的底物包括内源性物质如保幼激素、蜕皮激素、脂肪酸等,以及外源物质如植物防御性次生物质、杀虫药剂或其他化学物质等。P450 的底物特异性和催化的反应类型主要由其结构中相对不保守的区域决定,目前对其机制了解还不多。P450 催化的对各类杀虫药剂的代谢反应类型简述如下。

1.脱硫氧化和酯键断裂

脱硫氧化和酯键断裂主要发生在硫代型有机磷杀虫药剂中。当一个氧原子加到药剂分子上后,先形成环氧化的中间体,再进一步发生酯键断裂(解毒作用),或脱硫氧化(增毒作用)。

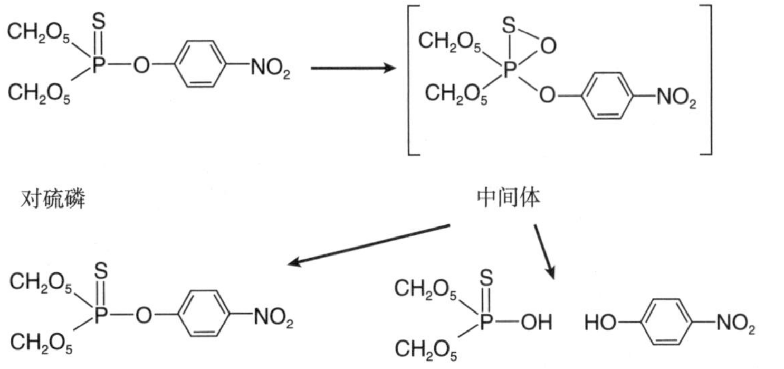

对硫磷　　　　　　　　　　中间体

2. 环氧化和芳基羟基化

P450 进攻不同的位置,先形成芳基环氧化物,再在环氧化物水解酶的作用下发生水解,形成醇。苯并芘的环氧化物因环氧化的位置不同,可以形成多种苯并芘二醇。

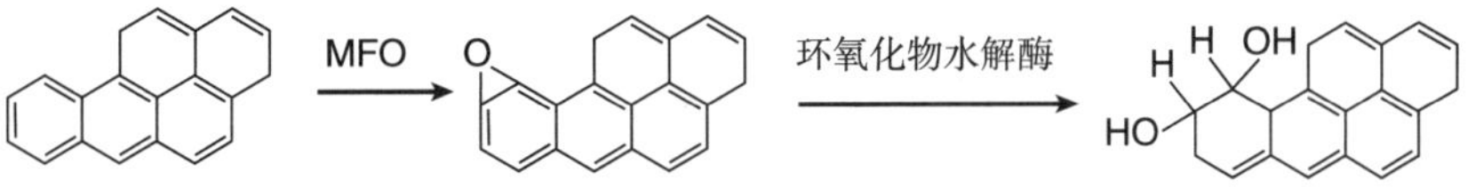

苯并芘　　　　　　　　　　　　　　　　　　　9,10-苯并芘二醇

苯胺氧化形成对氨基苯酚的反应是测定 P450 活性的又一个常用反应,即通过测定对氨基苯酚形成的量来确定 P450 的活性。多数芳基化反应经过一个环氧化物中间体,这一中间体一般是不稳定的,很难分离到。P450 催化的类似的反应还有萘和西维因等的氧化。

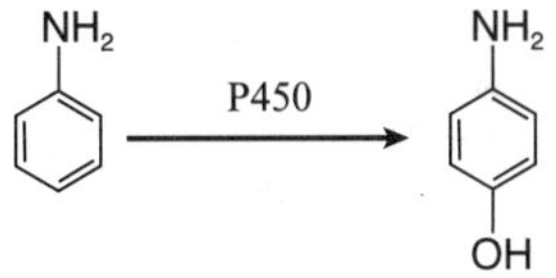

苯胺　　　　　　　　对氨基苯酚

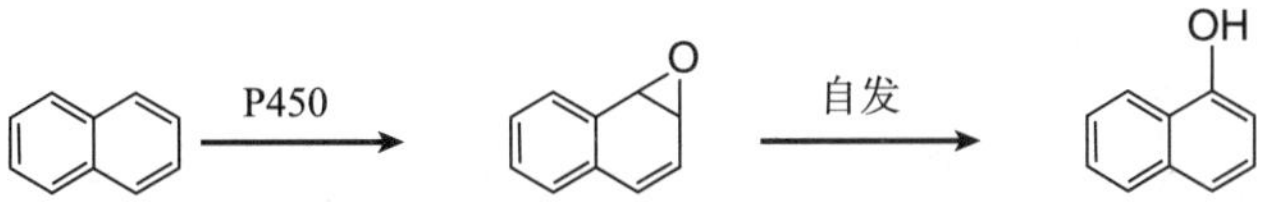

萘　　　　　　　　α-萘酚

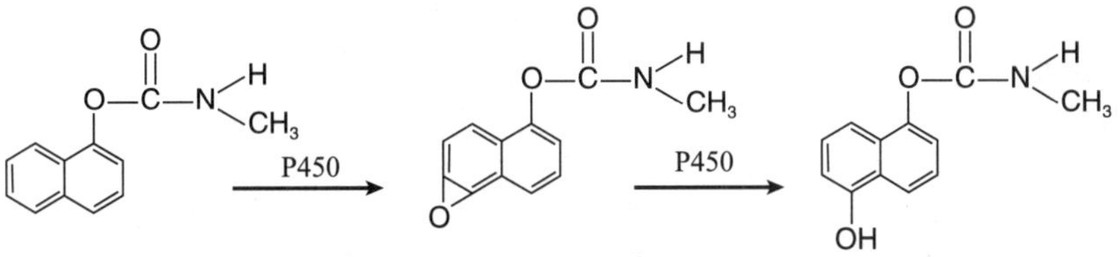

西维因　　　　　　　5,6-西维因环氧化物　　　　　5-羟基西维因

另一个可用于测定 P450 活性的反应就是艾氏剂的环氧化作用。主要是利用气相色谱法,以艾氏剂为底物,通过测定反应产物狄氏剂的含量来评价 P450 的环氧化酶活性。

119

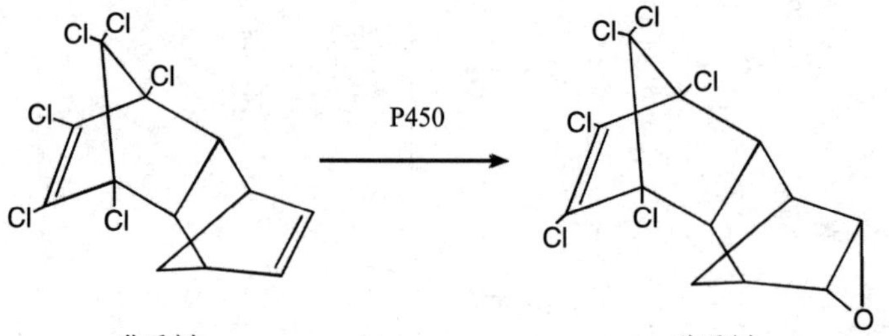

艾氏剂   狄氏剂

3. 脂肪族羟基化

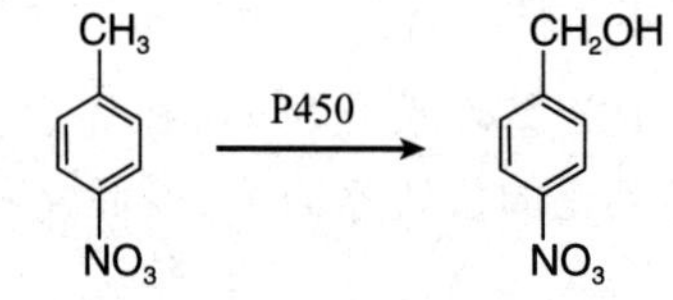

对硝基甲苯   对硝基苯甲醇

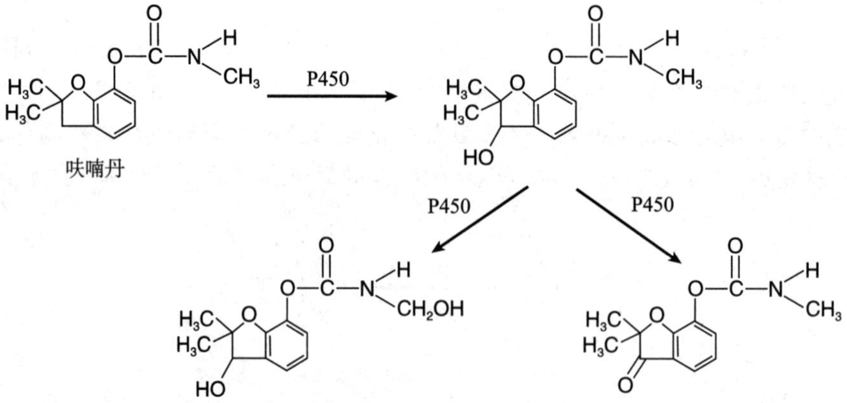

呋喃丹

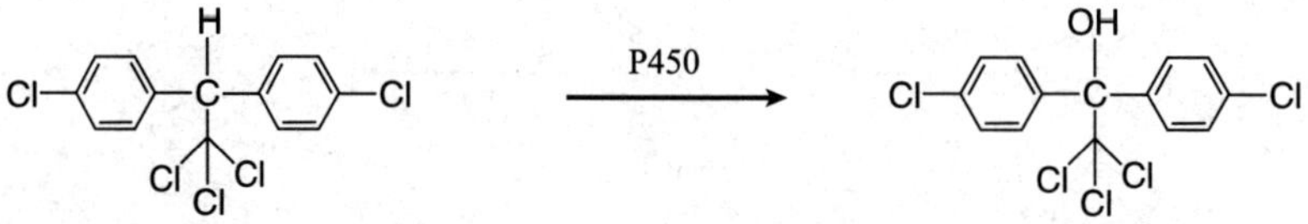

DDT   三氯杀螨醇

4. 杂环羟基化

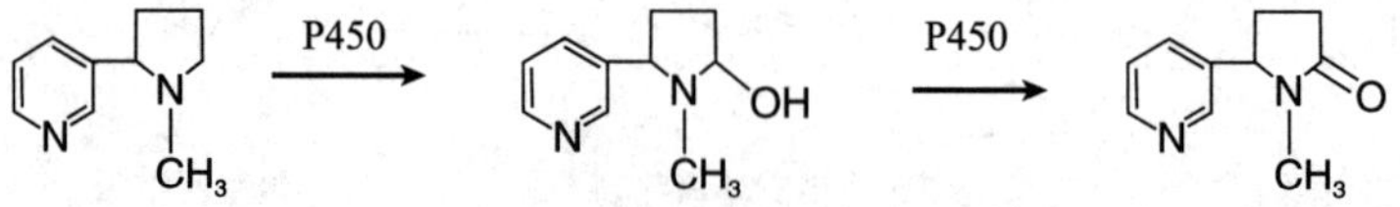

烟碱   5-羟基烟碱   cotinine

5. N-脱烷基化、O-脱烷基化、S-脱烷基化

N-甲基对氯苯胺　　　　对氯苯胺　　　　　　　对硝基苯甲醚　　　　对硝基酚

对硝基苯甲醚氧化生成对硝基酚的反应也常用于 P450 的活性测定,主要是利用其产物对硝基酚在 412 nm 具有最大光吸收,因而可利用分光光度计来测定,也可以用气相色谱法测定(Liu et al.,2006)。气相色谱法测定所用的反应体系比较小。

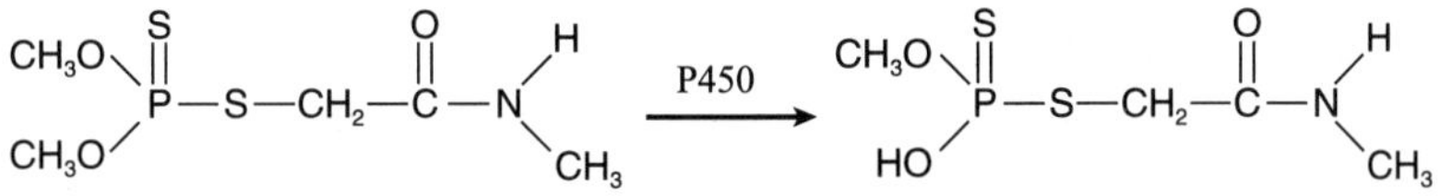

乐果

在昆虫的离体研究中还没有发现 S-脱烷基化作用。

6. 硫氧化(形成亚砜和砜)

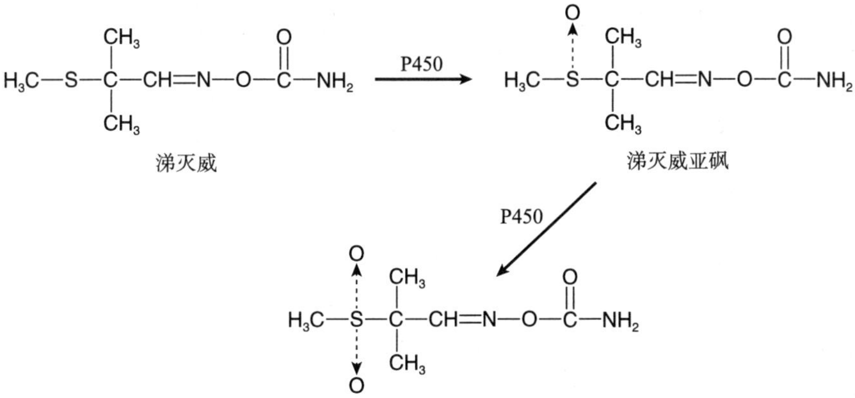

涕灭威　　　　　　　　　　　涕灭威亚砜

涕灭威砜

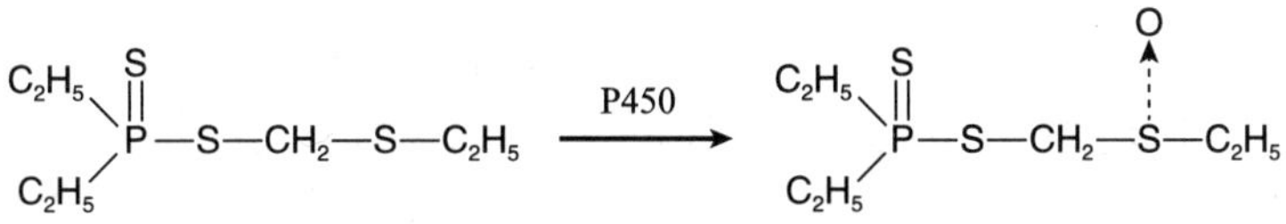

甲拌磷　　　　　　　　　　甲拌磷亚砜

7. 脱氢作用

在昆虫的离体研究中还没有发现此作用,因此在这里不做介绍。

8.氧环的裂解

四氯苯并二茂 ⟶ P450 ⟶ 四氯二酚

5.2.5　P450 的抑制剂

1.P450 的内源性抑制剂

许多已知 P450 的内源性抑制剂(endogenous inhibitor)在活体中因组织分布不同而不能与 P450 接触,对 P450 没有抑制作用。但在对组织进行匀浆并制备微粒体用于测定 P450 活性过程中,这些内源性抑制剂就有机会与 P450 接触并发挥其抑制作用。这是影响 P450 含量和活性测定的一个非常关键的问题,许多昆虫不能测出 P450 活性多半是由于内源性抑制剂的作用。

(1)眼黄质。在家蝇及其他昆虫中发现眼黄质(eye pigment,xanthommatin)是一种内源性抑制剂,能够使 NADPH-细胞色素 P450 还原酶还原,同时也能很快地自动氧化。眼黄质主要从细胞色素 P450 转移电子而发生抑制作用。避免眼黄质影响的最好方法就是在制备微粒体时去掉家蝇的头部。通过对微粒体悬浮液的再沉淀和再悬浮,或通过透析可降低眼黄质的抑制作用。

(2)蛋白质水解酶。这种类型的内源性抑制在海灰翅夜蛾幼虫中研究得比较多,在家蟋 *Acheta domesticus* 等其他昆虫中也有研究。

在海灰翅夜蛾幼虫中肠和家蟋中肠中,这种抑制剂似乎是小分子量的蛋白水解酶,其主要是水解微粒体的蛋白质。NADPH-细胞色素 P450 还原酶对这类蛋白质水解酶非常敏感。可加入牛血清白蛋白作为替换底物来保护微粒体蛋白不被水解,或者加入蛋白酶的抑制剂苯甲基磺酰氟(PMSF)进行抑制。另外,在匀浆前最好将中肠中的内含物去掉,并且充分洗涤,对大多数昆虫可以消除这类蛋白质水解酶的影响。

(3)RNA。这是在工蜂匀浆液的可溶部分发现的一种特殊的 P450 的内源性抑制剂。可以通过在匀浆液中加入 RNA 酶(RNase)来消除其影响(Gilbert and Wilkinson,1975)。

(4)酪氨酸酶。这是在鳞翅目幼虫中发现的。酪氨酸酶(tyrosinase)可将酪氨酸氧化为多巴胺,并进一步将多巴胺氧化成多巴醌,在昆虫表皮的黑化和鞣化中起作用。酪氨酸酶的影响仅在最后一龄化蛹前起作用,可以通过加入酪氨酸酶的抑制剂——苯基硫脲来降低其影响。这种类型的抑制剂在家蝇微粒体中也有发现,可以加氰化物避免其影响。

2.P450 的外源性抑制剂

P450 和其他酶系一样,其活性受到许多外界物质的影响。重金属和有机巯基试剂对许多酶活性都有影响,而甲撑二氧苯基(methylenedioxyphenyl,即亚甲二氧基苯基,简称 MDP)化合物是 P450 特有的外源性抑制剂(exogenous inhibitors)。

(1)重金属。作为蛋白质变性剂,对许多昆虫的 P450 都有抑制作用。Cu^{2+}、Zn^{+}、Hg^{2+}

等金属离子对家蟋、粉纹夜蛾 *Trchoplusia ni*、家蝇 *Musca domestica* 和欧洲玉米螟 *Ostrinia nubilalis* 的 P450 都有抑制作用。

在欧洲玉米螟中,其 P450 对重金属的敏感性具有组织特异性,即不同组织中的 P450 对同一种重金属的敏感性有明显差异。

（2）有机巯基试剂。现在已经证明有机巯基试剂(organic sulfhydryl reagent)可以抑制昆虫 P450 的活性。对家蝇 P450 的研究表明,对氯汞苯磺酸的抑制活性比较大,I_{50} 值为 1×10^{-6} mol/L,由于巯基基团是还原酶的基本组分,有机巯基试剂主要作用于还原酶,这点已经在家蝇的微粒体中得到证实。

（3）甲撑二氧苯基化合物。现已证明除了 CO 可以和血红素结合外,还有许多化合物都能够和血红素结合抑制 P450 的反应,其中多数是作为增效剂开发的。图 5.8 列出了几种昆虫 P450 抑制剂。

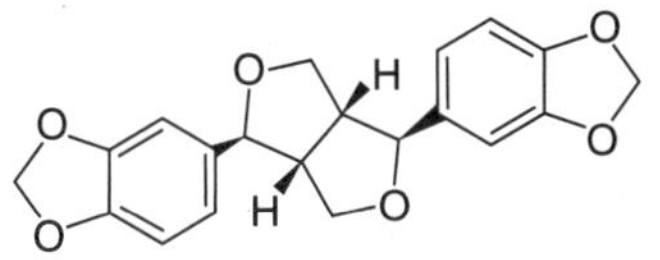

芝麻素 sesamin

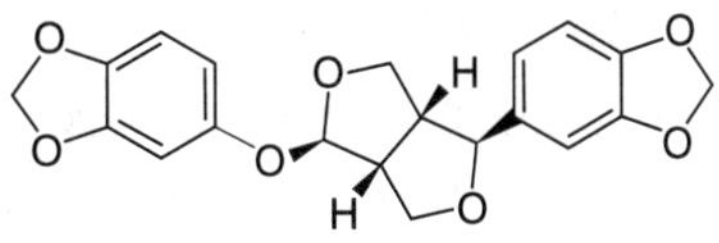

芝麻林素 sesamolin

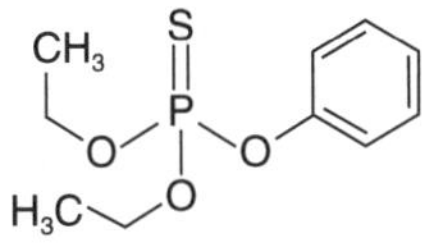

增效磷 dietholate

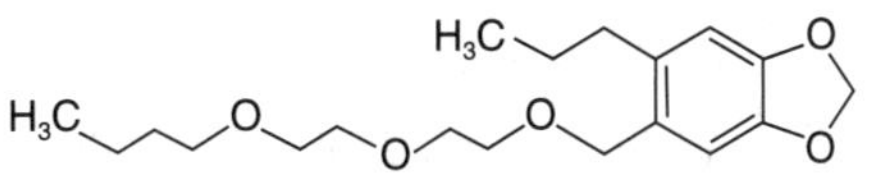

增效醚（piperonyl butoxide，PBO）

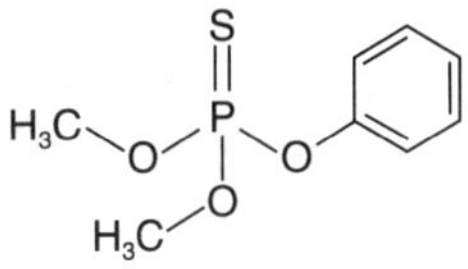

甲基增效磷

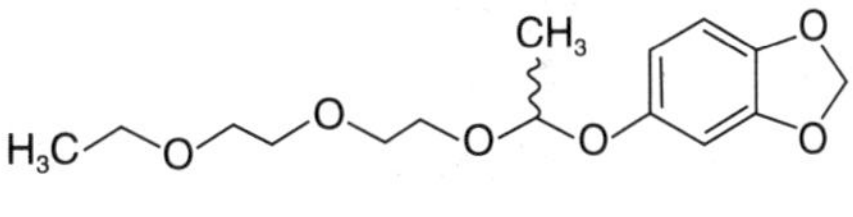

增效散 sesamex

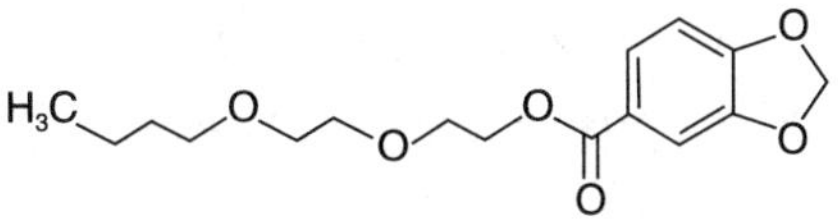

增效特 bucarpolate

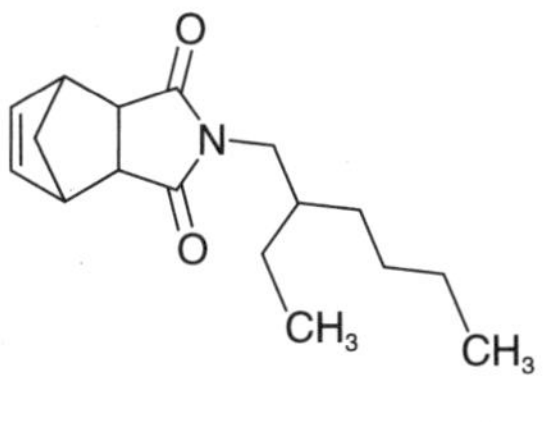

增效胺（MGK-264）

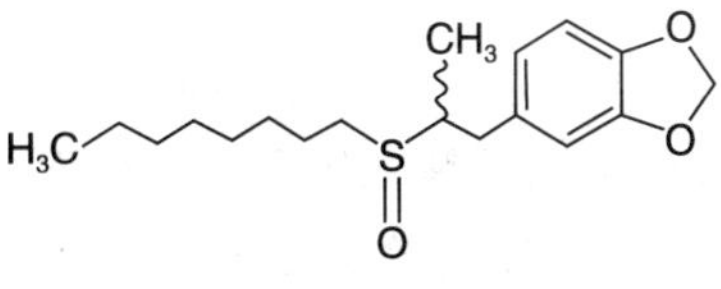

增效砜 sulfoxide

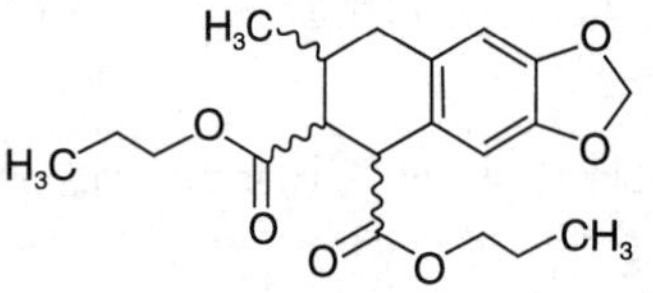

增效酯 propylisome 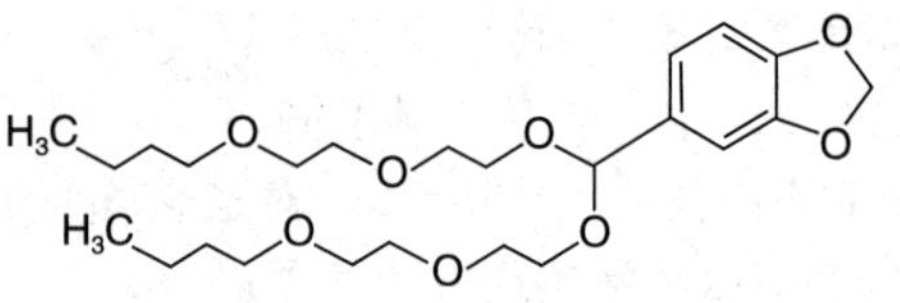　　　　　　　　　　增效醛 piprotal

图 5.8　作为增效剂使用的 P450 抑制剂

其中 MDP 类化合物是研究得比较多的一类 P450 抑制剂,包括一些商业化的增效剂,如芝麻素(sesamin),是芝麻油中的活性成分之一,很早就用作除虫菊素的增效剂。还有芝麻林素(sesamolin),对除虫菊素的增效作用比芝麻素更强。胡椒基丁醚,也叫增效醚(piperonyl butoxide,PBO),是迄今为止应用最为广泛的一类拟除虫菊酯类杀虫药剂的增效剂。增效散(sesamex)是一个广谱的增效剂,不仅对拟除虫菊酯类,还对部分有机磷和氨基甲酸酯类杀虫药剂有增效作用。增效散对离体的 MFO 也有很好的抑制活性,因此,在实验室中用得比较多。另外,还有增效特(bucarprolate)、增效砜(sulfoxide)及植物次生物质如黄樟素(safrole,2017 年 10 月 27日被世界卫生组织国际癌症研究机构列为 2B 类致癌物)等都属于 MDP 类的 P450 抑制剂。此外,还有有机磷酸酯类的增效磷(dietholate)和甲基增效磷也都是 P450 的抑制剂(图 5.8)。

Sun 和 Johnson(1960)基于活体毒性试验,首先提出了 MDP 化合物的功能是抑制杀虫药剂的氧化代谢。Hodgson 和 Casida(1960,1961)证明了鼠肝微粒体对氨基甲酸酯的氧化作用可以被 PBO 和芝麻素等抑制。

已经明确 MDP 类化合物对 P450 的抑制属于竞争性抑制,但具体机制还不十分清楚。一般认为主要是 MDP 类化合物亚甲基的 α 位与带有活性氧的 P450 形成稳定的复合体。PBO 和微粒体、NADPH 一起温育时,其复合体是Ⅲ型光谱,在 427 nm 和 455 nm 有 2 个吸收峰,并受 pH 的影响;而在没有 NADPH 时,是典型的Ⅰ型光谱。MDP 类化合物与 P450 形成复合体后,使得 P450 对其他底物(如杀虫药剂)的生物转化率降低。几种其他类型的抑制剂,例如,安非他明衍生物和 SKF525 等,也能够和 P450 产生代谢复合物,也需要 NADPH 和 O_2,并在还原剂连二亚硫酸钠存在下保持稳定。

MDP 类化合物对 P450 的抑制活性与其结构密切相关:其结构中的 2 个 O 原子除了用 S 替代后,可明显增强其抑制活性外,用其他任何元素替代都会显著降低其活性。

虽然这些增效剂的共同特点是抑制 P450 的活性,但不同类型增效剂与 P450 形成的复合体的稳定性、复合体的数量、对药物代谢的影响及其光谱特征都存在差异。

5.2.6　外源化合物对 P450 的诱导作用

1.诱导现象

诱导现象是指由于底物的存在引起代谢该底物的酶的合成增加的一种反应。相应地,这种底物被称为诱导剂。除了人工合成的物质(如杀虫药剂等)能诱导 P450 外,许多植物次生代谢产物也是 P450 的诱导剂。当昆虫取食寄主植物时,寄主中所含的次生代谢产物进入昆虫体内就可能诱导某些 P450 表达量的增加。诱导现象实际上是昆虫的一种适应性改变,是对不利环境条件的一种适应。Battsten(1987)研究发现,在棉花的 5 种他感作用物质中,除棉酚外,其余 4 种包括($+$)-α-芹烯、β-丁子香烯伞形酮、7-羟基-6-甲氧基香豆素等都能诱导烟芽夜蛾幼虫中肠组织 P450 含量的增加以及 N-脱甲基活性的增强。

P450 的一个重要特征是其可被外源性化合物和其他条件诱导合成。哺乳动物的 P450 可被药物诱导产生,例如,早在 20 世纪 50 年代就已经发现了苯巴比妥对 P450 的诱导现象,后来研究发现 NADPH-细胞色素 P450 还原酶在诱导过程中也有所增加。不仅细胞色素 P450 和 NADPH-细胞色素 P450 还原酶可被苯巴比妥诱导,其他酶系也能被诱导。此外,不同的药物诱导后可以产生不同的 P450,这也进一步证明了 P450 具有多样性。

大量研究证明,杀虫药剂处理后诱导昆虫 P450 的过量表达是害虫产生抗药性的一个重要途径,这在第 7 章杀虫药剂的抗性机制中还会详细阐述。不同杀虫药剂处理后诱导表达的 P450 种类不同,这些 P450 表达量增加的方式也不同:有的原来就在昆虫体内有表达,只是表达量比较低,药剂处理后表达量显著增加;有的虽然有相关基因存在,但并未表达,药剂处理可诱导其从头合成(de novo synthesis);还有的则是在杀虫药剂的长期诱导下产生了新的 P450 基因。

2. 外源化合物对 P450 的诱导机制

外源化合物诱导 P450 表达的分子机制一直是昆虫毒理学领域的研究热点。Nebert 等(1981)根据对哺乳动物芳族羟基化作用的诱导提出外源化合物对 P450 的诱导主要有以下几个步骤:

① 外源性诱导剂进入细胞;

② 与专一性受体结合;

③ 诱导剂-受体复合体进入细胞核;

④ 复合体活化特定的结构基因;

⑤ 转录并翻译合成特定的 P450 酶。

在哺乳动物中,外源化合物如二噁英(dioxin,TCDD)通过芳香烃受体(aryl hydrocarbon receptor,AhR)诱导 CYP1A1 表达的机制已经了解得比较清楚。如图 5.9 所示,外源或内源化合物作为诱导剂进入细胞后与胞质中的 AhR 结合。AhR 是由 2 个 Hsp90(分子伴侣)、X 关联蛋白 2(X-associated protein 2,XAP2)和一个分子质量为 23 ku 的辅分子伴侣(co-chap-

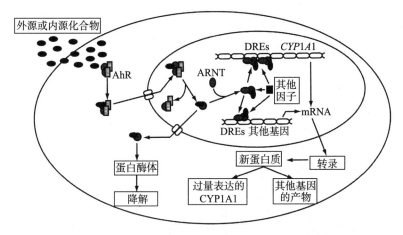

图 5.9　外源化合物诱导哺乳动物 *CYP1A1* 表达的分子机制(Denison and Nagy,2003)

erone protein)p23 组成的多蛋白复合体。与配体结合的 AhR 的构象发生改变,暴露出一段核定位序列,使得配体-AhR 复合物被转移到细胞核中,并与 AhR 核转位蛋白(AhR nuclear translocator,ARNT)形成二聚体,使 AhR 转换为高亲和力 DNA 结合形式,未能形成二聚体的 AhR 复合物则被转运出细胞核,在细胞质中被蛋白酶体降解。该 AhR-ARNT 二聚体再与位于 P450 基因 5′侧翼区的特定 DNA 序列,即异型生物质反应元件(xenobiotic responsive element,XRE)结合,然后触发基因表达(Denison and Nagy,2003)。

这种涉及 XREs 的 AhR 信号通路在昆虫中也有发现。例如,Brown 等(2005)证明 AhR-XREs 是北美黑凤蝶 *Papilio polyxenes* 中花椒毒素诱导 CYP6B1 高表达的结合位点,而在虎凤蝶 *Papilio glaucus* 中同样存在与北美黑凤蝶 CYP6B1 相似的花椒毒素诱导的 CYP6B4/CYP6B5 的响应元件。另外,在可被氯菊酯诱导的冈比亚按蚊 CYP6 基因的上游区域发现也有 XRE 结合位点(Poupardin et al. ,2008)。因此,在昆虫中具有与哺乳动物类似的 P450 的诱导表达机制。

5.2.7　影响 P450 活性的因素

P450 的活性受许多因素的影响,其中包括昆虫的种类、种群或品系、食性、发育阶段、组织特性、性别及生理状态等多种生物学和生理学因素,以及一些内源性和外源性物质等。后者在 5.2.6 中已经做了介绍,这里不再重复。

1. 生理因子

(1)发育阶段。对于大多数昆虫,其 P450 的活性均有阶段性变化。昆虫的 P450 在其取食阶段活性较高,而在卵、蛹和非取食的成虫阶段活性很低,甚至测不出。一般在蜕皮时活性较低或没有活性,在两次蜕皮中间活性最强,在下次蜕皮来到时活性又会下降。

美洲大蠊雌虫 P450 活性在若虫蜕皮变为成虫时是比较低的,在成虫 90 d 时达到最大值,然后逐渐下降,在 120～150 d 下降到最初的值。

家蝇也是成虫期 P450 活性最高,卵、幼虫以及蛹的活性非常低,几乎没有。但是在末龄幼虫,大约在化蛹前 15 h,有一个非常明显的 P450 活性峰,化蛹后 P450 活性下降为零,羽化后 P450 的在 5～6 d 达到最大值(图 5.10)。

(2)性别。不同昆虫种类、同一昆虫的不同性别之间的 P450 活性可能不同。一般情况下雌虫的活性偏高一些,但有些种类中雌、雄虫的活性差异不大(图 5.11)。

(3)食性。几乎所有植物中都含有防御性次生物质,据估计,植物合成的各

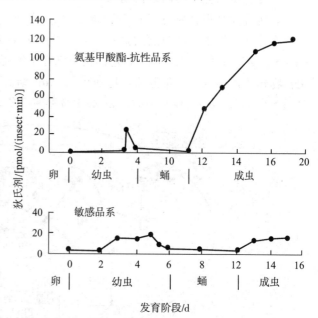

图 5.10　不同发育阶段的氨基甲酸酯类杀虫药剂抗性和敏感家蝇微粒体艾氏剂环氧化酶活性(Yu,2015)

类物质已多达 20 多万种(Pichersky and Lewinsohn,2011)。不同寄主植物中所含次生物质的种类和含量又各有差异。而这些次生物质对 P450 又具有不同程度的诱导作用。因此,一般来说,取食的寄主植物种类越多,即食性越杂的昆虫,其 P450 活性越高。寡食性和单食性昆虫的 P450 活性最低。Krieger 等(1971)对 35 种鳞翅目幼虫的研究发现,其P450 活性与其食性密切相关:取食 11 科以上植物的多食性鳞翅目幼虫的 P450 活性是仅取食 1 科植物的单食性鳞翅目幼虫的 15 倍。

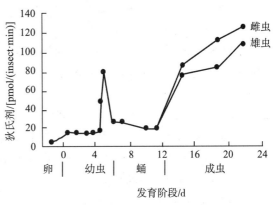

图 5.11　不同发育阶段丽蝇的微粒体艾氏剂环氧化酶活性(Yu,2015)

（4）组织器官。一般在昆虫的中肠、马氏管及脂肪体等解毒器官中 P450 活性相对较高,在其他组织部位的活性则相对较低。

2.其他因子

昆虫体内的 P450 活性除决定于本身发育阶段外,其他一些外界条件对 P450 活性也有很大影响,特别是在杀虫药剂长期诱导下产生抗药性的昆虫,其 P450 活性往往都显著升高。另外,光照时间也是一种影响因子,长期饲养在光照条件下的昆虫 P450 活性相对比较低。

5.3　杀虫药剂的非氧化代谢

5.3.1　谷胱甘肽介导的代谢

现在知道许多外来化合物的代谢反应都与谷胱甘肽(glutathione,GSH)有关。杀虫药剂及其代谢产物也能够被以谷胱甘肽为介质的系统代谢。这种代谢系统有 2 类,第一类,GSH 以纯粹催化剂的形式参与反应;第二类,GSH 直接与底物结合而被消耗,至少在反应初期是这样的,并不能再生,而被排出体外。

5.3.1.1　谷胱甘肽催化的 DDT 脱氯化氢反应

在 GSH 催化的 DDT 脱氯化氢生成 DDE 的反应中,GSH 也可能直接结合到底物上,但最重要的特征是在反应终点时 GSH 的水平没有变化,即 GSH 是以催化剂的形式参与了反应。

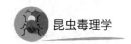

上式中的中间体只是一种假设，因为到目前为止还没有人能分离出上述中间体。GSH在反应的终点再生。

这个酶系统受2种类型的抑制剂抑制，第一类为P-汞苯甲酸(PCMB)，碘乙酯类抑制剂，可能是与酶和GSH中的—SH基团结合，或与其中之一结合。第二类为竞争性底物，如DDD、DDMS等，这类抑制剂与GSH竞争，其根据，一是抑制发生的水平与碘乙酯和GSH类似；二是加入大量的GSH可以解除抑制。

此反应中的酶系统很可能与GSH-烷基转移酶类有关。但碘乙酯也是—SH抑制剂，并且在S-烷基转移酶反应过程中没有发现任何GSH再生的例子。

5.3.1.2 GSH消耗代谢

GSH消耗代谢是由谷胱甘肽S-转移酶(glutathione S-transferases，GSTs)催化的一种共轭代谢，在后面还会介绍。GSH和底物的结合一般有2种类型，第一种类型是GSH取代底物中的不稳定基团，如：

$$CH_3I \xrightarrow{GSH} CH_3SG + H^+ + I^-$$

DNCB

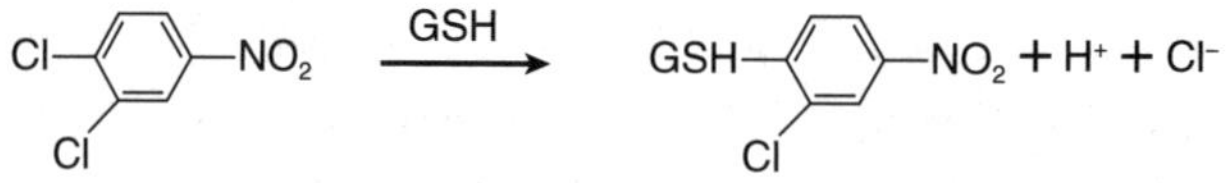

上面以DCNB为底物的反应是测定GSTs活性的方法之一。

GSH和底物结合的第二种类型是直接攻击底物分子，类似于发生合成反应，如：

二乙基马来酸酯

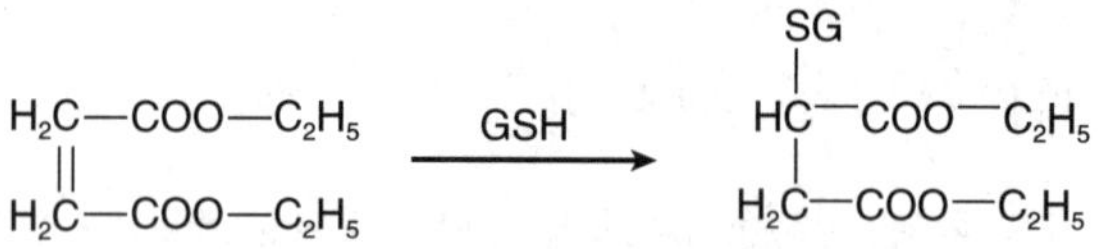

Boyland和Chassesud(1969)将哺乳动物的GSH S-转移酶分为5种类型，现在也有人认为这种分法不太合适。这些酶的特点是存在于匀浆时的可溶性部分，反应需要GSH参与。

前三种类型是代替底物中的不稳定部分，后两种类型是通过GSH S-转移酶直接将GSH转移到底物分子中。

(1)GSH S-烷基转移酶(GSH S-alkyltransferase)。此酶可以使有机磷杀虫药剂形成脱烷基化产物，一般对二甲基有机磷酸酯的活性较高。

甲基对氧磷

DDVP

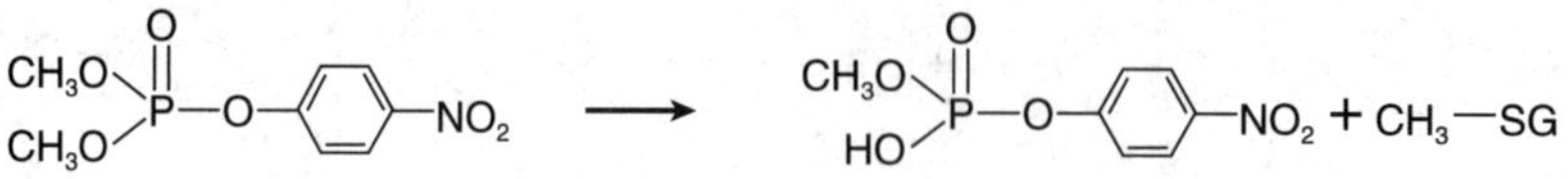

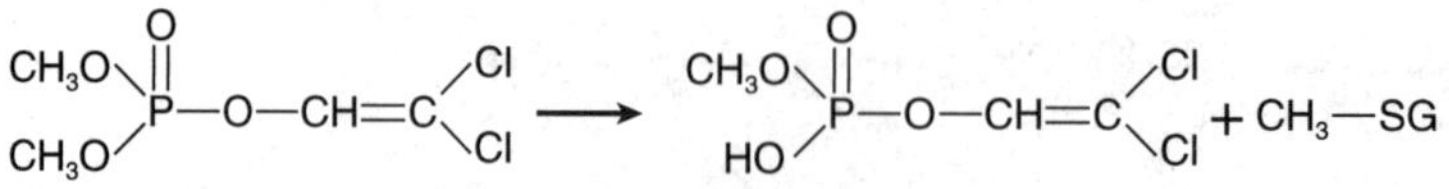

（2）GSH S-芳基转移酶（GSH S-aryltransferase）。

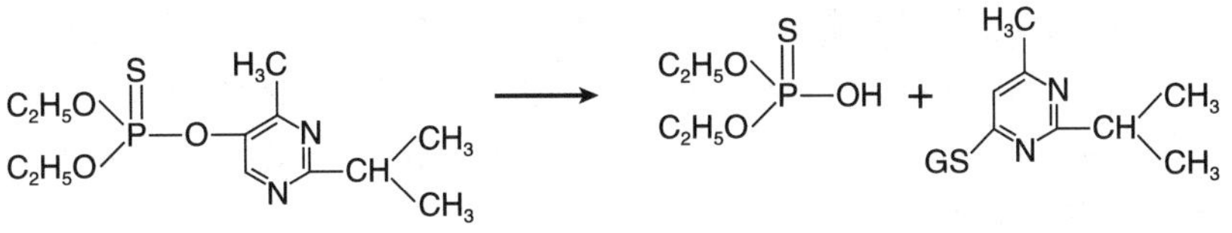

二嗪农

对硫磷则可被 GSTs 脱去芳基形成二乙基磷酸和 S-(p-硝基苯)谷胱甘肽。

（3）GSH S-芳烷基转移酶（GSH S-aralkyltransferase）。

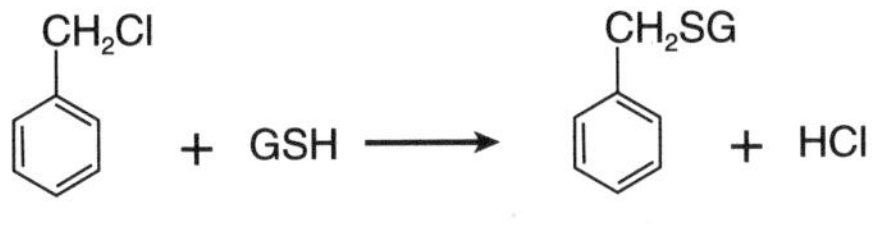

苄基氯

（4）GSH S-链烯转移酶（GSH S-alkenetransferase）。

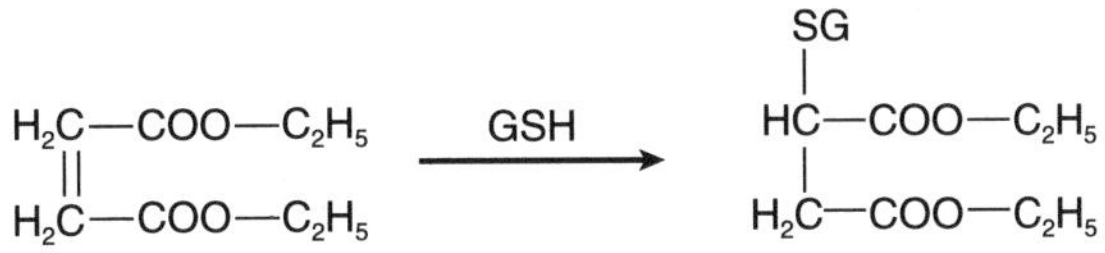

（5）GSH S-环氧基转移酶（GSH S-epoxidetransferase）。

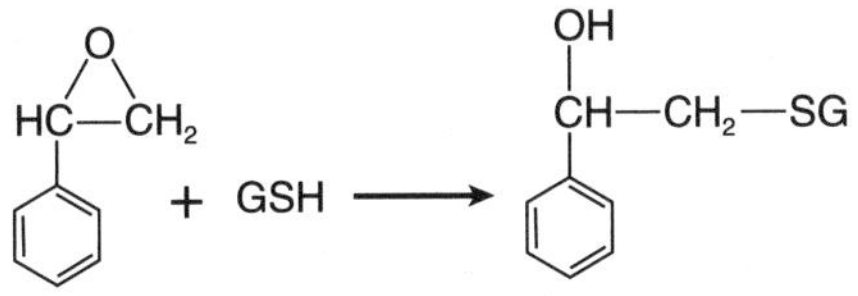

1,2环氧乙基苯

上述 5 类 GSH S-转移酶在不同动物中的变化较大。

5.3.2　杀虫药剂的水解代谢

有机磷酸酯、氨基甲酸酯和拟除虫菊酯类等很多杀虫药剂都含有酯键,容易被酯水解酶裂解。水解反应属于初级代谢中的反应,不需要形成高能量的中间体。水解酶分布于动植物的各个组织中,主要是在水的参与下,将酯类化合物的酯键断裂,产生相应的酸和醇。

$$R'COOR \xrightarrow[\text{H}_2\text{O}]{\text{水解酶}} R'COOH + ROH$$

酯酶分为 A、B、C 3 类:A 酯酶,不能被有机磷杀虫药剂抑制,但能水解有机磷类杀虫药剂,主要包括磷酸酯酶(phosphatases);B 酯酶,对有机磷杀虫药剂敏感,但能水解有机磷杀虫药剂,包括胆碱酯酶(cholinesterse)、羧酸酯酶(carboxylesterases)和脂酶(lipases);C 酯酶,不

能被有机磷杀虫药剂抑制,也不能水解有机磷杀虫药剂。

在杀虫药剂水解代谢中起着重要作用的主要有 2 类酯酶:羧酸酯酶和磷酸酯酶。磷酸酯酶也称为磷酸三酯水解酶(phosphrotriester hydorlases 或 phosphrotriesterases),属于 A 酯酶。羧酸酯酶属于 B 酯酶,在有机磷酸酯、氨基甲酸酯和拟除虫菊酯类及某些保幼激素类的水解代谢中起着非常重要的作用。

1. 磷酸三酯的水解(phosphorotriester hydrolysis)

磷酸三酯能够被磷酸三酯水解酶裂解,此酶主要作用于磷脂和苷键。以前还用很多其他的名字来描述这种酶,如对氧磷酶(paraoxonase)、A 酯酶(A esterase)、磷酰基磷酸酶(phosphorylphosphatase)和芳基酯酶(arylesterase)等,但实际上都属于磷酸三酯水解酶。

磷酸三酯水解酶催化的反应如下:

$$RO\text{—}P(\text{=}S(O))(OR)\text{—}X + H_2O \longrightarrow RO\text{—}P(\text{=}S(O))(OR)\text{—}OH + HX$$

$$RO\text{—}P(\text{=}S(O))(OR)\text{—}X + H_2O \longrightarrow HO\text{—}P(\text{=}S(O))(RO)\text{—}X + ROH$$

其中 R 是烷基,X 是离去基团,可以是烷基、芳氧基、卤素或与另一个磷酸酯基形成苷键。一般水解磷酸酯的酶系多是根据其水解的底物命名的。

(1)氟水解酶(E.C.3.8.2.1)。Mazur(1946)第一次报道了氟水解酶对二异丙基磷酰氟(DFP)的水解。

$$(H_3C)_2CHO\text{—}P(\text{=}O)((H_3C)_2CHO)\text{—}F + H_2O \longrightarrow (H_3C)_2CHO\text{—}P(\text{=}O)((H_3C)_2CHO)\text{—}OH + HF$$

DFP

催化上述反应的酶系被命名为氟水解酶(fluorohydrolases,DFP 酶),此酶广泛存在于生物体内,可被 Mn^{2+} 和 Co^{2+} 激活。不同来源的 DFP 酶,其激活效应也不同。DFP 酶实际上包括了很多酶系。

(2)芳族酯水解酶(E.C.3.1.1.2)。不同种、不同组织来源的芳族酯水解酶有一定的专一性。Krueger 和 Casida(1961)研究了一些昆虫和哺乳动物组织的酶源在离体条件下对有机磷杀虫药剂的水解,发现在研究的化合物中,对磷酸酯有水解作用,而对硫代磷酸酯没有作用。

$$C_2H_5O\text{—}P(\text{=}O)(C_2H_5O)\text{—}O\text{—}C_6H_4\text{—}NO_2 + H_2O \longrightarrow C_2H_5O\text{—}P(\text{=}O)(C_2H_5O)\text{—}OH + HO\text{—}C_6H_4\text{—}NO_2$$

Jarczyk(1966)用鳞翅目幼虫的中肠提取出 2 种酶,即水解硫代磷酸酯的 P=S 酶和水解磷酸酯的 P=O 酶。P=S 酶以 Mn^{2+} 为激活剂;P=O 酶可被半胱氨酸、DL-半胱氨酸和 GSH 激活,而被 Hg^{2+} 和 Cd^{2+} 抑制。

在哺乳动物中酯酶只含有 P=O 酶,而在昆虫中则含有 P=S 酶和 P=O 酶。

（3）O-烷基水解酶。这类酶能使有机磷脱烷基，可被 Mn^{2+} 激活。

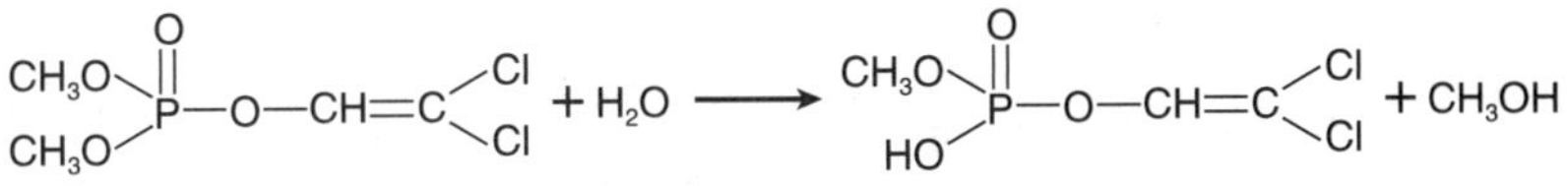

（4）磷酸二酯水解酶（phosodiester hydrolase）。严格说来，此酶不属于磷酸三酯水解酶的范畴，但是习惯上将其归于磷酸三酯水解酶类。关于此酶的研究资料不多，其在杀虫药剂代谢中的重要性还需要进一步证明。

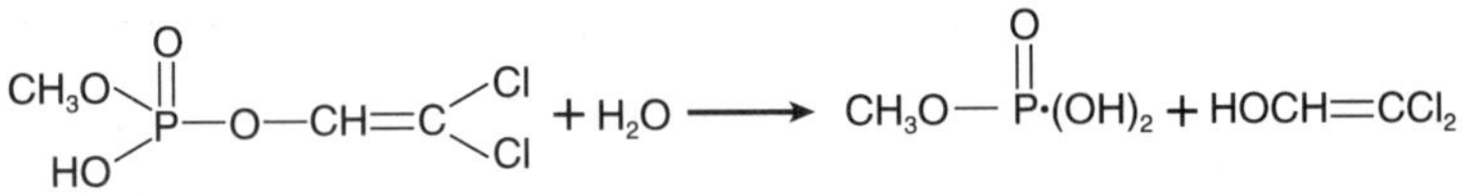

2. 羧酸酯的水解（carboxylester hydrolysis）

水解羧酸酯的酶系是羧酸酯酶（carboxylesterase，E. C. 3.1.1.1），属于 B 酯酶，又称脂族酯酶（aliesterase），能够催化各种脂肪族酯和芳族酯的水解，但不能水解胆碱酯。羧酸酯酶与脂（肪）酶不同，因为前者仅能水解水溶性底物。

目前的研究表明，羧酸酯酶对于一些有机磷（特别是硫代磷酸酯化合物中的羧酸酯）和拟除虫菊酯类药剂的代谢起着重要作用。实际上，羧酸酯酶的底物谱非常广泛，任何含有羧酸酯键的杀虫药剂都可能被羧酸酯酶水解。这种酶的活性一般在正常的昆虫品系中是比较低的，而在某些抗性品系中非常高。

羧酸酯酶通过附加一个水分子而将底物裂解成酸和醇 2 部分。最典型的反应是将马拉硫磷水解，形成马拉硫磷 α 单酸、马拉硫磷 β 单酸以及醇。

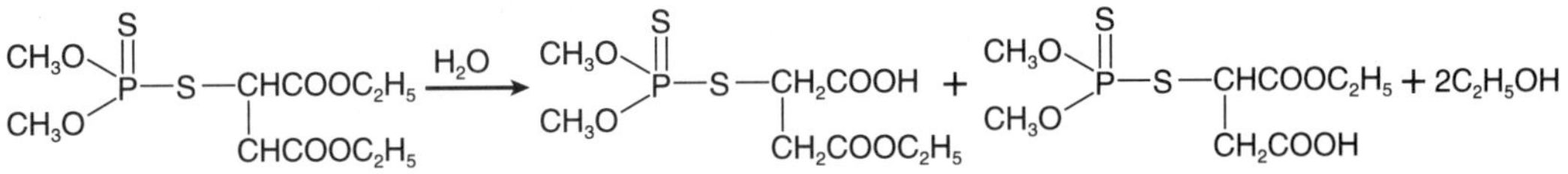

马拉硫磷　　　　　　　马拉硫磷 α 单酸　　　　　　马拉硫磷 β 单酸

马拉硫磷对不同物种的选择毒性也与羧酸酯酶的活性直接有关。哺乳动物中羧酸酯酶活性非常高，马拉硫磷很容易被哺乳动物水解，因此，马拉硫磷对哺乳动物的毒性非常低。

苯硫磷（EPN）以及 N-丙基对氧磷能够抑制马拉硫磷单酸的形成。

羧酸酯酶对菊酯类农药的水解作用如下：

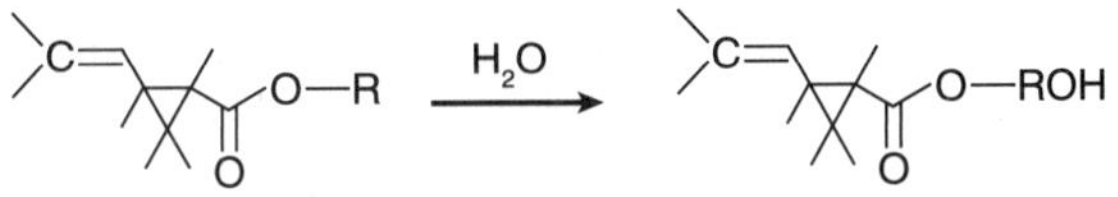

实验证明水解（＋）-trans-苄呋菊酯的能力：鼠肝＞乳草长蝽＞蜚蠊＞粉纹夜蛾＞家蝇，即哺乳动物中的水解活性远远大于昆虫，这也可能是拟除虫菊酯选择毒性的原因之一。

3. 酰胺的水解（carboxyamide hydrolysis）

含酰胺键的杀虫药剂可以被酰胺酶（amidase E. C. 3.5.1.4.）代谢。已知的酰胺酶有羧基酰胺酶（carboxylamidase）和芳基酰胺酶（arylamidase）2 类。乐果和乙酰甲胺磷等含有酰

胺键的有机磷杀虫药剂可被羧基酰胺酶水解为相应的羧酸衍生物。

$$CH_3O-P-S-CH_2-C-NHCH_3 \xrightarrow{H_2O} CH_3O-P-S-CH_2-C-OH + CH_3NH_2$$

乐果   乐果酸

Yu 和 Valles(1997)检测发现鳞翅目、直翅目和网翅目(Dictyoptera)昆虫中具有羧基酰胺酶,可水解 p-硝基乙酰苯胺。从黏虫中纯化得到的羧基酰胺酶是一个分子质量为 $59\sim60$ ku 的单体,其活性可以被对氧磷、TPP、毒扁豆碱及苯甲基磺酰氟等水解酶抑制剂所抑制,其抑制中浓度 I_{50} 分别为 4.7 μmol/L、0.2 mmol/L、16 μmol/L 和 90 μmol/L;另外 0.1 mmol/L 的有机磷杀虫药剂丙溴磷和敌敌畏也可以完全抑制其活性。根据所纯化的黏虫羧基酰胺酶的底物特异性和对水解酶抑制剂的敏感性,Yu 和 Nguyen(1998)认为羧基酰胺酶和羧酸酯酶是不同的酶。

4.环氧化物的水解

环氧化物的水解由环氧化物水解酶(epoxide hydrolases E.C.3.3.2.3)完成,以前又称环氧化物水合酶(epoxide hydrase)。通过附加 1 分子水到环氧环上将烯烃或芳烃的环氧化物水解为二醇。

$$ \xrightarrow{H_2O} $$

反式二醇

已经在家蝇、红头丽蝇 *Calliphora erythrocephala*、黄粉甲 *Tenebrio molitor*、马达加斯加发声蟑螂 *Gromphadorhina portentosa*、亚热带黏虫 *Prodenia eridania* 和 *Tenebrio castsneum* 等昆虫中都发现具有环氧化物水解酶。

5.3.3 还原反应

尽管昆虫中也含有还原酶,通过还原反应来代谢杀虫药剂等外源化合物,但远没有氧化代谢普遍。对外源化合物的还原反应有多种类型,在昆虫中发现有 3 种,分别是硝基还原、偶氮还原和醛/酮还原。

在家蝇雌成虫离心微粒体后的上清液部分发现了一种依赖于 NADPH 的硝基还原酶,能使对硫磷还原为氨基对硫磷(aminoparathion),此酶不受氧的影响。

$$ \xrightarrow{NADPH} $$

对硫磷   氨基对硫磷

在马达加斯加发声蟑螂的脂肪体、消化道及马氏管和家蝇的整体匀浆液中均发现了硝基还原酶的活性,但这种酶必须在厌氧环境中才具有活性。

$$ \xrightarrow[NADPH]{NADH} $$

硝基还原酶有 2 个主要的特点：

①可溶性部分的酶系要求有 NADPH,而微粒体部分的酶系可以利用 NADH。

②黄素腺嘌呤二核苷酸(FAD)、黄素单核苷酸(FMN)或核黄素(维生素 B_2)可以加强此酶的活性。

似乎该硝基还原酶的真正底物是 FMN,而硝基化合物的还原属于非酶促反应,不需要还原酶参与即可发生。

醛还原酶分布在细胞质中,需要 NADPH 作为辅因子。可以还原苯甲醛、柔红霉素(daunorubicin)等天然产物及人工合成的化合物。

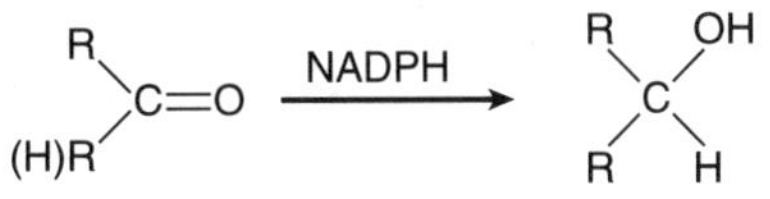

DDT 在添加 NADPH 的情况下,在厌氧环境可被死亡的动物组织或某些微生物脱氯还原为 TDE(DDD),但不清楚该反应是酶促反应还是非酶促反应。

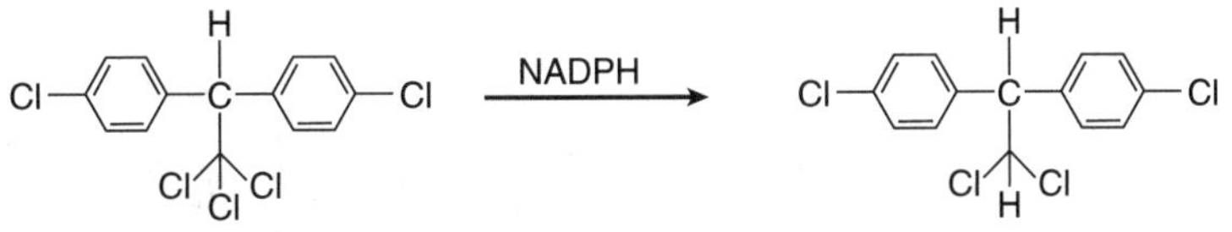

有些还原酶在昆虫代谢植物次生物质中发挥着重要作用。如帝王蝶 *Danaus plexippus* 可利用醛还原酶将乳草中的强心甾代谢为异牛角瓜苷,胡桃醌和白花丹素等醌类植物次生物质在黏虫、棉铃虫和烟芽夜蛾等昆虫中可被醌还原酶还原。

5.4 杀虫药剂的共轭代谢

5.4.1 共轭反应

共轭反应(conjugation)主要指外来化合物或其代谢物与内源性物质如糖、氨基酸、谷胱甘肽、磷酸、硫酸等结合发生的合成反应,其产物的水溶性更强,毒性更低,更容易排出体外。共轭反应实际上起了中间代谢和解毒代谢的双重作用。在昆虫中有 3 种类型的共轭反应。

第一种,外来化合物或其代谢物与内源性的活化供体反应,如:α-萘酚与活化供体尿苷二磷酸葡萄糖(UDPG)的共轭反应：

$$\alpha\text{-萘酚}+\text{UDPG(活化的供体)} \longrightarrow \alpha\text{-萘基葡萄糖苷}$$

这类反应要求外来化合物或其代谢物产物具有—OH、—NH_2、—SH 或—COOH 等基团,这些基团与 UDPG 能发生反应。

第二种,外来化合物活化形成活化的供体,然后和内源性受体发生酶促反应。要求化合物具有—COOH,主要发生氨基酸共轭。

$$\text{对硝基苯甲酸} \xrightarrow[\text{活化}]{\text{CoA}} \text{对硝基苯甲酰 CoA(活化供体)} \xrightarrow[\text{共轭}]{\text{甘氨酸}} \text{对硝基苯甲酰甘氨酸}$$

第三种,外来化合物或其底物与还原型谷胱甘肽(GSH)发生酶促反应,要求底物具有卤素、烯烃、—NO_2、环氧化物、醚和酯等基团。

$$苄基氯＋GSH \longrightarrow 苄基\text{-}SG$$

在第一种和第二种类型的共轭反应中,需要形成高能量的或活化的中间产物,而第三种类型不需要,它主要是利用外来化合物或其代谢产物的亲电子性质与 GSH 反应。但是还原型谷胱甘肽的合成需要消耗 ATP。半胱氨酸的结合解毒,最后形成硫醚氨酸时,也需要消耗 ATP。

综上所述,共轭反应需要额外的能量供给。

5.4.2　几种共轭代谢类型

1. 葡糖苷共轭(glucoside conjugation)

葡糖苷共轭在植物和昆虫中比较常见,但在哺乳动物中很少见(主要是葡萄糖醛酸共轭)。在昆虫体内的转葡萄糖作用主要以 UDPG 作为活化的供体,由 UDP 葡萄糖转移酶(UDP glucosyl transferase,UGT)催化。这类反应要求底物(受体)具有羟基(—OH)或巯基(—SH)作为受体基团(acceptor groups)。

在生物中发现有 O-葡萄糖苷、N-葡萄糖苷、S-葡萄糖苷 3 种形式,而在昆虫中仅发现 O-葡萄糖苷和 S-葡萄糖苷的共轭。一般认为在昆虫中 O-葡萄糖苷代表一类主要的杀虫药剂代谢物。

在昆虫体内许多有机磷和氨基甲酸酯类杀虫药剂经氧化和水解后,产生苯萘酚或醇类,形成 O-葡萄糖苷。在西维因、残杀威、克百威、DDT 和丙烯菊酯等的代谢研究中均发现有 O-葡萄糖苷存在。另外,O-氨基酚、对硝基酚、α-萘酚、4-甲基-7-羟基香豆素等糖苷配基在昆虫体内都可形成 O-葡萄糖苷。

已经发现在昆虫中存在 S-葡萄糖苷的生物合成。苯硫酚和 5-mercaptouracil 就是以 S-葡萄糖苷的形式共轭。对蝗虫脂肪体的研究表明,S-葡萄糖苷生物合成是由 UDP-葡萄糖转移酶完成的。

2. 氨基酸共轭(amino acid conjugation)

芳香族和一些脂肪族的羧酸与氨基酸共轭是一种普遍的解毒机制,其中与甘氨酸的共轭最常见。在几种昆虫中已经发现芳香族羧酸通过与甘氨酸共轭解毒。在家蝇、蚕、伊蚊和蝗虫的排泄物中均发现了甘氨酸和各种取代的苯甲酸的共轭物。

氨基酸的共轭一般分为两个步骤：

第一步，就是外来酸的活化，催化这个反应的酶系统需要 ATP 和 CoA。

$$RCOOH + ATP + HSCoA \longrightarrow RCOSCoA + AMP + P_2O_7^{4-}$$

第二步，活化的外来酸与内源性氨基酸结合。这一步反应的机制在昆虫中还没有完全研究清楚，但对氨基酸的共轭一般需要 CoA 的衍生物和氨基酸 N-酰基转移酶。

$$RCOSCoA + H_2NCH_2COOH \longrightarrow RCONHCH_2COOH + HSCoA$$

在家蝇对 tropical（一种增效剂）的代谢研究中发现，有 7 种产物是在醚相中，鉴定出了 5 种氨基酸与胡椒酸（piperonylic acid）的共轭物，分别是丙氨酸、谷氨酸、甘氨酸、色氨酸和谷氨酰胺共轭物。这 5 种氨基酸是昆虫的必需氨基酸。和哺乳动物相比，昆虫体内的游离氨基酸水平是相当高的。这些反应所需的酶系还没有完全研究清楚，可能是由不同的氨基酸酰基转移酶完成的，或者只有一种专一性较低的共轭酶。

3. 谷胱甘肽共轭（glutathione conjugation）

谷胱甘肽（GSH）的共轭是由谷胱甘肽 S-转移酶（GSTs）催化的亲电子的外来化合物与内源性 GSH 的共轭。通过这类反应，有毒的外来化合物的水溶性进一步增强，毒性进一步降低并被排出体外，同时保护蛋白质、核酸等物质的亲核中心。

GSTs 是一个复杂的超家族，其分布十分广泛。其主要功能是催化内源性的还原型谷胱甘肽的巯基与有毒亲电子类物质发生共轭反应，从而降解有毒化合物并排出体外。除了直接参与解毒代谢外，GSTs 还可以作为结合蛋白与杀虫药剂等外源有毒化合物结合，将这些有毒物质暂时贮存起来，阻止其到达作用靶标，从而降低其对昆虫的毒力。GSTs 在杀虫药剂的解毒代谢中发挥着重要功能，由活性增强导致的害虫抗药性已经非常普遍，这类情况具体可参考汤方和高希武（2012）以及尤燕春等（2013）关于 GSTs 介导的昆虫抗药性的综述。

根据在细胞中分布的位置不同，GSTs 可分为线粒体 GSTs、微粒体 GSTs 和胞质 GSTs 3 类。昆虫中不存在线粒体 GSTs，只有后两类，而作为膜蛋白的微粒体 GSTs 被归为类二十烷酸和谷胱甘肽代谢膜蛋白（membrane associated proteins in eicosanoid and glutathione metabolism，MAPEG）超家族。昆虫中的 GSTs 主要是胞质 GSTs，这也是 3 类 GSTs 中数量最多、分布最广的 GSTs，在动物、植物、昆虫、细菌及真菌中都有报道。

昆虫的 GSTs 主要分为 Ⅰ、Ⅱ 和 Ⅲ 三大类。Ⅰ 类 GSTs 为 Delta 亚族，Ⅱ 类 GSTs 包括 Sigma、Omega、Theta 和 Zeta 4 个亚族，Ⅲ 类 GSTs 主要是 Epsilon 亚族，其余不能划分到已知亚族的则统称为未分类（unclassified）的 GSTs。其中 Delta 和 Epsilon 家族的 GSTs 为昆虫所特有，目前研究较多，它们也被认为是介导昆虫抗药性的重要因素（Chen et al.，2015）。通过序列同源性比对发现未分类的 GSTs 也是昆虫所特有的，但由于其发现较晚，目前的研究还相对较少。昆虫 GSTs 的命名也基本沿用人类 GSTs 的命名办法，即在 GST 前通常用物种拉丁学名的缩写（属名大写，种名小写），GST 后用大写字母表示所属的亚族类别，后面用阿拉伯数字表示发现的顺序。如 DmGSTE1 表示黑腹果蝇中的 Epsilon 类发现的第一个 GST。GSTs 以球状二聚体的形式发挥其催化功能。该二聚体可以是由 2 个相同的 GST 亚基组成的同源二聚体，也可以是同一家族的 2 个不同的 GST 形成的异源二聚体，一般均包含 1 个催

化中心。N端一般相对保守,包含谷胱甘肽结合位点(G位点),能够特异性地结合GSH;而C端是亲电底物的结合中心,包含底物结合位点(H位点),其氨基酸序列保守性低,与GSTs催化结合的底物特异性密切相关。

自1990年Toung等从黑腹果蝇克隆出第一个昆虫GST基因 *DmGST*1,随着完成基因组测序的昆虫种类的增加,经鉴定的昆虫的GSTs基因数量也在快速增加。目前,已从双翅目、膜翅目、鞘翅目、鳞翅目等多种昆虫中鉴定出大量的昆虫GSTs基因。双翅目昆虫基因组中的GSTs转基因相对较多,如致倦库蚊 *Culex quinquefasciatus* 有39个,黑腹果蝇有38个,冈比亚按蚊有31个,埃及伊蚊有29个。其他昆虫如赤拟谷盗基因组中有33个,家蚕中有23个,小菜蛾中有22个,丽蝇蛹集金小蜂 *Nasonia vitripennis* 中有18个,意蜂 *Apis mellifera* 中有11个,豌豆蚜 *Acyrthosiphon pisum* 中有24个,人虱 *Pediculus humanus* 中有11个。可见,不同昆虫中GSTs基因的数量差异较大,这可能主要与其生活习性,尤其是食性有关。

和P450一样,昆虫的GSTs活性也具有可诱导性。外源化合物对昆虫GSTs的诱导主要发生在转录水平上,如Tang和Tu(1995)报道戊巴比妥可诱导黑腹果蝇相关GSTs mRNA的水平的增加导致其GSTs活性增加。Snyder等(1995)也报道苯巴比妥或2-十三烷酮对GSTs的诱导与烟草天蛾幼虫中肠GST mRNA水平的增加有关。作者所在的研究室多年来的研究也证明2-十三烷酮、槲皮素和单宁等植物次生物质对棉铃虫GSTs活性及mRNA表达量具有显著诱导作用(高希武,2012b)。除诱导GSTs的转录活性增强外,外源物质也可以诱导新的GSTs蛋白的合成。如Yu(1999)首次报道用花椒毒素诱导草地夜蛾后,其脂肪体中出现了2个新的GSTs同工酶,都是由分子质量为28 ku的亚基组成的二聚体蛋白。吲哚-乙腈和黄酮也能诱导产生这2个新酶,但同时使原有的构成型GSTs的含量下降。

GSTs在昆虫的不同组织部位均有分布。如Yu(1999)从草地夜蛾的中肠中分离出GSTs的6种异源二聚体同工酶,从脂肪体中分离出3种同源二聚体同工酶,从马氏管中分离出5种异源二聚体同工酶。Qin等(2011)发现有3类(delta,sigma,theta)GSTs分布在东亚飞蝗 *Locusta migratoria manilensis* 的前肠、中肠、胃盲囊、后肠、马氏管、肌肉、精巢及卵巢中,其中 *LmGSTD*1和 *LmGSTS*1等6个基因在上述不同组织中均有分布。GSTs在棉铃虫的头、体壁、中肠和脂肪体等部分也均有表达,而且在棉铃虫不同发育阶段其活性差异较大,其中末龄幼虫中的活性最高(张常忠等,2001;汤方等,2005)。总体来看,中肠和脂肪体中GSTs的活性要显著高于其他部位。

GSTs催化的反应很多,主要有以下6类:①卤代烷或相关化合物对GSH的S-烷基化;②GSH对芳基上不稳定的卤素或硝基的取代;③GSH对烷基上不稳定的卤素或硝基的取代;④GSH与环氧化物的合成反应;⑤GSH与 α,β-不饱和化合物包括醛、酮、内酯、腈和硝基化合物等的合成反应;⑥硫代磷酸和磷酸的O-烷基和O-芳基与GSH的共轭。GSTs在有机磷杀虫药剂的解毒代谢中起着重要作用,具体例子在5.3.1.2中已有描述。

已发现能够被昆虫谷胱甘肽S-转移酶代谢的杀虫药剂有:甲基对硫磷、甲基对氧磷、杀螟松、氧化杀螟松、乐果、谷硫磷、敌百虫、对硫磷、二嗪农、氧化二嗪农、异丙基二嗪农、正丙基二嗪农以及乙基氯硫磷等。

在许多抗性品系昆虫中发现,高的GSTs活性和高的MFO活性是平行的。在对家蝇的研究中发现,没有一个家蝇品系仅有高水平的GSTs活性而没有其他抗性机制;MFO和

GSTs 的水平由位于第二条染色体上的基因控制。对有机磷杀虫药剂 O-烷基共轭与 O-芳基共轭的比例取决于杀虫药剂的结构。

4.硫酸共轭(sulfate conjugation)

在接触酚类化合物的昆虫体内已经分别分离到了硫酸共轭物。在昆虫体内,硫酸共轭是一种比较普遍的解毒反应。

硫酸共轭酶系主要分布于匀浆 100 000g 离心的上清中,反应需要 ATP 和无机硫酸。这个酶系统在昆虫和哺乳动物中是类似的,一般按下列三步反应进行。

$$ATP + SO_4^{2-} \xrightarrow{\text{ATP-硫酸腺苷酰转移酶}} APS + P_2O_7^{4-}$$

$$APS + ATP \xrightarrow{\text{ATP-腺苷酰硫酸3-磷酸转移酶}} PAPS + ADP$$

$$PAPS + ROH \xrightarrow{\text{硫酸转移酶}} ROSO_3H + ADP$$

其中:APS 为腺苷-5′-磷酸硫酸酐;PAPS 为 3′-磷酸腺苷-5′-磷酸硫酸酐。

在昆虫体内关于硫酸共轭的机制,对 APS 和 PAPS 的利用还没有完全搞清楚,其机制主要是从 PAPS 分子上转移硫酸到羟基团或芳香族氨基团。

5.磷酸共轭(phosphate conjugation)

在所有中间代谢中都可以发现磷酸酯的合成是一种普遍现象。但对外源化合物的磷酸共轭产物并不多。在家蝇、铜绿蝇以及新西兰草金蝇中已经分离出了磷酸共轭物。磷酸共轭反应主要由磷酸转移酶完成,其主要分布在匀浆的可溶性部分(100 000g 上清液),这个酶系进行磷酰化作用需要 ATP 和 Mg^{2+}。

5.5　Ⅲ 相代谢

对Ⅱ相代谢产物的进一步代谢有时也称为Ⅲ相代谢(phaseⅢ reaction)。外源化合物经Ⅱ相代谢后的共轭产物可被进一步代谢并排出细胞,这主要是由各种不同的膜转运蛋白完成的。其中,研究比较多的是 P-糖蛋白(P-glycoproteins),也称 ATP-结合盒转运蛋白(ATP-binding cassette transporters),简称 ABC 转运蛋白,其在各种离子、脂类、多肽、代谢产物、化疗药物及抗生素等的跨膜运输中发挥着重要作用(图 5.12,另见彩图 5)。人体中的多药抗性蛋白 1(multidrug resistance protein 1,MDR1)也属于 ABC 转运蛋白超家族,与人体对多种结构和作用机制完全不同的抗肿瘤药物产生交叉耐药性有关。

ABC 转运蛋白超家族是一大类以 ATP 水解释放的能量为动力的转运蛋白,其基因可分为 ABC～ABCG 等 7 个亚家族,分别编码不同跨膜蛋白。其共同特点是每个 ABC 转运蛋白由 2 个跨膜结构域(transmembrane domains,TMDs)和 2 个核苷酸结合域(nucleotide binding domains,NBDs)组成。TMDs 形成跨膜通道,每个 TMD 包括 6 个嵌入细胞膜的跨膜 α 螺旋;2 个 NBDs 则位于细胞质中,其上存在 ATP 结合区。ATP 转运蛋白可以识别底物并与之结合,引起 ATP 结合区的活化,从而水解 ATP,使跨膜通道的构象发生改变,将底物泵

出细胞膜外。随后,再次发生 ATP 分子水解,使转运蛋白恢复到原来的构象。这样转运蛋白则以 ATP 能量依赖的方式主动将疏水性的底物从细胞内泵出到细胞外(图 5.13)。

目前,已经有多种昆虫的 ABC 转运蛋白被鉴定(Buss and Callaghan,2008),其在鳞翅目昆虫对 Bt 杀虫蛋白抗性中的作用也已有报道,如 ABCC2 转运蛋白的点突变或缺失突变分别导致了家蚕对 Cry1Ab 的抗性,以及烟芽夜蛾、小菜蛾、棉铃虫及澳大利亚棉铃虫 *Helicoverpa punctigera* 对 Cry1Ac 的抗性(Atsumi et al.,2012;Heckel,2012;Tay et al.,2015)。最近,鞘翅目害虫白杨叶甲 *Chrysomela tremulae* 对 Cry3Aa 的抗性也被证明与其 ABCB1 的 4 个碱基的缺失突变密切相关(Pauchet et al.,2016)。这些突变都导致了 Bt 毒素不能被转运到细胞内,从而不能发挥杀虫作用。上述从另一方面说明了 ABC 转运蛋白在杀虫药剂跨膜运输中的重要作用。

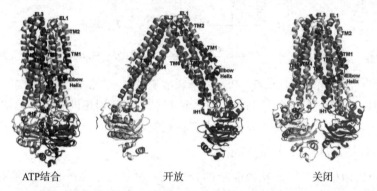

图 5.12　革兰氏阴性细菌 ABC 转运蛋白 MsbA 的三维结构图(Ward et al.,2007)

注:彩色显示的为一个单体,N 端为深蓝色,C 端为红色;白色显示的为另一单体。

TM1~TM6 为 6 个跨膜螺旋,EL1~EL3 为 3 个胞外环,IH1~IH2 为 2 个胞内螺旋。

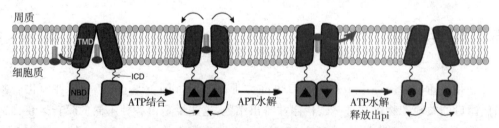

图 5.13　MsbA 对脂质分子的胞外运输(Dong et al.,2005)

▲:ATP,▼:ADP·Pi,●:ADP

5.6　一些杀虫药剂在生物体内的代谢途径

一种杀虫药剂在生物体内可能有几种不同的代谢途径,并且不同途径的代谢速率并不相同;而不同生物对同一药剂的主要代谢途径也不完全一样。这一节主要介绍一些常用杀虫药剂在哺乳动物和昆虫体内的代谢途径。

1. DDT 的代谢

在昆虫中,DDT 通常的代谢途径要经过 DDE。但是,除 DDE 外,还有 7 种其他的代谢产物

（图 5.14）。DDT 抗性家蝇对 DDT 的解毒作用主要是形成不具有杀虫活性的代谢物 DDE。DDT 脱氯化氢的速率在品系间以及个体之间变化很大。同时，在家蝇中也发现了一些未被鉴定的产物。在埃及伊蚊 *Aeges aegypti* 中也发现，抗性品系将 DDT 转换成 DDE 的能力更强。

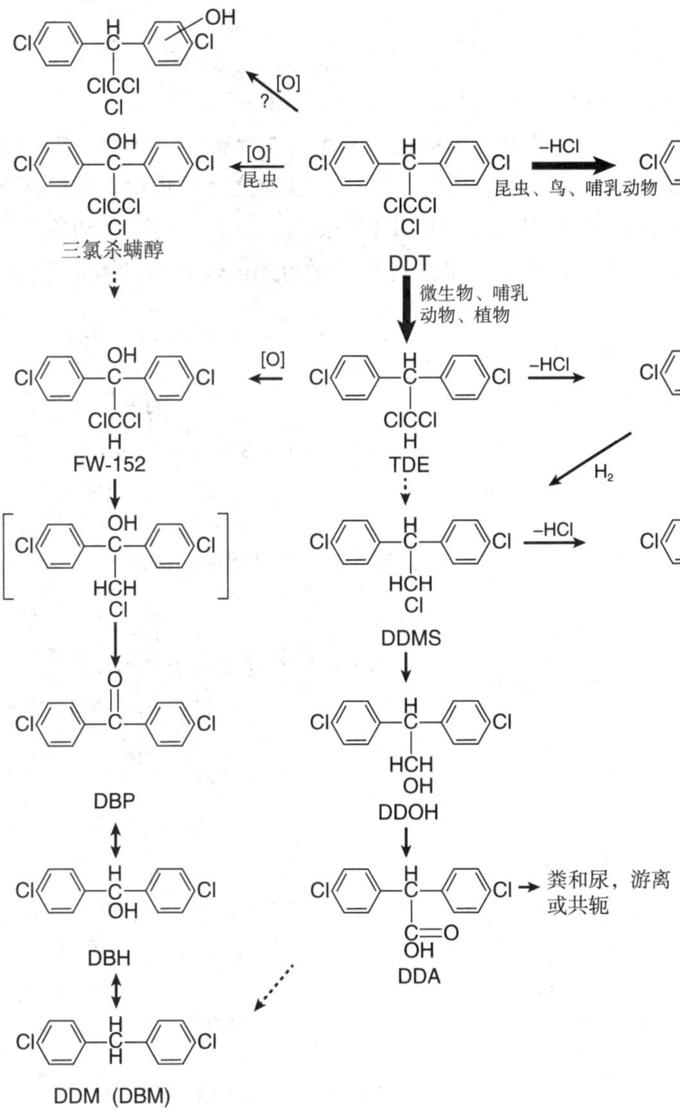

图 5.14　DDT 的代谢途径（Matsumura，1985）

DDT 转化成 DDE 是由脱氯化氢酶催化完成的，这种酶需要 GSH 作为辅助因子，这个酶系统催化 *p*,*p*-DDT 和 *p*,*p*-DDD（TDE）转变成 *p*,*p*-DDE 和 *p*,*p*-TDEE（DDMU）。对 DDT 的 *o*,*p*-异构体没有作用，说明 DDT 脱氯化氢酶是对位取向。这种酶对 DDT 类似物的活性大部分转变成了未知代谢产物，但是没有发现有 CO_2 排出。

蝗虫对 DDT 表现出天然耐药性。Sternbury 和 Kearns（1952）证明，产生这种耐药性的主要原因是 DDT 在表皮和消化道中很快被代谢为 DDE，使之不能达到神经系统的作用靶标。但对蝗虫进行 DDT 注射给药，则非常小的剂量即可致死。

也有些昆虫并不是将 DDT 代谢为 DDE,而是形成其他代谢产物,例如,DDT 抗性的人虱可将 DDT 代谢为对氯苯甲酸,黑腹果蝇可将 DDT 代谢为三氯杀螨醇(DDT 的羟基化产物)。

在哺乳动物中主要代谢产物是 DDE、DDA 以及 4,4-二氯苯酚,其中 DDA 是主要的水溶性代谢产物。

2. 有机磷杀虫药剂的代谢

以下主要以马拉硫磷、对硫磷和二嗪农为代表进行介绍。

(1)马拉硫磷的代谢。马拉硫磷含有 2 个羧酸酯基团和 1 个 P═S 基团,因此,至少羧酸酯酶和 P450 2 种酶可能对其进行代谢。在哺乳动物及马拉硫磷抗性昆虫中主要降解为马拉硫磷单酸,不同来源的酶系,对 α 位和 β 位的水解活性不同(表 5.2)。另外,P450 和谷胱甘肽 S-转移酶还可催化 CH₃—O—P 脱去甲基。马拉硫磷最终被代谢为无机磷酸排出体外(图 5.15)。

图 5.15　马拉硫磷在动物和植物体内的代谢途径(Menzie,1969)

(2)对硫磷的代谢(图 5.16)。一般认为对硫磷在昆虫体内经 MFO 氧化转变成毒力更高的对氧磷,从而对昆虫发挥作用。在哺乳动物中主要的代谢产物是由于 P—O 键断裂形成相应的磷酸,如乙基磷酸、二乙基磷酸、二乙基硫代磷酸、磷酸以及对硝基酚等。有 3 种酶系可独立作用于 P—O 键,使对硫磷分子裂解,分别是 MFO、酯酶和谷胱甘肽 S-转移酶。

在家蝇中发现,对硫磷大部分直接转变成二乙基硫代磷酸,特别在离体研究中几乎是唯一的代谢产物。

表 5.2　一些动物中马拉硫磷 α-单酸和马拉硫磷 β-单酸的比值

酶源	比值(α/β)
纯化马肝	0.1
大鼠微粒体	0.07
牛肝丙酮干粉	2.5
猪胰脏丙酮干粉	1.0
猪肾脏丙酮干粉	1.0
猪肝酯酶(部分匀浆)	2.0
家蝇(整体匀浆)	3.5~5.0
赤拟谷盗(整体匀浆)	1.8

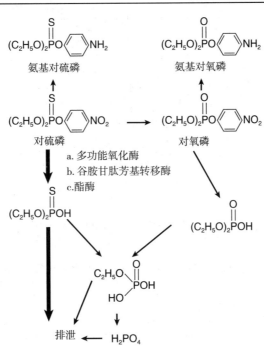

图 5.16　对硫磷在动物和植物体内的代谢途径(Matsumura,1985)

在家蝇中发现水解对硫磷的活性比水解对氧磷的活性要高,可能是所谓的 P═S 型磷酸酯酶造成的。后来的研究发现 P—O 键断裂也可以由 MFO 来完成,用大白鼠肝脏和蜚蠊脂肪体的微粒体研究都证明了 MFO 可导致 P—O 键的断裂,产生二乙基硫代磷酸和对硝基酚。

后来发现,在家蝇匀浆液的可溶性部分加入 GSH 可以加强对硫磷 P—O 键的裂解,说明对硫磷的 P—O 键可以被谷胱甘肽 S-转移酶裂解。

关于酯酶水解对硫磷还没有充分的证据,因为一方面只是发现粗匀浆和上清液可以使对硫磷的 P—O 键裂解,内源性的 GSH 和 NADPH 等没有去掉;另一方面,对氧磷的P—O键可以被酯酶裂解,其根据是对氧磷是 AChE 的强抑制剂,说明对酯酶也有较高的亲和力,可以作为酯酶可利用的底物,特别是哺乳动物中,有时就叫对氧磷酶。Nolan 和 O'Brien(1970)发现了另一个水解酶系,他们用家蝇的酯酶系统和[3]H-乙基对氧磷,获得的是[3]H-乙醇和单乙基对氧磷,由于获得了[3]H-乙醇,说明不是谷胱甘肽 S-转移酶(产物应该是 GS-[3]H-乙基)和 MFO(底物应该是[3]H-醛)造成的。

向对硫磷和对氧磷分子进攻的另一个部位就是硝基的还原,在许多生物中发现了这种还原活性,在家蝇中也发现有这种作用,其反应需要 NADPH。

(3)二嗪农的代谢(图 5.17)。二嗪农和对硫磷的分子结构类似,只是芳基不同,其 P—O 键的裂解也可由代谢对硫磷的 3 种酶系来完成。对二嗪农的代谢有 2 点与对硫磷不同:第一,二嗪农的嘧啶环的侧链可以被氧化,而对硫磷的硝基可以被还原;第二,谷胱甘肽 S-转移酶参与了对二嗪农和氧化二嗪农的代谢(图 5.18),这是一个很重要的解毒机制,尤其对抗性昆虫来说。

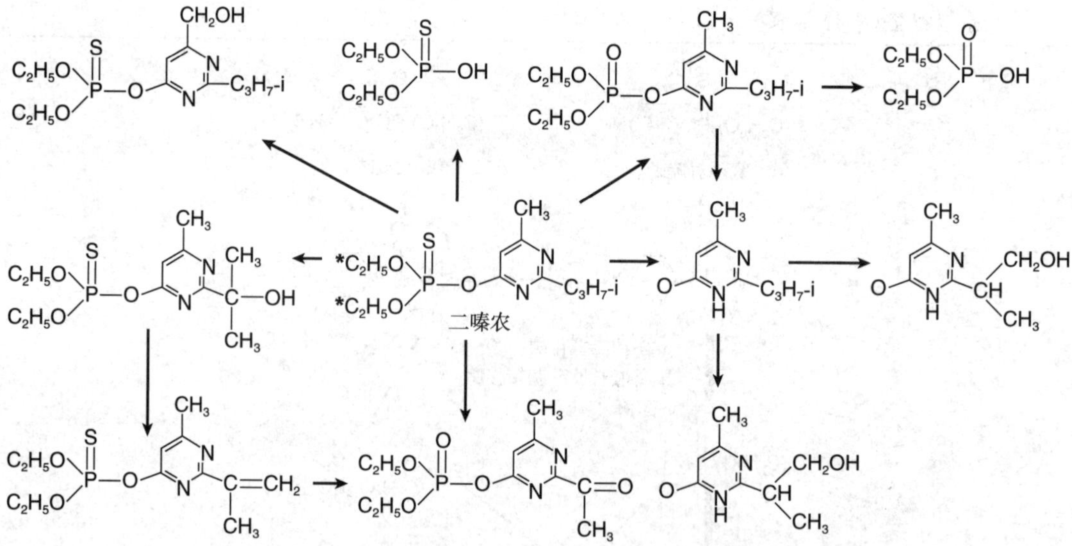

图 5.17 二嗪农在哺乳动物和昆虫体内的代谢途径(Yu,2015)

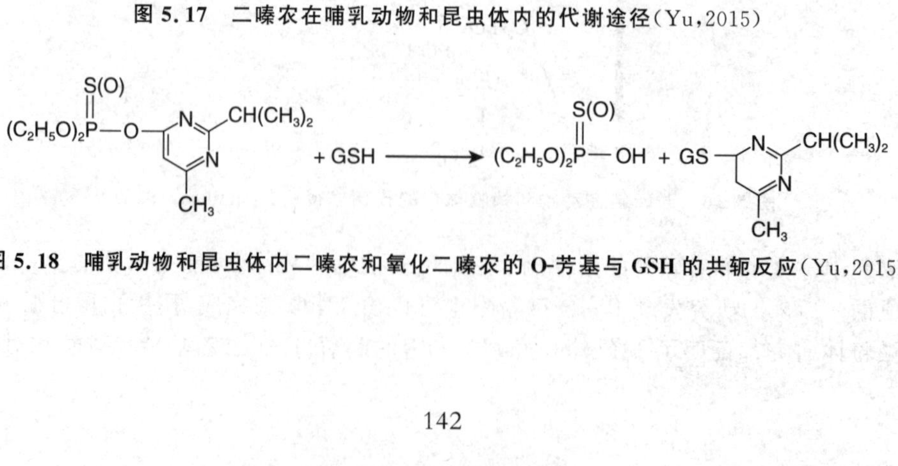

图 5.18 哺乳动物和昆虫体内二嗪农和氧化二嗪农的 O-芳基与 GSH 的共轭反应(Yu,2015)

3.氨基甲酸酯类的代谢

所有氨基酸类杀虫药剂至少有 3 个可被代谢酶攻击的位点:N-烷基(甲基)、酯键和乙醇基或苯基。图 5.19 是西维因的代谢途径。虽然Ⅰ相代谢和Ⅱ相代谢都参与了对西维因的降解,但研究表明其水解产物 1-萘酚在不同物种中都是主要的代谢产物。此外,还有硫酸盐、葡萄糖苷酸、葡糖苷、苯环和 N-甲基的羟基化产物和二醇等代谢产物。二醇可能是最开始 4,5-位的环氧化及环氧化物水解酶对其水解的产物。同样在 3,4-位也可能发生环氧化。水解产生的氨基甲酸最后被转化为 CO_2 和 H_2O。氨基甲酸并不稳定,因此这一步可能不需要酶催化。

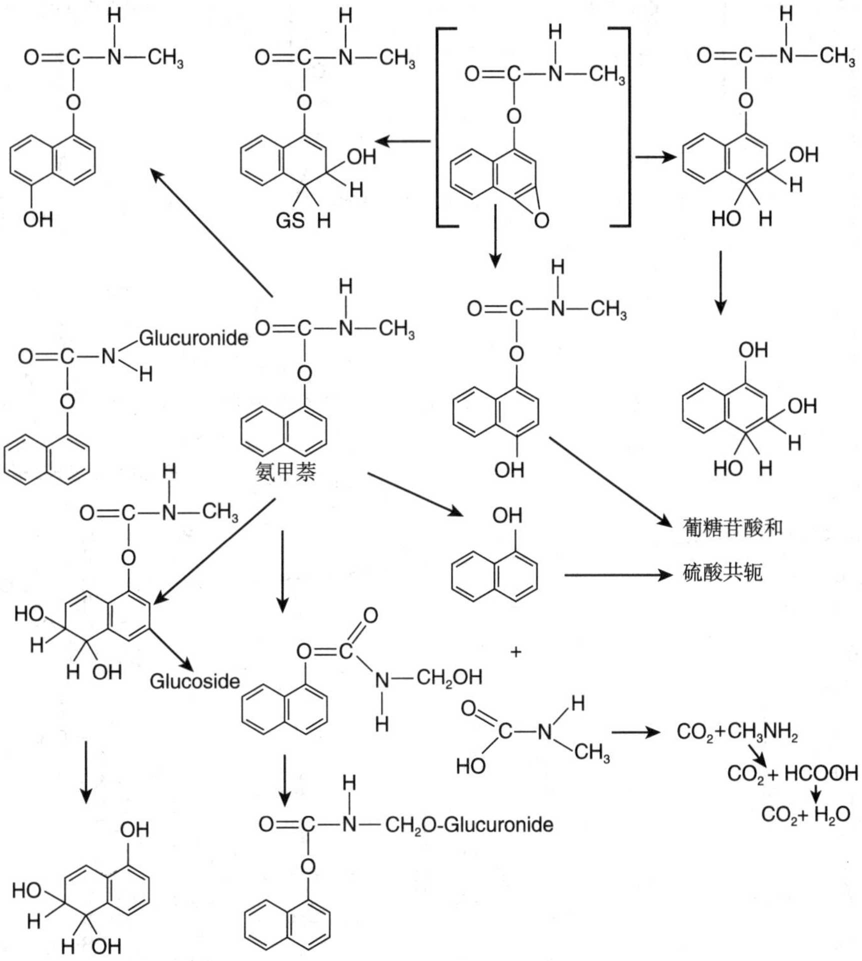

图 5.19　西维因在哺乳动物和昆虫体内的代谢途径(Menzie,1978)

涕灭威在动物和植物中往往首先被氧化为涕灭威亚砜(Ⅱ),再进一步氧化为涕灭威砜(Ⅲ)。涕灭威亚砜和涕灭威砜再经过水解和氧化被代谢为肟(Ⅴ)和腈(ⅩⅣ)。在哺乳动物中,涕灭威也可以被水解为涕灭威肟(Ⅶ),然后再被氧化为涕灭威肟亚砜(Ⅷ),最后发生共轭反应(图 5.20)。

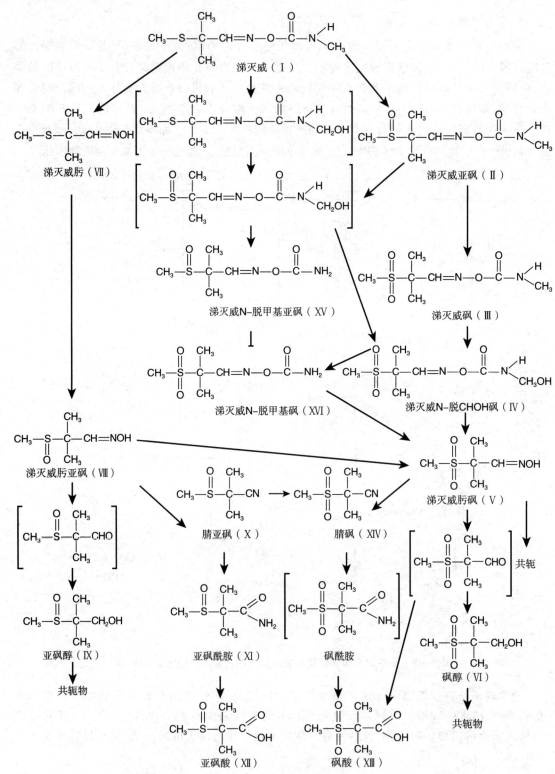

图 5.20　涕灭威在动物和植物体内的代谢途径(Menzie,1978)

144

表 5.3 是涕灭威在不同动物、植物和土壤微生物体内代谢产物的比较。显然,主要的几种代谢物,尤其是氧化代谢产物涕灭威亚砜和涕灭威砜在植物、昆虫和微生物中全都存在,说明涕灭威在不同生物中都是以氧化代谢为主。

表 5.3　涕灭威在不同动物、植物和土壤微生物中的代谢产物(Menzie,1974)

代谢物编号	代谢物								
	鸡	奶牛	大鼠	棉花	马铃薯	家蝇	棉铃象甲	土壤	烟芽夜蛾
Ⅱ	+	+	+	+	+	+	+	+	+
Ⅲ	+	+	+	+	+	+	+	+	+
Ⅳ	+								
Ⅴ	+	+	+	+	+		+		+
Ⅵ	+			+	+				
Ⅶ	+		+			+			
Ⅷ	+	+	+	+	+		+	+	+
Ⅸ	+			+	+				
Ⅹ	+	+	+	+				+	
Ⅺ				+					
Ⅻ				+	+				
ⅩⅢ				+	+				
ⅩⅣ	+	+	+		+			+	+
ⅩⅤ									+
ⅩⅥ									+

注:表中代谢物编号同图 5.20

4.拟除虫菊酯类杀虫药剂的代谢

对拟除虫菊酯类药剂的代谢以反式-氯菊酯和氯氰菊酯来说明。如图 5.21 所示,动物对氯菊酯的代谢主要涉及酯酶和 P450。对 P450 来说,有 3 个主要的敏感位点可以攻击:酸部分的甲基和苯环的 4′-位,对其 2′-位的水解处于次要位置。总的来说,反式-氯菊酯比顺式-氯菊酯更容易被水解。

氯氰菊酯在植物和动物体内的代谢途径:如图 5.22 所示,与反式-氯菊酯的代谢相似,酯酶和 P450 单加氧酶在氯氰菊酯的代谢中同样起着主要作用。氯氰菊酯的主要水解产物是 2 和 4,而 P450 氧化代谢的产物主要是 7、9 和 11。在植物中还可以被转化为酰胺 3。

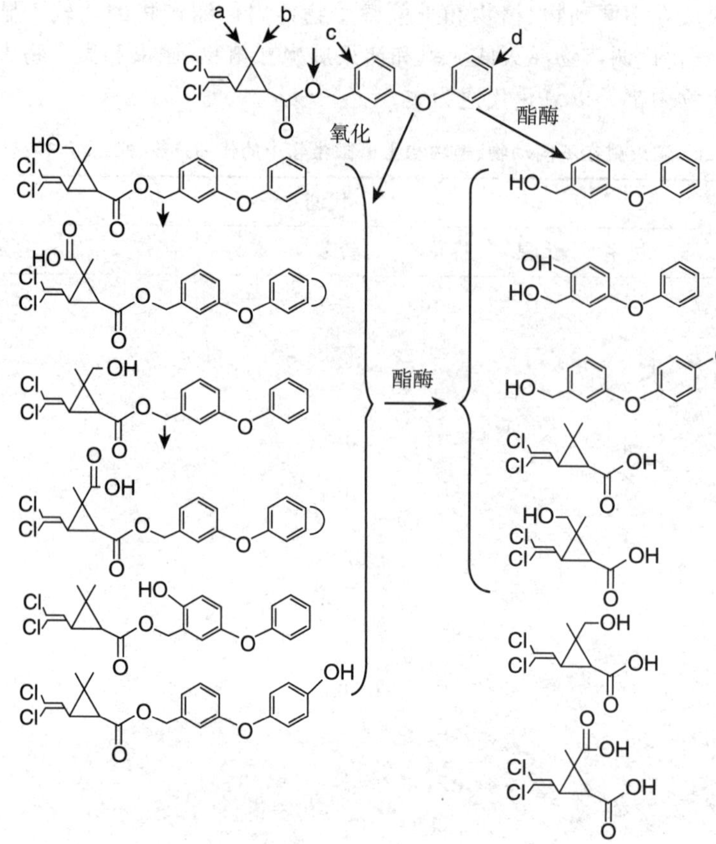

图 5.21　反式-氯菊酯在动物体内的代谢途径（Matsumura，1985）

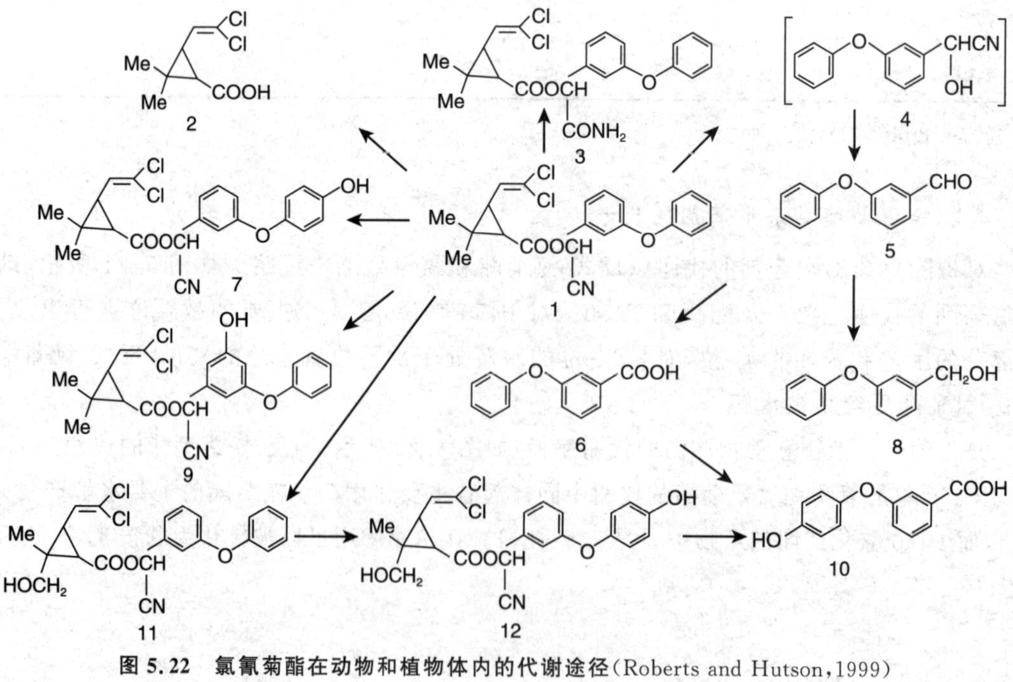

图 5.22　氯氰菊酯在动物和植物体内的代谢途径（Roberts and Hutson，1999）

5.苯甲酰脲类杀虫药剂的代谢

以除虫脲为例来介绍苯甲酰脲类杀虫药剂的代谢。其主要代谢途径是羰基任意一侧脲桥的断裂,此外,还有苯环的羟基化(图5.23)。目前还没有发现苯环上的脱卤素反应。

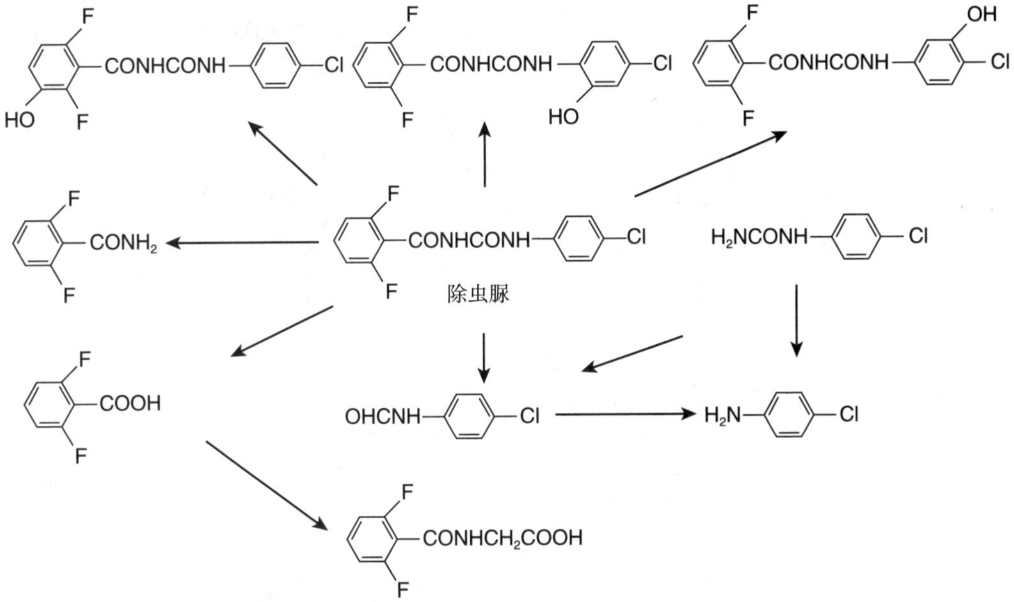

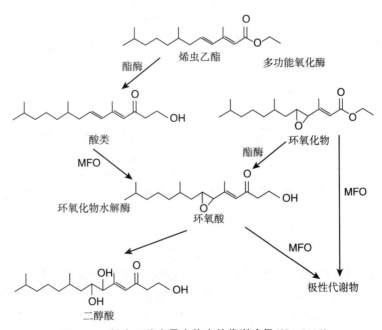

图 5.23　除虫脲在哺乳动物、昆虫和植物体内的代谢途径(Roberts and Hutson,1999)

6.保幼激素类似物的代谢

烯虫乙酯在昆虫体内的代谢涉及羧酸酯酶、P450 单加氧酶和环氧化物水解酶(图 5.24)。

图 5.24　烯虫乙酯在昆虫体内的代谢途径(Yu,2015)

吡丙醚的代谢途径:如图 5.25 所示,吡丙醚主要通过末端苯环 4-位的羟基化产生代谢物 2,苯环 2-位的羟基化产生代谢物 4,吡啶环 5-位的羟基化产生代谢物 5,醚键的断裂产生代谢物 6～10,酚的共轭反应产生硫酸盐或葡萄糖苷酸。

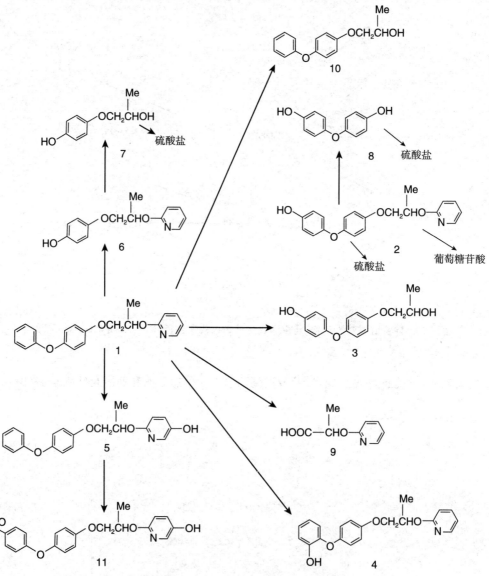

图 5.25　吡丙醚在哺乳动物和昆虫体内的代谢途径(Yu,2015)

7. 新烟碱类杀虫药剂的代谢

新烟碱类杀虫药剂的代谢以吡虫啉为例来说明。吡虫啉的代谢途径:如图 5.26 所示,吡虫啉可被还原成 1,然后代谢为三嗪衍生物 2,也可在咪唑环发生羟基化形成单羟基化衍生物 3 和 4。在有些动物体内吡虫啉还原也可产生亚硝基衍生物 5。吡虫啉也可被裂解为硝基亚氨基咪唑啉(nitroiminoimidazololidine)6。进一步的代谢还涉及烯烃的形成 7 和甘氨酸共轭 8(图 5.26)。

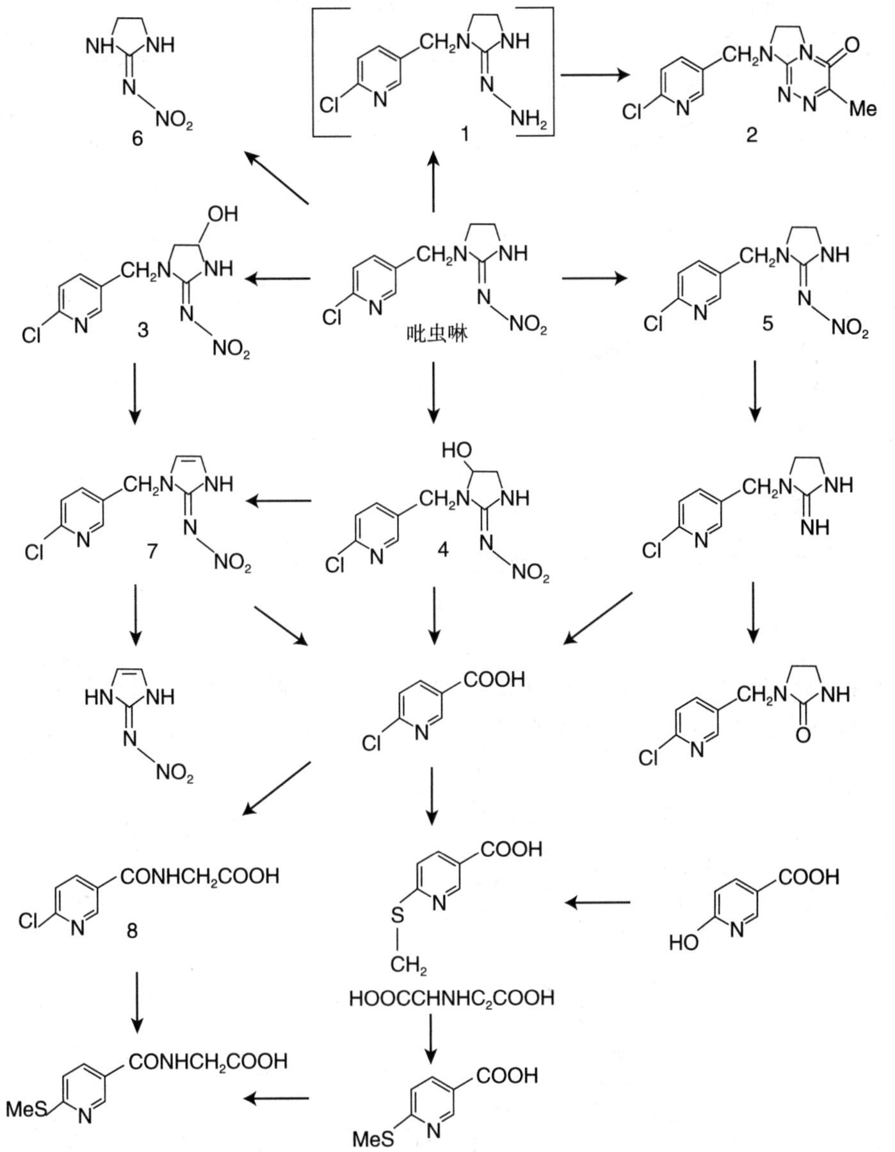

图 5.26　吡虫啉在大鼠体内的代谢途径（Robers and Hutson,1999）

8.甲脒类杀虫药剂的代谢

双甲脒的代谢途径:如图 5.27 所示,首先被水解为 2,4-二甲基苯甲酰胺 3,然后是 2,4-二甲基苯胺 4。也可以被代谢为 N-2,4-二甲苯基-N-甲基甲脒 2。代谢物 3 氧化产生 4-甲醛氨基-3-甲基苯乙酸 5。代谢物 4 可被氧化为互为异构体的氨基羧酸 6 和 7。可见水解和氧化代谢在双甲脒的代谢中起着重要作用。

图 5.27 双甲脒在哺乳动物和昆虫体内的代谢途径(Robers and Hutson,1999)

9.氟虫腈的代谢

氟虫腈在动植物体内的代谢途径:如图 5.28 所示,氟虫腈可通过水合作用生成酰胺 2,通过微粒体氧化生成砜 5,或还原为硫化物 6。在植物体内还可被转化为 3 和 4。

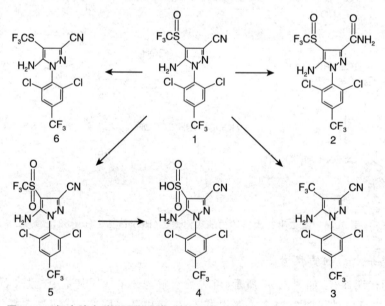

图 5.28 氟虫腈在动物和植物体内的代谢途径(Robers and Hutson,1999)

10.噻嗪酮的代谢

噻嗪酮在哺乳动物体内主要有 2 种代谢途径:如图 5.29 所示,噻二嗪酮(thiadiazinanone)环的断裂生成代谢物 2、3 和 8。硫的氧化和噻二嗪酮环的打开生成 4 和 5。芳基的羟化产生单羟基噻嗪酮 6 和二羟基噻嗪酮 9,再经葡萄糖醛酸和硫酸共轭被代谢。在植物中,代谢物 3 可进一步发生羟基化生成代谢物 8 或者 N-脱烷基生成苯基脲 7。

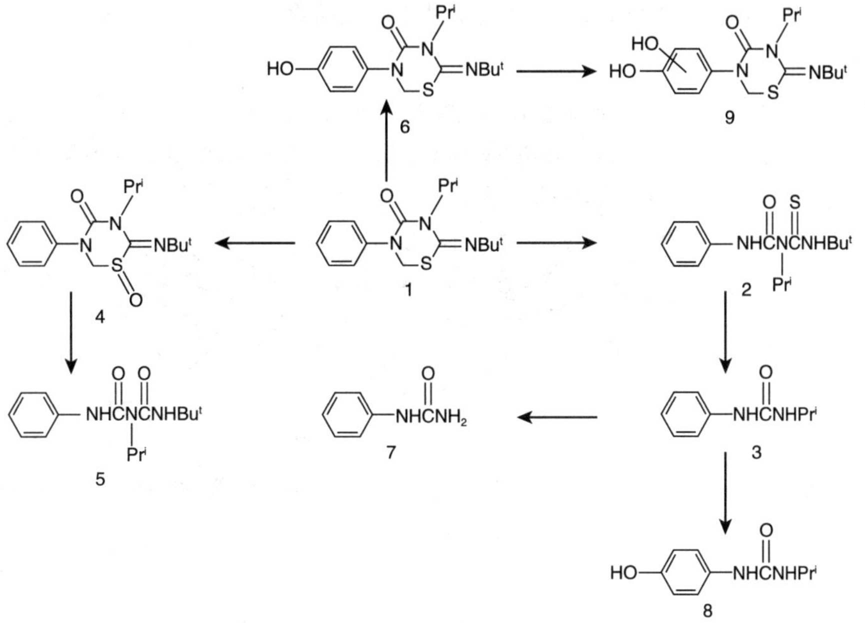

图 5.29　噻嗪酮在动物和植物体内的代谢途径（Robers and Hutson，1999）

11. 多杀霉素的代谢

在哺乳动物内，P450 单加氧酶在多杀菌素 A 的代谢中起着重要作用。如图 5.30 所示，

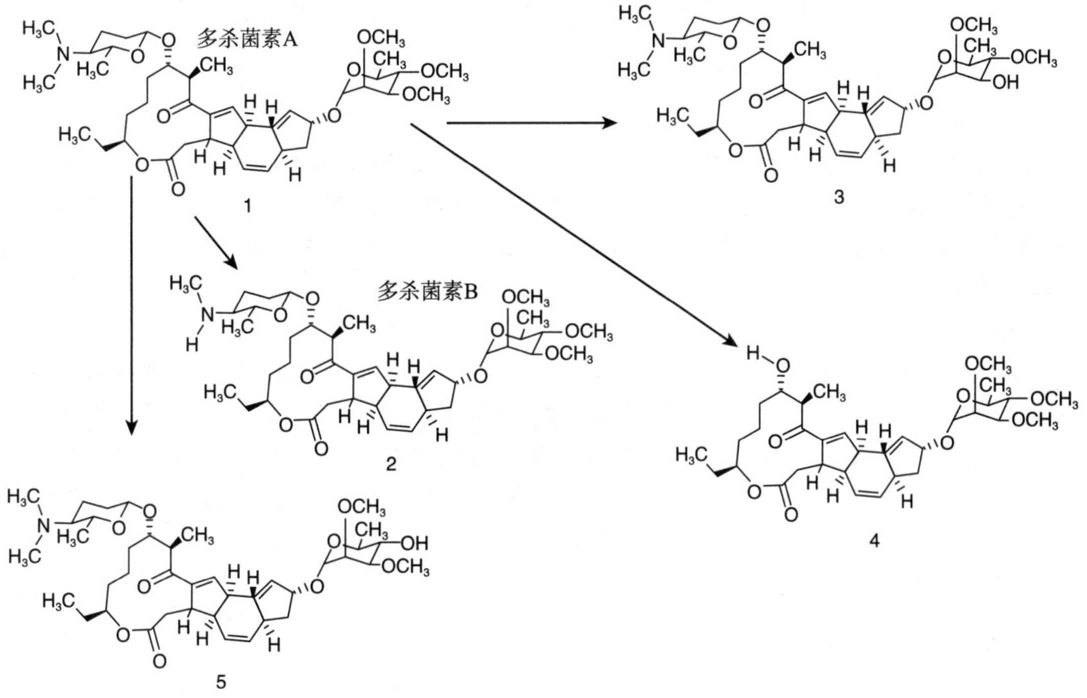

图 5.30　多杀霉素在哺乳动物和体内的代谢途径（Salgado and Sparks，2005）

多杀菌素 A 经 N-脱甲基可生成代谢物 2，O-脱甲基则生成代谢物 3。多杀菌素 A 也可以经水解生成代谢物 4。在植物中则是发生 O-脱甲基生成代谢物 5。

12. 虫酰肼的代谢

虫酰肼在植物和动物中的代谢途径：如图 5.31 所示，虫酰肼的 2 个苯环上烷基的氧化可生成酮 2 和 2 个乙醇 3 和 4。Hawkins 和 Dong（2000）研究表明虫酰肼在所有这些生物中代谢的第一步都涉及 2 个苯环上烷基的氧化。

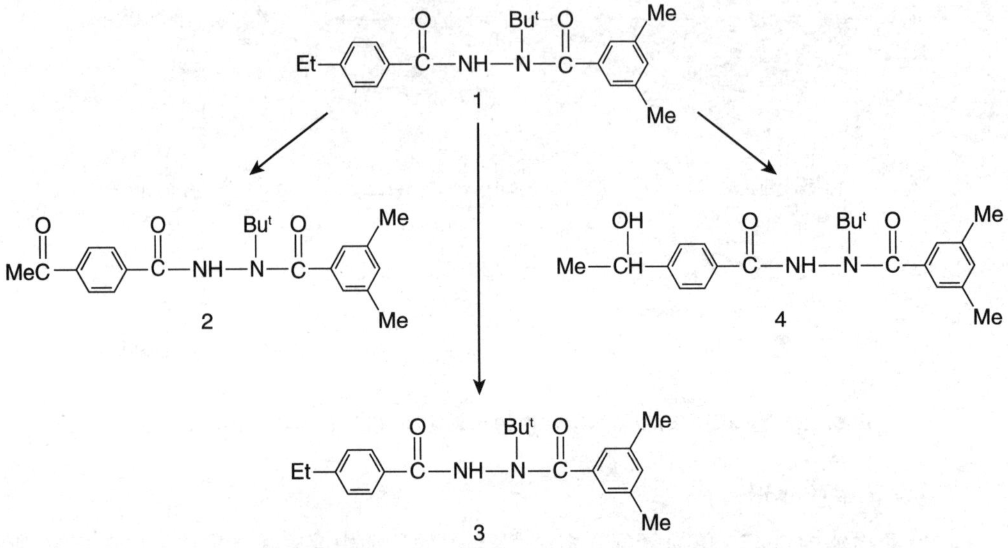

图 5.31　虫酰肼在植物和动物体内的代谢途径（Robers and Hutson，1999）

13. 双酰胺类杀虫药剂的代谢

氟苯虫酰胺在动物体内的主要代谢途径：如图 5.32 所示，其代谢主要经过甲基的多步氧化和随后的葡萄糖苷酸化。氟苯虫酰胺可被氧化为苯基乙醇 2、苯甲醛 3，再被氧化为苯甲酸 4。氟苯虫酰胺也可以被代谢为碘化邻苯二甲酰亚胺 5，再脱卤素生成邻苯二甲酰亚胺 6。此外，氟苯虫酰胺还可被转化为碘化烷基邻苯二甲酰亚胺 7、苯胺 8 或谷胱甘肽轭合物。代谢物 2 也可以被氧化为羟基苯乙醇 10，然后再与葡萄糖醛酸发生共轭反应。在植物中，氟苯虫酰胺主要被代谢为 2、4 和 5。

氯虫苯甲酰胺在奶山羊体内的可能代谢途径：如图 5.33 所示，氯虫苯甲酰胺的代谢以细胞色素 P450 单加氧酶介导的氧化代谢为主，主要是 N-甲基和苯甲基碳的羟基化分别生成代谢物 1 和 2。代谢物 1 再进一步被羟基化生成代谢物 3。代谢物 11 可以被酰胺酶水解生成 14 和 15。其他涉及的反应还有脱氢及随后的环化 12、氧化脱氨基 16。代谢物 2、10 和 13 也可以通过—OH 与葡萄糖醛酸共轭形成葡萄糖苷酸共轭物，但这些不是主要代谢产物。

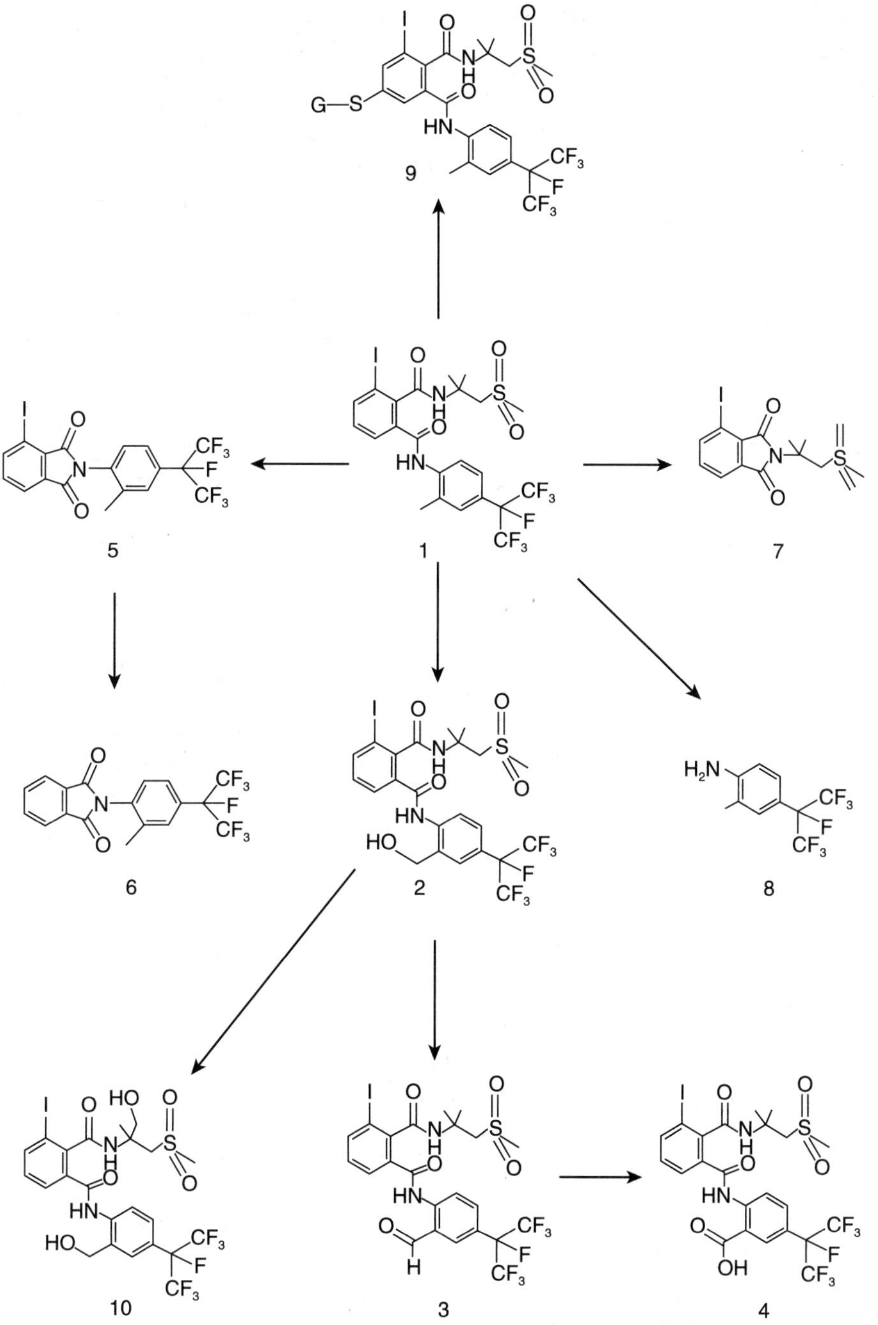

图 5.32　氟苯虫酰胺在动物体内的代谢途径(Justus et al.,2007)

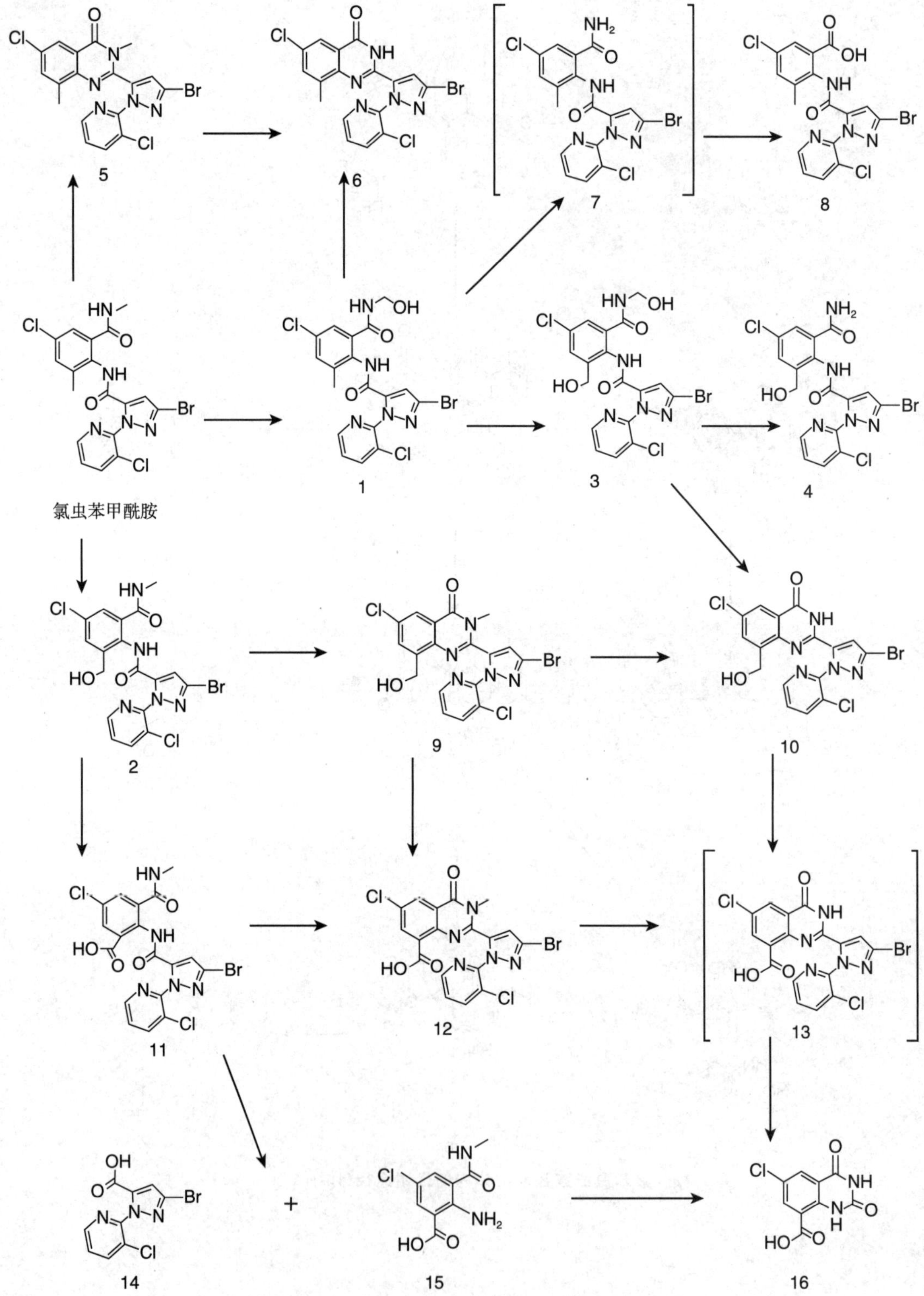

图 5.33　氯虫苯甲酰胺在奶山羊体内的代谢途径(Gaddamidi et al. ,2011)

14. 螺甲螨酯的代谢

螺甲螨酯在动物和植物体内主要通过水解生成烯醇,烯醇再进一步被羟基化生成 4-羟甲基、2-羟甲基和戊醇衍生物。可见水解和氧化在其代谢中起主要作用。在植物中,4-羟甲基衍生物可进一步与葡萄糖共轭形成 4-羟甲基-葡萄糖苷(图 5.34)。在动物中,烯醇则与葡萄糖醛酸共轭生成烯醇-葡萄糖醛酸苷。土壤微生物在螺甲螨酯的无氧代谢中发挥着重要作用。

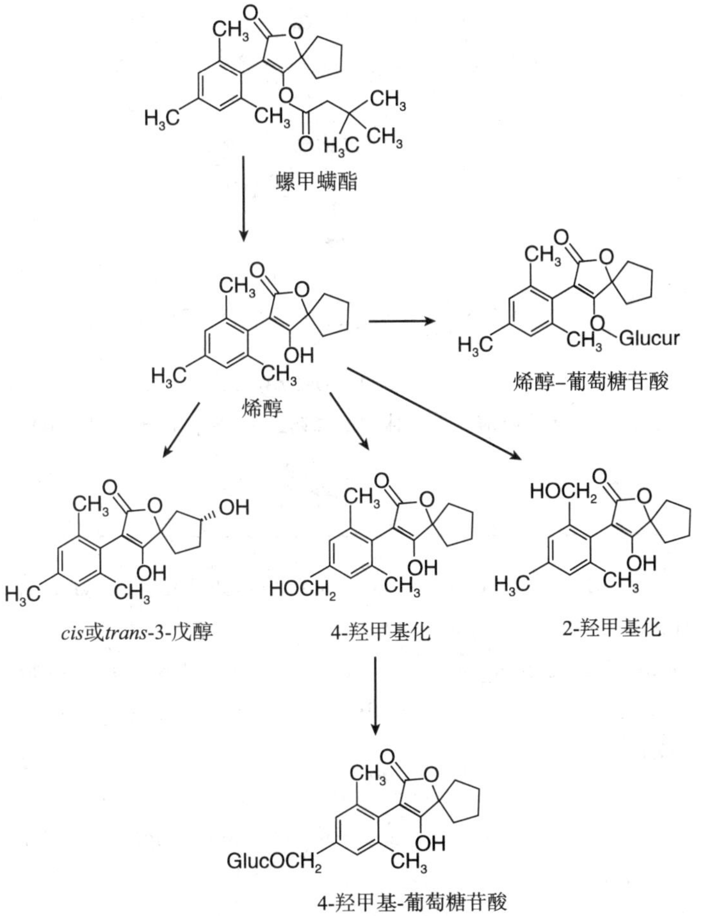

图 5.34　螺甲螨酯在动物和植物体内的代谢途径(Weber,2005)

15. 三氟甲吡醚的代谢

三氟甲吡醚在大鼠体内的代谢途径:如图 5.35 所示,三氟甲吡醚的吡啶环 3-位的羟基化可生成 S-1812-Py-OH(M2),然后 M2 的烷基醚再进一步发生 O-脱烷基生成 DCHM(M1)。三氟甲吡醚也直接发生烯丙基醚的 O-脱烷基反应生成 S-1812-DP(M3)和烷基醚的 O-脱烷基反应生成 DCHM(M1)。可见三氟甲吡醚在大鼠体内的代谢中,P450 单加氧酶起着重要作用。

155

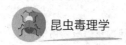

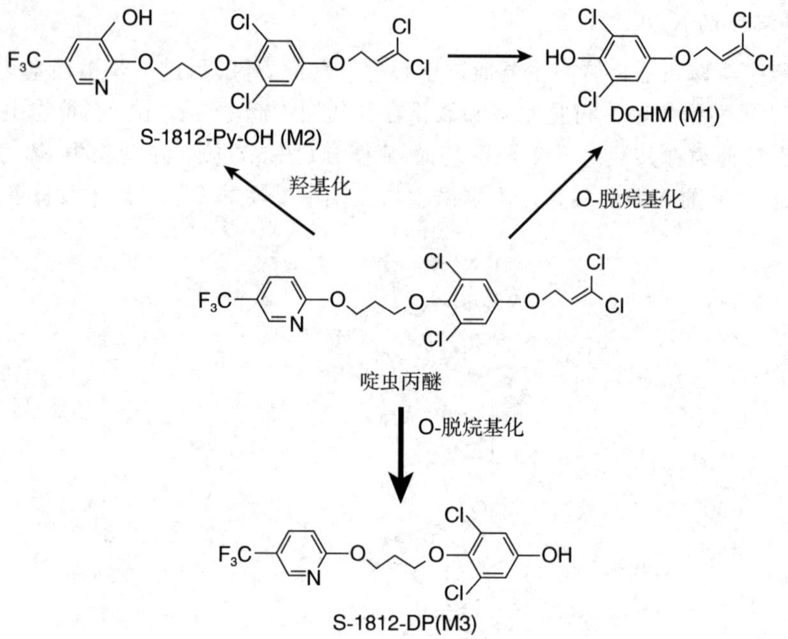
OH
Cl
Cl
F_3C
O
O
O
Cl
N
Cl
S-1812-Py-OH (M2)
Cl
Cl
HO
O
Cl
Cl
DCHM (M1)
羟基化
O-脱烷基化
Cl
Cl
F_3C
O
O
O
Cl
N
Cl
啶虫丙醚
O-脱烷基化
Cl
F_3C
O
O
OH
N
Cl
S-1812-DP(M3)

图 5.35 三氟甲吡醚在大鼠体内的代谢途径(Nagahori et al. ,2009)

◈ 参考文献

1. Agosin M, Michaeli D, Miskus R, et al. A new DDT metabolizing enzyme in the German cockroach. J Econ Entomol, 1961, 54(2): 340-342.
2. Atsumi S, Miyamoto K, Yamamoto K, et al. Single amino acid mutation in an ATP-binding cassette transporter gene causes resistance to Bt toxin Cry1Ab in the silkworm, *Bombyx mori*. PNAS, 2012, 109: E1591.
3. Axelrod J. Studies on sympathomimetic amines II. The biotransformation and physiological disposition of d-amphetamine, d-p-hydroxyamphetamine and d-methamphetamine. J Pharmacol Exp Ther, 1954, 110(3): 315-326.
4. Boyland E, Chasseaud L F. The role of glutathione and glutathione S-transferases in mercapturic acid biosynthesis. Adv Enzymol Relat Areas Mol Biol, 1969, 32: 173-219.
5. Brown R P, McDonnell C M, Berenbaum M R, et al. Regulation of an insect cytochrome P450 monooxygenase gene (*CYP6B1*) by aryl hydrocarbon and xanthotoxin response cascades. Gene, 2005, 358: 39-52.
6. Buss D S, Callaghan A. Interaction of pesticides with p-glycoprotein and other ABC proteins: A survey of the possible importance to insecticide, herbicide and fungicide resistance. Pestic Biochem Physiol, 2008, 90 (3): 141-153.
7. Chen X, Zhang Y L, Identification and characterisation of multiple glutathione S-transferase genes from the diamondback moth, *Plutella xylostella*. Pest Manag. Sci, 2015, 71(4), 592-600.
8. Denison M S, Nagy S R. Activation of the aryl hydrocarbon receptor by structurally diverse exoge-

nous and endogenous chemicals. Annu Rev Pharmacol Toxicol,2003,43:309-34.

9. Dong J,Yang G,McHaourab H S. Structural basis of energy transduction in the transport cycle of MsbA. Science,2005,308 (5724): 1023-1028.

10. Gaddamidi V,Scott M T,Swain R S,et al. Metabolism of [^{14}C]chlorotraniliprole in the lactating goat. J Agric. Food Chem,2011,59:1316-1323.

11. Gilbert M D,Wilkinson C F. An inhibitor of microsomal oxidation from gut tissues of the honey bee (*Apis mellifera*). Comp Biochem Physiol B,1975,50(4):613-619.

12. Hawkins D R,Dong L. Metabolism and environmental fate of tebufenozide. Abstracts of papers, American Chemical Society,2000,219(1-2): AGRO 44.

13. Heckel D G. Learning the ABCs of Bt: ABC transporters and insect resitance to *Bacillus thuringiensis* provide clues to a crucial step in toxin mode of action. Pestic Biochem. Physiol, 2012,104:103-110.

14. Hodgson E,Casida J E. Biological oxidation of N,N-dialkyl carbamates. Biochim Biophys Acta. 1960,42:184-186.

15. Hodgson E,Casida JE. Metabolism of N,N-dialkyl carbamates and related compounds by rat liver. Biochem Pharmacol,1961,8:179-191.

16. Ingelman-Sundberg M. Phospholipids and detergents as effectors in the liver microsomal hydroxylase system. Biochim Biophys Acta,1977,488(2):225-234.

17. Jarczyk H J. The influence of esterases in insects on the degradation of organophosphates of the E-605 series. Pflanzenschutz-Nachr. Bayer,19: 1-34.

18. Justus K,Motoba K,Reiner H. Metabolism of flubendiamide in animals and plants,Pflanzenschutz-Nachrichten Bayer, 2007,60: 141-166.

19. Krieger R I,Feeny P P,Wilkinson C F. Detoxication enzymes in the guts of caterpillars: An evolutionary answer to plant defenses. Science,1971,172:579-581.

20. Liu X N,Liang P,Gao X W,et al. Induction of the cytochrome P450 activity by plant allelochemicals in the cotton bollworm, *Helicoverpa armigera* (Hübner), *Pesticide Biochemistry and Physiology*. 2006,84:127-134.

21. Matsumura F. Toxicology of Insecticides. 2 nd Eds. New York and London: Plenum Press,1985.

22. Menzie C M. Metabolism of pesticides,U. S. Department of the Interior Fish and Wildlife Service,Special Scientific Report—Wildlife No. 127,Washington,DC. 1969.

23. Menzie C M. Metabolism of pesticides,U. S. Department of the Interior Fish and Wildlife Service,Special Scientific Report—Wildlife No. 212,Washington,DC. 1978.

24. Menzie C M. Metabolism of pesticides: An update,U. S. Department of the Interior Fish and Wildlife Service,Special Scientific Report—Wildlife No. 184,Washington,DC. 1974.

25. Nagahori H,Saito K,Tomigahara Y,et al. Metabolism of pyridalyl in rats. Drug Metab. Dispos, 2009,37:2284-2289.

26. Nelson D R,Strubel H W. Evolution of cytochrome P450 proteins. Mol Biol Evol,1987,4: 572-593.

27. Nelson D R,Kamataki T,Waxman D J,et al. The P450 superfamily: update on new sequences,

gene mapping, accession numbers, early trivial names of enzymes, and nomenclature. DNA Cell Biol, 1993, 12(1): 1-51.

28. Nelson D R, Koymans L, Kamataki T, et al. P450 Superfamily: Update on new sequences, gene mapping, accession numbers and nomenclature. *Pharmacogenetics*, 1996, 6: 1-41.

29. Nelson D R. Cytochrome P450 diversity in the tree of life. Biochim Biophys Acta, 2018. 1866(1): 141-154.

30. Nolan J and O'Brien R D. Biochemistry of resistance to paraoxon in strains of houseflies. J Agri Food Chem, 1970, 18 (5): 256-258.

31. Omura T, Sato R. A new cytochrome in liver microsomes. J. Biol. Chem, 1962, 237: 1375-1376.

32. Omura T, Sato R. The carbon monoxide-binding pigment of liver mirosomes: I. Evidence for its hemoprotein nature. J Bio Chem, 1964, 239: 2370-2378.

33. Pauchet Y, Bretschneider A, Augustin S, et al. A p-glycoprotein is linked to resistance to the *Bacillus thuringiensis* Cry3Aa toxin in a leaf beetle. Toxins, 2016, 8(12): 362.

34. Pichersky E, Lewinsohn E. Convergent evolution in plant specialized metabolism. Annu. Rev. Plant Biol, 2011, 62: 549-566.

35. Poupardin R, Reynaud S, Strode C, et al. Cross-induction of detoxification genes by environmental xenobiotics and insecticides in the mosquito *Aedes aegypti*: impact on larval tolerance to chemical insecticides. Insect Biochem Mol Biol, 2008, 38(5): 540-551.

36. Qin G, Jia M, Liu T, et al. Identification and characterisation of ten glutathione S-transferase genes from oriental migratory locust, *Locusta migratoria manilensis* (Meyen). Pest Manag Sci, 2011, 67(6): 697-704.

37. Roberts T R, Hutson D H. Metabolic pathways of Agrochemicals, Part 2: Insecticides and Fungicides, The Royal Society of Chemistry, 1999.

38. Salgado V L, Sparks T C. The spinosyns: Chemistry, biochemistry, mode of action and resistance, in Comprehensive Molecular Insect Science. Gilbert LL, Iatrou K and Gill SS, Eds. , Vol. 6, Elsevier, London, U. K. , 2005.

39. Snyder M J, Walding J K, Feyereisen R, Glutathione S-transferases from larval *Manduca sexta* midgut: sequence of two cDNAs and enzyme induction. Insect Biochem. Physiol. , 1995, 25 (4): 455-465.

40. Sun Y P and Johnson E R. Analysis of joint action of insecticides against house flies. J Econ Entomo, 1960, 53 (5): 887-892.

41. Tang A H, Tu C P D. Pentobarbital-induced changes in *Drosophila* glutathione S-transferases *D*21 mRNA stability. J Biol Chem, 1995, 270 (23): 13819-13825.

42. Tay W T, Mahon R J, Heckel D G, et al. Insect resistance to *Bacillus thuringiensis* toxin Cry2Ab is conferred by mutations in an ABC transporter subfamily A protein. PLoS Genet, 2015, 11(11): e1005534.

43. Toung Y P, Hsieh T S, Tu C P. *Drosophila* glutathione S-transferase 1-1 shares a region of sequence homology with the maize glutathione S-transferase Ⅲ. Proc Natl Acad Sci USA, 1990, 87 (1): 31-35.

44. Ward A, Reyes C L, Yu J, et al. Flexibility in the ABC transporter MsbA：Alternating access with a twist. Proc Natl Acad Sci USA,2007,104（48）：19005-19010.

45. Weber E. Behaviour of spiromesifen (Oberon®) in plants and animals. Pflanzenschutz-Nachrichten Bayer,2005,58：391-416.

46. Werck-Reichhart D,Feyereisen R. Cytochromes P450：a success story. Genome Biol,2000,1(6)：reviews 3003. 1-3003. 9.

47. Yu S J. Induction of new glutathione S-transferase isozymes by allelochemicals in the fall armyworm. Pestic Biochem Physiol,1999,63：163-171.

48. Yu S J,Nguyen S N. Purification and Characterization of Carboxylamidase from the Fall Armyworm, *Spodoptera frugiperda* (J. E. Smith). Pestic Biochem Physiol,1998,60 (1)：49-58.

49. Yu S J,Valles S M. Carboxylamidase activity in the fall armyworm (Lepidoptera：Noctuidae) and other Lepidoptera,Orthoptera,and Dictyoptera. J Econ Entomol,1997,90 (6)：1521-1527.

50. Yu S J. The Toxicology and Biochemistry of Insecticide. 2nd Edition. Boca Raton,FL：CRC Press,2015.

51. 高希武.害虫对植物次生性物质适应的生物化学和分子机制——以棉铃虫的解毒代谢适应为例. 北京：中国农业大学出版社,2012.

52. 汤方,梁沛,高希武.2-十三烷酮和槲皮素诱导棉铃虫谷胱甘肽 S-转移酶组织特异性表达. 自然科学进展, 2005,(7):33-38.

53. 唐振华.昆虫抗药性及其治理.北京：中国农业出版社,1993.

54. 于彩虹,高希武.棉铃虫细胞色素 P450 CO 差光谱的测定.昆虫学报,2005,48(2):301-304.

55. 张常忠,高希武,郑炳宗.棉铃虫谷胱甘肽 S-转移酶的活性分布和发育期变化及植物次生物质的诱导作用.农药学报,2001,3 (1)：30-35.

第6章 昆虫对杀虫药剂的抗性

6.1 昆虫抗药性的定义

　　抗药性实际上是在杀虫药剂的长期选择压力下,昆虫发生遗传上的改变而适应杀虫药剂这种不利环境条件的一种微进化,从而使其防治更加困难甚至导致防治失败。有关昆虫抗药性(insecticides resistance)的定义最早是由世界卫生组织(WHO)于1957年提出的,即昆虫的某个种群发展起来的能够耐受杀死同种其他正常种群的药量的能力。限于当时的研究水平,该定义主要是从种群水平描述了昆虫抗药性的特点。Crow(1960)认为抗药性是通过遗传上的改变对药剂选择压力的响应,并且认为这种遗传上的改变导致的抗药性既包括导致防治失败的高水平抗性,也包括初始的对防治尚无明显影响的低水平抗性,因此,可能通过预测在抗性发展起来之前就应用一系列的措施进行治理。1987年,Sawicki在Crow的定义中加入了自己对遗传选择的理解,认为抗药性是通过遗传上的改变对药剂选择压力的响应,并可能削弱田间防治效果。这主要是考虑了抗药性对田间实际防治效果的影响,据当时研究发现,很多通过室内人为筛选获得的抗性并不能反映田间的实际情况。

　　此后,杀虫剂抗药性行动委员会(Insecticide Resistance Action Committee,IRAC)给出了抗药性的定义:由于昆虫种群在遗传上的改变,当使用推荐剂量的杀虫药剂时,不能达到预期效果而导致防治屡次失败的现象。也就是说,真正的抗药性只有在基因发生可遗传的改变后才会出现;而抗药性的出现,会导致防治的多次失败。药剂的贮存、稀释或使用不当,或异常天气状况等偶然因素导致的防治失败不是抗药性。因此,杀虫药剂的使用导致害虫对其产生抗性实质上是一种进化现象。虽然IRAC一直强调这种遗传上的改变只有导致田间防治失败时才能称为抗药性,但实际上对种群中抗性个体或抗性基因频率的早期检测,结合一系列预防性抗性治理措施的实施,最后并不一定会导致防治失败。

　　害虫对杀虫药剂的抗性与耐药性(tolerance to insecticides)不同。耐药性也叫天然抗性(natural resistance to insecticides),是指有的昆虫与生俱来的能够耐受某些杀虫药剂的能力,即对某些药具有一种天然的低敏感性,在当代即可由于生理适应如解毒酶的诱导而发生。但当昆虫不再暴露于杀虫药剂时,耐药性随即丧失。

6.2 昆虫抗药性的历史与现状

　　杀虫药剂抗性是一个很严重的问题,有关抗药性害虫的种类及抗药性事件报道的数量一直在持续上升。1908 年在美国华盛顿州首次发现了梨圆盾蚧 *Quadraspidiotus perniciosus* 对石硫合剂产生了抗性（Melander，1914）。1916 年，在加利福尼亚州观察到红圆蹄盾蚧 *Aonidiella aurantii* 和榄珠腊蚧 *Saissetia oleae* 对熏蒸剂氰化氢产生了抗性。到 2008 年，共有 553 种节肢动物，包括昆虫和螨虫，对 1 种或多种杀虫杀螨剂产生了抗性（Whalon et al.，2008）。到 2014 年，共有 586 种节肢动物对 325 种有效成分的杀虫药剂产生了抗性（图 6.1）。仅仅由于小菜蛾的抗药性，全球每年的损失就达 40 亿～50 亿美元。事实上，害虫抗药性已经成为农业生产、人类和动物健康以及工业害虫防治面临的重大挑战之一。

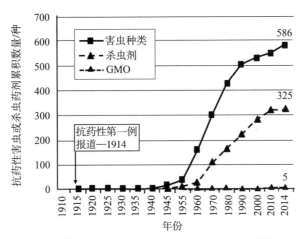

图 6.1　抗药性害虫及产生抗性的杀虫药剂的累积数量

根据 Whalon 等（2008）的统计，在所有 553 种抗药性节肢动物中，主要以农业昆虫和卫生昆虫为主，其中 55.3% 为农业昆虫，36.5% 为卫生昆虫，只有一小部分（8.1%）为益虫，包括捕食性和寄生性天敌及传粉者（表 6.1）。

表 6.1　抗药性节肢动物种类数分布（Whalon，2008）

类别	种类数					
	合计	农业昆虫	卫生昆虫	拟寄生物	其他	传粉昆虫
螨类	76	41	23	12		
蜘蛛	1		1			
鞘翅目	74	68	1	3	2	
桡脚类	1		1			
革翅目	4		3		1	
双翅目	187	26	149	2	10	
蜉蝣目	2				2	
半翅目	22	17	5			
同翅目	58	57	1			
膜翅目	16	3	1	11		1
鳞翅目	85	85				

续表 6.1

类别	种类数					
	合计	农业昆虫	卫生昆虫	拟寄生物	其他	传粉昆虫
脉翅目	1			1		
虱目	9	1	8			
蚤目	9		9			
缨翅目	8	8				
合计	553	306	202	29	15	1
/%	100	55.3	36.5	5.2	2.7	<1

Mota-Sanchez 等（2002）统计表明,大多数报道的抗性是节肢动物对有机磷（44%）和有机氯（32%）杀虫药剂的抗性,可能是因为这 2 类杀虫药剂被用于害虫防治已经长达半个多世纪,所以产生抗性的害虫种类也多。

此外,随着生物杀虫剂苏云金芽孢杆菌 *Bacillus thuringiensis*（Bt）和 Bt 毒素的长期使用及转 Bt 杀虫蛋白基因作物的广泛种植,已经有 17 种昆虫的实验室和（或）田间种群对其产生了不同水平的抗性（表 6.2）。

表 6.2　对 Bt 产生抗性的昆虫（Yu,2015）

昆虫	Bt
烟芽夜蛾 *Heliothis virescens*	多种 Bt 毒素
美洲棉铃虫 *Helicoverpa zea*	Cry1Ac/Cry2Ab
马铃薯甲虫 *Leptinotarsa decemlineata*	*Bt. var. tenebrionis*
欧洲玉米螟 *Ostrinia nubilalis*	*Bt. var. kurstaki*
粉斑螟蛾 *Cadra cautella*	*Bt. var. kurstaki*
印度谷螟 *Plodia interpunctella*	*Bt. var. kurstaki*；*Bt. var. aizawai*
山杨叶甲 *Chrysomela scripta*	*Bt. var. tenebrionis*
小菜蛾 *Plutella xylostella*	*Bt. var. kurstaki*；*Bt. var. aizawai*
埃及伊蚊 *Aedes aegypti*	*Bt. var. tenebrionis*
粉纹夜蛾 *Trichoplusia ni*	Cry1Ab
小蔗螟 *Diatraea saccharalis*	Cry1Ab
甜菜夜蛾 *Spodopteraexigua*	Cry1Ac；*Bt. var. kurstaki*
棉铃虫 *Helicoverpa armigera*	Cry1Ac
棉红铃虫 *Pectinophora gossypiella*	Cry1Ac
海灰翅夜蛾 *Spodoptera littoralis*	Cry1C；*Bt. var. aizawai*
草地夜蛾 *Spodoptera frugiperda*	Cry1F
亚澳白裙夜蛾 *Busseola fusca*	Cry1Ab

6.3　抗药性形成的机制

关于昆虫抗药性形成的机制目前有 3 种学说,即选择学说、突变学说和基因复增学说。

6.3.1　选择学说

选择学说认为:①在杀虫药剂施用之前,昆虫种群中就已经含有带有抗性基因的个体;②由于杀虫药剂的使用,杀死了敏感个体,带有抗性基因的个体得以存活;③随着用药次数的增加,抗性个体在种群中的比例逐渐增加,也就是说杀虫药剂的筛选使抗性基因在种群中得到积累和加强,当该种群中抗性个体达到一定比例时即成为抗性种群。图 6.2 显示了这种选择的过程。开始,在第一次施用这种药剂之前,整个种群中只有极少数的抗性个体;随着杀虫药剂的不断施用,每次施药后均是敏感个体被杀死,而抗性个体存活下来,最后形成一个抗性品系。

第一次施药前　　　　第一次施药后　……　第n次施药前　　　第n次施药后

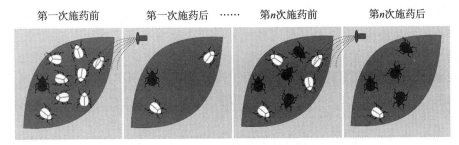

图 6.2　抗药性形成的选择学说示意图

注:黑色代表具有抗性基因的个体,白色代表敏感个体。

昆虫对杀虫药剂的抗性实际上是一种预适应现象(preadaptive phenomenon),或者说昆虫对杀虫药剂的抗性是先发性的,即在任何杀虫药剂使用之前,昆虫种群中就已经存在控制抗性的基因。这些抗性基因来自昆虫历史上某个较早时期的突变,或者是在其早期环境中被其他有害物质选择的抗性基因,只是以极低的频率保留在杂合的表型中,直到当前被再次选择。

原始自然种群中存在极低频率(一般为 0.000 1～0.01)的抗性等位基因这一事实很好地支持了预适应理论。例如,二斑叶螨中对砜吸磷(oxydemeton)抗性等位基因的起始频率为 0.000 4(McKenzie,1996);预估的烟芽夜蛾对 Cry1Ac 抗性等位基因的频率为 0.001 5 (Gould et al.,1997);甘蔗螟 *Diatraea saccharalis* 中抗 Cry1Ab 的等位基因频率约为0.002 3 (Huang et al,2007);棉铃虫和澳大利亚棉铃虫中 Cry2Ab 抗性等位基因的频率分别是 0.003 3 (Mahon et al.,2007) 和 0.001 8(Downes et al.,2009)。但有一些野生种群中抗性基因的百分比可能会非常高。例如,在处理之前,尼日利亚的冈比亚按蚊种群中的狄氏剂抗性等位基因的频率就已经高达 0.59 (Service and Davison,1964)。

6.3.2　突变学说

突变学说认为昆虫抗药性是由杀虫药剂的施用引起昆虫基因突变的。即在野生的敏感

种群中并不存在对所施用杀虫药剂的抗性基因,在施用该杀虫药剂后,由于其对昆虫的选择压力,诱导昆虫发生基因突变,从而产生了抗药性。

虽然已经证明,昆虫对很多杀虫药剂的抗性是基因突变导致的,但很难证明这些突变是在杀虫药剂施用前就已经产生的(即预适应),还是施用药剂后诱导产生的。要在某种杀虫药剂施用前,就对昆虫种群中的抗性基因突变频率进行检测具有很大难度:一般在药剂筛选前,自然种群中的抗性基因频率估计在 $10^{-6} \sim 10^{-5}$ 之间,如此低的基因频率,如果检测的样本量不是足够大则很难检测到;另外,在抗性机制不清楚的情况下,也不可能对抗性相关的基因突变频率进行检测。

6.3.3　基因复增(扩增)学说

虽然和选择学说一样,基因复增学说承认原始种群中有抗性基因存在,但进一步认为杀虫药剂或其他一些因子的选择作用可以引起这些抗性基因的复增,即抗性基因在 DNA 水平发生多重复制,其拷贝数显著增加。复增的基因可以有 3 种情况:①转移到不同的染色体;②发生突变;③进一步复增。这 3 种情况可以同时发生,或发生其中任何 2 种。例如,在对有机磷和氨基甲酸酯类药剂产生抗性的桃蚜种群中,其 E4 酯酶基因复制可达 80 倍以上,并且其基因复增与染色体易位有关。另外,在家蝇、淡色库蚊和褐飞虱等昆虫中都已经证明存在基因复增现象。引起基因复增的因子主要作用于调节基因,从而引起基因的多重复制。

昆虫抗药性的形成过程实际上是在杀虫药剂存在条件下的一种"瞬间进化"过程,杀虫药剂作为强大的人工选择压力浓缩了野生种群中的抗性基因,使之表现出抗性;同时由于杀虫药剂的诱导作用,发生基因复增,其抗性程度进一步提高。

6.4　影响抗药性形成的因素

昆虫的抗药性主要是杀虫药剂的不合理使用造成的,如单一药剂品种的大面积连续施用等。实际上,影响昆虫对杀虫药剂产生抗性的因素很多,其中有些不是我们能够控制的,如昆虫自身的遗传学和生物学方面的因素;有些则是可以人为控制的,如药剂施用方面的因素。

6.4.1　遗传学因素

1.抗性等位基因的频率

在野生种群中抗性等位基因频率的高低对抗性形成的快慢起着决定性作用。当其他条件不变时,抗性等位基因频率越高,抗性形成、发展的速度越快。因为抗性个体的生物适合度明显低于敏感个体,所以在野生种群中抗性基因频率很低,一般在 10^{-6} 左右(Gould,1998)。

2.抗性等位基因的数量

一般来讲,如果抗性是由 2 个以上的等位基因控制的,那么抗性等位基因的数量越多,越不容易产生抗性,这是由于多个基因同时存在的频率是各单个基因频率的乘积。例如,基因 A 和基因 B 单独存在时的频率分别是 0.001 和 0.002,则 A 和 B 同时存在的频率为 0.001×

0.002＝0.000 002。但 2 个基因同时存在时,基因之间的互作可能使抗性水平大幅度增强。

3.等位基因显隐性

如果抗性等位基因 R 是显性基因,抗性形成的速度就快,反之则慢。若抗性等位基因是显性时,种群中基因型为 RS 和 RR 的个体均表现出抗药性,即种群中抗性个体的频率高;若 R 为隐性基因时,杂合子 RS 个体不具有抗药性,只有纯合子 RR 具有抗性,即种群中抗性个体的频率相对较低。但因为显性基因控制的抗性种群往往含有大量 RS 杂合体,所以品系的纯合度较低。

4.抗性基因的外显率、表现度以及基因互作

外显率(penetrance)是指一定环境条件下,群体中某一基因型(通常为杂合子)的个体表现出相应表型的百分率。外显率等于 100% 时称为完全外显(complete penetrance),低于 100% 时则为不完全外显(incomplete penetrance)或外显不全。基因的外显率由基因型和外界环境决定,外显率越高,则杂合子表现为抗性个体的概率越高,抗性发展就越快。

表现度(expressivity)是指在不同个体中由同一基因产生作用的程度。例如,果蝇的无眼突变的表型有许多变化,从完全缺失复眼到近似正常型之间有各种不同程度的变化。这种不同程度的变化受选择压力、营养及温度等环境因子的影响。抗性基因表现度越大,则抗性发展越快。

基因互作是指非等位基因之间通过相互作用影响同一性状表现的现象。互作对抗性发展的影响取决于抗性基因互作时其表现型的抗性程度。

有些基因对抗性的贡献比较小,只能导致低水平的抗性(如 2～4 倍)。但抗性基因往往不是单独存在的,而是经常以一种协同的方式相互作用,其导致的联合效应远远大于各自效应的总和。最常见的互作是穿透抗性和代谢抗性的互作,也有神经敏感性降低(如靶标基因突变)和 P450 代谢增强的互作等不同抗性基因之间的互作。Georghiou(1972)研究了家蝇对西维因抗性中不同抗性基因间的互作(图 6.3),发现由于染色体 2 上 P450 解毒作用的增强(品系 R-2),其对西维因具有 3.2 倍的抗性;而染色体 3 控制的表

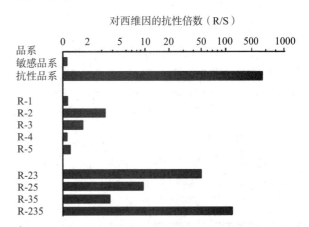

图 6.3　**5 个具有单个染色体的家蝇品系及其组合对西维因的抗性**(Georghiou,1972)

皮穿透性降低(品系 R-3)引起的抗性只有 1.7 倍。但染色体 2 和染色体 3 的联合作用则使抗性剧增到 50 倍(品系 R-23)。而染色体 5 的加入进一步使抗性增加到 200 多倍(品系 R-235)。

Hardstone 和 Scott(2010)总结说,一般情况下,同源的抗性位点之间的互作具有协同增效作用,异源的抗性位点之间的互作为相加作用,同源抗性位点和异源抗性位点之间的互作往往也具有增效作用。有的基因互作可能导致拮抗作用,但这种情况比较少见。如在一个二嗪农抗性家蝇品系中,穿透抗性和脱乙基作用之间的互作就表现为拮抗作用。

5.先前农药的选择作用

先前农药的选择作用主要是看先前所使用的杀虫药剂与后来使用的药剂之间是否存在交互抗性。如果有交互抗性,对后来使用的药来讲,相当于其抗性基因的初始频率被提高,因此,更容易产生抗性。

6.抗性基因组和适应性整合的程度

一般来说,抗性昆虫种群的生物适合度要低于敏感种群的生物适合度,因此,在停止用药后抗性个体因适应性差而逐渐被淘汰,抗性水平下降。但也有些抗性种群的基因组与适合度的整合程度较高,即使有抗药性,其生物适合度下降也不多,或者没有明显降低,该种群的抗性发展就会很快。

6.4.2 生物学因素

1.世代周期

一般来讲,昆虫对一种杀虫药剂产生抗性需要 10~15 代。因此,如果伴随着杀虫药剂的选择压力,昆虫的世代周期越短,即每年完成的世代数越多,其对杀虫药剂的抗性发展则越快。

2.生殖力

在杀虫药剂选择压力等其他条件相同的情况下,生殖力越高,每代产的后代数量越多,其耐受的杀虫药剂的选择压力就越高,抗性发展就越快。相反,如果取消杀虫药剂的选择压力,生殖力越高的昆虫其抗性水平下降则越快。

3.单配性、多配性与孤雌生殖

两性生殖时,可以加快抗性发展,也可以延缓抗性发展,具体主要受与其交配的种群所携带的基因型的状况、抗性等位基因的数量及显性程度等的影响。因此,单配性和多配性对抗性发展的影响并没有统一的规律可循。孤雌生殖因为不存在两性交配,所以其抗性发展的速度主要取决于种群中抗性基因的初始频率,初始频率越高,则抗性发展越快。

4.隔离程度、活动能力和迁移能力

隔离程度、活动能力和迁移能力都直接影响经药剂筛选的种群与其他种群能否发生基因交流以及交流的频繁程度。活动能力或迁移能力越强,施药地区的种群和未施药地区种群间的基因交流就越频繁,从而使抗性基因得到稀释,降低抗性基因频率,延缓抗性发展。例如,连续四代给 DDT-抗性家蝇品系中混入一半敏感品系家蝇,即可使其抗性完全丧失。如果隔离程度高,施药后与未施药地区的敏感种群基因交流少或无交流,抗性基因无法得到稀释,则会加快施药地区种群的抗性发展。

5.单食性与多食性

单食性与多食性对抗性发展的影响主要在于寄主植物对昆虫解毒酶的诱导作用。昆虫食性越杂,接触到的寄主植物中的防御性次生物质越多,对体内 P450 等解毒酶活性的诱导作用越强,因此,昆虫对杀虫药剂的代谢能力越强,其抗性发展速度就越快。

也有人认为多食性昆虫其抗性发展要比单食性昆虫慢,主要是由于多食性昆虫可以分布在多种不同寄主上。防治其中一种作物上的种群时,其他未防治的作物可提供敏感个体以稀释抗性基因,相当于对未防治的其他种类作物起到了庇护区的作用。

6.4.3　杀虫药剂施用方面的因素

杀虫药剂施用方面的因素多半是可以人为控制的,主要包括以下几个方面。

1.所用杀虫药剂的种类

从单个孤立事件看,似乎昆虫对有的杀虫药剂的抗性发展比较慢,而对有些药剂的抗性发展比较快。如根据 Brevik 等(2018)对包括抗性最严重的 10 种昆虫在内的 20 种昆虫共 532 例抗性报道的统计分析,对螺虫乙酯产生抗性平均只需 4.5 年,对三唑磷产生抗性则需要 37 年;即使对同一类型的杀虫药剂的不同种类,产生抗性的平均时间也有很大差别,例如同样是有机磷杀虫药剂,对百治磷(Dicrotophos)产生抗性平均只需 6.83 年,而对毒死蜱需要 33 年。从作用机制的分类来看,昆虫对具有不同作用机制的杀虫药剂产生抗性所需的时间并没有显著差异;就杀虫药剂本身的性质来看,昆虫对不同种类的杀虫药剂产生抗性的快慢主要和该杀虫药剂的残效期长短有关,与作用机制等其他方面关系不大。

2.与先前所用杀虫药剂的相关性

与先前所用杀虫药剂的相关性对抗性的发展非常重要,主要看是否有交互抗性。如果昆虫对前后轮换使用的 2 种杀虫药剂具有相同的抗性机制,先前使用的杀虫药剂则会由于交互抗性,加速昆虫对后使用药剂抗性的发展。如乙酰胆碱酯酶变构导致的对有机磷和氨基甲酸酯的交互抗性,以及钠通道基因的 kdr 突变引起的 DDT 和菊酯类药剂的交互抗性等。

3.杀虫药剂的剂型和残效期

杀虫药剂的残效期越长,整个种群暴露在药剂选择压力下的概率越大,种群的纯合度越高,因而抗性发展就越快。若杀虫药剂的残效期较短,种群中只有部分个体接触到药剂,另一些个体可能由于孵化或羽化晚等,昆虫出来活动时药剂已经降解,即昆虫未被药剂筛选,从而整个种群的杂合度提高,延缓了抗性的发展。缓释剂(如当前研究得比较多的以纳米颗粒为载体的缓释剂)或控释剂的应用会显著延长药剂在田间的残效期,在提高防治效果的同时,也在一定程度上加快了昆虫抗药性的发展。

4.施药剂量和频率

一般认为施药剂量越大、施用频率越高,对昆虫的选择压力越大,那么昆虫产生抗性的速度就越快。例如,Croft 等(1989)报道,梨黄木虱 Psylla pyricola 对氰戊菊酯的抗性与氰戊菊酯的施用频率相关。1984 年首次检测表明这种害虫对氰戊菊酯具有 4 倍的抗性。此后,抗性水平逐年递增,经过 12 年共 18 次施用氰戊菊酯,其抗性达 136 倍。Kakani 等(2010)也证明橄榄果蝇 Bactrocera oleae 对多杀霉素饵剂的抗性与其施用次数成正相关,但其抗性发展比较慢。也有相反意见,Gressel(2011)认为,低频率施药会使一部分昆虫暴露在亚致死剂量药剂的胁迫下,反而会加速其产生控制低水平抗性的多基因、基因复制及单一基因上多个突变的产生(每个突变都可使抗性增加一点),这些因素累积起来就会加速抗性的发展。

5.选择阈限

选择阈限(selection threshold)是指施药时昆虫种群的数量,类似于我们说的经济阈值或者

防治指标。选择阈限越低,则施药频率越高。每次施药都将敏感纯合子和部分杂合子杀死,导致抗性基因频率在种群中迅速增加。相反,如果选择阈限较高,施药的间隔时间就比较长,种群中的敏感纯合子有机会繁殖扩大,从而抑制抗性基因频率的快速增长,延缓抗性的发展速度。

6.选择的虫期

一般在昆虫的幼虫阶段,龄期越小,其对杀虫药剂越敏感;而随着龄期增大,昆虫的体壁变厚,解毒代谢能力增强,其对杀虫药剂的敏感性下降。同样的剂量,对前者可能有很好的防治效果,而对后者可能不仅防效下降,还会促进抗性发展。

7.施药模式

局部施药类似于施用残效期短的药剂,可形成一定的庇护区,从而延缓抗性发展;而全覆盖施药会使整个种群都暴露在药剂的选择压力下,加快抗性发展。

8.药剂的轮换或混合使用

轮换或混合使用的药剂之间如果存在交互抗性,肯定会加速抗性的发展。至于不同作用机制的药剂轮换使用的顺序对抗性发展的影响则没有什么规律可循。

9.庇护区

在施药区域内或周围,设置一定面积的不施药区域作为庇护区,在庇护区未接触过药剂的敏感个体与施药区域的抗性个体发生基因交流,可使抗性基因得到稀释,有效延缓抗性发展。这也是延缓昆虫对转基因抗虫植物抗性发展的一项非常有效的措施。

6.5 抗药性遗传基础

从昆虫抗药性的定义我们知道,昆虫对杀虫药剂的抗性是由遗传上的改变所致的,即由基因控制。这里我们介绍一下如何确定抗性基因的显性度、数量及遗传方式。

6.5.1 抗性基因的显性度和基因数量

显性度(dominance)是描述杂合子与纯合子表型相似性的一个概念,可分为显性、隐性、半显性、不完全显性或不完全隐性等几种类型。例如,当抗性由一对等位基因(即单基因)控制时,其基因型有 RR、RS 和 SS 3 种。如果 RS 的表型与抗性亲本 RR 接近,则称为显性遗传(dominant inheritance);如果 RS 的表型与敏感亲本 SS 接近,则为隐性遗传(recessive inheritance)。研究表明,昆虫对氨基甲酸酯和有机磷酸酯的抗性通常为显性或不完全显性,对DDT、Bt 和多杀霉素的抗性通常为隐性,对狄氏剂的抗性通常为不完全显性。对拟除虫菊酯的抗性通常为不完全隐性。

那么应如何判断抗性基因的显性度呢?我们可分别对抗性和敏感亲本及其杂交 F_1 做生物测定,根据 F_1 的剂量对数-概率值回归线(LD-P 线)的相对位置即可大致判断抗性基因的显性度:如果 F_1 的 LD-P 线靠近抗性亲本(RR),则为不完全显性;相反,如果靠近敏感亲本(SS),则为不完全隐性;如果正好位于 RR 和 SS 中间,则为半显性。如图 6.4 和图 6.5 所示,小菜蛾对呋喃虫酰肼的抗性为常染色体不完全隐性遗传,而家蝇对多杀霉素的抗性为常染色体不完全显性遗传。

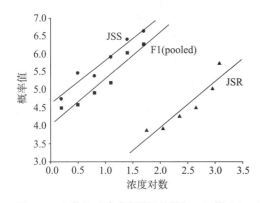

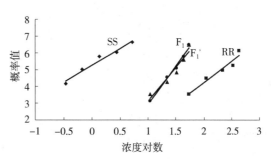

图 6.4　小菜蛾对呋喃虫酰肼抗性(JSR)、敏感(JSS) 　　图 6.5　家蝇对多杀霉素抗性(RR)、敏感(SS)
　　　　　和其 **F₁** 的毒力回归线(Sun et al.,2010)　　　　　　和其 **F₁** 的毒力回归线(Shi et al.,2011)

另外,根据杂交 F_1 的正交和反交后代(F_2)种群的 LC_{50} 是否存在显著差异可判断抗性是伴性遗传还是常染色体遗传。如图 6.5 所示,如果 F_1 正交和反交种群的 LC_{50} 无显著差异,为常染色体遗传,否则为伴性遗传。

为了对抗性基因的显性度进行定量,Stone(1968)提出了抗药性为单基因控制时 F_1 显性度(D)的计算公式如下。

$$D = \frac{2X_2 - X_1 - X_3}{X_1 - X_3}$$

式中:X_1、X_2、X_3 分别为敏感纯合子(SS)、杂合子(RS)和抗性纯合子(RR)LD_{50} 的对数值;当 $D = 1$ 时为完全显性,当 $0 < D < 1$ 时为不完全显性,当 $-1 < D < 0$ 时为不完全隐性,当 $D = -1$ 时为完全隐性,当 $D = 0$ 时为半显性。

当抗性由单基因控制时抗性水平可能会相当高。例如,家蝇对高效氯氰菊酯达 4 412 倍的抗性(张兰,2007),黑腹果蝇对多杀霉素的 1181 倍的抗性(Perry et al.,2007),以及小菜蛾对阿维菌素的 471 倍的抗性(Liang et al.,2003)都是由单基因控制的。

测定杀虫药剂抗性遗传方式(单基因型和多基因型)最普遍的方法是对杂交 F_1 与其抗性亲本或敏感亲本的回交(back cross)代的生物测定。如果抗性为不完全显性或完全显性,则 F_1 与 SS 亲本回交;如果抗性为不完全隐性或完全隐性,则 F_1 与 RR 亲本回交。如果回交后代中抗性个体和敏感个体各占 50%,则抗性是由单基因控制的(图 6.6)。这可以解释如下:

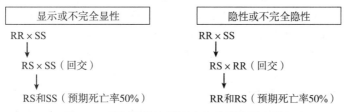

图 6.6　不同显性度下回交代的预期死亡率

不考虑亲代品系抗性的显隐性,如果回交代的 LD-P 线在死亡率 50% 处有一个明显的平

台,则抗性为单基因遗传(图6.7)。

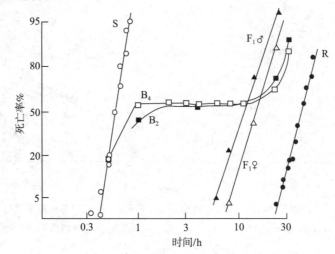

图 6.7　赤拟谷盗对马拉硫磷敏感(S)、抗性(R)、F₁和回交(B₂和B₄)
品系对马拉硫磷的时间-死亡率响应曲线(Beeman,1983)

如果回交代的 LD-P 线与单基因型的显著不同,在死亡率 50% 处无明显的平台出现,则认为抗性为多基因(至少 2 个以上)遗传(图6.8)。假设为单因子遗传,回交种群的期望剂量-反应曲线可根据 Georghiou(1969)的方法由 2 个亲本的 LD-P 线计算得到;利用卡方检验检测观察值和预期死亡率的符合度。在多基因遗传中,LD-P 线的斜率往往与回交亲本的斜率平行。以下是昆虫和螨类对杀虫药剂抗性遗传模式的一些例子。

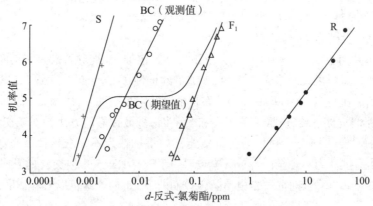

图 6.8　*d*-反式-氯菊酯对 *d*-反式-氯菊酯抗性性(R)、室内敏感(S)、F₁
(R♂×S♀)和回交(F₁♂×S♀)品系致倦库蚊 *Culex pipiens quinquefasciatus*
的剂量-死亡率概率值曲线(Priester and Georghiou,1979)

6.5.1.1　单基因遗传的事例

马铃薯甲虫对甲基谷硫磷的抗性为常染色体、单基因控制的不完全显性遗传(Argentine et al.,1989)。赤拟谷盗对马拉硫磷的抗性同样为常染色体、单基因控制的不完全显性遗传(Beeman,1983;White and Bell,1988)。同样,阿拉伯按蚊 *An. arabiensis* 对马拉硫磷的抗性是由不完全显性的单基因控制(Lines et al.,1984)。致倦库蚊对双硫磷的抗性是由 1 个主效基因控制的不完全隐性遗传(Halliday and Georghiou,1985)。刺足根螨 *Rhizoglyphus robini* 对二嗪农的抗性由 1 个不完全显性的常染色体等位基因控制(Chen,1990)。二斑叶螨对对硫磷的抗性由单一的不完全显性基因控制(Schulten,1966),但另一品系的二斑叶螨对对硫磷的抗性却由完全显性基因控制(Ballantyne and Harrison,1967)。

草地夜蛾 *S. frugiperda* 对西维因的抗性由 1 个不完全显性的常染色体基因控制(Yu and Nguyen,1994)。而德国小蠊对恶虫威(bendiocarb)的抗性由 1 个不完全隐性的常染色体基因控制(Cochran,1994)。

对氯菊酯的抗性在致倦库蚊中由单一的不完全隐性基因控制(Halliday and Georghiou,1985),在马铃薯甲虫中由 1 个伴性遗传的不完全隐性基因控制(Argentine et al.,1989),在烟芽夜蛾中则由单一的完全隐性的常染色体基因控制(Payne et al.,1988)。据 Daly 和 Fisk(1992)报道,棉铃虫对氰戊菊酯的抗性是由 1 个不完全显性的主效基因控制的。此外,角蝇 *Haematobia irritans* 对拟除虫菊酯的抗性是由 1 个常染色体不完全隐性基因控制的(Roush et al.,1986)。家蝇对高效氯氰菊酯的抗性是由常染色体控制的不完全隐性遗传,且由 1 个主效基因控制(张兰,2007)。

小菜蛾对 Bt 的抗性是常染色体控制的隐性遗传,由 1 个或几个基因座控制(Tabashnik et al.,1992)。澳大利亚棉铃虫对 Cry2Ab 的抗性是由单个常染色体基因控制的完全隐性遗传(Downes et al.,2010)。致倦库蚊对球形芽孢杆菌 *Bacillus sphaericus* 的抗性为常染色体隐性遗传,并受单一主效基因控制(Wirth et al.,2000)。不同昆虫对多杀霉素的抗性遗传研究发现,其抗性产生是由单基因控制的隐性或不完全显性遗传(Spark et al.,2012)。例如,小菜蛾(Sayyed et al.,2008)和烟芽夜蛾(Wyss et al.,2003)对多杀霉素的抗性都是由常染色体控制的不完全隐性遗传。

小菜蛾对氟虫腈(Sayyed and Wright,2004)和茚虫威(Sayyed and Wright,2006)的抗性均是由常染色体上的单基因控制的不完全隐性遗传。

二斑叶螨对唑螨酯和哒螨灵的抗性为常染色体不完全显性遗传,并由单基因控制(Van Pottelberge et al.,2009),但对阿维菌素的抗性是由单一的常染色体不完全隐性等位基因控制(Kwon et al.,2010),对乙螨唑的抗性为单基因控制的隐性遗传(Van Leeuwen et al.,2012)。

6.5.1.2　多基因遗传的事例

丹麦的一个家蝇品系对乐果的抗性为不完全显性遗传,且至少由 5 个基因控制(Sawicki,1974)。致倦库蚊对毒死蜱的抗性为不完全显性,涉及 2～3 个基因(Raymond et al.,1987)。智利小植绥螨 *Phytoseiulus persimilis* 对杀扑磷(methidathion)的抗性是由多基因控制的不完全显性遗传(Fournier et al.,1988)。

马铃薯甲虫对氰戊菊酯的抗性属于不完全隐性的伴性遗传,而其对克百威的抗性为不完全显性的常染色体遗传;在对这 2 种杀虫药剂的抗性中,均有多个基因参与(Heim et al,1992)。小菜蛾对拟除虫菊酯的抗性是以常染色体不完全隐性的方式遗传的,且涉及多个基因(Liu et al.,1981)。致倦库蚊对 *d*-反式-氯菊酯的抗性为不完全显性,而对 *d*-顺式-氯菊酯的抗性为不完全隐性,但对这 2 种杀虫药剂抗性的产生都由多个基因参与(Priester and Georghiou,1979)。

褐飞虱 *Nilaparvata lugens* 对吡虫啉的抗性为常染色体不完全显性遗传,受多个基因控制(Wang et al.,2009)。铜绿蝇对除虫脲的抗性为多基因控制的不完全显性(S♂×R♀)或不完全隐性(R♂×S♀)的伴性遗传(Kotze and Sales,2001)。在苹果全爪螨 *Panonychus ulmi* 中,对杀螨锡的抗性以不完全显性的方式遗传,受多基因控制;而对三氯杀螨醇的抗性则是由单基因控制的隐性遗传(Pree,1987)。致倦库蚊对 DDT 的抗性为多基因控制的不完全隐性遗传(Halliday and Georghiou,1985)。甜菜夜蛾对虫酰肼的抗性是多基因控制的常染色体不完全隐性遗传(Jia et al.,2009),类似的小菜蛾对呋喃虫酰肼的抗性同样为多基因控制的常染色体不完全隐性遗传(Sun et al.,2010)。家蝇对苘虫威的抗性为完全隐性遗传,受常染色体 4 上的主效基因和常染色体 3 上的次效基因控制(Shono and Scott,2004);而家蝇对多杀霉素的抗性是由多基因控制的常染色体不完全显性遗传(Shi et al.,2011)。

室内筛选的抗性小菜蛾品系对阿维菌素的抗性是多基因控制的常染色体不完全隐性遗传(Liang et al.,2003),田间多抗小菜蛾种群对阿维菌素的抗性虽然是由多基因控制的常染色体遗传,但是不完全显性的(Pu et al.,2010)。同样,斜纹夜蛾对阿维菌素的抗性也是多基因控制的常染色体不完全显性遗传(Shad et al.,2010)。二斑叶螨对阿维菌素的抗性为多基因控制的常染色体不完全隐性遗传(Dermauw et al.,2012)。

二斑叶螨对吡螨胺的抗性为多基因控制的常染色体不完全显性遗传(Van Pottelberge et al.,2009),而对联苯肼酯的抗性为母系遗传。F_1 互交结果表明:当用敏感雄性与抗性雌性杂交,后代抗性为完全显性;而当用抗性雄性与敏感雌性杂交,为完全隐性(Van Leeuwen et al.,2006)。这种涉及线粒体 DNA 的非孟德尔遗传模式的杀虫药剂抗性在节肢动物中非常罕见。

6.5.1.3 基于生物化学和分子生物学的抗性遗传基因数量的判断

除了上述利用传统的生物测定技术来判断控制昆虫抗药性的基因数量,也可利用生物化学法,特别是快速发展的分子生物学方法来判断。例如,黑腹果蝇中单个细胞色素 P450 基因 *Cyp6g1* 过量表达导致了其对 DDT 的抗性(Daborn et al.,2002)。利用生物化学和分子生物学方法判定的抗性由多基因控制的例子相对更多。如表皮穿透性下降和微粒体单加氧酶活性增加共同导致了家蝇对抗西维因的抗性(Georghiou,1972);微粒体单加氧酶、谷胱甘肽 S-转移酶(GSTs)和水解酶活性增强及不敏感的 AChE 等 4 个因素共同参与了草地夜蛾对甲萘威的抗性(Yu et al.,2003)。类似的,P450、GSTs、羧酸酯酶和酰胺酶活性增强参与了小菜蛾对呋喃虫酰肼的抗性(Tang et al.,2011)。B 型烟粉虱对有机磷的抗性是 *ace1*(Phe3921Trp)和 *coe1* 的突变引起的 AChE 敏感性降低和羧酸酯酶过量表达所致(Alon et al.,2008)。舍蝇 *Musca domestica vicina* 对马拉硫磷的抗性则是由 GSTs 活性增强和不敏感的 AChE 引起的(Yeoh et al.,1981)。桃蚜对抗蚜威的抗性是 Ser431Phe 突变导致的 AChE 敏感性降低和酯酶基因复制导致羧酸酯酶活性增强所引起的(Kwon et al.,2009)。小菜蛾对氯虫苯甲酰胺的抗性涉及鱼尼丁受体 RyR 的突变(G4946E 和 I4790M)、P450 基因 *CYP6BG1* 和脲苷二磷酸糖基转移酶(UGTs)基因 *UGT33AA4* 的过量表达及 miRNA 调控的 RyR 过量表达等多种因素(Guo et al.,2014a,2014b;Li et al.,2015,2017)。这样的例子还有很多,不再一一列举。随着基因组学、蛋白组学、代谢组学等多种组学及测序技术的快速发展,从基因和生化水平探明参与昆虫抗药性基因数量的例子已经大量涌现。

值得注意的是,在昆虫中,由单基因控制的对单一杀虫药剂的抗性随后可通过同一药剂的长期筛选而变成多基因控制的抗性。例如,田间筛选的致倦库蚊对毒死蜱的抗性最初是单基因控制的(酯酶活性升高);但随着进一步筛选,其抗性变为多基因控制,至少包括 AChE 敏感性降低和 P450 单加氧酶活性增强 2 种因素(Raymond et al.,1987)。

6.5.2　抗药性的衰退

当解除杀虫药剂的选择压力后,昆虫对杀虫药剂的抗性水平往往随时间延长而下降。如室内筛选的对呋喃虫酰肼抗性为 320 倍的小菜蛾品系,停止用药筛选 6 代后,其抗性下降到 20 多倍(Tang et al.,2011);同样,对氯虫苯甲酰胺抗性达 2040 倍的小菜蛾田间种群,当停止用药后,经过仅仅 6 代其抗性就迅速下降到 25 倍(Wang et al.,2013)。虽然在没有选择压力的情况下,抗药性通常会下降,但往往很难再恢复到初始水平。如果继续再用同一药剂筛选,则只需要很短时间就可以使抗性迅速恢复,并很可能上升得更高。

抗药性的产生是通过人为施加选择压力对昆虫种群中原本就以极低频率存在的基因选择的结果。Crow(1957)认为这些抗性基因之所以在正常状态下以极低的频率存在,说明与敏感基因相比,其对于整个种群的生存在某种程度上肯定是不利的,否则在选择之前,它们在种群中的存在应该更加普遍才是。因此,当去除选择压力后,这些抗性基因不被需要而逐渐淘汰,而正常表型将最终恢复到筛选前的频率。Crow 的这种假设主要是基于抗性基因有害的多效性效应,该效应会诱发抗性表型产生适合度成本。这就可以解释为何在杀虫药剂的选择压力去除后的多数情况下抗性表型的频率会随着时间的推移而下降。昆虫的适合度包括繁殖力、发育时间、生殖和交配竞争力等。在多数情况下,抗性种群的适合度要低于敏感种群。例如,有机磷杀虫药剂抗性家蝇因繁殖力下降和发育时间延长,其繁殖潜力与敏感品系相比降低了 11%～43%(Roush and Plapp,1982)。与敏感品系相比,呋喃虫酰肼抗性小菜蛾品系雌蛾的产卵期缩短了 32%,产卵量下降了 41%,且卵的孵化率也下降了 21%(Tang et al.,2011)。此外,抗性的产生还可能降低雄虫的交配竞争能力和躲避天敌的能力。

抗性的稳定性受多种因素影响,包括杀虫药剂的种类、种群的遗传背景以及自然选择作用的存在与否,等等。

如图 6.9 所示,同样是氨基甲酸酯类杀虫药剂,用异索威筛选获得的家蝇品系的抗性相对稳定,在停止筛选 30 代后抗性仍没有明显下降;而在相同条件下用异丙威筛选获得的同等

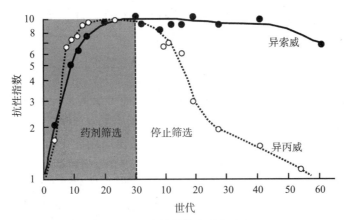

图 6.9　家蝇对异索威和异丙威抗性的发展及衰退(Georghiou,1972)

抗性水平的家蝇品系,在停止筛选后抗性衰退很快,说明其对异丙威的抗性并不稳定。在不同类型的杀虫药剂中,按蚊、潜蝇和家蝇等对狄氏剂的抗性在停止用药几年后仍比较稳定,而对 DDT 和有机磷酸酯类药剂的抗性迅速衰退。因此,昆虫对不同类型或同一类型不同品种的杀虫药剂的抗性稳定性存在较大差别。

实际上,这种抗性的稳定性更多的可能取决于抗性种群中抗性等位基因的纯合度。如果经过筛选,抗性表型很明显,抗性基因的杂合度仍比较高,那么抗性可能会逐渐丧失,尤其抗性为完全显性或不完全显性时更是如此;相反,如果抗性品系中抗性基因均是纯合子,则抗性不会衰退;如果有敏感种群迁入,不论抗性基因的纯合度如何,均会导致抗性的衰退,只是衰退的速度不同而已。

除了敏感种群迁入等外在因素,昆虫某些内部因素的变化也可导致抗性衰退。例如,桃蚜对有机磷、氨基甲酸酯和拟除虫菊酯类杀虫药剂抗性的一个重要机制是 E4 或 FE4 酯酶基因复制导致酯酶含量增加,从而对杀虫药剂的结合贮存能力及水解代谢能力增加。当杀虫药剂的选择压力解除时,昆虫不再需要通过基因复制合成大量的酯酶。因此,昆虫可能通过下调酯酶基因的表达,将节省的能量用于其他有利于提高其种群适合度的基因的表达,从而导致抗性的丧失。

另外,自然选择也会影响害虫抗药性的稳定性。例如,20 世纪 60 年代,人们发现从尼日利亚一些地区采集的冈比亚按蚊种群,在施用狄氏剂防治前就对其具有高水平抗性,种群中的狄氏剂抗性基因频率高达 0.59。现在知道造成该现象的主要原因是昆虫对植物源神经兴奋剂苦毒宁和狄氏剂具有交互抗性。二者都是以 GABA 受体为靶标,具有相同的作用方式,因此二者具有交互抗性。苦毒宁来源于防己科 Menispermaceae 印防己属 *Anamirta* sp. 的植物,这种植物在非洲地区普遍分布,在滋生蚊子的水中腐烂后释放的苦毒宁必然对蚊子具有筛选作用,或许狄氏剂与苦毒宁的交互抗性,导致冈比亚按蚊对狄氏剂产生了抗性(Roush and McKenzie,1987)。

6.6　昆虫对杀虫药剂的抗性机制

昆虫对杀虫药剂的抗性机制主要包括行为抗性和生理抗性。目前,对于行为抗性的研究相对较少,绝大部分研究都集中在生理抗性方面。

6.6.1　行为抗性

所谓行为抗性(behavioral resistance),是指昆虫能够躲避致死剂量的杀虫药剂的能力。例如,抗药性蚊子对 DDT 的残留很敏感,因此,一般不会在有 DDT 的地方停留,或者停留时间非常短暂以至于几乎不受杀虫药剂的影响。抗药性角蝇更喜欢在牛的腹部休息,而尽量避免停留在拟除虫菊酯耳签处理过的头部。因为与头部相比,牛腹部拟除虫菊酯的浓度要低得多。抗性德国小蠊会尽量避免摄入含有果糖、葡萄糖、麦芽糖和蔗糖的毒饵,主要是它们厌恶毒饵中的 *D*-葡萄糖,这种行为抗性是由一个常染色体的不完全显性基因控制的(Silverman and Bieman,1993)。研究表明,德国小蠊拥有 2 种不同类型的味觉受体神经元(gustatory receptor neurons,GRNs),一种是只对糖和其他甜味物质有反应,称为糖-味觉受体神经元;另一种则是只对苦味物质做出反应,称为苦味-味觉受体神经元。抗药性德国小蠊对葡萄糖厌恶主要是 D-葡萄糖在刺激苦味-味觉受体的同时,还抑制了糖-味觉受体神经元的活性,因此,即使甜的物质它尝起来也是苦的,从而不再取食(Wada-Katsumata et al.,2013)。

在农业害虫中同样存在行为抗性的例子。对西维因产生抗性的草地夜蛾幼虫能够感知并避免取食西维因处理过的叶片,因此,同样暴露在西维因处理的叶片时,抗性幼虫的死亡率要低于敏感幼虫(Young and McMillian,1979)。抗药性小菜蛾成虫的后胸足跗节接触残留的氰戊菊酯后,会自断后足(Moore et al.,1989)。对新烟碱类杀虫药剂吡虫啉和噻虫嗪产生高水平抗性的桃蚜会从 LC_{15} 浓度的噻虫嗪处理的叶片上跑到未处理的叶片上,逃避药剂的伤害,从而进一步增强其对这类杀虫药剂的抗性(Fray et al.,2014)。

可见,行为抗性和生理抗性的一个重要区别,就是行为抗性主要由刺激因素(如施用的杀虫药剂)引起,可使昆虫产生高度敏感或过度兴奋。与正常昆虫相比,具有行为抗性的昆虫会对较低浓度的杀虫药剂做出反应,这表明抗性昆虫具有比普通昆虫更灵敏的探测杀虫药剂的受体。这方面的理论还缺乏进一步的证据。

6.6.2　生理生化抗性

生理生化抗性(physiological and biochemical resistance)中生理抗性机制主要包括表皮穿透能力下降、隔离(sequestration)和排泄。生理抗性的产生往往需要较长时间,这是由于它的产生需要对不同生理通路上多个分子的相互作用进行精细调控,且不丧失其正常的生理功能。而生化抗性机制只需要单一大分子的改变就可以实现,如 P450、CarE 和 GSTs 等解毒酶催化的对外源有毒化合物的降解反应,靶标位点突变导致的药剂敏感度下降或二者兼有(Brattsten et al.,1986)。

生理抗性和生化抗性往往同时存在,例如,表皮穿透能力下降和解毒代谢增强常常同时存在,从而导致比单独存在时具有更高的抗性水平。

6.6.2.1　表皮穿透能力下降

由于杀虫药剂对表皮穿透能力(穿透性)下降(reduced penetration)引起的抗药性比较普遍。虽然杀虫药剂对表皮穿透性降低单独存在时,引起的抗性水平并不高,一般只有 2~5 倍,但当穿透性降低与其他抗性因子在遗传学上结合在一起时,抗性程度的增加大大超过了简单的相加效应,特别是和代谢性抗性结合在一起时,这种互作效应就非常显著。这在本章的 6.4.1.4 中也会提到。造成这种现象的原因:表皮穿透速率的降低使得解毒代谢系统有充足的时间降解杀虫药剂。穿透性降低对容易降解的杀虫药剂更易产生抗性,例如,昆虫对马拉硫磷的抗性比对狄氏剂等较稳定的杀虫药剂更易产生抗性。

杀虫药剂穿透体壁的量可以用下式估算。

$$C_i = C_0(1 - e^{-PAT})$$

式中:C_i 为昆虫体内的杀虫药剂浓度;C_0 为体外的初始浓度;P 为穿透常数;A 为接触面积;T 为时间。穿透常数 P 代表穿透的快慢,P 值小,说明穿透速率慢,但可以通过延长 T 达到相同的穿透量。

表皮穿透能力下降的原因可能有 3 个方面：一是表皮中存在某些蛋白或脂库，能够结合并将杀虫药剂贮存在表皮中；二是表皮中可能存在某些杀虫药剂的代谢酶；三是表皮单纯加厚从而使药剂更不易穿透。

研究表明，DDT 抗性烟芽夜蛾的表皮中比敏感品系含有更多的蛋白质和脂质。此外，有证据表明抗性昆虫角质层的骨化程度增加。这表明角质层的密度和硬度的增加可能会降低其对杀虫药剂分子的穿透性。有机氯、有机磷和氨基甲酸酯类杀虫药剂抗性家蝇与敏感品系相比，其表皮中含有更多的总脂质、单甘酯、双甘酯、脂肪酸、甾醇类和磷脂等。

表皮穿透能力下降同样也参与了昆虫对拟除虫菊酯类药剂的抗性。Ahmad 等（2006）发现，对表皮穿透的延迟在中国和巴基斯坦棉铃虫对溴氰菊酯的抗性中发挥着重要作用。溴氰菊酯对敏感品系表皮的穿透半时仅为 1 h，但在抗性品系中为 6 h。

与敏感品系相比，β-氯菊酯抗性橘小实蝇 Bactrocera dorsalis 对 β-氯菊酯的穿透性明显下降。比较抗性和敏感品系的体壁发现，抗性品系的表皮层更厚，内表皮中几丁质层更厚、更密，具有更多的卷曲纤维和较宽的表皮细胞间隙（Lin et al. ，2012）。

最近的研究表明，昆虫表皮蛋白（cuticle protein）在杀虫药剂的穿透抗性中发挥着重要作用。表皮蛋白主要存在于昆虫的原表皮层。在原表皮中，表皮蛋白能够与几丁质相互交联，以稳定表皮的复杂结构，同时维持表皮的弹性和其他物理性质。位于虫体不同部位的表皮其几丁质分子的链长和乙酰化程度的差异很小，因而表皮蛋白的种类和数量，就成为影响表皮结构及其机械性能的最重要因素（孙雅雯等，2015）。

对已完成基因组测序的昆虫的分析表明，表皮蛋白基因的数量很多，基本都超过基因组中蛋白质编码基因总数的 1%。例如，家蚕中共鉴定出 255 个表皮蛋白，橘小实蝇有 164 个表皮蛋白（Futahashi et al. ，2008；Chen et al. ，2018）。一般根据保守结构域的特点将昆虫表皮蛋白分为 12 个家族，包括：CPR（含有 Rebers and Riddiford 保守基序，可被进一步分为 RR-1，RR-2、RR-3 和 RR-NC 4 个亚家族），Tweedle（含有 4 个较为保守的区域），CACP（含有 1～3 个 ChtBD2 几丁质结合域），CPLC（一类含有低复杂序列的蛋白，可进一步分为 CPLCA、CPLCG、CPLCW 和 CPLCP 4 个亚家族），CPCFC（包含一段 C-X₅-C 的氨基酸重复序列），CPF（包含一段高度保守的长度为 44 个氨基酸的区域），CPFL（CPF-like），18aa（包含一段 18 个氨基酸的保守区域），CPG（含有许多短的甘氨酸重复序列 GXGX，GGXG 或 GGGX），Api-dermin（含有一段富含 GC 的区域，仅在膜翅目昆虫中发现），CPTC（包含 2 个保守的半胱氨酸）和 CPH 家族（假定的表皮蛋白，含有一段 AAPA/V 的保守序列）（梁欣等，2015）。

表皮蛋白可以调控昆虫表皮的厚度、硬度以及角质化程度，从而影响杀虫药剂的穿透，介导昆虫的抗药性。例如，Wood 等（2010）利用电镜对不吉按蚊 Anopheles funestus 中足第一跗节表皮的厚度进行测量后发现，氯菊酯抗性雌蚊的表皮厚度大于敏感雌蚊，且对氯菊酯的击倒抗性与表皮厚度呈显著正相关；另外，抗性程度相当的雌蚊表皮厚度大于雄蚊。家蚕表皮蛋白 CPH24 氨基酸序列的突变，能够导致其表皮层变薄，从而使其对紫外线和溴氰菊酯更加敏感（Xiong et al. ，2018）。在潮湿环境中，马铃薯甲虫 GRP1、GRP2 和 GRP3 基因表达量上调，增加了其表皮的硬度和厚度，降低了水分的蒸发速率，同时也削弱了谷硫磷的渗透作用，增强了其抗药性（Zhang et al. ，2008）；在溴氰菊酯抗性的淡色库蚊中发现了 14 个上调表达的表皮蛋白，对其中的 CpCPLCG5 进行 RNAi 干扰后发现，抗性库蚊的表皮厚度变薄，且其对杀虫药剂的敏感性显著升高(Fang et al.,2015;Huang et al.,2018)。

已有大量研究证实,表皮蛋白在介导昆虫的抗药性中发挥着重要作用,其特殊的生理功能也为发展害虫防治新技术提供了新的方向。但目前有关表皮蛋白参与杀虫药剂抗性的研究还相对较少,其参与抗药性的机制仍有待于更进一步探索。

漆酶(laccases)是很多生物都具有的铜氧化酶,在角质层硬化过程中起着重要作用。漆酶主要是在角质层中将儿茶酚类物质如 N-乙酰多巴胺和 N-β-丙氨酰多巴胺氧化为相应的醌类化合物;该醌类化合物可以进一步在酶的催化下异构化生成相应的甲基化物。醌类化合物和甲基化的醌类化合物非常活跃,能够调节表皮蛋白的轭合,导致昆虫表皮硬化。Pan 等(2009)发现淡色库蚊 Culex pipiens pallens 漆酶基因 Cplac2 在氰戊菊酯抗性品系的 4 龄幼虫和蛹中的表达量显著高于敏感品系。Cplac2 在抗性品系中的过量表达表明,其对氰戊菊酯的抗性可能是由表皮层的硬化引起药剂穿透性降低所致的。20 世纪 70 年代,穿透性降低导致的抗性在家蝇中研究得比较多,其第三条染色体上 pen 基因与杀虫药剂对表皮的穿透率降低密切相关。

6.6.2.2 靶标不敏感

目前,已经明确的因靶标不敏感(target site insensitivity)引发的对杀虫药剂的抗性有 6 种情况:①乙酰胆碱酯酶突变;②神经不敏感;③中肠靶标结合位点减少;④线粒体电子传递链突变;⑤几丁质合成酶突变;⑥脂类生物合成酶的突变。

6.6.2.2.1 乙酰胆碱酯酶变构

乙酰胆碱酯酶(AChE)变构(altered acetylcholinesterase)实际上就是因为编码乙酰胆碱酯酶的基因发生突变,其三维结构随之发生变化,从而对杀虫药剂的抑制不敏感,所以,也称为不敏感的 AChE(insensitive AChE)或变构的 AChE(modified AChE)。

1. AChE 突变与抗药性

AChE 是有机磷和氨基甲酸酯类杀虫药剂的主要作用靶标,因此 AChE 变构主要与昆虫对这 2 类药剂的抗性有关。Smissaert(1964)第一次证明棉叶螨的 AChE 对有机磷的敏感性降低,随后在微小牛蜱中也发现了类似现象。Schuntner 和 Roulston(1968)报道的二嗪农抗性铜绿蝇 Lucilia cuprina 的 AChE 对二嗪农敏感性下降是第一个昆虫 AChE 变构的案例。目前,已经在很多昆虫包括家蝇、稻黑尾叶蝉、库蚊、按蚊、黑腹果蝇、黏虫、烟蚜、小菜蛾中证明,这些昆虫对有机磷和氨基甲酸酯类杀虫药剂的抗性与其 AChE 的不敏感有关(高希武,2012)(图 6.10,另见彩图 6)。在家蝇中,杀虫畏抗性品系变构的 AChE 对杀虫畏的敏感性比敏感品系下降了 200 倍(Tripathi and O'Brien,1973)。从黏虫田间抗性品系中纯化的 AChE 对 4 种氨基甲酸酯(西维因、毒扁豆碱、灭多威和恶虫威)和 2 种有机磷类(甲基对氧磷和对氧磷)杀虫药剂的敏感性比敏感品系下降了 17～345 倍(表 6.3)。

表 6.3　氨基甲酸酯和有机磷药剂对黏虫 AChE 抑制的双分子速率常数(Yu,2006)

杀虫剂	$K_i/L/(mol \cdot min)$		
	敏感品系(S)	抗性品系(R)	S/R
氨基甲酸酯类			
西维因	5.32×10^4	1.54×10^2	345

续表 6.3

杀虫剂	$K_i/L/(mol \cdot min)$		
	敏感品系(S)	抗性品系(R)	S/R
毒扁豆碱	1.28×10^6	6.30×10^4	20
灭多威	2.31×10^5	1.39×10^4	17
苯氧威	3.65×10^5	2.48×10^3	147
有机磷类			
甲基对氧磷	6.30×10^5	2.24×10^3	281
对氧磷	4.08×10^5	1.26×10^4	32
久效磷	8.89×10^3	7.30×10^3	1.2

上述 AChE 对杀虫药剂的敏感性下降主要原因是 AChE 基因发生了点突变。Mutero 等 (1994)发现黑腹果蝇 AChE 对有机磷和氨基甲酸酯类杀虫药剂的敏感性降低是由于不同品系中 ace2 基因发生了 5 个点突变(Phe115Ser、Ile199Val、Ile199Thr、Gly303Ala 和 Phe368Tyr),并且这些点突变有时会以不同组合的形式同时出现,从而形成不同的抗性模式。这是 AChE 发生点突变导致其敏感性下降的第一例报道。类似的,家蝇 ace2 基因的 5 个点突变(Val180Leu、Gly262Ala、Gly262Val、Phe327Tyr 和 Gly365Ala)单独或以不同组合的形式导致了其对有机磷和氨基甲酸酯类杀虫药剂的不同抗性谱,这些点突变组合导致的抗性具有相加效应(Walsh et al.,2001)。

Zhu 等(1996)详细研究了马铃薯甲虫的 AChE 基因 291 位丝氨酸到甘氨酸的点突变 (S291G)引起的 AChE 变构对谷硫磷抗性的生化和分子机制,发现该突变所处的位置正好是形成 α-E$'$1 螺旋的第一个氨基酸,而甘氨酸是所有氨基酸中最小的,并且其 C 上没有侧链,缺乏可形成氢键的羟基,因此,甘氨酸替代丝氨酸使得从折叠到 α-E$'$1 螺旋的转折的稳定性变小,引起 AChE 构象发生变化,阻止了谷硫磷与外周阴离子部位和催化部位的结合,导致 AChE 对倍硫磷的抑制不敏感。桃蚜对抗蚜威的抗性的原因是其 AChE 的酰基口袋位置上丝氨酸到苯丙氨酸发生突变(Ser431Phe),改变了配体的特异性(Nabeshima et al.,2003)。类似的点突变导致 AChE 变构从而对有机磷和氨基甲酸酯类杀虫药剂产生抗性的案例有很多。表 6.4 列出了部分昆虫导致 AChE 变构的突变位点。

表 6.4　部分昆虫导致 AChE 变构的突变位点

昆虫	基因	突变位点	参考文献
黑腹果蝇 *Drosophila melanogaster*	ace2	Phe115Ser、Ile199Val、Ile199Thr、Gly303Ala 和 Phe368Tyr	Mutero et al.,1994
家蝇 *Musca domestica*	ace2	Val180Leu、Gly262Ala、Gly262Val、Phe327Tyr 和 Gly365Ala	Walsh et al.,2001
马铃薯甲虫 *Leptinotarsa decemlineata*	ace2	Ser291Gly	Zhu et al.,1996
桃蚜 *Myzus persicae*	ace2	Ser431Phe	Nabeshima et al.,2003
地中海实蝇 *Ceratitis capitata*		Gly326Ala	Magana et al.,2008

续表 6.4

昆虫	基因	突变位点	参考文献
小菜蛾 *Plutella xylostella*	ace1	Ala298Ser 和 Gly324Ala	Lee et al.,2007
橄榄果蝇 *Bactrocera oleae*	ace	Gly488Ser	Vontas et al.,2002a
麦长管蚜 *Sitobion avenae*	ace1	Leu436Ser	Chen et al.,2007a
	ace2	Trp516Arg	
褐飞虱 *Nilaparvata lugens*	ace1	Gly119Ala、F/Y330S、F331H 和 H332L	Kwon et al.,2012
三带喙库蚊 *Culex tritaeniorhynchus*	ace2	F331W	Nabeshima et al.,2004
冈比亚按蚊 *Anopheles gambiae*	ace1	Gly119Ser	
白魔按蚊 *A. albimanus*	ace1	Gly119Ser	Weill et al.,2003,2004
尖音库蚊 *C. pipiens*	ace1	Gly119Ser	
尖音库蚊 *C. pipiens*	ace1	F290V	Alout et al.,2007
二斑叶螨 *Tetranychus urticae*	ace1	F331W、G328A、A201S	Khajehali et al.,2010
		G228S、A391T 和 F439W	Kwon et al.,2010b
山楂红叶螨 *T. evansi*	ace1	F331Y/W	Carvalho et al.,2012
微小牛蜱 *Rhipicephalus microplus*	AChE2	V297I、S364T、H412Y 和 R468K	Ghosh et al.,2015
	AChE3	I48L、I54V、R86Q、V71A、I77M 和 S79P	Jyoti et al.,2016
绿盲蝽 *Apolygus lucorum*	ace1	A216S	Wu et al.,2015

　　有关二斑叶螨 AChE 敏感性下降导致对有机磷抗性的报道很多。Anazawa 等(2003)通过基因克隆和序列比对首先报道了 7 个可能与 AChE 敏感性下降有关的突变,其中 F439C 位于催化部位而被认为可能是对有机磷产生抗性的原因。随后 Khajehali 等(2010)报道二斑叶螨欧洲品系对有机磷的抗性与 ace1 的 3 个突变(F331W、G328A 和 A201S)有关。植食性害螨 AChE 的不同点突变在对有机磷杀虫药剂抗性中还具有协同作用。如 Kwon 等(2010a)报道二斑叶螨对久效磷的抗性与 AChE 的 3 个点突变 G228S、A391T 和 F439W 有关。突变频率与抗性水平的相关分析表明,与 F439W 相比,G228S 在抗性中起着更为重要的作用;但 G228S 和 F439W 同时存在时,对抗性具有显著增效作用。

　　和已经报道的昆虫和螨类不同,微小牛蜱 *Rhipicephalus microplus* 有 3 个 AChE 基因(Rodriguez-Vivas et al.,2018),目前已经发现在其 AChE2 上有 4 个突变(V297I、S364T、H412Y 和 R468K)、AChE3 上有 6 个突变(I48L、I54V、R86Q、V71A、I77M 和 S79P)均与有机磷抗性相关(Ghosh et al.,2015;Jyoti et al.,2016)。

　　Russell 等(2004)通过对比生物测定结果、AChE 的生物化学特性及 AChE 基因的突变情况,将 AChE 变构导致的对有机磷和氨基甲酸酯类杀虫药剂的抗性分为 Ⅰ 型抗性(pattern Ⅰ)和 Ⅱ 型抗性(pattern Ⅱ)两大类。① Ⅰ 型抗性主要特点:AChE 变构导致的对残杀威、抗蚜

威、丁硫克百威等氨基甲酸酯类药剂的抗性水平高于对马拉氧磷、对氧磷、毒死蜱和双硫磷等有机磷类药剂，且 AChE 的敏感性下降比较显著。在蚊虫中，Ⅰ型抗性是 2 个 AChE 其中之一的活性部位的氧阴离子洞的一个特定的甘氨酸（Gly）到丝氨酸（Ser）的突变所致的；而在桃蚜中是其 AChE 的酰基口袋附近的丝氨酸到苯丙氨酸（Phe）的突变引起的。②Ⅱ型抗性的特点：对氨基甲酸酯类药剂的抗性水平及 AChE 敏感性降低的程度和对有机磷类药剂的抗性相似，个别情况下只对有机磷类药剂有抗性。对进化程度比较高的 3 种双翅目昆虫的研究表明，突变导致了 AChE 的活性部位谷区的颈口收缩，从而限制了杀虫药剂进入谷底与催化部位的残基结合（图 6.10，另见彩图 6）。

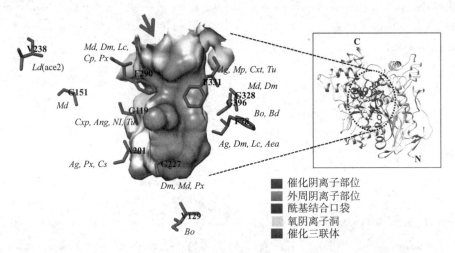

图 6.10　与有机磷和氨基甲酸酯类药剂不敏感有关的突变位点在电鳐 AChE 上的分布（Lee et al.，2015）

注：重点显示活性位点谷部分（灰色箭头所指为谷的入口）。插入的小图显示 AChE 的整体球形分子结构，虚线圆圈内为活性位点谷。突变位点氨基酸的侧链显示为红色，并根据电鳐的氨基酸序列编号。每个突变位点旁边的斜体字母为已经报道的具有该突变的节肢动物学名的缩写。Ag，棉蚜 *Aphis gossypii*；Aea，埃及伊蚊 *Aedes aegypti*；Ang，冈比亚按蚊 *Anopheles gambiae*；Bd，橘小实蝇 *Bactrocera dorsalis*；Bo，橄榄实蝇 *Bactrocera oleae*；Cp，苹果蠹蛾 *Cydia pomonella*；Cs，二化螟 *Chilo suppressalis*；Cxt，三带喙库蚊 *Cx. tritaeniorhynchus*；Cxp，尖音库蚊 *Culex pipiens*；Dm，黑腹果蝇 *Drosophila melanogaster*；Lc，铜绿蝇 *Lucilia cuprina*；Ld，马铃薯甲虫 *Leptinotarsa decemlineata*；Md，家蝇 *Musca domestica*；Mp，桃蚜 *Myzus persicae*；Ng，褐飞虱 *Nilaparvata lugens*；Px，小菜蛾 *Plutella xylostella*；Tu，二斑叶螨 *Tetranychus urticae*。

2. AChE 基因复制与抗药性

除了基因突变外，AChE 基因的复制也与抗药性有关。Labbé 等（2007）最早在尖音库蚊中发现了 ace1 的复制与其对有机磷类杀虫药剂的抗性有关。随后 Djogbenou 等（2010）发现冈比亚按蚊对有机磷的抗性也与 ace1 的复制有关。ace1 的复制主要是应对杀虫药剂的胁迫，这样就可以有 2 个不同的 ace1 的等位基因，一个对杀虫药剂敏感，另一个不敏感。这个对杀虫药剂敏感的 AChE 的复制可以补偿抗性 AChE 由于突变带来的适合度代价，从而增强其对环境的适应能力。

Kwon 等（2010b）在有机磷抗性二斑叶螨品系中也发现了 AChE 基因存在复制现象，久效磷高抗和中抗品系 AChE 基因的拷贝数分别为 2.4 和 6.1，且基因拷贝数与实际抗性水平成正相关（$r^2 = 0.895$）。Kwon 等（2012）进一步利用 AChE 特异性抗体在多个田间种群中证明，AChE 基因的复制直接导致了 AChE 的过量表达。但抗性种群 AChE 基因也因为发生突变而付出了适合度代价：其 K_m 值升高，k_{cat} 值下降，即其与底物的亲和力降低，催化能力下降。通过对具有不同突变位点或突变位点组合的 AChE 基因的体外表达及生化性质测定发现，G228S 和 F439W 突变单独存在时分别可导致 AChE 对久效磷的敏感性下降 26 倍和 99 倍；当这 2 个突变同时存在时，对久效磷的敏感性下降可达 1 165 倍。然而，不论是 G228S 还是 F439W，都显著降低了 AChE 的催化效率（k_{cat} 值下降 18～27 倍），显然降低了 AChE 的适合度。A391T 突变在 2 个抗性品系中的突变频率都是 100%，且该突变单独存在时，对 AChE 的生化特性无明显影响；但与 F439W 同时存在时，可减弱因 F439W 突变带来的负效应，说明 A391T 突变具有对适合度代价的补偿作用。通过体外表达系统表达具有一定突变频率的 AChE 基因，随拷贝数的增加其 AChE 的催化活性也逐渐恢复到单拷贝野生型 AChE 的水平。这说明突变 AChE 的过量表达同样可以恢复其催化活性，从而补偿由于突变造成的适合度损失。进一步分析发现，二斑叶螨中 AChE 基因的这种复制的发生并不遥远，而是最近几十年随着有机磷杀虫药剂的大量使用而出现的。

Carvalho 等（2012）发现山楂叶螨对毒死蜱的抗性除与 ace1 基因的点突变（F331Y/W）有关外，该基因同时存在基因复制现象，拥有 8～10 个拷贝。

上述事例说明，螨类的 AChE 基因复制具有双重功能：一是作为敏感的野生型等位基因库来补偿抗性突变所带来的适合度损失的负效应，保持 AChE 的正常活性；二是抗性品系因基因复制导致的 AChE 过量表达可能通过提供更多的药剂作用靶标而增强其抗性水平。从进化角度来看，二斑叶螨对有机磷杀虫药剂的抗性不是抗性点突变及其适合度补偿的长期累积效应，而是基因突变和大量复制共同导致的快速进化的结果。

ace 的复制在其他昆虫中也有很多报道。如有机磷抗性棉蚜中 ace2 的拷贝数和转录水平均显著增加（Shang et al.，2014），这证明 ace2 的复制也参与了抗性。田间种群小菜蛾的 ace1 虽然也有复制现象，但其与乙酰甲胺磷抗性的关系并不清楚（Sonoda et al.，2014）。

值得注意的是，根据 Lee 等（2015）对二斑叶螨、小菜蛾、二化螟、赤拟谷盗等 6 种不同节肢动物中 ace 的拷贝数及其抗药性情况的分析表明，并非所有有机磷和氨基甲酸酯类抗性种群都存在 ace 复制，可能只有在长期药剂处理的高选择压力下和（或）AChE 突变引起的适合度损失需要补偿时才会发生。

3. AChE 的不同分子型与抗药性

除了基因不同（ace1 和 ace2）导致 AChE 的功能有差异外，每种 AChE 还可形成不同的分子型（molecular form），因此其功能具有多样性。已经证明脊椎动物和无脊椎动物的 AChE 均存在多种结构明显不同的分子型。昆虫 AChE 有 3 种不同分子型：第一种即最主要的一种为两性二聚体，通过糖磷脂酰肌醇（glycophosphatidylinositol，GPI）锚定在质膜上；第二种为水溶性二聚体；第三种是水溶性单体。例如，在黑腹果蝇中分子质量为 55 ku 和 18 ku 的 2 种分子型就是由 75 ku 的 AChE 前体通过蛋白裂解产生的。有人认为第二种是由第一种（两性二聚体）水解产生的，第三种可能是第二种（水溶性二聚体）通过还原产生的。但 Kim 等（2014）通过在转基因果蝇中的表达研究证实，这些不同分子型是由于 ace 基因在转录过程中产生的不同剪切而形成的。

与其他昆虫中 AChE1 在突触间隙行使着重要的神经功能不同，在意大利蜜蜂 Apis mellifera 中由 AChE2 行使该功能。因此，在意大利蜜蜂中 AChE2 主要分布在中枢神经系统，

而 AChE1 大量分布在中枢神经系统、周围神经系统和非神经系统等多个组织。2 种 AChE 都以同源二聚体(2 个单体以二硫键连接)的形式存在。AChE2 通过 GPI 锚定在质膜上,而 AChE1 以水溶性形式存在。体外表达分析发现,AChE2 对硫代乙酰胆碱和硫代丁酰胆碱的水解活性是 AChE1 的 2 500 倍,证明了 AChE2 的神经功能。此外,杀虫药剂抑制实验表明, AChE2 对有机磷和氨基甲酸酯类药剂更为敏感,进一步证明了 AChE2 是这 2 类药剂的作用靶标。如果在反应体系中先加入 AChE1 并温育 30 min,然后再加入 AChE2,则上述 2 类杀虫药剂对 AChE2 的抑制能力显著下降,表明 AChE1 很可能通过与药剂分子结合而将其隔离贮存,从而减少杀虫药剂对 AChE2 的抑制作用。AChE 的这种生物净化功能和松材线虫 *Bursaphelenchus xylophilus* 的 AChE3 及脊椎动物的丁酰胆碱酯酶(butyrylcholinesterase,BChE) 非常相似,可以有效减少到达神经靶标的杀虫药剂的量,从而保护神经系统的正常功能。

和其他大多数昆虫拥有 2 个 AChE 不同,黑腹果蝇等环裂亚目昆虫的 AChE1 在进化过程中丢失,因此只有 AChE2。但黑腹果蝇和家蝇的 AChE2 都具有多种分子型,可替代 AChE1 的功能。在多种分子型中,可溶性单体可能是通过转录后修饰如 C 端裂解、GPI 锚定的替代及蛋白水解等产生的。但 Kim 和 Lee(2013)发现,与脊椎动物中 AChE 多种分子型的形成类似,黑腹果蝇中多种类型的分子型也是通过 mRNA 的选择性剪切产生的。其中,膜结合二聚体型 AChE 主要分布于中枢神经系统中,且在突触传导中发挥作用;而可溶性单体 AChE 更多地在非神经组织中表达,在神经系统中也有表达,但不稳定。说明这些可溶性单体 AChE 可能具有非神经功能,并且其表达具有可诱导性。进一步研究表明,用敌敌畏处理可诱导果蝇中枢神经系统中可溶性单体 AChE 的表达量增多,而膜结合二聚体的表达量下降,并且这种诱导作用非常快,药剂处理后 1 h 即可发生。因此,这种可溶性单体对敌敌畏极不敏感,其过量表达可能作为生物净化剂清除敌敌畏,从而保护具有神经功能的膜结合二聚体 AChE 不被抑制。

综上所述,AChE 基因突变导致其对有机磷和氨基甲酸酯类杀虫药剂的敏感性下降是昆虫对这 2 类杀虫药剂产生抗性的主要原因。此外,某些杀虫药剂诱导昆虫过量表达的 AChE 或其不同分子型可作为生物净化剂,通过隔离贮存外源化合物,保护具有神经功能的 AChE 免受杀虫药剂的抑制。

4. AChE 变构抗性昆虫的抗性谱特征

AChE 变构导致的抗性是在极高的持续性选择压力下产生的,其抗性谱广泛,特别是对二甲基有机磷酸酯和 N-甲基氨基甲酸酯类杀虫药剂的正交互抗性尤为突出。对二乙基有机磷酸酯类杀虫药剂的正交互抗性范围与田间防治或实验室选择所用的杀虫药剂品种有关。而对 N-丙基氨基甲酸酯和丙基有机磷酸酯一般具有负交互抗性。用有机磷和氨基甲酸酯杀虫药剂来防治 AChE 变构抗性昆虫时,添加抑制代谢酶的增效剂(如 PBO、DEF、TPP 和 DEM 等)没有明显的增效作用。例如,Tripathi 和 O'Brien(1973)用残杀威和敌蝇威对 AChE 变构抗性家蝇试验,加与不加增效剂其抗性仅差 1 倍。单独的 AChE 变构并不能产生极高水平的抗性,只有在解毒作用存在的情况下,才能使抗性大幅度增加。产生这种情况的主要原因是 AChE 对杀虫药剂的敏感性下降,使昆虫有时间将杀虫药剂降解。

5. 变构 AChE 的生化特性

一般来说,变构的 AChE 对正丙基有机磷酸酯和 N-正丙基氨基甲酸酯比正常的 AChE

更敏感,而对二乙基有机磷酸酯情况比较复杂,不同品系的情况可能有所不同,这与形成品系的选择条件有关。正常的 AChE 对二甲基有机磷、二乙基有机磷以及 N-甲基氨基甲酸酯均比较敏感。

已经证明,在家蝇和黑尾叶蝉的抗性品系中,变构的 AChE 对有机磷和氨基甲酸酯的敏感性降低主要是由与抑制剂的亲和力(K_d)降低引起的,而不是由解磷酰化或解氨基甲酰化常数(k_2)改变引起的。例如,家蝇 S 和 R 品系的 AChE 对杀虫畏的 K_d 值相差 573 倍,而 k_2 仅相差 2.7 倍。对 DDVP 为 38.3 倍 K_d 和 3.30 倍 k_2,残杀威为 153 倍 K_d 和 2.5 倍 k_2。

AChE 变构在生物化学上的突出特点为酶的抑制动力学发生了变化,其实质为杀虫药剂对酶的抑制能力降低,即双分子速率常数(k_i)值($k_i = k_2/K_d$)变小,也就是酶的抑制中浓度(I_{50} 值)变大($I_{50} = 0.695/t \cdot k_i$)。例如,在黑尾叶蝉中,西维因和残杀威对 AChE 的抑制中浓度,抗性品系是敏感品系的 43 倍和 115 倍。Tripathhi 和 O'Brien(1973)报道,杀虫畏、DDVP 和对氧磷对变构的家蝇脑 AChE 的 k_i 值分别是正常 AChE 的 206 倍、117 倍和 94 倍。具有变构 AChE 的抗性家蝇品系和抗性黑尾叶蝉对有机磷和氨基甲酸酯的抗性倍数和 k_i 值有显著的相关性。

在 AChE 的底物专一性方面,变构的 AChE 对丙酰硫代胆碱(PrTCh)的相对活性比正常的 AChE 要低,而对丁酰硫代胆碱(BuTCh)的活性比正常的 AChE 明显要高。变构的 AChE 最适底物浓度比正常的要高,一般牛红细胞 AChE 以及昆虫正常的 AChE 对于 ATCh 的最适底物浓度是 10^{-3} mol/L,而变构的 AChE 大于 10^{-2} mol/L。对底物的亲和力(K_m 值)一般变化不大,某些昆虫的抗性品系对底物的亲和力(K_m 值)稍有降低。

另外,正常的昆虫 AChE 具有底物反馈抑制现象,而变构的 AChE 没有。

6.6.2.2.2 神经不敏感(nerve insensitivity)

神经不敏感在昆虫对有机氯、苯基吡唑类、拟除虫菊酯类、新烟碱类、双酰胺类和甲脒类等杀虫药剂的抗性中起着重要作用,主要涉及 Cl^- 通道、Na^+ 通道、烟碱型乙酰胆碱受体(nAChR)、鱼尼丁受体(RyR)和章鱼胺受体等。神经不敏感的主要原因:靶标受体基因发生点突变从而使其对杀虫药剂的敏感性下降。

1. 电压门控 Na^+ 通道

1)氨基酸突变导致的 Na^+ 通道对 DDT 和拟除虫菊酯类药剂敏感度下降

Na^+ 通道不敏感主要导致对 DDT 和拟除虫菊酯类杀虫药剂的抗性。在过去数十年中,由于这 2 类杀虫药剂的大量使用,许多昆虫都对其产生了抗性。击倒抗性(knockdown resistance,kdr)是抗性的主要形式之一。Milani(1954)最早用击倒抗性来描述家蝇没有被 DDT 击倒并存活下来的现象,并且这种对 DDT 的抗性与拟除虫菊酯类杀虫药剂存在交互抗性。目前为止,发现在几乎所有农业害虫和卫生害虫中都存在击倒抗性。

对击倒抗性分子机制的研究表明,这种抗性主要是 Na^+ 通道基因特定位置的氨基酸突变所致的。Williamson 等(1993,1996)最早通过遗传分子标记的方法将击倒抗性基因定位在家蝇的 Na^+ 通道基因上,并进一步通过克隆测序发现位于家蝇 Na^+ 通道基因 IIS6 上的第 1014 位的亮氨酸到苯丙氨酸的突变(L1014F)是击倒抗性产生的原因,而第 918 位(位于跨膜区 II 的 S4 和 S5 胞内连接环)上的甲硫氨酸到苏氨酸的突变(M918T)和 L1014F 2 个突变的同时

存在导致了家蝇对 DDT 和除虫菊酯类杀虫药剂具有更高的击倒抗性,即超击倒抗性(super-kdr)(图 6.11)。

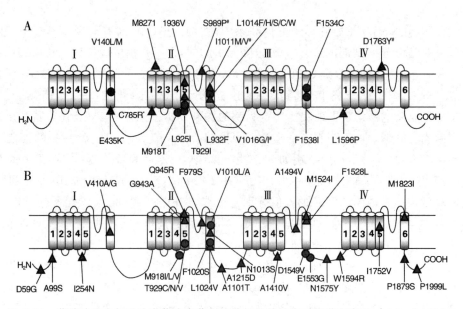

图 6.11　节肢动物中与拟除虫菊酯类药剂抗性相关的钠离子通道突变(Dong et al. ,2014)

注:A 为已通过非洲爪蟾卵母细胞表达验证的突变;B 为尚未经非洲爪蟾卵母细胞表达验证的突变。圆圈代表 2 种及以上物种中存在的突变,三角表示仅在单一物种中存在的突变。A 中 4 个♯标记的突变经过了卵母细胞表达验证,但并不降低 AaNa$_v$1-1 对氯菊酯或溴氰菊酯的敏感性;2 个 * 标记的突变单独存在时并不引起菊酯类药剂的抗性,但能增强 L1014F 或 V410M 引起的抗性。

近 20 多年来的研究发现,在不同种类节肢动物的 Na$^+$ 通道上存在 50 多个与拟除虫菊酯类杀虫药剂抗性相关的突变或突变组合(图 6.11,表 6.5),其中很多突变存在于不止 1 种昆虫中,而有些突变只在某一种昆虫中存在。有些突变位点在不同种类的昆虫中可能突变为不同的氨基酸。如最先在家蝇中和德国小蠊中发现的与击倒抗性相关的 L1014F 突变是由亮氨酸突变为苯丙氨酸,而在其他昆虫中发现了亮氨酸突变为半胱氨酸(C)、组氨酸(H)、丝氨酸(S)或色氨酸(W)等多种突变形式。另外,还有 IS6 上的 V410(M/A/G/L)、M918(T/L/V)、IIS5 上的 T929(I/C/N/V)以及 IIS6 上的 I1011M/V 和 V1016G/I 等。通过将带有不同突变形式的 Na$^+$ 通道基因在非洲爪蟾 *Xenopus* oocytes 卵母细胞中表达并对其药剂敏感性测定,发现同一位点上取代氨基酸的不同,可导致其对药剂的敏感性不同。如具有 L1014F、1014H 和 1014S 3 种类型突变的 Na$^+$ 通道对 Ⅰ 型、Ⅱ 型菊酯和 DDT 的敏感性均存在差异(Dong et al. ,2014)。另外,IIS6 上的 I1011M 和 V1016G 突变均可降低冈比亚按蚊 Na$^+$ 通道对氯菊酯和溴氰菊酯的敏感性,而 I1011V 和 V1016I 2 种突变却并不影响 Na$^+$ 通道对这 2 种药剂的敏感性(Du et al. ,2013)。I1011 和 V1016 2 个氨基酸位于拟除虫菊酯类药剂受体位点(pyrethroid receptor sites)内,对于菊酯类药剂的结合起着关键作用,因此,I1011V 和 V1016I 突变虽然不影响对氯菊酯和溴氰菊酯的敏感性,但影响着其他菊酯类药剂和(或)DDT 的作用。这种情况在另外 2 个 kdr 突变中也有发现:跨膜区 Ⅱ 的 S4 和 S5 胞内连接环上的 M918T 和 IIIS6 上的 F1534C 2 个突变同样也位于拟除虫菊酯类药剂受体位点内,其中 M918T 可显著降低氯菊酯和溴氰菊酯对 Na^+ 通道的影响,但不影响 DDT 对 Na^+ 通道的作用;而 F1534C 可保护 Na^+ 通道免受 I 型菊酯的影响,但不影响 II 型菊酯对 Na^+ 通道的作用。

表 6.5　节肢动物中与 kdr 抗性有关的钠离子通道突变(据 Dong et al. 2014 修改)

物种		突变*	原来的突变编号
阿拉伯按蚊	*Anopheles arabiensis*	L1014S	
埃及伊蚊	*Aedes aegypti*	I1011M	I104M
		I1011V	
		V1016G	V109G
		V1016G＋S989P	
		V1016G＋D1763Y	D1794Y
		V1016I	
		F1534C	F1269C
白纹伊蚊	*Aedes albopictus*	F1534C	
南美斑潜蝇	*Liriomyza huidobrensis*	L1014F	
三叶斑潜蝇	*Liriomyza trifolii*	L1014H	
臭虫	*Cimex luctularis*	L925I	
带足按蚊	*Anopheles peditaeniatus*	L1014S	
白端按蚊	*Anopheles albimanus*	L1014C	
淡色库蚊	*Culex pipiens pallens*	L1014F	
		L1014S	
德国小蠊	*Blattella germanica*	D59G＋E435K＋C785R＋L1014F＋P1999L	D58G＋E434K＋C764R＋L993F＋P1888L
		L1014F	L993F
		F1020S	F999S
狄氏瓦螨	*Varroa destructor*	L925V	
		F1528L＋M1823I	F758L＋M1055I
		F1528L＋L1596P＋I1752V＋M1823I	F758L＋L826P＋I982V＋M1055I
二斑叶螨	*Tetranychus urticae*	L1024V	L1022V
		F1538I＋A1215D	
番茄斑潜蝇	*Tuta absoluta*	M918T＋L1014F	
		T929I＋L1014F	
冈比亚按蚊	*Anopheles gambiae*	L1014F	
		L1014F＋N1575Y	
		L1014S	

续表 6.5

物种		突变*	原来的突变编号
黑腹果蝇	*Drosophila melanogaster*	I254N	I286N
		A1410V	A1549V
		A1494V	A1648V
		M1524I	
家蝇	*Musca domestica*	M918T＋L1014F	
		L1014F	
		L1014H	
尖音库蚊	*Culex pipiens*	L1014F	
		L1014S	
		L1014C	
厩螫蝇	*Stomoxys calcitrans*	L1014H	
库态按蚊	*Anopheles culicifacies*	L1014S	
		L1014S＋V1010L	
马铃薯甲虫	*Leptinotarsa decemlineata*	T929I	
		T929I＋L1014F	
		T929N＋L1014F	
		L1014F	
麦长管蚜	*Sitobion avenae*	L1014F	
美洲斑潜蝇	*Liriomyza sativae*	L1014F	
迷走按蚊	*Anopheles vagus*	L1014S	
美洲棉铃虫	*Helicoverpa zea*	V410M	V421M
		V410A	V421A
		V410G	V421G
		I936V	I951V
		L1014H	L1029H
棉铃虫	*Helicoverpa armigera*	D1549V＋E1553G	D1561V＋E1565G
棉蚜	*Aphis gossypii*	M918T	
		M918L	
		L1014F	
南美斑潜蝇	*Liriomyza huidobrensis*	M918T＋L1014F	
苹果蠹蛾	*Cydia pomonella*	L1014F	
浅色按蚊	*Anopheles subpictus*	L1014F	
人体虱	*Pediculus humanus corporis*	M827I＋T929I＋L932F	M815I＋T917I＋L920F

续表 6.5

物种		突变*	原来的突变编号
萨氏按蚊	*Anopheles sacharovi*	L1014S	
骚扰锥蝽	*Triatoma infestans*	L1014F	
斑须按蚊	*Anopheles stephensi*	L1014F	L31F
桃蚜	*Myzus persicae*	M918T+L1014F	
		L1014F	
		L1014F+F979S	
头虱	*Pediculus humanus capitis*	M827I	M815I
		M827I+T929I	M815I+T917I
		M827I+T929I+L932F	M815I+T917I+L920F
		M827I+L932F	M815I+L920F
		T929I+L932F	
		G943A	
微小牛蜱	*Rhipicephalus microplus*	L925I	
		G933Ve	G72V
		F1538I	F1550I
温带臭虫	*Cimex luctularis*	V410L	V419L
温室粉虱	*Trialeurodes vaporariorum*	M918L+L925I	
		L925I	
		T929I	
西方角蝇	*Haematobia irritans*	M918T+L1014F	
		L1014F	
西花蓟马	*Frankliniella occidentalis*	T929I+L1014F	
		T929C	
		T929C+L1014F	
		T929V	
		L1014F	
小菜蛾	*Plutella xylostella*	M918I+L1014F	
		T929I+L1014F	
		T929I+L1014F+A1101T+P1879S	
		F1020S	
		A1101T+P1879S	A1060T+P1836S
		F1845Y	

续表 6.5

物种		突变*	原来的突变编号
		V1848I	
烟粉虱	*Bemisia tabaci*	M918V	
		L925I	
		T929V	
烟蓟马	*Thrips tabaci*	M918T＋L1014F	
		M918L＋V1010A	
		T929I	
烟芽夜蛾	*Heliothis virescens*	V410M	V421M
		L1014H	L1029H
		D1549V＋E1553G	D1561V＋E1565G
伊氏叶螨	*Tetranychus evansi*	M918T	
油菜露尾甲	*Meligethes aeneus*	L1014F	
玉米象	*Sitophilus zeamais*	T929I	
栉头蚤	*Ctenocephalides felis*	T929V	
		T929V＋L1014F	
		L1014F	
致倦库蚊	*Culex quinquefasciatus*	A99S	A109S
		L1014F	
		W1594R	W1573R
中华按蚊	*Anopheles sinensis*	L1014S	
		L1014C	
		L1014W	
		N1013S	
朱砂叶螨	*Tetranychus cinnabarinus*	F1538I	
棕榈蓟马	*Thrips palmi*	T929I	
	Hyelella azteca	M918L	
		L925I	
鲑疮痂鱼虱	*Lepeophtheirus salmonis*	Q945R	
水牛虻	*Haematobia irritans exigua*	L1014F	
按蚊	*Anopheles parilae*	L1014S	

*突变根据 GenBank 中家蝇 Na⁺ 通道 Vssc1(Accession no：AAB47604)的氨基酸序列编号；原始编号是指原始文献中的氨基酸编号。其他详见 Dong 等(2014)。

　　除了同一位点替换的氨基酸不同对药剂的敏感性影响有显著差异外,2 个或 2 个以上突变位点的同时存在往往导致 Na$^+$ 通道对药剂敏感性的显著下降,远远大于单个突变的作用。例如,L1014F 和 M918T 各自单独存在时,黑腹果蝇 Na$^+$ 通道对溴氰菊酯的敏感性仅下降 5～10 倍,但 L1014F 和 M918T 同时存在时,其 Na$^+$ 通道对溴氰菊酯完全不敏感。类似的,T929I 与 M827I 和 L932F 组合可使温带臭虫 Cimex lectularius Na$^+$ 通道对氯菊酯完全不敏感(Yoon et al. ,2008)。另外,在德国小蠊中,位于跨膜域 I 和 II 胞内连接环上的 E435K 和 C785R 单独存在时,并不影响 Na$^+$ 通道对溴氰菊酯的敏感性;当 2 个突变中任何 1 个与 L1014F 同时存在时,Na$^+$ 通道对溴氰菊酯的敏感性均可下降 100 倍;3 个突变同时存在时,则可使敏感性下降达 500 倍。类似的,在德国小蠊中,E435K 和 C785R 同样也可以增强 V410M 对菊酯类杀虫药剂的不敏感性。因此,这 2 个突变被认为是 V410M 和 L1014F 的增强子(Liu et al. ,2002)。Jones 等(2012)在非洲的冈比亚按蚊中发现,其 Na$^+$ 通道跨膜域 III 和 IV 连接环上的 N1575Y 突变同样对 L1014F 具有增效作用。然而,也有的突变对其他突变没有增效作用,如埃及伊蚊中的 S989P 和 D1763Y 常常与 V1016G 共存,但无论 S989P 还是 D1763Y 与 V1016G 同时存在均不能增强其对菊酯类杀虫药剂的抗性。推测这 2 个突变可能具有补偿 V1016G 突变引起的适合度代价的作用。

　　2)Na$^+$ 通道上 DDT 和拟除虫菊酯类杀虫药剂结合位点的鉴定

　　首先说明一下,在研究 DDT 和拟除虫菊酯类杀虫药剂在 Na$^+$ 通道上的结合位点时,对相应氨基酸位置的描述用了另一套命名系统(Du et al. ,2010),不再由氨基酸名称和其整个肽链上的编号组成,而是由氨基酸名称缩写、数字(1～4,代表 4 个跨膜域)、片段的类型(k 表示位于片段 4 和 5 的连接环上,i 表示位于形成钠通道的内螺旋上,o 表示位于外螺旋上)及其所在片段上的相对编号四大部分组成。如 II S6 上的 L1014F 表示为 L^{2i16}F。

　　对上述 kdr 突变功能的深入研究也促进了人们对 DDT 和拟除虫菊酯类杀虫药剂作用机制的了解。利用计算机模拟以及对非洲爪蟾卵母细胞中表达的 kdr 突变 Na$^+$ 通道的电生理学和药理学分析,认为在 Na$^+$ 通道上存在 2 个拟除虫菊酯类杀虫药剂结合位点(pyrethroid receptor site,PyR)。第一个结合位点(PyR1)由跨膜域 II 中的疏水片段 4 和 5 的连接环(II L45)、II S5 和 III S6 组成,即 II L45-II S5-III S6 三角。有趣的是,M^{k211}(M918)、L^{2o6}(L925)、T^{2o10}(T929)、F^{3i13}(F1534)和 F^{3i16}(F1537)这些氨基酸残基正好位于螺旋连接 II L45、跨膜螺旋 II S5 和 III S6 的内表面(图 6.12,另见彩图 7),这些位点的突变可不同程度地改变 Na$^+$ 通道对部分菊酯类杀虫药剂的敏感性。计算机模拟表明,DDT 和氰戊菊酯、氟丙菊酯(acrinathrin)、联苯菊酯、溴氰菊酯和氯菊酯等菊酯类杀虫药剂均可与该结合位点结合,其中菊酯类杀虫药剂与 II L45、II S5 和 III S6 形成多点接触,可稳定通道的开放状态。DDT 分子相对较小,结合在 II S5 和 III S6 之间,而未能到达 II L45,因此,DDT 与通道的接触点较菊酯类杀虫药剂与通道的接触点要少。进一步通过对 Na$^+$ 通道基因进行系统的定点突变及表达分析,证明了该结合位点的存在。

　　在第一个结合位点中已经存在一些 kdr 突变位点,但还有一些突变位点如 V409M 和 L1014F 位于远离结合位点 1 的区域。人们开始以为这些突变可能通过变构作用影响菊酯类杀虫药剂的作用,即阻止 S6 螺旋的弯曲从而阻止通道的打开。但后来发现,这些 kdr 突变的相对位置与结合位点 1 中 kdr 突变的位置相同,只是位于另一个不同的跨膜域。例如,位于跨膜结构域 II 中的 L1014(L^{2i16})与结合位点 1 中探测菊酯类杀虫药剂的残基 F1537(F^{3i16})

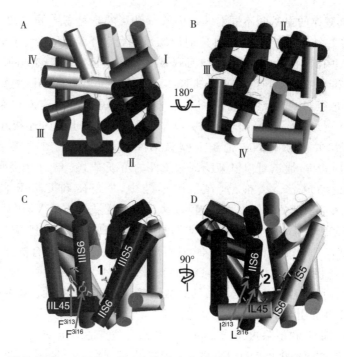

图 6.12　埃及伊蚊 Na⁺ 通道上拟除虫菊酯类药剂结合位点模型图（Dong et al.，2014）

注：Ⅰ、Ⅱ、Ⅲ和Ⅳ 4 个跨膜结构域分别表示为黄色、红色、绿色和灰色。A 为由胞外向内观，4 个跨膜结构域按顺时针排列；B 为由胞内向外观，4 个结构域按逆时针排列；C 和 D 为侧面观。C 显示菊酯类药剂结合位点 1（位于结构域Ⅱ和Ⅲ的内表面），D 显示结合位点 2（位于结构域Ⅰ和Ⅱ的内表面）。结合位点中的箭头所指棍状结构为感知拟除虫菊酯类药剂的氨基酸残基。

的位置类似。这种对称性说明 Na⁺ 通道上可能存在另一个由Ⅰ L45、Ⅰ S5 和Ⅱ S6 形成的菊酯类杀虫药剂结合位点，即Ⅰ L45-Ⅰ S5-Ⅱ S6 三角。进一步通过模型预测发现位于Ⅰ S5 中的 $I^{1k7}A$ 和 $V^{1k11}A$ 突变、位于Ⅰ L45 的 $I^{1o10}C$ 和Ⅰ S6 中的 $L^{1i18}G$ 突变均可显著降低 Na⁺ 通道对菊酯类杀虫药剂的敏感性，从而证明了结合位点 2（PyR2）的存在（Du et al.，2013）。和预测的一样，蚊虫和其他昆虫中的 kdr 突变 $I1011M(I^{2i13}M)$ 和 $L1014F/S(L^{2i16}F/S)$ 都位于结合位点 2 内。另外，对结合位点 2 具有决定性影响的氨基酸的突变分析也进一步证明了结合位点 2 的存在（图 6.13）。这种拟除虫菊酯类杀虫药剂的双受体位点模型和非洲爪蟾卵母细胞中表达的黑腹果蝇的每个 Na⁺ 通道可结合 2 个或多个溴氰菊酯分子的结果一致。

最近，Chen 等（2017）将 Pittendrigh 等（1997）在黑腹果蝇中发现的与Ⅱ型菊酯抗性相关的 2 个突变 A1548V 和 A1648V 引入德国小蠊的 Na⁺ 通道基因（BgNa$_v$1-1a），并在非洲爪蟾卵母细胞中进行表达和功能分析，发现这 2 个突变均可导致对 DDT 和Ⅰ型菊酯类药剂的抗性，几乎完全消除了Ⅰ型菊酯中毒引起的尾电流。相反，这 2 个突变对Ⅱ型菊酯，如溴氰菊酯和氯氰菊酯引起的尾电流的振幅均没有影响，但都显著加速了尾电流的衰减。我们知道，正常情况下Ⅱ型菊酯引起的尾电流的衰减是非常缓慢的。3D 结构预测表明，这 2 个突变通过空间异构（使Ⅲ L45 远离 Na⁺ 通道的中心轴）改变了菊酯类杀虫药剂与 Na⁺ 通道的结合从而导致对 DDT 和这 2 种类型的拟除虫菊酯类杀虫药剂的抗性，同时也提出在Ⅲ/Ⅳ结构域的界面上可能存在拟除虫菊酯类药剂的第三个结合位点，但有待进一步验证。

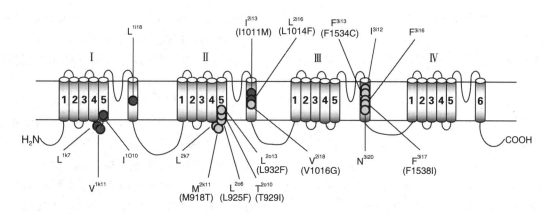

图 6.13　昆虫钠通道菊酯类药剂结合位点 1 和 2 中的药剂敏感氨基酸残基（Dong et al. ,2014）

注:白色圆点为结合位点 1 中的药剂敏感氨基酸残基,黑色圆点为结合位点 2 中的氨基酸残基。括号中为田间种群中检测到的与拟除虫菊酯类药剂抗性相关的氨基酸突变。

　　除了上述与 DDT 和拟除虫菊酯类杀虫药剂抗性相关的突变,最近,Wang 等(2016a)报道了小菜蛾 Na⁺ 通道上的 2 个新的突变:位于 IVS6 的 F1845Y 和 V1848I,其突变频率与小菜蛾对 Na⁺ 通道阻断剂茚虫威和氰氟虫腙的抗性密切相关。这 2 个突变位点正好位于预测的局部麻醉剂和 Na⁺ 通道阻断剂的结合区内。随后 Jiang 等(2015)把这 2 个突变引入德国小蠊的 Na⁺ 通道基因并通过非洲爪蟾卵母细胞表达,发现这 2 个突变的引入显著降低了通道蛋白与茚虫威、DCJW 和氰氟虫腙的结合能力,进一步证明这 2 个突变与 Na⁺ 通道阻断剂的抗性相关,同时也证明这 2 个突变在不同昆虫中导致对茚虫威等 Na⁺ 通道阻断剂的抗性可能具有普遍性。由于没有发现这 2 个突变同时出现在同一等位基因中的情况,推测这 2 个位点的突变应该是独立发生的。

　　2. Cl⁻ 通道

　　20 世纪 90 年代初,ffrench-Constant 及其合作者从对狄氏剂产生 4000 多倍抗性的黑腹果蝇中克隆到 1 个 GABA 受体亚基的基因 *rdl*,序列比较发现第七和第八外显子上分别存在丙氨酸到丝氨酸的突变(A302S)和甲硫氨酸到异亮氨酸的突变(M361I)。后一突变保守性相对较弱,位于连接 M3 和 M4 之间的胞内部分,而前一突变位于高度保守的 M2 区域。GABA 受体 Cl⁻ 通道形成过程中,处于 M2 中部的 3 个高度保守的氨基酸残基部分暴露于 Cl⁻ 通道口,形成 Cl⁻ 通道的内壁而参与 Cl⁻ 的运输。302 位的丙氨酸即是上述 3 个氨基酸中位于细胞质一侧的氨基酸残基。进一步将野生型和 302 位突变型 *rdl* 基因在爪蟾卵母细胞中表达,发现其表达的 GABA 受体对 GABA 的反应相似,但突变型受体对木防己苦毒素和狄氏剂的敏感性与野生型相比下降约 100 倍,几乎对所测药剂完全不敏感。由此证实了该突变是果蝇对狄氏剂产生高度抗性的主要原因(Ffrench-Constant et al. ,1993a,1993b)。随后,在采自世界各地的至少 60 个狄氏剂抗性果蝇品系中均检测到了 A302S 突变。此后,相继在烟芽夜蛾、莴苣蚜 *Nasonovia ribisnigri*、桃蚜、赤拟谷盗、猫栉首蚤 *Ctenocephalides felis*、冈比亚按蚊和小菜蛾等多种环戊二烯类抗性害虫中检测到该位点发生了突变,且绝大部分为 A302S 突变,仅在桃蚜和冈比亚按蚊中为丙氨酸到甘氨酸的突变(A302G)(梁沛,2012)。Remnant 等(2014)利用定点突变和转基因果蝇技术证明 RDL 的 A302S 突变可导致果蝇对氟虫腈也产生中等水平的抗性。

通过对采自世界各地不同品系 *rdl* 基因的系统分析，Ffrench-Constant 等（2000）认为果蝇中的 A302S 是单起源的，即在一个敏感品系中发生突变后扩散到其他地区。而 Andreev 等（1999）对 141 个种群的研究表明，赤拟谷盗中的 A302S 是多起源的，即该突变在几个遗传背景不同的敏感种群中独立发生后再传入其他地区。

Li 等（2006）从氟虫腈抗性小菜蛾中克隆了一个 GABA 受体基因 *PxRdl*，发现该基因同样存在 A302S 突变，但该突变只是小菜蛾对氟虫腈产生抗性的原因之一，可能与该基因上的其他突变或其他 GABA 受体亚基上的突变共同导致了小菜蛾对氟虫腈的高度抗性。

Zhao 和 Salgado（2010）应用膜片钳技术研究了氟虫腈的氧化代谢产物氟虫腈砜对狄氏剂敏感及抗性德国小蠊 GABA 受体和 GluCls 的作用。据研究，狄氏剂阻断敏感个体中 GABA 诱导的 Cl^- 流的 IC_{50} 为 3 nmol/L，对抗性个体的 IC_{50} 则为 383 nmol/L，是敏感个体的 128 倍；氟虫腈砜对敏感个体的 IC_{50} 为 0.8 nmol/L，对抗性个体的 IC_{50} 则为 12.1 nmol/L，是敏感个体的 15 倍。

关于 A302S 突变导致昆虫对这些非竞争性拮抗剂产生抗性的药理学机理，Zhang 等（1994）提出该突变能稳定通道的开放状态并降低其脱敏速率，降低木防己苦毒素与通道的亲和力。Ffrench-Constant 等（1993a，1993b）认为，丝氨酸替代丙氨酸虽然没有引起净电荷的变化，但增加的羟基所占空间更大，可能通过空间干扰作用限制了木防己苦毒素分子与 Cl^- 通道的结合。

Chen 等（2006）根据前期的研究结果提出了一个不同的假设，认为尽管硫丹、林丹、氟虫腈和植物源的苦毒宁这些非竞争性拮抗剂结构差异很大，但很可能结合于 Cl^- 通道中的同一位点。他们以人的 GABA 受体 β_3 亚基表达形成的同源五聚体为材料（该受体对上述杀虫药剂都具有很高的敏感性），通过定点突变、非竞争性拮抗剂的结合实验、Cl^- 通道结构及构建分子模型等一系列研究对这一假设进行了验证，最终筛选出 4 个认为与杀虫药剂结合密切相关的氨基酸，分别是 A1′、A2′、T6′和 L9′（氨基酸的位置是指在 M2 区中的序号，图 6.14）；进一步通过分子模拟证明上述杀虫药剂及特丁基双环硫代磷酸酯（TBPS）能够与通道中的 A2′和

					M2		
	−4′	−1′	2′	6′	9′		
α_1	S	V P A R T V F G V T	T V L T
β_1	A	S A A R V A L G I T	T V L T
β_2	A	S A A R V A L G I T	T V L T
β_3	A	S A A R V A L G I T	T V L T
γ_2	A	V P A R T S F G V T	T V L T
ρ_1	A	V P A R V P L G I T	T V L T
ρ_2	A	V P A R V S L G I M	T V L T
野生型RDL	A	T P A R V <u>A</u> L G V M	T V L T
突变型RDL	A	T P A R V <u>S</u> L G V M	T V L T

图 6.14　GABA 受体不同亚基 M2 区靠近细胞质部分的氨基酸序列比较（Chen et al.，2006）（Dong et al.，2014）

注：α、β、γ 为人和鼠的 GABA 受体亚基，ρ 为鼠的 GABA 受体亚基，野生型和突变型 RDL 均为果蝇的 RDL 亚基。序列上的数字为 M2 区的氨基酸编号。β_3 中粗体显示的为文中描述的第 −1′、2′、6′和 9′位氨基酸。带下画线的氨基酸为果蝇 RDL 亚基的第 302 位氨基酸。

L9′结合并与 T6′的羟基形成氢键，同时与 A2′、T6′和 L9′的取代烷基通过疏水作用阻断 Cl^- 通道。其中的 A2′对应的正是果蝇中的 A302。Nakao 等（2011）随后研究证实，氟虫腈抗性灰飞虱 *Laodelphax striatellus* RDL 亚基的 M2 区存在 A2′N 的突变（M2 跨膜区的第二个氨基酸位置上丙氨酸到天冬酰胺的突变），进而将野生型和带有 A2′N 突变的 *rdl* 基因在果蝇 Mel-2 细胞中表达后，发现高达 10 μmol/L 的氟虫腈对突变型 RDL 也没有抑制作用，但对野生型 RDL

的 IC$_{50}$只有 14 nmol/L，证明该突变确实与氟虫腈抗性相关。该突变在氟虫腈抗性白背飞虱 *Sogatella furcifera* 也有报道。

在对环戊二烯类杀虫药剂产生抗性的拟果蝇 *Drosophila simulans* 中，发现 302 位的突变有 A302S 和 A302G 2 种情况（ffrench-Constant et al.，1993；ffrench-Constant，1994），其对氟虫腈的抗性除 A301G（即黑腹果蝇中的 A302G）外，还与 T350M 突变有关（Le Goff et al.，2005）。采自非洲的狄氏剂抗性不吉按蚊 *Anopheles funestus* 的 GABA 受体同样存在 A296S（即黑腹果蝇中 A302S 突变）和 V327I 2 个突变，而且 V327I 突变的发生总伴随着 A296S 突变（Wondji et al.，2011）。但 V327I 突变在抗性中的意义尚不明确。微小牛蜱对狄氏剂的抗性与 GABA 受体 M2 区域的 T306L 突变有关（Hope et al.，2010）。西部玉米根叶甲 *Diabrotica virgifera* 对环戊二烯类药剂的抗性也与 A280S 突变（即黑腹果蝇的 A302G）有关（Wang et al.，2013）。

在黑腹果蝇中，谷氨酸门控 Cl$^-$通道（GluCl）M2 羧基端的 P299S 突变导致其对伊维菌素的敏感性降低了 10 倍（Kane et al.，2000）。二斑叶螨对阿维菌素的抗性与 TuGluCl-1 的 M3 区域的点突变（G323D）有关（Kwon et al.，2010c），而 TuGluCl-3 的 M3 区域的另一个点突变 G326E 同样与二斑叶螨对阿维菌素的抗性密切相关（Dermauw et al.，2012）。Wang 等（2016b）研究发现对阿维菌素产生极高抗性（11 000 倍）的小菜蛾 GluCl 的 M3 上存在一个点突变 A309V，且其突变频率与小菜蛾对阿维菌素的抗性水平存在一定相关性，随后通过在非洲爪蟾卵母细胞中分别表达带有 A309V 或 G315E（相当于二斑叶螨 TuGluCl-1 的 G323 和 TuGluCl-3 的 G326 突变）突变的小菜蛾 GluCl，发现具有 A309V 和 G315E 突变的小菜蛾 GluCl 对阿维菌素的敏感性分别下降了 4.8 倍和 493 倍；通过同源模建分析，认为 G315E 突变很可能通过位阻作用干扰了阿维菌素与 GluCl 的结合，而 A309V 很可能通过变构修饰发挥作用（Wang et al.，2017a）。

除了基因突变（A302S）外，黑腹果蝇 *rdl* 基因的复制同样参与了对环戊二烯类药剂的抗性。Remnant 等（2013）发现，在对狄氏剂高抗黑腹果蝇种群中，有些个体具有 2 个拷贝的 *rdl* 基因：一个是对药剂敏感的野生型，另一个则带有 A302S 和 M361I 2 个突变。具有 2 个 *rdl* 拷贝的个体对狄氏剂的抗性要低于只有 1 个突变型拷贝（A302S 突变纯合子）的个体。这种基因复制使得 RDL 的基因型一直处于杂合状态，这样既对药剂具有一定的抗性，同时又弥补了纯合突变导致的适合度下降。

3. 烟碱型乙酰胆碱受体

基因突变导致的烟碱型乙酰胆碱受体（nAChR）对药剂敏感度下降是昆虫对新烟碱类和多杀菌素类药剂产生抗性的重要原因之一。靶标基因突变一方面可以通过影响杀虫药剂与受体的结合能力导致昆虫抗药性的产生，另一方面还可能通过影响亚基之间的相互作用或影响离子通道的活性来保护昆虫免受杀虫药剂的危害。nAChR 的突变包括点突变及部分碱基的缺失、插入和反转等。

Liu 等（2005）对室内选育的对吡虫啉具有 250 倍抗性的褐飞虱研究发现，其膜蛋白与 [^{3}H]吡虫啉的结合能力显著下降，只有敏感品系的约 1/50；进一步研究发现，褐飞虱 nAChR 的 α1 和 α3 亚基上均存在的 Y151S 点突变是导致其对吡虫啉结合能力显著下降从而产生高水平抗性的主要原因。这为害虫对新烟碱类杀虫药剂的靶标抗性提供了直接证据。Yao 等

(2009)克隆得到一个褐飞虱 nAChR 的 β_1 亚基,发现其 N 端有 6 个 A 到 I 的 RNA 编辑位点,其中位点 2 和 5 分别导致了 D 环和 E 环上的 2 个突变(分别为 N73D 和 N133D)。其中,N73D 突变可导致 ACh 和吡虫啉对 nAChR 的活性下降,且对 ACh 的影响明显大于吡虫啉;相反,N133D 突变只对吡虫啉有影响。说明这 2 个 RNA 修饰导致的突变位点可引起褐飞虱对吡虫啉的抗性,但这 2 个突变位点在抗性中的作用可能不同。

Perry 等(2008)利用甲磺酸乙酯(ethyl methanesulfonate,EMS)诱导突变获得了 4 个对烯啶虫胺抗性显著增强的果蝇品系(Ems1～Ems4),通过将其 nAChR 的 $D\alpha1$、$D\alpha2$ 和 $D\beta2$ 的基因与未诱导品系比较,发现 Ems1 品系在 M4 区 11 bp 的缺失突变导致了 M4 的缺失;Ems2、Ems3 和 Ems4 品系的 $D\beta2$ 分别存在胞内连接环上的缺失(53 bp)、T 到 A 的替换及 A 环中的替代和插入(3 个氨基酸)突变。因此,认为果蝇对烯啶虫胺的抗性不仅与 Dα1 亚基有关,而且也与 Dβ2 亚基有关。

上述基因突变导致的 nAChR 对药剂敏感度下降都是在室内人工筛选(诱变)的抗性种群中发现的。虽然这些结果并不一定存在于田间自然种群中,但对于了解害虫 nAChR 参与的抗药性分子机理具有重要意义。田间种群中 nAChR 敏感性下降导致的对新烟碱类杀虫药剂抗性已有报道。Perry 等(2007)研究发现,黑腹果蝇 nAChR 的 Dα6 亚基基因外显子 8b 后的一段序列的倒位突变导致 Dα6 编码的蛋白只有配体结合区、M1 和 M2 区,而不能正常编码 M3、胞内环、M4 及胞外的 C 端等区域,而正是这一倒位突变,导致其对多杀霉素产生了 1 181 倍的抗性。因此,作者认为黑腹果蝇的 Dα6 亚基是多杀霉素的主要靶标。Watson 等(2010)进一步通过化学诱导突变发现黑腹果蝇 Dα6 上的突变可导致其对多杀霉素产生抗性,证明该区域是多杀霉素的作用位点。Baxter 等(2010)应用遗传作图技术首次在田间多杀霉素抗性

小菜蛾中定位了相关的抗性基因,进一步对位于抗性基因连锁群中的 nAChR $Px\alpha6$ 的基因组序列比较分析发现,抗性种群中位于该基因第九内含子中一个 G 到 A 的碱基突变,导致其编码的 Pxα6 亚基的在 M3 和 M4 之间的胞内连接处多插入了 10 个氨基酸,但同时引入了 1 个终止密码子,使得此后的 M3 和 M4 之间的胞内连接环、M4 及胞外羧基端(共 175 个氨基酸)全部缺失。经过进一步验证,明确了正是第九内含子中 G 到 A 的点突变引起的 Pxα6 结构缺失导致了小菜蛾对多杀霉素的抗性(图 6.15)。

Rinkevich 等(2010)进一步研究发现,多杀霉素抗性小菜蛾的 $Px\alpha6$ 存在多个转录本,这些转录本大多是

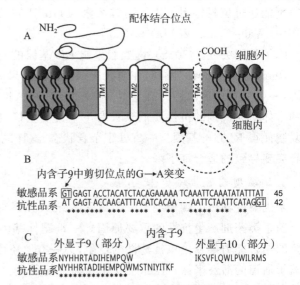

图 6.15 小菜蛾 nAChR $Px\alpha6$ 的截短突变(Baxter et al.,2010)

注:A. Pxα6 的结构示意图,虚线表示亚基因突变缺失的部分;B. 敏感和抗性小菜蛾 Pxα6 的内含子 9 的 DNA 序列。GT 示内含子中剪切位点,G 到 A 的突变(粗体)使得 Pxα6 的 mRNA 中多了 10 个氨基酸。C. 抗性及敏感小菜蛾 Pxα6 外显子 9 和 10 之间的氨基酸序列。

由不同位点的基因突变导致转录提前终止
的。这些转录本都短于正常的转录本,其
编码的 nAChR 可能并不具有功能或者功
能发生了显著变化,从而导致了对多杀霉素
的抗性(图 6.16)。最近,Wang 等(2016c)
发现小菜蛾 Pxα6 的 M4 上的 3 个氨基酸
(IIA)的缺失突变导致 nAChR 与药剂的结
合能力完全丧失,从而对多杀霉素和乙基
多杀菌素产生高水平抗性。橘小实蝇对多
杀霉素的抗性机制与小菜蛾类似,同样是
nAChR 外显子 7 中突变导致 α6 亚基截短
所致,所检测到的 5 种类型的截短转录本
均不能编码具有功能的 nAChR(Hsu et
al.,2012)。但西花蓟马 Frankiniella occi-
dentalis 对多杀霉素的抗性,是 α6 亚基的
G275E 突变造成的(Puinean et al.,2013)。

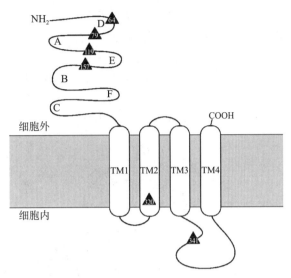

图 6.16　小菜蛾 Pxylα6 亚基的拓扑结构

(Rinkevich et al.,2010)

注:胞外区的 A～F 为配体结合环;黑色三角示意选择性
剪切导致的终止密码子的位置,其内的白色数字表示蛋白截
短的位置。

从现有研究结果看,害虫对多杀菌素
类药剂的抗性主要与其 nAChR α6 亚基上
的基因突变有关,说明 α6 亚基应该是多杀菌素类药剂的主要作用位点。但目前已经明确对
该类药剂抗性机制的昆虫种类还很少,是否在其他昆虫中还存在其他不同的抗性机制,尚有
待进一步研究。

另外,桃蚜田间种群对吡虫啉的抗性是 nAChR β_1 亚基 D 环(loop D)上第 81 位的精氨酸
到苏氨酸的突变(R81T)所致的(Bass et al.,2011)。

4.鱼尼丁受体

现有证据表明,昆虫对双酰胺类杀虫药剂的抗性主要是鱼尼丁受体的点突变所致的。Troc-
zka 等(2012)最先报道了 RyR 突变导致的泰国 ThaiR 种群和菲律宾 Sudlon 种群 2 个小菜蛾田
间种群中对氯虫苯甲酰胺和氟苯虫酰胺的高水平抗性。这 2 个抗性种群的鱼尼丁受体第 4946
位均存在甘氨酸(G)到谷氨酸(E)的突变(G4946E),该位点位于受体基因羧基末端的 TM4 和
TM5 的胞外连接环上。由于该位点在已知的所有昆虫中高度保守,我们推测其可能是小菜蛾对
双酰胺类药剂产生高度抗性的重要原因。需要注意的是虽然 ThaiR 和 Sudlon 2 个种群中都存
在 G4946E 突变,但其密码子变化不同。在 ThaiR 种群中是由 GGG 突变为 GAG,即只有密码子
第二位的碱基发生变化;而在 Suldon 种群中是由 GGG 突变为 GAA,即密码子第二位和第三位
碱基同时发生了突变。随后,Guo 等(2014a)从采自我国广东连州、惠州和番禺地区等地的小菜
蛾中均鉴定出 G4946E 突变(GGG 突变为 GAG),且该突变的基因频率与不同种群小菜蛾对氯
虫苯甲酰胺的抗性水平呈显著正相关。利用带有荧光标记的氯虫苯甲酰胺类似物(chlorantron-
iliprole fluorescent tracer,CFT)作为荧光配体测定发现,抗性种群鱼尼丁受体与 CFT 结合的解离
常数(K_d)分别为敏感种群的 2.41～2.60 倍,表明 G4946E 突变使得氯虫苯甲酰胺与鱼尼丁受体
的结合能力下降,从而导致了小菜蛾对氯虫苯甲酰胺产生高水平抗性。最近,Yan 等(2014)研究

发现,点突变 G4946E 同样存在于室内筛选的抗性品系和 2 个田间氟苯虫酰胺抗性小菜蛾品系中。可见,G4946E 突变导致的药剂与受体结合能力下降是小菜蛾对双酰胺类杀虫药剂产生抗性的重要机制。

继 G4946E 之后,很快在云南的 1 个小菜蛾种群中又发现了 3 个新的 RyR 突变,分别是 E1338D、Q4594L 和 I4790M(图 6.17)。这 3 个新突变和 G4946E 一起以不同组合的形式共同参与了小菜蛾对氯虫苯甲酰胺的抗性(Guo et al.,2014b)。

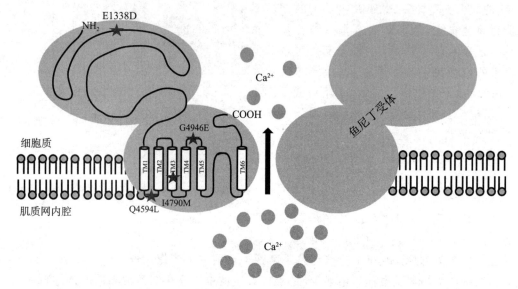

图 6.17　小菜蛾鱼尼丁受体上与双酰胺类药剂抗性相关的点突变(Guo et al.,2014b)

另外,Gong 等(2014)研究发现,在 3 个氯虫苯甲酰胺抗性小菜蛾种群中,鱼尼丁受体羧基端的 TM1 和 TM2 之间有 14 个氨基酸缺失。这 2 个跨膜区之间存在一个丝氨酸磷酸化位点,因此,该缺失可能在一定程度上影响了鱼尼丁受体的功能。但这 14 个氨基酸的缺失与双酰胺类杀虫药剂抗性的关系尚不明确。Wang 等(2012)发现鱼尼丁受体在 90% 的个体中存在氨基酸缺失,缺失数量从 1 个到 44 个不等,共有 10 种类型,其中 8 种类型的缺失不会导致翻译移码。这说明小菜蛾鱼尼丁受体基因可以编码多种功能型的鱼尼丁受体,但不同类型鱼尼丁受体与小菜蛾对双酰胺类杀虫药剂抗性的关系还有待进一步研究。

番茄斑潜蝇 *Tuta absoluta* 对双酰胺类杀虫药剂产生严重抗性同样是 RyR 的突变所致的。Roditakis 等(2017)发现番茄斑潜蝇 RyR 的 2 个位点(G4903E/V 和 I4746M/T)(分别对应小菜蛾的 G4946E 和 I4740M)共 4 种类型的突变均与双酰胺类杀虫药剂的抗性相关,其中 G4903V 和 I4746T 是在番茄斑潜蝇中发现的新突变。

Douris 等(2017)利用 CRISPR/Cas9 技术验证了具有 G4946V 突变的黑腹果蝇对氟苯虫酰胺、氯虫苯甲酰胺和溴氰虫酰胺分别具有 91.3 倍、194.7 倍和 5.4 倍的抗性,即 G4946V 突变可导致果蝇对 3 种双酰胺类药剂产生交互抗性。这说明这 3 种双酰胺类药剂的作用位点存在一定的重叠。

5.章鱼胺受体

章鱼胺激性受体有 3 类,分别是 α-肾上腺素样章鱼胺受体、β-肾上腺素样章鱼胺受体和章鱼胺/酪胺受体(酪胺激性受体)。Chen 等(2007b)通过序列比较发现,双甲脒抗性微小牛蜱的章鱼胺/酪胺受体上存在 2 个氨基酸的替换(T8P 和 L22S)。Baron 等(2015)进一步证明了这 2 个突变确实与双甲脒抗性相关。Corley 等(2013)则在双甲脒抗性微小牛蜱的另一类章鱼胺激性受体,β肾上腺素样章鱼胺受体的跨膜区 TM1 也发现了一个与抗性相关的突变(I61F)。这些结果说明章鱼胺受体的点突变在微小牛蜱对甲脒类杀虫药剂的抗性中起着重要作用。

6.6.2.2.3　Bt 毒素作用靶标的突变

毒素结合减少是昆虫对 Cry 杀虫蛋白产生抗性的主要机制。如印度谷螟对 Bt 的抗性是幼虫中肠刷状缘膜囊泡(brush border membrane vesicles,BBMV)受体对 δ-内毒素的亲和力下降所致的。棉红铃虫对 Cry1Ab 及小菜蛾中对 Cry1Ac 的抗性都是 BBMV 中靶标位点显著减少,毒素结合下降所致的。

钙黏蛋白(cadherin)和氨肽酶 N(aminopeptidase N,APN)一直被认为是 Cry 杀虫蛋白的受体。Gahan 等(2001)报道逆转录转座子的插入破坏了烟芽夜蛾钙黏蛋白超家族中的 1 个基因,从而导致了其对 Cry1Ac 的高水平抗性。棉红铃虫对 Bt 的抗性同样与钙黏蛋白超家族中 BtR-4 基因的改变有关,它改变了钙黏蛋白上的毒素结合区,导致 Cry1Ac 在中肠的结合位点减少(Morin et al.,2003)。在棉铃虫、棉红铃虫和烟芽夜蛾中已经鉴定出的与 Cry1Ac 抗性有关的钙黏蛋白等位基因共有 12 个,其中棉铃虫中就有 8 个(Zhao et al.,2010a)。另外,Zhang 等(2009)报道 APN 基因(*apn1*)的缺失突变导致氨肽酶上的 1 个结合位点缺失是棉铃虫对 Cry1Ac 产生抗性的另一种机制,这主要导致 Cry1Ac 与氨肽酶受体的结合减少。同样,反式调控突变引起的 APN1 的表达量下调也与粉纹夜蛾对 Cry1Ac 的抗性相关(Tiewsiri and Wang,2011)。此外,甜菜夜蛾对 Cry1Ca 的抗性也与其幼虫中肠 APN1 的缺失突变有关(Herrero et al.,2005)。欧洲玉米螟 Ostrinia nubilalis 对 Cry1Ab 的抗性则与 *apn*1 的表达量下调有关(Coates,2016)。

碱性磷酸酶(alkaline phosphatases)在多种昆虫中已经被证明也是 Cry 毒素的受体。例如,有研究认为烟芽夜蛾对 Cry1Ac 的抗性就是突变引起的碱性磷酸酶受体减少所致的(Jurat-Fuentes and Adang,2004)。

最近,多项研究证实 ATP 结合盒转运蛋白(ABC)超家族基因的突变也参与了多种昆虫对 Cry 毒素的抗性。最先发现烟芽夜蛾 ABCC2 的突变导致膜囊泡对 Cry1Ac 结合减少从而产生抗性(Gahan et al.,2010)。随后发现家蚕对 Cry1Ab、甜菜夜蛾对 Cry1Ac 和 Cry1Ca、欧洲玉米螟对 Cry1F 的抗性都与 ABCC2 的缺失突变或点突变有关;而 ABCA2 的截短突变可导致棉铃虫和澳洲棉铃虫对 Cry2Ab 的抗性(Tay et al.,2015)(图 6.18)。最近,Wang 等(2017b)应用 CRISPR/Cas9 技术构建了 2 个 ABCC2 突变品系,进一步证明了该突变导致棉铃虫对 Cry2Ab 的高水平抗性,同时对 Cry2Aa 也具有高度抗性,但对 Cry1Ac 没有明显抗性。另外,ABCG 亚家族基因的表达量下调与小菜蛾对 Cry1Ac 的抗性有关(Coates,2016)。除了鳞翅目昆虫,鞘翅目昆虫白杨叶甲 Chrysomela tremulae 对 Cry3Aa 的抗性也被证明与其 ABCB1 的 4 个碱基的缺失突变密切相关(Pauchet et al.,2016)。从现有结果看,不同昆虫对不同 Cry 蛋白的抗性与不同的 ABC 蛋白的突变有关,说明不同昆虫对不同 Cry 蛋白抗性的进化有各自的独立途径。但 ABC 转运蛋白突变是否是昆虫对 Cry 杀虫蛋白产生抗性的普遍机制还有待进一步证实。

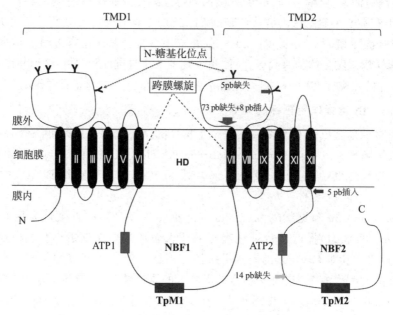

图 6.18　ABCA2 蛋白的结构及棉铃虫和澳洲棉铃虫中突变位点（Tay et al. ,2015）

注：Y 为糖基化位点；NBF1 和 NBF2 为 2 个高度保守的 ATP 结合折叠（包括转运蛋白的 2 个特征基序 TpM1 和 TpM2）；ABCA2 包括 2 个跨膜结构域（TMD1 和 TMD2），每个跨膜结构域由 6 个跨膜螺旋组成。黑色箭头表示棉铃虫中突变的大概位置，灰色箭头为澳洲棉铃虫中突变的位置。

库蚊的室内种群和田间种群对球形芽孢杆菌的抗性都已有报道。最普遍的抗性机制是 Bin 毒素不能与中肠细胞膜上的受体（α-葡萄糖苷酶）结合，这可能是受体发生点突变从而其与毒素的亲和力下降所致的（Romao et al. ,2006）。在室内筛选的一个尖音库蚊的高抗品系中，其抗性是受体基因 *Cpm*1 的一个点突变引起的。该突变导致受体锚定在中肠细胞膜上所必需的疏水性尾巴截短，毒素依然能与受体结合，但受体不能锚定在中肠细胞膜上，因而不能发挥杀虫作用（Darboux et al. ,2002）。

6.6.2.2.4　线粒体电子传递链中的突变

线粒体复合体Ⅲ的 Q_o 位点（泛醌细胞色素 c 氧化还原酶和细胞色素 bc1 复合体）的 4 个点突变（G126S、I136T、S141F 和 P262T）与二斑叶螨对联苯肼酯的抗性有关。在某些情况下，对联苯肼酯的高水平抗性与 Q_o 位点的 2 个点突变有关，即 G126S/I136T 和 G126S/S141F（Van Leeuwen et al. ,2008；Van Nieuwenhuyse et al. ,2009）。这反过来也说明线粒体复合体Ⅲ很可能是联苯肼酯的靶标位点。

6.6.2.2.5　几丁质合成酶的突变

乙螨唑是二斑叶螨几丁质合成酶的抑制剂。Van Leeuwen 等（2012）证明二斑叶螨对乙螨唑的抗性是由位于几丁质合成酶 1（CHS1）5 个跨膜片段中的第五个片段上的 I1017F 突变引起的（图 6.19）。Douris 等（2016）进一步证明小菜蛾 CHS1 上和二斑叶螨中的 I1017F 同一位置的 I1042M 突变导致其对苯甲酰脲类几丁质合成抑制剂产生了抗性，并利用 CRISPR/Cas9 技术证明具有 I1056M/F 突变的黑腹果蝇品系对包括乙螨唑、苯甲酰脲和噻嗪酮等几丁质合成抑制剂均具有高度抗性。说明这些不同类型的几丁质合成抑制剂具有相同的作用靶标。

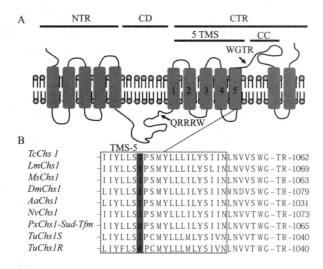

图 6.19 CHS1 上与导致对几丁质酶抑制抗性的两个突变的位置(改自 Douris et al.,2016)

注:A. CHS1 跨膜结构示意图。5 TMS 为 5 个跨膜螺旋片段;CC 为 coiled-coil 基序;CD 为催化结构域;CTR 为 C 端区域;NTR 为 N 端区域。箭头所指为催化结构域的特征序列 QRRRW 和 C 端的特征序列 WGTR。B. CHS1 的五个跨膜螺旋片段中第五个跨膜片段的氨基酸序列(虚线框内)比对。灰色阴影标注的为抗性突变氨基酸的位置(二斑叶螨的 I1017F 和小菜蛾的 I1042F)。Tc,赤拟谷盗 *Tribolium castaneum*;Lm,飞蝗 *Locusta migratoria*;Ms,烟草天蛾 *Manduca sexta*;Dm,黑腹果蝇 *Drosophila melanogaster*;Aa,埃及伊蚊 *Aedes aegypti*;Nv,丽蝇蛹集金小蜂 *Nasonia vitripennis*;Px,小菜蛾 *Plutella xylostella*(Sud-Tfm 品系对苯甲酰脲类药剂和乙螨唑均有高水平抗性);Tu,二斑叶螨 *Tetranychus urticae*(S 为乙螨唑敏感品系,R 为乙螨唑抗性品系)。

6.6.2.2.6 脂类生物合成酶的突变

螺甲螨酯是乙酰辅酶 A 羧化酶(acetylcoenzyme A carboxylase,ACCase)的抑制剂。通过对螺甲螨酯抗性温室白粉虱 *Trialeurodes vaporariorum* 不同品系(抗性为 4.5～25.7 倍)ACCase 的序列比对,发现该酶第 645 位的谷氨突变为赖氨酸(E645K),从而产生抗性(Karatolos et al.,2012)。在不同昆虫和螨类中,ACCase 第 645 位的谷氨酸高度保守。在该位置上谷氨酸到赖氨酸的突变在 643 位上引入了 1 个丝氨酸蛋白激酶 C(protein kinase C,PKC)磷酸化位点。研究表明,PKC 对 ACCase 的可逆性磷酸化与柠檬酸盐的变构激活作用在离体条件下可协同调控 ACCase 的活性。因此,该磷酸化位点的引入,使得 ACCase 对螺甲螨酯的敏感性下降,从而产生抗性。

6.6.2.3 解毒代谢增强(enhanced detoxification)

无论是抗药性昆虫还是敏感昆虫,对进入其体内的有毒外源化合物都具有一定的解毒能力,这是昆虫对食物和环境中有害物质的一种适应性进化。昆虫在体内对有毒物质解毒的机会随着穿透率的降低和靶标不敏感程度的增加而增加。解毒系统一般有比较大的可塑性,如低剂量杀虫药剂的短时间暴露可诱导相关解毒酶活性在短期内过量表达,而在高剂量、持续的选择压力下,许多昆虫能够从遗传上做出适应性改变。

昆虫的解毒系统有多种类型,它们可以单独起作用,也可以相互协同作用,形成多抗性品

系。抗性品系中高度的解毒作用是一种遗传性适应,与诱导适应不同,它们彼此独立。但是,由遗传决定的适应性可以进一步被诱导。

抗性品系中解毒酶系的起源是进化上的重要问题之一。复杂的解毒酶系不可能突然凭空出现。目前认为,高效的解毒机制可以通过以下途径获得:第一,解毒酶发生基因突变,导致酶的结构发生改变,更适合于解毒降解;第二,相关调控因子被激活,解毒酶过量表达导致活性增强。

已经被证明参与了昆虫对杀虫药剂抗性的酶系主要有细胞色素 P450 单加氧酶、羧酸酯酶、谷胱甘肽 S-转移酶、ABC 转运蛋白及尿苷二磷酸葡萄糖转移酶(UDP glucosyl transferase,UGT)等。以下主要介绍前 3 种。

1. 细胞色素 P450 单加氧酶

细胞色素 P450 单加氧酶(P450)过量表达引起的氧化代谢增强是昆虫对大部分杀虫药剂产生抗性的重要原因。虽然 P450 催化的氧化代谢有时也会产生少量的毒性更强的代谢产物(增毒代谢),但对杀虫药剂的抗性仍会占优势。这可能是由于有毒代谢产物不稳定,或由于极性的改变不能到达作用位点,或由于代谢产物易被其他因素中和等。我们在第 5 章已经看到,细胞色素 P450 酶系可代谢的底物谱十分广泛,因此,P450 活性增强往往会导致大量的交互抗性。

P450 活性增强导致的抗药性已经在很多昆虫中报道。如 Yang 等(2004)测定了 5 个对氰戊菊酯、氯氰菊酯和溴氰菊酯产生 14～4 100 倍抗性的棉铃虫种群的 P450 活性,发现抗性种群 P450 的活性均显著高于敏感种群(表 6.6)。这样的例子在不同昆虫、不同杀虫药剂的抗性中非常普遍,不再一一列举。

表 6.6 拟除虫菊酯类药剂抗性棉铃虫不同种群的 P450 活性(Yang et al. ,2004)

品系	PNOD [nmol/(min·mg protein)]	R/S	ECOD [nmol/(min·mg protein)]	R/S
YGF ($n=25$)	0.4±0.09	11.7	8.65 ±1.67	2.9
YGFP ($n=18$)	0.22±0.07	6.5	15.7±2.58	5.2
YG ($n=10$)	0.072±0.04	2.1	3.28±0.89	1.1
IND ($n=5$)	0.52±0.14	15.3	19.9±14.73	26.6
PAK ($n=10$)	0.46±0.11	13.5	24.43±6.7	8.1
SCD ($n=15$)	0.034±0.02		3.00±0.58	

注:PNOD 为对硝基苯甲醚 O-脱甲基活性;ECOD 为 7-乙氧基香豆素 O-脱乙基活性。SCD 为敏感种群,其他种群对氰戊菊酯、氯氰菊酯和溴氰菊酯的抗性为其 14～4100 倍。

P450 活性增强主要是由相关 P450 基因过量表达从而 P450 单加氧酶的量增加所致的(Feyereisen,1999,2005;Li et al. ,2007)。已经明确,P450 活性增强导致的昆虫抗药性主要与 CYP4、CYP6、CYP9 和 CYP12 家族基因的过量表达有关。例如,致倦库蚊 *CYP9M10* 和 *CYP4H34* 的过量表达与其对拟除虫菊酯类药剂的抗性相关(Komagata et al. ,2010)。CYP4 家族 *CYP4-d* 的过量表达与捕食螨 *Amblyseius womersleyi* 对杀扑磷产生抗性相关(Sato et al. ,2007)。*CYP4L5*、*CYP4L11*、*CYP6AE11*、*CYP332A1* 和 *CYP9A14* 5 个基因被证明在溴

氰菊酯抗性棉铃虫中过量表达(Brun-Barale et al.，2010)。美洲棉铃虫对拟除虫菊酯类的抗性与 *CYP6B8*、*CYP6B28* 和 *CYP6B9* 的过量表达有关(Hopkins et al.，2011)。*CYP9A12*、*CYP9A14* 和 *CYP6B7* 的过量表达与棉铃虫对拟除虫菊酯类的抗性相关(Yang et al.，2006)。家蝇对拟除虫菊酯类药剂的抗性与 8 个 P450 基因(*CYP6A5v1*、*CYP6A5v2*、*CYP6A36*、*CYP6A40*、*CYP6D1*、*CYP6D3*、*CYP6D8* 和 *CYP6G4*)的过量表达有关(Gao et al.，2012)。另外，家蝇对新烟碱杀虫药剂的抗性也与 P450 基因(*CYP6A1*、*CYP6D1* 和 *CYP6D3*)的过量表达有关(Markussen and Krisensen et al.，2010)。P450 介导的对新烟碱类杀虫药剂抗性最典型的例子是 *CYP6CM1* 过量表达导致的 B 型和 Q 型烟粉虱对吡虫啉的抗性(Karunker et al.，2008)。最近 Shi 等(2018)通过在昆虫细胞系中表达，系统研究了棉铃虫 CYP6AE 亚家族共 10 个基因的代谢活性，发现除 *CYP6AE*20 外，其余 9 个基因的表达产物都具有代谢 S-氰戊菊酯的活性和艾氏剂环氧化酶活性，其中，还有 7 个 P450 具有代谢吡虫啉的活性，其活性要低于烟粉虱的 CYP6CM1vQ。

从理论上讲，转录活性增强、mRNA 的稳定性增加及蛋白翻译水平增加都可导致 P450 的过量表达。但实际上，多数情况下 P450 基因表达量的增加是由顺式作用的启动子序列和(或)反式作用调控基因的突变、插入或缺失造成的(Feyereisen，2005；Li et al.，2007)。在某些情况下，P450 基因(包括突变的 P450 基因)还可发生复制从而增加酶的产量(Wondji et al. 2009；Itokawa et al.，2010；Puinean et al.，2010)。

根据 Yu(2015)的总结，到目前为止，已经发现 5 种导致 P450 活性增强的分子机制。

(1)反式调控位点突变引起上调。在家蝇的 Rutgers 品系中，染色体 5 上 *CYP6A1* 基因的过量表达使其对有机磷、氨基甲酸酯和 DDT 产生了抗性。而 *CYP6A1* 的过量表达是由染色体 2 上的负调控基因突变导致功能缺失的。家蝇对拟除虫菊酯的抗性是由位于染色体 1 上的 *CYP6D1* 基因的过量表达所致的，而 *CYP6D1* 的过量表达也是染色体 2 上的负调控基因(*MdGfi*-1)的突变从而其调控功能缺失所致的。

(2)顺式作用元件突变引起上调。黑腹果蝇中导致 DDT 抗性的基因 *DDT-R* 与 P450 基因 *Cyp6g1* 的过度转录有关。这种过度转录是由转座子 Accord 插入 *Cyp6gl* 基因的 5′端所致的。进一步研究表明，*Cyp6gl* 基因在抗性昆虫中被复制。在致倦库蚊对拟除虫菊酯的抗性品系中，顺式作用突变导致了 *CYP9M10* 基因的过量表达，主要是 1 个微型反向重复转座子(miniature inverted-repeat transposable element，MITE)插入 *CYP9M10* 基因的 5′末端，导致了该 P450 基因的上调。此外，*CYP9M10* 同样存在复制现象。不吉按蚊 *Anopheles funestus* 对拟除虫菊酯产生抗性的原因是 5′启动子区域的 2 个插入或缺失突变导致 *CYP6P9* 和 *CYP6P4* 过量表达，同时，这 2 个基因也存在复制现象。

(3)编码序列改变引起上调。点突变可能在 P450 介导的昆虫抗药性中起着次要作用。例如，黑腹果蝇 RDDTᴿ 品系对 DDT 的抗性，就是 P450 基因 *Cyp6a2* 的点突变引起 CYP6A2 上 3 个氨基酸(Ar335 Ser、Leu336 Val 和 Val476 Leu)被替代所致的，从而 P450 具有更高的催化活性(Amichot et al.，2004)。

(4)基因复制引起上调。例如，桃蚜 P450 基因 *CYP6CY3* 复制引起的过量表达对新烟碱类杀虫药剂的抗性(Puinean et al.，2010)。突变的 P450 基因的复制引起的抗药性在致倦库蚊、不吉按蚊和黑腹果蝇等双翅目昆虫中也均有报道(Wondji et al.，2009；Itokawa et al.，

2010；Schmidt et al.，2010）。

（5）嵌合基因引起的抗性。嵌合基因是通过不同基因的部分交换而形成的新基因。JouBen 等（2012）报道了关于 P450 酶一个新的抗性机制，他们发现澳大利亚的棉铃虫种群对氰戊菊酯的抗性是由 2 个亲本 P450 基因 *CYP337B1* 和 *CYP337B2* 的不等交换产生新的嵌合 P450 基因 *CYP337B3* 所致的。该嵌合 *CYP337B3* 能将氰戊菊酯氧化代谢为无毒的 4-羟基氰戊菊酯。但亲本 P450 基因 *CYP337B1* 和 *CYP337B2* 都不能代谢氰戊菊酯。嵌合 P450 基因 *CYP337B3* 也存在于巴基斯坦对氯氰菊酯产生抗性的棉铃虫品系中，*CYP337B3* 同样能将氯氰菊酯代谢为对敏感幼虫没有毒性的主要代谢物 4-羟基氯氰菊酯（Rasool et al.，2014）。

2. 羧酸酯酶

大量研究证明，羧酸酯酶在昆虫对有机磷、氨基甲酸酯和拟除虫菊酯等含有酯键或酰胺键的杀虫药剂的抗性中发挥着重要作用，尤其是对有机磷产生抗性有着重大意义。对这些杀虫药剂抗性的产生，主要是羧酸酯酶活性增强的结果。这在很多昆虫和螨类中都有报道，包括德国小蠊、家蝇、库蚊、铜绿蝇、臭虫 *C. lectularis* 等卫生害虫，赤拟谷盗、锯谷盗 *Oryzaephilus surinamensis* 等仓贮害虫，桃蚜、棉蚜、甘蓝蚜、西花蓟马、麦二叉蚜 *Schizaphis graminum*、褐飞虱、烟粉虱、牧草盲蝽 *Lygus lineolaris*、棉铃虫、豌豆蚜 *Acyrthosiphon pisum*、马铃薯甲虫、苹果蠹蛾等农业害虫，以及二斑叶螨和神泽氏叶螨 *Tetranychus kanzawai* 等害螨。郭惠琳（2012）对羧酸酯酶介导的昆虫抗药性做了较为详细的总结，另外，Wheelock 等（2005）和 Li 等（2007）也做了较系统的总结。

目前，人们认为羧酸酯酶介导的杀虫药剂抗性的分子机制主要有酯酶基因扩增（amplification）和基因突变。

1）酯酶基因扩增

桃蚜、褐飞虱和库蚊 *Culex* spp. 对有机磷酸酯、氨基甲酸酯和拟除虫菊酯等多种酯类杀虫药剂产生抗性的一个重要原因就是酯酶基因扩增。如桃蚜对多种含有酯键的杀虫药剂的抗性就是由 E4 和 FE4 酯酶基因的扩增引起的。E4 和 FE4 酯酶基因由同一基因复制而来，其 cDNA 序列相似性达 99%，只有 5′-UTR 的启动子区序列不同，因此，从进化上看其发生复制的时间距离现在很近。在野生敏感桃蚜中，E4 和 FE4 酯酶基因以头尾相连的形式前后排列，E4 酯酶基因位于 FE4 酯酶基因上游 19 kb 处。在抗性桃蚜中，E4 和 FE4 酯酶基因中的一个显著扩增至与其相对应的抗性水平；而另一个则没有扩增，仍保持单拷贝（即在同一抗性个体中，E4 和 FE4 酯酶基因只有一个扩增，另一个保持单拷贝）（图 6.20）。E4 或 FE4 酯酶基因可扩增至高达 80 个拷贝，导致其编码的酯酶的过量表达（如在桃蚜高抗品系中 E4 酯酶的量可高达其总蛋白含量的 3%），从而增强了其降解和隔离不同杀虫药剂（包括有机磷、氨基甲酸酯和拟除虫菊酯）的能力（Field and Devonshire，1998；Field，2000）。羧酸酯酶量的增加，一方面导致其总的活性大幅度提高，从而对杀虫药剂的代谢能力增强；另一方面过量的羧酸酯酶可作为结合蛋白，与进入昆虫体内的杀虫药剂结合并将其隔离，起到生物净化的作用，从而减少到达作用靶标的药剂的量。

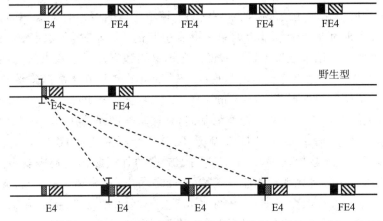

图 6.20　桃蚜 E4 和 FE4 酯酶基因的扩增模式（Field and Devonshire,1998）

　　如表 6.7 所示,桃蚜对乐果的抗性和羧酸酯酶 E4 的活性有很高的相关性。在这 7 个品系中,每个品系中 E4 的活性大致呈 2 的几何级数增加。在库蚊中,有机磷抗性品系的酯酶基因的拷贝数是敏感品系的至少 250 倍。麦二叉蚜对有机磷的抗性同样是由 1 种类似于 E4 或 FE4 酯酶基因的扩增引起的(Ono et al.,1999)。

　　2004—2007 年对美国东部 8 个州烟蚜田间种群抗药性的调查结果表明,其对有机磷和氨基甲酸酯的抗性同样是基因扩增引起酯酶活性增强的结果。在所调查的 24 个品系中,15 个具有 E4 酯酶基因扩增,4 个具有 FE4 酯酶基因扩增,还有 5 个品系的 E4 和 FE4 酯酶基因都有扩增(Srigiriraju et al.,2009)。

表 6.7　桃蚜不同品系对乐果的抗性及对对氧磷的水解活性（Devonshire and Sawicki,1979）

品系	对乐果的抗性倍数	水解的对氧磷的量/(pmol/mg)
USIL	1	0.37(1 ×)
240N	—	0.85(2 ×)
MSIG	8	1.78(4 ×)
French R	15	4.80(8 ×)
TIV	100	6.7(16 ×)
PirR	250	11.8(32 ×)
G6	500	24.7(64 ×)

　　在一些库蚊(包括尖音库蚊、三带喙库蚊和跗斑库蚊 C. tarsalis)中发现,其对有机磷的抗性与 2 类不同的酯酶(A 和 B)的过量表达有关。A 酯酶包括 A1、A2 和 A3,B 酯酶包括 B1、B2 和 B3。其中酯酶 B1、B2 和 B3 的基因存在扩增现象,特别是致倦库蚊的 B1 基因扩增了至少 250 倍,对有机磷产生了大约 800 倍的抗性。褐飞虱对有机磷的抗性同样与羧酸酯酶基因扩增导致的羧酸酯酶活性增加有关(Yu,2015)。

　　2)酯酶突变

　　Oppenoorth 和 van Asperen (1960)第一次报道了昆虫酯酶可能通过突变对杀虫药剂产

生抗性。他们发现家蝇对二嗪农和对硫磷的抗性与磷酸酯酶(三酯酶)对有机磷酸酯的水解活性增强有关,同时对脂肪族羧酸酯的水解能力下降有关,因此提出,羧酸酶的活性降低和磷酸酶活性的增加可能都是由酯酶基因的单一突变引起的,这就是"脂族酯酶突变理论"假说。后来的基因水平的研究结果证实了这一假说。在铜绿蝇和家蝇对二嗪农的抗性品系中,其酯酶同工酶 E3 中的甘氨酸到天冬氨酸的替换(Gly137Asp),导致其羧酸酯酶活性丧失,同时代谢二嗪农的磷酸酯酶的活性增强(Newcomb et al.,1997;Claudianos et al.,1999)。家蝇的 *MdαE7* 和铜绿蝇的 *LcαE7* 是一对同源酯酶基因,其氨基酸序列具有 76% 的相似性,基因中内含子的位置也一致,其对二嗪农的抗性都是 Gly137Asp 突变所致的(Claudianos et al.,1999)。进一步通过分子建模发现,发生突变的 137 位的甘氨酸正是构成氧阴离子洞的 3 个氨基酸残基之一,其距离催化活性中心丝氨酸(Ser200)的 O 的距离只有 0.46 nm。而 137 位甘氨酸到天冬氨酸的突变改变了 Ser200 与水分子结合的角度,使其更有利于攻击磷酰化的丝氨酸,同时降低了其对乙酰化丝氨酸的活性,从而导致对有机磷水解能力的增强和对羧酸酯水解能力的下降。对 *MdαE7* 和 *LcαE7* 的异源表达并测定其对有机磷杀虫药剂和模式底物的活性,进一步证明 Gly137Asp 确实导致了对二嗪农等有机磷代谢活性的增强和对羧酸酯水解能力的下降。

铜绿蝇对马拉硫磷等有机磷的抗性主要与羧酸酯酶的另一个突变 Trp251Leu 有关。该突变位于酰基结合口袋,其距离催化活性中心的 Ser200 距离更近(仅 0.43 nm),推测该突变创造了更大的空间从而能容纳像马拉硫磷这样具有较大的酸性基团的药剂,从而减少了对有机磷分子水解过程中围绕 P 原子反转的空间阻碍(Heidari et al.,2004)。动力学分析表明,与 Gly137Asp 突变不同,Trp251Leu 突变的羧酸酯酶对马拉硫磷具有极高的水解活性,对二甲基有机磷酸酯表现出中等活性,而对二乙基有机磷酸酯的活性较低。这也与抗性昆虫对这 2 类有机磷药剂的交互抗性谱一致(Heidari et al.,2004)。进一步将 Trp251 定点突变为较小的氨基酸(丝氨酸、丙氨酸和苏氨酸)后表现出与 Trp251Leu 突变相似的有机磷水解活性,而突变为更小的甘氨酸后,对有机磷的水解活性更强。但与各自单独存在时相比,Gly137Asp 和 Trp251Leu 2 个突变同时存在并不能提高其对有机磷的水解能力及马拉硫磷羧酸酯酶的活性,说明这 2 个突变之间不存在相加作用。

另外,Gunning 等(2005)发现在棉铃虫中总酯酶水平的增加与 Cry1Ac 抗性也有关,过量表达的酯酶主要通过与 Cry1Ac 毒素结合对其进行隔离和暂时贮存,从而减少了作用于靶标位点的毒素的量。除了酯酶,另一种水解酶蛋白酶也参与了对 Bt 毒素的抗性。Oppert 等(1997)研究表明 2 个玉米螟 Bt 抗性品系与敏感品系相比,中肠缺少激活 Bt 毒素的蛋白酶。类似的,一点黏虫 *Mythimna unipuncta* 对表达 Cry1Ab 杀虫蛋白的 Bt 玉米的抗性也与激活 Cry1Ab 的蛋白酶活性的降低有关(Gonzalez-Cabrera et al.,2013)。

3. 谷胱甘肽 S-转移酶

谷胱甘肽 S-转移酶(GSTs)在昆虫对有机磷杀虫药剂的抗性中起着重要作用,特别是家蝇、蚊虫和捕食螨。早在 1971 年,Lewis 和 Sawicki 就发现家蝇对二嗪农、对硫磷和氧化二嗪农的抗性是其 GSTs 活性增强导致的对这些杀虫药剂脱乙基代谢增强的结果。DDT 脱氯化氢酶实际上就是一种 GSTs,在 DDT 抗性中起着重要作用。对杀扑磷具有不同抗性水平的 10 个智利小植绥螨 *Phytoseiulus persimilis* 种群中,其 GSTs 活性与抗性呈显著正相关

(Fournier et al. ,1988)。在昆虫中,GSTs 介导的抗药性的分子抗性机制已经有详细综述(Li et al. 2007)。

GSTs 介导的昆虫抗药性的分子机制主要有以下 3 个方面(Yu,2015)。

(1)基因扩增导致 GSTs 活性增强。如有机磷抗性家蝇品系中 *MdGSTD3* 基因有 12 个拷贝,而敏感品系中只有 3 个。褐飞虱对拟除虫菊酯的抗性初步证明与 *NlGSTD1* 基因的扩增有关 (Vontas et al. ,2002b)。但 GSTs 并不直接参与对拟除虫菊酯类杀虫药剂的代谢,很可能只通过隔离作用阻止杀虫药剂发挥杀虫作用,也可能参与因菊酯类药剂中毒产生脂类过氧化物的代谢而降低杀虫药剂活性。

(2)GSTs 基因过量表达导致的 GSTs 活性增强。已经报道的因过量表达对杀虫药剂产生抗性的 GSTs 基因至少有 7 个,包括有机磷抗性小菜蛾中的 *PxGSTE1*,DDT 抗性冈比亚按蚊中的 *AgGSTE2*,DDT 抗性黑腹果蝇中的 *DmGSTD1*,DDT 与拟除虫菊酯抗性埃及伊蚊中的 *AaGSTD1*、*AaGSTE2*、*AaGSTE5* 和 *AaGSTE7* (Li et al. ,2007;Lumjuan et al. ,2011)。

在小菜蛾对甲基对硫磷抗性品系和氟苯脲抗性品系中都发现 GST3 过量表达,对编码 GST3 的基因 *PxGSTE1* 进行异源表达,表达产物 PxGSTE1 对模式底物 CDNB 和 DCNB 及杀虫药剂对硫磷和甲基对硫磷的代谢活性与纯化的小菜蛾的 GST3 的活性相当。虽然 Northern blot 和 Western blot 分析都表明 PxGSTE1 在甲基对硫磷抗性品系中过量表达,但 Southern blot 分析表明不存在基因扩增,因此,PxGSTE1 的过量表达很可能发生在转录水平。

在 DDT 抗性冈比亚按蚊中,其 GSTs 活性是敏感种群的 8 倍。进一步通过基因克隆共获得了 31 个 GSTs 基因。异源表达发现,只有 AgGSTD5、AgGSTD6 和 AgGSTE2 具有代谢 DDT 的活性,其中 AgGSTE2 的 DDT 脱氯化氢酶(DDTase)活性是 AgGSTD5 和 AgGSTD6 的 350 倍,同时也远远高于已经报道的任何一种 GSTs 酶的活性。并且 *AgGSTE2* 在 mRNA 和蛋白水平都显著过量表达。这些发现结合其他一些间接证据,表明 *AgGSTE2* 的过量表达在冈比亚按蚊对 DDT 的抗性中发挥了重要作用。

在埃及伊蚊对 DDT 的抗性品系 GG 中,不同性别、不同发育阶段的个体中 *GST-1a* 和 *AaGSTD1* 的表达量分别是敏感品系的 2~5 倍和 25~50 倍。在 GG 品系中,*AaGSTD1* 的过量表达很可能是基因突变引起一个未知的顺式作用抑制子的功能丧失所致的,该抑制子在敏感品系中的作用是抑制 *AaGSTD1* 的表达或降低其 mRNA 的稳定性。但在对 DDT 和氯菊酯均具有抗性的 PMD-R 品系中,*AaGSTD1* 并没有过量表达,而 *AaGSTE2* 进行了过量表达。

(3)GSTs 对杀虫药剂的隔离。这是在拟除虫菊酯抗性中发现的 GSTs 的另一种抗性机制。Kostaropoulos 等(2001)报道在黄粉虫 *Tenebrio monitor* 中 GSTs 可通过结合并隔离溴氰菊酯从而减轻对自身的危害。实际上,前面提到的不论是 GSTs 的扩增还是过量表达,其最终参与对杀虫药剂的抗性,或多或少都有一部分是通过对药剂的隔离起作用的。

4. ABC 转运蛋白

我们在第 5 章介绍过,ABC 转运蛋白在各种离子、脂类、多肽、代谢产物、药物及抗生素等的跨膜运输中发挥着重要作用。研究表明,这类蛋白也参与了昆虫对杀虫药剂的抗性。例

如,烟芽夜蛾表皮中 P-糖蛋白的过量表达降低了灭多威对表皮的穿透(Lanning et al.,1996)。黑腹果蝇对 DDT 的高水平抗性部分原因是 ABC 转运蛋白对 DDT 排泄作用的增强(Strycharz et al.,2013),另外,黑腹果蝇对阿维菌素抗性也与 P-糖蛋白的过量表达有关(Luo et al.,2013)。P-糖蛋白属于 ABC 蛋白,其功能主要是将外源有害物质或其代谢物排出细胞并最终排出生物体,从而起到解毒作用。虽然已经有关于昆虫 ABC 转运蛋白过量表达参与抗药性的报道,但其参与抗药性的确切分子机制目前还不清楚。

6.7　多种抗性和交互抗性

在 6.6 中我们从行为抗性和生理抗性 2 个方面,重点从生理抗性方面介绍了昆虫对杀虫药剂产生抗性的各种机制。需要明确的是,昆虫对杀虫药剂的抗性很少是单一的某种机制导致的,往往是由多种抗性机制共同起作用的。Valles 和 Yu(1996)对德国小蠊抗性的研究提供了一个多种抗性机制共同导致杀虫药剂抗性很好的例子。采自美国佐治亚州的一个德国小蠊种群对不同种类的杀虫药剂均表现出抗性,包括恶虫威(46 倍)、残杀威(17 倍)、氯氰菊酯(28 倍)、苄氯菊酯(12 倍)和毒死蜱(7 倍)。用 P450 抑制剂胡椒基丁醚(PBO)预处理,可不同程度地降低对氨基甲酸酯类杀虫药剂的抗性,但对拟除虫菊酯的抗性升高。用酯酶抑制剂脱叶磷(DEF)预处理,可部分减少对恶虫威的抗性,但增强了对氯菊酯的抗性。解毒酶活性分析显示,抗性种群的 P450 单加氧酶(包括艾氏剂环氧酶、甲拌磷氧化酶、甲氧基香豆素 O-脱甲基酶、p-Cl-N-脱甲基酶和乙氧基香豆素 O-脱乙基酶),谷胱甘肽 S-转移酶(DCNB、CDNB 和对-硝基苯乙酸酯共轭),水解酶(总酯酶和羧酸酯酶)和细胞色素 C 还原酶的活性,分别是敏感品系的 1.4~18 倍,且抗性品系中细胞色素 P450 和细胞色素 b_5 的含量是敏感品系的 2.5~2.3 倍。该研究表明该抗性种群对多种不同类型杀虫药剂的抗性是多种抗性机制导致的,包括 P450 单加氧酶、酯酶和谷胱甘肽 S-转移酶对这些杀虫药剂的解毒作用增强以及神经不敏感(kdr)。

像上述的例子这样,一个昆虫种群(品系)由于不同的机制对多种不同的杀虫药剂产生的抗性,称为多种抗性(multiple resistance to insecticides)。多种抗性往往是在田间情况下,同时或连续使用几种杀虫药剂产生的。例如,在广东和海南,由于气候原因,小菜蛾发生严重,田间防治压力大,杀虫药剂混合使用和轮换使用不合理,小菜蛾对多种常用药剂都产生了极高水平的抗性(表 6.8)。

表 6.8　广东博罗和海南海口小菜蛾田间种群对不同杀虫药剂的抗性(单春洋,2018)

杀虫药剂	抗性倍数 $LC_{50}(R)/LC_{50}(S)$	
	博罗种群	海口种群
氯虫苯甲酰胺	1 285.7	2 881
多杀霉素	810.9	1 739
辛硫磷	676.7	1 628
虫螨腈	305.8	944.6

续表 6.8

杀虫药剂	抗性倍数 $LC_{50}(R)/LC_{50}(S)$	
	博罗种群	海口种群
氰氟虫腙	304.7	1178
阿维菌素	208.4	76.7
茚虫威	179.7	229
虫酰肼	42.7	5.6
高效氯氰菊酯	11.3	22.2
Cry1Ac	0.45	4.6

　　昆虫的一个种群(品系)由于同一种机制,对选择药剂以外的化合物也产生了抗性,称为交互抗性(cross resistance to insecticides),就是通常人们所说的正交互抗性。例如,用氰戊菊酯连续筛选后,棉铃虫对其产生了 33 倍的抗性,该品系同时对其他先前未接触过的多种菊酯类药剂也表现出不同程度的抗性(11～36 倍)(Riskallah et al.,1983)。

　　Yu 和 Nguyen(1996)用氯菊酯经过 21 代筛选获得的具有超过 600 倍抗性的小菜蛾抗性品系对联苯菊酯、氰戊菊酯、高氰戊菊酯、λ-三氟氯氰菊酯、氟胺氰菊酯和四溴菊酯等多种菊酯类也产生了交互抗性,但对有机磷、氨基甲酸酯、环戊二烯类、新烟碱类、阿维菌素和微生物类杀虫药剂仍保持敏感。生物化学研究表明,该品系对拟除虫菊酯类的交互抗性可能是 kdr 突变所致的。

　　类似的,用双酰肼类的呋喃虫酰肼对小菜蛾筛选 39 代后,对呋喃虫酰肼产生了 302 倍的抗性,该品系对其他双酰肼类杀虫药剂也产生了交互抗性,如甲氧虫酰肼(38 倍)和虫酰肼(28 倍)。但对所测试的有机磷、氨甲基酸酯和拟除虫菊酯类杀虫药剂仍保持敏感(Sun et al.,2012)。

　　用阿维菌素筛选的西花蓟马抗性品系(46 倍),对非阿维菌素类的毒死蜱(11 倍)和 λ-三氟氯氰菊酯(4 倍)也表现出交互抗性。这可能是所筛选的阿维菌素抗性品系的细胞色素 P450 单加氧酶活性增强所致(Chen et al.,2011)。用噻虫嗪筛选的具有 7 倍抗性的烟粉虱品系,对吡蚜酮产生了 7.9 倍的抗性;反过来,用吡蚜酮筛选的具有 23 倍抗性的烟粉虱品系,对噻虫嗪也产生了 4.5 倍的抗性。这种情况同样可能是细胞色素 P450 单加氧酶(CYP6M1)的过量表达引起的交互抗性,尽管这 2 种药剂的结构、作用机制完全不同(Nauen et al.,2013)。对家蝇的一个田间种群用吡虫啉筛选 21 代后产生了 16 倍的抗性,同时对啶虫脒、β-氯氰菊酯、虫螨腈、毒死蜱和甲基吡啶磷也表现出一定的交互抗性(Li et al.,2012)。

　　交互抗性可能由 3 种机制产生:①非特异性解毒酶活性增强导致对不同类型、不同作用机制的药剂产生交互抗性,如细胞色素 P450 单加氧酶,因为这类酶作用于杀虫药剂分子中的特定官能团而不是特定的分子,所以可代谢的底物谱十分广泛;②杀虫药剂靶标位点的突变导致靶标蛋白对作用于相同位点的药剂的敏感性降低,从而产生交互抗性,如 kdr 突变导致的对菊酯类不同杀虫药剂及 DDT 的交互抗性,CHS1 点突变导致的对不同类型几丁质合成酶抑制剂的交互抗性等;③表皮增厚导致药剂穿透能力下降,或过量表达的蛋白对药剂的隔离作用等物理因素,可能对不同化学结构的杀虫药剂都有作用。

　　但上述这种交互抗性并不总是存在。N′Guessan 等(2007)发现抗拟除虫菊酯的冈比亚

按蚊对苪虫威反应更加敏感。昆虫的某一种群对一种杀虫药剂产生抗性后，对另一种杀虫药剂的敏感性反而增强的现象，称为负交互抗性（negative cross resistance to insecticides）。关于负交互抗性的一个很好的例子是 Yamamoto 等(1983)对黑尾叶蝉的报道。该昆虫对 N-甲基氨基甲酸酯类杀虫药剂产生较高抗性后，对 N-丙基氨基甲酸酯类药剂反而更加敏感。

了解上述不同类型的抗性，对于合理选择杀虫药剂，有效治理抗药性害虫及延缓害虫抗药性发展具有重要的实践意义。

6.8　抗药性检测及监测

目前，影响杀虫药剂使用效果的最主要因素就是害虫抗药性的产生。准确、快速的田间抗药性监测可以为杀虫药剂的合理轮换使用等抗性治理策略的及时调整提供依据，有利于延缓抗药性发展，提高农药使用效率，减少农药使用量。同时，抗性监测还可以用于评价为克服、延缓或防止抗性发生发展所采取的措施的效果。

6.8.1　抗药性检测

抗药性检测（detection for insecticides resistance）就是通过检测昆虫田间种群中抗性个体（或基因）频率及对杀虫药剂的抗性水平，明确其对杀虫药剂的敏感性变化。抗药性检测是进行害虫抗药性治理的重要前提。昆虫抗药性的检测方法目前主要有生物测定法、生物化学法和抗性基因检测法 3 类。

6.8.1.1　生物测定法

分别测定某种杀虫药剂对待测种群和室内敏感种群的 LC_{50}，然后计算待测种群 LC_{50} 和敏感种群 LC_{50} 的相对比值（relative ratio，RR），即抗性倍数，这种方法称为生物测定法。这里的 LC_{50} 当然也可以是 LD_{50}、LT_{50} 等其他类似参数，其根据所用的具体生物测定方法而定。也有用 LC_{90} 和 LC_{95} 进行比较的。为了避免一次测定的误差，最好用几次测定的平均值来比较。

根据抗性倍数的大小可以判断抗药性的严重程度。我国现行的多种农业害虫的抗药性监测技术规程中关于抗药性水平的分级标准如表 6.9 所示。

表 6.9　抗药性水平分级标准

抗药性水平分级	抗性倍数/倍
低水平抗性	$5.0 < RR \leqslant 10.0$
中等水平抗性	$10.0 < RR \leqslant 100.0$
高水平抗性	$RR > 100.0$

1. 影响抗药性检测结果准确性的因素

除了要确定正确的生物测定法参数，影响抗药性检测结果准确性的因素还有以下几个方面。

（1）敏感毒力基线。是生物测定法进行抗药性检测的基础，也是判定田间种群是否产生抗药性的基准。但由于多年来各种杀虫药剂的大范围使用,事实上很难在大田中找到真正敏感的种群。有些昆虫也有室内饲养十几年甚至几十年的敏感品系,但由于种群退化等因素,其对杀虫药剂极为敏感。用这样的室内敏感品系作为检测的基准,得到的田间种群的抗性倍数可能非常高,对实践的指导意义反而不大。比较可行的做法是选择从基本不用药或用药水平比较低的山区或偏远地区采集的昆虫作为相对敏感种群,建立敏感基线。也可采用反汰选法对采集回来的相对敏感种群进一步筛选后再建立敏感基线。另外,在一种新型药剂刚刚上市,还未大面积使用之前,从代表性地区采集田间种群建立敏感基线,对于该药剂以后的抗性动态监测更具有应用价值。

(2)田间样品采集。田间采集的样品一定要有代表性,这就要求做到如下 2 点:一是所选择的田块的用药水平要具有代表性,能够代表当地的普遍用药水平,同时要多选几个地块采样;二是注意在每块地的不同区域采集昆虫,不能集中在一个点,对于蚜虫等孤雌生殖的昆虫更应如此,否则采回的可能是同一个体繁殖的后代。

(3)昆虫的饲养。生物测定要求昆虫个体的发育阶段、生理状态要一致,而田间采集回来的往往参差不齐,各个阶段可能都有,因此,一般需要在室内饲养 1～2 代扩大繁殖后再进行测定。这就要求有正确的饲养方法,特别是饲养昆虫所用的寄主植物应尽量与田间一致。因更换寄主植物影响昆虫对药剂敏感度的例子有很多。

(4)天敌及病原菌的影响。田间采集回来的样本往往携带有寄生蜂等天敌或者其他病原菌。因此,在室内饲养过程中一定要剔除,避免对生物测定结果造成影响。

生物测定法的不足主要有 2 个方面:一是每次生物测定都需要大量试虫,工作量较大,持续时间比较长,尤其是昆虫生长调节剂类和 Bt 等生物杀虫药剂,往往需要 4～7 d 或者更长时间才能得到结果。二是检测结果具有滞后性,只有种群中抗性个体的频率超过 20%,LD_{50} 才会有明显变化(Roush and Miller,1986)。也就是说,等检测到 LD_{50} 有明显变化时,抗性已经产生,不具有预警性。

在传统生物测定法的基础上,于 20 世纪六七十年代又发展出对抗性个体频率检出率相对更高的诊断剂量法。诊断剂量(diagnostic dose),又称区分剂量(discrimination dose),是根据敏感基线计算得到的能够杀死敏感种群 99% 或 99.9% 的个体的杀虫药剂的量,即该剂量对敏感种群的致死率几乎为 100% 而不杀死抗性个体。用该剂量的杀虫药剂处理田间种群一定数量的个体,如果校正存活率大于 20%,说明种群中抗性个体的频率已经超过 20%,因此该种群为抗性种群。当然,存活率越高,说明该种群中抗性个体的比例越高,其抗性程度也越高。我们国家从 1983 年开始用诊断剂量法检测棉铃虫的抗药性。

2.生物测定法在统计学上应考虑的影响

在抗药性检测中,关于生物测定法在统计学上还有一些应该考虑的问题。

1)测定方法对毒力回归线参数的影响

对同一药剂-昆虫组合,采用不同的生物测定方法得到的毒力回归线会有所不同,有时甚至相差很大。例如,用 DDT 对家蝇的试验表明,用点滴法得到的毒力回归线的斜率(b 值)要比玻璃药膜法大,说明点滴法的灵敏度比药膜法高。但有研究发现测定拟除虫菊酯对家蝇的毒力时,玻璃药膜法的 b 值比点滴法的大,且相关性更好,说明生物测定方法对 b 值的影响(也就影响到了致死中量)是昆虫与杀虫药剂的相互作用产生的。

药膜法用于抗性监测应该引起注意的一个问题是,在药剂浓度一定时,试虫接受的药量的多少取决于其活动能力的大小。特别是对于击倒性强的拟除虫菊酯类杀虫药剂,这种影响就更加显著。在较高剂量时,试虫很快被击倒,这样就限制了其再接触杀虫药剂。当剂量较低时,试虫可以不断活动,接受亚致死剂量的杀虫药剂,直到其获得足够的剂量而被击倒。

对鳞翅目成虫的试验表明,在药膜法中,当剂量较低时,蛾子的活动时间长,在短时间内死亡率较低,使毒力回归线的 b 值降低。如果选择设置较窄的浓度范围,可以提高 b 值,获得较准确的 LC_{50} 值。一般将死亡率控制在 $25\%\sim75\%$,这样获得的剂量-概率值线参数较为可靠。

同一种方法,杀虫药剂稀释梯度的不同对毒力回归线的参数也有明显的影响。郑炳宗等用点滴法对瓜蚜、桃蚜和萝卜蚜的试验表明,b 值随稀释梯度的加大而减小,最大相差近 4 倍,而 LD_{50} 值最大竟相差几百倍,很容易被误认为产生了抗性。

因此,用于抗性监测的方法必须针对不同的杀虫药剂和虫种标准化,包括药剂的配制、稀释梯度、施药技术及观察死亡率的时间等的标准化。

2)测定方法必须适合对抗性个体频率检测的要求

抗药性检测应该是检测抗性个体的频率以及监测抗性个体频率随时间的改变,这就要求必须对抗性个体在种群中的频率做出准确的估计。一般要求要能检测 1% 的抗性个体,这点在生物化学抗性监测方法中很容易达到,而现有的生物测定方法几乎都达不到这个要求。LC_{50} 或 LD_{50} 值能做出反应的抗性个体频率至少已经达到 20%,并且测定 LC_{50} 或 LD_{50} 值也需要大量的试虫,因此,标准的生物测定方法几乎不可能检测到较低的抗性个体频率。在传统生物测定法的基础上,又提出用诊断剂量(区分剂量)的方法进行检测。

3)检测频率与样本容量

诊断剂量是对种群中抗性个体频率的检测而不是对抗性等位基因的检测。种群中抗性个体频率越低,要想检测到 1 个抗性个体所需的样本容量就越大。假设抗性分布为二项式分布,对于 1 个已知抗性个体频率的种群,要检测到抗性个体所需的样本容量可以由二项式分布公式计算。

至少检测到一个抗性个体的概率:

$$p(X \geqslant 1) = 1 - p(X = 0) \tag{1}$$

其中,$p(X=0)$ 为不能检测到一个抗性个体的概率,即

$$p(X = 0) = (1 - f)^n \tag{2}$$

式中,n 为样本容量,f 为抗性表现型的频率。

将式(1)代入式(2),整理得式(3),即

$$n = \frac{\log[1 - p(X \geqslant 1)]}{\log(1 - f)} \tag{3}$$

用式(3)即可计算出在规定概率下对于抗性表现型频率为 f 的种群至少检测到 1 个抗性个体所需要的样本容量。

作为制定抗性治理措施的依据,一般要求检测到的种群中抗性个体的频率至少为 0.01(即 1%)。如果我们要保证有 80% 的机会检测到抗性个体,测定的样本容量应为 161 头;要达到

95％的保证概率,样本容量应为 298 头;要达到 99％的保证概率,样本容量至少为 459 头。

在实践中,我们的目的并非只是至少检测到 1 个抗性个体。经常推荐以 LD_{99}(或 LC_{99})作为标准,也就是说处理的种群有 1％存活。这样就必须用统计测验决定存活率是否显著大于期望值(1％),以避免错误的判断。这种适合度测验一般可以采用 Z 测验。

$$Z = \frac{(s-ng)-\frac{1}{2}}{ng(1-g)} \tag{4}$$

式中,S 为观察到的存活个体数,n 为样本容量,g 为试验种群期望存活率。

将式(4)重排后得式(5):

$$S = Z \times ng(1-g) + ng + \frac{1}{2} \tag{5}$$

当 $n=100$,$Z=1.65$($p=0.05$),$g=0.01$ 时,$S=3.14$。因此,在这种条件下,要取得 95％的置信水平,至少要 4 头存活的个体。

从统计学上讲,存活的个体可能是抗性的,也可能是敏感的或二者均有。也就是说,假如有 x 个存活个体,就有 $x+1$ 种组合。例如,有 3 个存活个体,就有如下 4 种组合:

	抗性个体数	敏感个体数
第一种组合	3	0
第二种组合	2	1
第三种组合	1	2
第四种组合	0	3

在这四种组合中,每一种组合在理论上都占有 1％的发生概率,即在 100 个样本中,4 种组合作为独立事件发生。用诊断剂量法检测抗性时,当抗性个体频率低至 1％时,其所需检测的样本容量仍是相当大的(每个地点要几百头试虫)。

6.8.1.2　生物化学法

生物化学法检测昆虫的抗药性,主要是在前期研究明确昆虫抗药性的生化机制的基础上,通过检测靶标酶对抑制剂的敏感度变化,或通过检测解毒酶活性的变化,来评价种群中抗性个体的频率。

1. 乙酰胆碱酯酶(AChE)

很多昆虫和螨类对有机磷和氨基甲酸酯类药剂的抗性与 AChE 敏感性降低(AChE 变构)有关。一般变构的 AChE 对模式底物乙酰硫代胆碱的水解活性并不提高,只对杀虫药剂的敏感性降低。Hemingway(1986)针对蚊虫提出了一种检测变构 AChE 的方法,即测定每一头蚊虫对抑制剂的敏感度。高希武等(1990)针对瓜蚜的抗性问题提出了一种检测变构 AChE 的方法,即测定单头蚜虫 AChE 对氧乐果和抗蚜威的敏感度及正常活性,在这 2 种杀虫药剂浓度分别为 10^{-3} mol/L 和 10^{-4} mol/L 时,对瓜蚜 AChE 抑制率为 0 的个体即为 AChE 变构的抗性个体。

根据上述原理,建立了基于区分浓度法的德国小蠊和家蝇等卫生害虫变构 AChE 的检测方法,并制定了基于该方法的德国小蠊和家蝇抗药性检测国标。所谓区分浓度,就是能够抑

制敏感德国小蠊 AChE 正常活性 90% 的杀虫药剂的浓度。先通过测定敏感种群确定区分浓度,然后将区分浓度的药剂与待检测单头德国小蠊的 AChE 在 30℃温育 5 min 后,测定残存的 AChE 的活性,并计算其占对照组 AChE 活性的百分率(即 AChE 存活率),即

$$AChE\ 存活率 = \frac{药剂处理组\ AChE\ 活性}{无药剂对照组\ AChE\ 活性} \times 100\%$$

结果分析:AChE 存活率大于 20% 为不敏感的 AChE,具有不敏感 AChE 的个体为对有机磷或氨基甲酸酯类药剂具有抗性的个体。种群中抗性个体的比例达到 10% 时为抗性种群。

2.羧酸酯酶

羧酸酯酶有 2 个作用:一个是催化含有羧酸酯键或酰胺键的杀虫药剂的水解代谢;另一个是作为结合蛋白,尤其是与硫代磷酸酯的氧化代谢物反应时,磷酰化速度很快,而恢复的速度特别慢,从而保护乙酰胆碱酯酶不被抑制。

在桃蚜、瓜蚜、萝卜蚜、蚊虫、黑尾叶蝉等许多害虫的抗性品系中羧酸酯酶的活性比较高,与其对某些杀虫药剂的抗性呈正相关,因此,就可以根据羧酸酯酶活性的高低来检测种群中抗性个体的比例。

我们就瓜蚜对拟除虫菊酯类杀虫药剂的抗性研究了一种检测抗性的生物化学方法。1985—1988 年对瓜蚜的羧酸酯酶离体活性以及电泳分析证明其对氰戊菊酯和溴氰菊酯的抗性程度与羧酸酯酶的活性呈显著正相关。以 α-乙酸萘酯为底物,在 15 min 内酯酶活性大于 40 μmol α-萘酚/mg 蛋白质的个体为抗性个体;检测发现在抗性程度非常高的东北旺种群中,这种类型的个体占 27% 以上。

但在有些昆虫种类或品系中,抗性水平和羧酸酯酶活性并不是直接相关的。在印度谷螟 *Plodia interpunctella* 中,抗性品系幼虫的匀浆液水解马拉硫磷的速度比敏感幼虫快 35 倍;对 α-乙酸萘酯的水解活性却比敏感幼虫降低了 65%;对甲基丁酸酯和 4 种乙酸酯的活性也有所降低,仅为正常种群的一半。Hemingway(1982)在巴基斯坦的斑须按蚊 *Anopheles stephensi* 和苏丹的阿拉伯按蚊 *Anopheles arabiensis* 中观察到其对马拉硫磷的抗性与对 α-乙酸萘酯的水解活性没有相关性。这可能与脂族酯酶突变理论有关。

在赤拟谷盗中发现有些马拉硫磷抗性种群仍然对大多数有机磷杀虫药剂敏感。另外也发现,尽管拟除虫菊酯含有羧酸酯键,但在有些昆虫中,如粉纹夜蛾中发现羧酸酯酶水解氰戊菊酯的活性与其水解 α-乙酸萘酯的活性没有相关性,在这种情况下就不能用羧酸酯酶水解 α-乙酸萘酯的活性的高低来检测抗性。

实际上,有许多类型的酯酶都能水解 α-乙酸萘酯,有时加入毒扁豆碱可以部分或大部分抑制乙酰胆碱酯酶的干扰,但是并不能排除芳基水解酶的干扰。这种干扰作用可能影响真正与抗性有关的羧酸酯酶的测定。Brown 和 Brogdon(1988)提出了用丁酸萘酯作为检测羧酸酯酶的底物,因为它比乙酸萘酯的专一性要强,可以消除大部分酶系的干扰作用。但丁酸萘酯的水溶性要比乙酸萘酯低,用于电泳凝胶染色比较困难。

3.多功能氧化酶的检测

多功能氧化酶(MFO)活性的提高与许多昆虫和螨类的抗性有关。MFO 活性的测定有多种方法,在害虫抗药性研究中,最经典的方法就是对艾氏剂的环氧化作用,然后用气谱法测定转化为狄氏剂的量。另外,还可以通过测定 MFO 的甲拌磷氧化酶活性、甲氧基香豆素 O-脱甲基活性、对硝基苯甲醚(PNP)的 O-脱甲基活性、苯胺的羟基化活性和乙氧基香豆素 O-脱乙基活性来评价 MFO 的活性。利用细胞色素 P450 的 CO 差光谱特性测定 P450 的含量可能比单纯测定其对某种底物的代谢活性更准确。

4. 谷胱甘肽 S-转移酶的检测

昆虫的谷胱甘肽 S-转移酶(GSTs)也与多种杀虫药剂的抗性有关,特别是对 N-甲基氨基甲酸酯和二甲基有机磷酸酯类杀虫药剂的抗性。一般以还原型谷胱甘肽(GSH)和 DCNB 或 CDNB 为底物,利用分光光度法测定 GSTs 的代谢活性。

5. 免疫化学法

免疫化学法即通过制备上述与抗性相关的酶的抗血清,利用酶联免疫吸附分析(ELISA)技术检测昆虫种群中抗性相关的酶的量来检测抗性。Devonshire 和 Moores(1986)用桃蚜的 E4 酯酶制作了抗血清,可以很容易地区分出桃蚜的敏感品系及不同水平的抗性品系,每天可检测 500~1 000 头蚜虫,比电泳或分光光度计法每天检测 100~150 头蚜虫具有更高的效率。

6.8.1.3 抗性基因检测法

昆虫对杀虫药剂的抗性只是一种表型,其本质是昆虫在遗传上的改变,即杀虫药剂靶标基因的突变、解毒酶基因的复制、过量表达或基因突变所致。上述关于昆虫抗药性的生化检测,都是利用相关解毒酶的模式底物,检测解毒酶的总活性,主要存在 2 个方面的不足:一是模式底物并不能完全代表杀虫药剂,对模式底物的代谢活性高,不一定对杀虫药剂的代谢活性就高,而且不同模式底物测定的酶活性结果也可能存在较大差异;二是近 10 年来,大量转录组、基因组测序结果表明,昆虫体内的每一类解毒酶都属于 1 个超基因家族,往往都是由几十、上百个不同基因编码,存在多种同工酶,在基因表达水平上常常是此消彼长的,因此,通过测定酶的总活性很难反映在抗性发生过程中起关键作用的同工酶。通过对昆虫抗药性分子机制的深入研究,明确参与抗药性的基因种类及其抗性机制,在此基础上对抗性基因进行有针对性的检测,才能提高抗性检测的准确性。

随着分子生物学尤其是高通量测序技术及各种组学技术的快速发展,国内外在昆虫抗药性的分子机理方面取得了长足的进展。明确了绝大多数类型杀虫药剂的作用靶标,并通过克隆或高通量测序获得了编码这些靶标蛋白的基因,包括位于昆虫神经系统的 DDT、拟除虫菊酯类及新型杀虫药剂(茚虫威、氰氟虫腙等)的作用靶标 Na^+ 通道基因,有机磷和氨基甲酸酯类杀虫药剂的作用靶标乙酰胆碱酯酶(AChEs)基因,新烟碱类杀虫药剂的作用靶标烟碱型乙酰胆碱受体(nAChRs)基因,阿维菌素类杀虫药剂的靶标谷氨酸门控 Cl^- 通道(GluCl)和 γ-氨基丁酸受体(GABAR)基因,位于肌肉细胞中的双酰胺类杀虫药剂的作用靶标鱼尼丁受体(RyR)基因,位于昆虫中肠细胞膜上的 Bt 杀虫蛋白的作用靶标氨肽酶(APN)、钙黏蛋白(CAD)和 ABC 转运蛋白等的基因,以及苯甲酰脲和乙螨唑等几丁质合成抑制剂的作用靶标几丁质合成酶基因等。在此基础上,通过室内鉴定及田间种群验证,已经明确了上述 15 类基因中 100 多个与杀虫药剂抗性相关的突变位点,典型的如神经膜 Na^+ 通道基因的 kdr 或 super-kdr 突变导致棉铃虫、小菜蛾、烟粉虱、二斑叶螨等大多数害虫对 DDT 和拟除虫菊酯类杀虫药剂的抗性;肌肉细胞中鱼尼丁受体基因的 G4946E 突变导致小菜蛾、斜纹夜蛾、番茄潜

叶蛾等多种鳞翅目害虫对双酰胺类杀虫药剂产生抗性等。此外,多种昆虫中编码 P450、羧酸酯酶、GSTs 和 UGTs 等主要解毒代谢酶系的基因超家族完成了测序,通过功能验证鉴定了大量与杀虫药剂抗性有关的基因并明确了其参与抗性的机制,如 P450 基因的过量表达、羧酸酯酶(如 E4 和 FE4 酯酶)基因扩增、基因突变、GSTs 基因扩增和过量表达等。以上这些使得对昆虫抗药性基因进行精准检测成为可能。

针对昆虫抗药性基因的检测主要有 2 个方面:一是针对基因上与抗性相关的点突变的检测,二是针对基因表达量的检测。

针对抗性基因点突变已经建立了一系列的比较成熟的检测技术,主要可分为两大类。一类是早期的低通量检测技术,主要是基于普通 PCR 的针对单个基因点突变的检测方法,如基于普通 PCR 的限制性内切酶法(REN-PCR)、单链构型多态性分析(SSCP-PCR)法和等位基因特异性 PCR 技术(PASA-PCR)等;另外,还有近年来发展起来的基于环介导等温扩增技术(loop-mediated isothermal amplification,LAMP)的快速检测技术以及基于低密度基因芯片的抗性基因检测技术等。但随着对昆虫抗药性分子机制的深入了解,人们发现昆虫抗药性基因种类十分丰富,基因型复杂多样,一种昆虫对不同类型杀虫药剂的抗性往往涉及多个基因,如仅小菜蛾中就存在 Na^+ 通道、GluCl、nAChR、AChE、RyR 和 ABCC 等 26 种与不同类型杀虫药剂抗性相关的基因,而每种抗性基因上又存在 1～5 个不等的抗性突变位点;更有甚者,如棉铃虫 CAD 基因上就存在多达 9 个与杀虫蛋白 Cry1AC 抗性相关的缺失突变。因此,针对多基因、多突变位点的高通量检测技术应运而生,如基于飞行时间质谱基因芯片的抗性基因高通量检测技术,每张芯片 1 次可对多达 384 个样本同时进行检测,每个样本最多可检测 40 个靶基因。还有基于高通量测序技术的抗性基因频率扩增子高通量检测技术,可以通过 1 次制样,同时检测多达 20～30 个采样点、每个样点数千头害虫中多个抗性基因的不同基因型的频率,真正实现抗性基因的高通量检测。

针对过量表达的基因的检测,目前,主要是利用荧光定量 PCR 技术对目的基因的相对表达量进行快速检测。

针对抗性基因的检测,最大的优势是可以快速确定田间种群中的抗性基因频率,尤其是基因芯片和高通量测序技术的应用,在抗性基因频率极低的情况下也可以检测,这就使通过监测田间种群中抗性基因频率的动态变化来预测抗性发展趋势成为可能,真正实现抗性监测的预警功能,在抗性导致防治失败之前及时调整治理策略,做到预防性抗性治理。

总体来看,这三大类抗性检测技术各有优势,也各有不足。生物测定法一直是害虫抗药性检测的主要方法,操作简单,结果直观,能直接反映害虫抗性水平的高低,但试虫用量大,影响因素多,方法很难真正标准化;并且在抗性基因频率比较低时无法检出,往往在田间防治失败后才检测到害虫种群的抗药性,不能起到抗性监测所应有的预警作用。基于蛋白质水平的生物化学法主要通过检测 AChE 对药剂敏感度的变化或解毒酶的活性变化来检测抗药性。与生物测定法比,生物化学法能在一定程度上实现抗性基因频率的早期快速检测,但必须是在明确某种酶活性变化与抗药性具有直接相关关系的基础上。但在多数情况下酶活性的变化与抗性水平并不总是呈线性相关的,且影响酶活性测定的因素很多,准确率易受到制约,因此测定结果只能作为定性判断的参考。抗性基因检测法能实现抗性基因频率的准确检测,尤其是高通量检测技术可对田间极低的抗性基因频率进行检测,极大地提高对抗性发展的预警性,但抗性基因频率的高低与害虫抗药性水平之间多数情况下也没有相关性,不能根据抗性基因频率来判断抗药性水平。因此,在实际应用中,应该发挥这三大类方法各自的优势,互为补充,尽可能实现田间种群抗药性的准确检测。

6.8.2　抗药性监测

抗药性监测(monitoring for insecticides resistance)就是综合利用各种抗药性检测技术,系统测定昆虫抗药性频率和抗药性水平的时空变化,了解昆虫抗药性发生和发展的规律以及治理效果。

对害虫田间种群抗药性全面监测,系统掌握重要害虫抗药性基因的种类、频率、分布、抗药性水平及其时空变化动态,主要有以下作用:①有助于预测新上市杀虫药剂的抗性风险,制订预防性治理策略,延缓害虫种群抗药性的发生和发展,延长新药剂的使用寿命;②可针对田间已有抗性种群的抗性基因种类及频率分布,制订治疗性抗性治理策略,降低其抗药性水平;③还可为我国新型杀虫药剂的研发提供重要参考,避免盲目开发田间种群已对其具有抗性基因的新药。

近年来,由全国农业技术推广中心牵头组织国内从事抗药性研究的相关高等院校、科研院所及各省市植保和农技推广部门,在全国范围内对水稻、棉花、玉米、小麦、果树和蔬菜等主要作物上重要害虫的抗药性水平进行连续监测,为及时调整杀虫药剂的轮换使用策略,实现害虫抗药性的有效治理提供了有益指导。如果能进一步建立对不同作物、不同耕作制度、不同栽培模式、不同地理区域及不同年间害虫抗药性进行检测的全覆盖立体监测网络,并建立相应的抗性数据库,则可使大区域内的昆虫抗药性协同治理成为可能。

对于刚上市的新药,最好是从刚开始应用就建立完善的抗性监测制度,从使用前的敏感基线建立,代表性田间种群的敏感性调查,到不同区域、不同年间抗性基因频率和抗性水平的检测等。根据抗性基因频率和抗性水平的变化,及时调整害虫防治策略,可最大限度地延缓抗药性的发展,减少杀虫药剂的过量使用。

6.9　抗药性治理

抗药性治理可以延缓甚至防止抗药性的产生和发展,目前,抗药性治理已经成为有害生物综合治理(IPM)的一个重要组成部分。现在开发全新的杀虫药剂难度越来越大,周期越来越长,而杀虫药剂的不合理使用使得害虫产生抗性的速度越来越快,新型杀虫药剂的开发速度远远赶不上害虫抗药性的发展。因此,通过抗药性治理,保护现有杀虫药剂品种,延长其使用寿命就显得尤为重要。

6.9.1　抗药性治理的 3 种策略

Georghiou 在其 1983 年出版的 *Pest Resistance to Pesticides* 一书中,从化学药剂使用的角度提出了害虫抗药性治理的 3 种策略,即适度治理(management by moderation)、饱和治理(management by saturation)和多向进攻治理(management by multiple attack)。

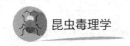

1. 适度治理

适度治理的核心是通过降低杀虫药剂的选择压力,延缓抗性的发展。具体措施包括:采用低剂量用药,保留一定比例的敏感基因型;减少施药次数;选用残效期短的化合物;避免使用缓释剂;主要针对成虫;尽量局部而不是大面积地施药;留下不处理的世代或种群;人为设置一定的"庇护区";提高施药害虫种群阈值等。

适度治理的理论基础是昆虫对杀虫药剂的敏感基因是一种可以耗尽的自然资源,而这种有价值的资源必须加以保护。适度治理主要通过降低药剂的选择压力来实现。一般情况下,选择压力越大,敏感基因丢失越快,抗性发展就越快。Georghiou 和 Taylor(1977)通过计算机模拟抗性发展表明,在抗性基因为 1 对等位基因、药剂施用剂量为 0.5 的情况下,需要连续使用 15 代,抗性基因频率才能达到 0.5;而将剂量提高 1 倍后,只需要 4 代,抗性基因频率就达到 0.5。

适度治理主要是通过降低选择压力,在种群中保留一定比例的敏感基因型,从而达到延缓抗性的目的。通常田间防治所用的剂量能杀死敏感个体,而抗性纯合子和部分杂合子得以保留,使害虫种群朝着有利于抗性的方向发展。不完全覆盖施药使敏感的个体在未处理区(庇护区)存活(图 6.21)。同时提高防治的经济阈限(防治指标),以减少施药次数,降低全面选择压力。

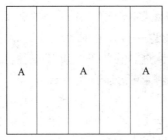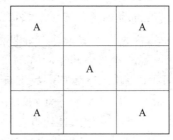

图 6.21 施药庇护区示意图

注:A 代表施用杀虫药剂,空白代表庇护区。

当然,完全按适度治理的要求施药,在害虫防治实践中是行不通的,特别是卫生害虫、蚜虫和烟粉虱等传播植物病毒病的媒介以及为害高经济价值作物(如水果、蔬菜等)的害虫。但作为 IPM 计划中的一个环节还是可行的。

2. 饱和治理

与适度治理相反,饱和治理的目的是尽可能地提高选择压力,完全消除敏感基因。其主要措施包括:高剂量用药使隐性抗性基因也能充分表达;使用增效剂抑制昆虫的解毒作用(图 6.22)。

这里的饱和不是指农药对环境的饱和,而是指用能够克服抗性的剂量对昆虫防御机制的饱和。饱和治理的主要依据是用足够高的剂量淘汰敏感的个体以及抗性杂合子,即高剂

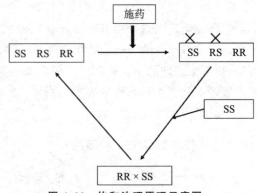

图 6.22 饱和治理原理示意图

量、高杀死策略。采用该策略的前提条件是要保证每次施药后有相当比例的敏感个体迁入，才能延缓抗性发展。否则会导致种群全部是抗性纯合子，反而会加速抗性发展。

限制饱和治理策略应用的其他条件：施药地点要能允许高剂量的杀虫药剂在短时期内存在，像某些熏蒸剂防治仓库害虫一样；要有突破性的施药技术的更新，使足够高的剂量仅应用于靶标害虫，而不会对非靶标生物造成影响。

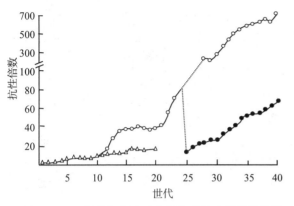

图 6.23 不同选择压力下埃及伊蚊幼虫的抗性倍数
(Kumar et al. ,2002)

注：白色圆点，溴氰菊酯筛选；白色三角，溴氰菊酯＋PBO(1∶5)筛选；黑色圆点，溴氰菊酯筛选至 24 代后接着用溴氰菊酯＋PBO(1∶5)筛选。

饱和治理中的另一项措施是应用增效剂抑制昆虫的解毒作用，降低或消除具有解毒代谢抗性能力的个体的选择优势，以延缓抗性发展。常用的增效剂有多功能氧化酶的抑制剂增效醚（PBO），羧酸酯酶的抑制剂三苯基磷酸酯（TPP）、脱叶磷（S,S,S-三丁基三硫代磷酸酯，DEF）和异稻瘟净，谷胱甘肽 S-转移酶的抑制剂马来酸二乙酯（DEM）等。Kumar 等（2002）发现，用溴氰菊酯＋PBO 可以显著抑制埃及伊蚊对溴氰菊酯抗性的发展。单独用溴氰菊酯筛选 40 代可导致埃及伊蚊幼虫产生 703 倍的抗性；用溴氰菊酯和 PBO(1∶5)混剂连续筛选 20 代，其抗性比单独用溴氰菊酯筛选的要低 60％；把溴氰菊酯筛选了 24 代的幼虫接着用溴氰菊酯＋PBO 筛选，仅经过一代抗性就下降了 89％（图 6.23）。

羧酸酯酶的抑制剂 DEF 和异稻瘟净与杀虫药剂联合使用同样能够抑制抗性的发展。例如，用 LD_{70} 的马拉硫磷筛选淡色库蚊 10 代后，即可产生 307 倍的抗性；而用马拉硫磷＋异稻瘟净(1∶2)同样在 LD_{70} 的选择压力下筛选，同样经过 10 代，抗性只有 39 倍（图 6.24）(Tao et al. ,2006)。

虽然从逻辑上看使用增效剂可以显著延缓抗药性的发展，但有几个问题必须注意：

①如果抗性只是因靶标不敏感产生的，则使用增效剂无效。

②如果杀虫药剂在昆虫体内发生增毒代谢，如硫代磷酸酯和二硫代磷酸酯类杀虫药剂及部分含有硫-醚基团的氨基甲酸酯类药剂，经 P450 氧化后杀虫活性显著增强的药剂，如乐果和 PBO 联合使用，反而会起拮抗作用。另外 PBO 易光解，不适合在大田使用。

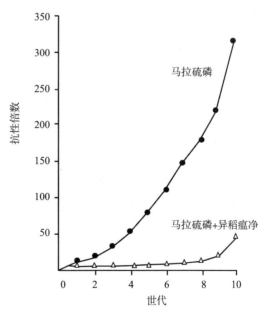

图 6.24 马拉硫磷和马拉硫磷＋异稻瘟净分别筛选后淡色库蚊的抗药性(Tao et al. ,2006)

③使用增效剂延缓抗性发展也要注意昆虫对增效剂的抗性问题。Chen 和 Sun(1986)用杀灭菊酯＋PBO 筛选 12 代后,小菜蛾对 PBO 的抗性增加了 22 倍;停止筛选 5 代后,对增效醚的敏感性才恢复。

3. 多向进攻治理

多向进攻治理的主要措施是通过杀虫药剂的轮用和混用来延缓抗性发展的。其原理是利用不同类型杀虫药剂的作用靶标不同,同时进攻昆虫的多个作用位点,使其不易产生抗性。要求一个化合物同时具备多个作用位点是非常困难的,但可以联合使用几个具有独立作用机制的杀虫药剂,这样可以大大降低每一种药剂的选择压力,从而达到延缓抗性发展的目的。

1)杀虫药剂混用

杀虫药剂的混用和生产上的混剂不完全相同。生产厂家投入市场的混剂其主要目的可能还是扩大防治对象或改善药剂的其他性能(如提高速效性等)。抗性治理中的药剂混用是利用一组具有独立作用机制的化合物,形成多位点作用,其中任何一种化合物对昆虫的选择压力都低于抗性发展的要求,因而不会引发抗性的产生。杀虫药剂混用防治害虫时,一种组分不能杀死的个体可能被另一组分杀死。对所有杀虫药剂都具有抗性的个体几乎是不存在的。

通过杀虫药剂混用延缓或克服抗性发展的成功实例很多。如用 6 种无机化合物混用对家蝇选择 16 代后,没有产生抗性,而对其他单独筛选的化合物均产生了明显抗性(Pimentel 和 Bellotti,1976)。Georghiou(1983)用双硫磷、残杀威和二氯苯醚菊酯对致倦库蚊(含有分别针对这 3 种化合物的抗性基因,频率为 0.02,再近亲繁殖 6 代)进行选择。用单个杀虫药剂选择 9 代以后,每一个群体都已经对所用化合物产生了高度抗性;而用 3 种药剂的不同组合筛选时,只有用含有残杀威的组合筛选时,对残杀威产生了一定抗性,用其他组合筛选均没有产生抗性。

杀虫药剂混用作为克服或延缓抗性发展的措施注意以下几点:

(1)混用的各组分的作用机制应彼此不同。例如,溴氰菊酯等菊酯类药剂可诱导酪氨酸脱羧酶活性增强使昆虫神经系统中酪氨和章鱼胺等单胺类物质的含量增加,而甲脒类药剂可抑制单胺氧化酶的活性,阻断酪氨和章鱼胺的代谢,共同导致神经系统中单胺类物质含量显著增加,引起害虫死亡,因此,这 2 类杀虫药剂混用具有明显的增效作用。如果作用机制相同,则害虫很可能对于混剂中的各组分产生交互抗性,反而促进抗性的发展。例如,靶标敏感性降低导致的交互抗性,包括 kdr 突变导致的对 DDT、拟除虫菊酯及菊酯类不同品种间的交互抗性,乙酰胆碱酯酶变构导致的对几乎所有二甲基有机磷和 N-甲基氨基甲酸酯类杀虫药剂的交互抗性,几丁质合成酶突变导致的对苯甲酰脲类、噻嗪酮和乙螨唑的交互抗性等。从目前发表的文献来看,国内同类药剂混用的情况在有机磷和氨基甲酸酯类药剂中并不少见。这种混用在短期内效果可能不错,但从抗性治理角度来看,非常不利于抗药性治理,应该引起注意。

(2)害虫对混用的每一组分的抗性机制应该不同。也就是说,害虫对混用各组分的潜在抗性机制不同。例如,马拉硫磷和家蝇磷分子中都含有羧酸酯键,那么害虫对这 2 种药剂潜在的抗性机制就是羧酸酯酶活性增加,这在家蝇、蚊类、蚜虫及黑尾叶蝉中都已经得到了证实,因此,马拉硫磷和家蝇磷就不能混用。同类药剂不能混用就是为了防止有相同的潜在的抗性机制,尤其是靶标变构。从现有资料分析,拟除虫菊酯和某些有机磷杀虫药剂混用防治瓜蚜(棉蚜)还是比较合理的。已经证明,在瓜蚜中,酯酶活性增强是其对拟除虫菊酯类药剂产生抗性的主要机制之一,而某些有机磷杀虫药剂恰好是酯酶的抑制剂,因此,二者混用具有增效作用。

(3)混用的各组分的持效期应基本相等。如果混用的组分之一持效期明显长于其他组分,将会造成选择压力不平衡,失去混用的意义。假设 A 和 B 2 个药剂混用,A 的持效期是14 d,B 的持效期是 7 d。在应用的前 7 d,2 种药剂都在起作用,A 药剂没杀死的个体可被 B 药剂杀死,反之亦然。但 7 d 之后,B 药剂因失效不再起作用,只有 A 药剂仍然有效,相当于单剂施用(图 6.25)。长期使用这种混剂就会导致害虫长期处于 A 药剂的选择压力之下,从而对 A 药剂产生抗性。这就是所谓的混剂中各单剂选择压力不平衡,最终导致这种混用失去意义。

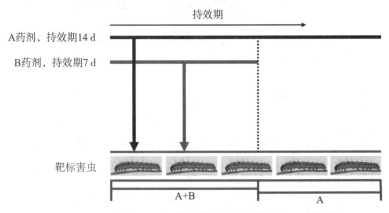

图 6.25 杀虫药剂混用各单剂持效期对抗性选择压力的影响

(4)混用应该越早越好。即在害虫对混用的每一组分产生抗性之前就开始混用。例如,一种新型杀虫药剂刚开始使用就和其他药剂混用,这样,抗性基因在种群中的频率非常低,引起不同抗性机制的基因只存在于不同个体中,尚未整合到同一个体中。这时候开始混用的效果最好。

需要注意的是,杀虫药剂混用能否延缓抗药性的发展,与害虫本身的防御能力也有很大的关系。如果某种害虫种群具有潜在的多样性的防御能力,则杀虫药剂混用很可能引起多种抗性。到目前为止,至少已经有几十种害虫的田间种群产生了多种抗性,如小菜蛾、致倦库蚊等。

2)杀虫药剂轮用

杀虫药剂轮用的主要依据:害虫抗药性是在杀虫药剂存在条件下"瞬间进化"的结果,但抗性个体在对杀虫药剂产生抗性的同时,往往会产生适合度代价(fitness cost),如发育期延长、生殖力下降、个体变小、体重减轻等;当产生抗性的"瞬间进化"条件——杀虫药剂的选择压力消失时,抗性个体因生物学上的劣势而逐渐被淘汰,在种群中的频率下降,最终抗性种群对药剂的敏感度恢复。如 Tang 等(2011)发现,对呋喃虫酰肼产生 320 倍抗性的小菜蛾品系与敏感品系相比,其雌蛾产卵期缩短 32%,产卵量减少 41%,卵的孵化率下降 21%,生物适合度仅为敏感品系的 0.4。但这也并非一成不变,从生物学观点看,适应性随着不断的选择,可

通过相互适应而发生改变。

Georghiou(1980)以 A、B、C、D 4 种药剂为例提出了杀虫药剂轮用延缓抗性发展的模式(图 6.26)。在害虫第一至第四代,分别用 A、B、C、D 4 种药剂防治,即当对药剂 A 产生轻度抗性时换用药剂 B,对药剂 B 产生轻度抗性时换用药剂 C,依此类推。当对药剂 D 也产生抗性时,由于药剂 A 已经停用 3 代,种群对药剂 A 的抗性已经完全消失,第二轮又重新开始使用药剂 A 防治。如此循环往复。

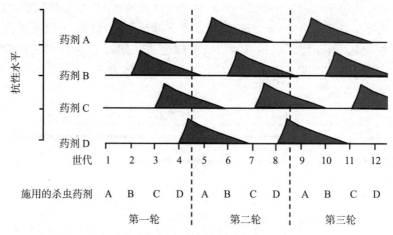

图 6.26 杀虫药剂轮换使用模式图(Georghiou,1980)

进行杀虫药剂轮用时,有几个问题需要注意:

(1)要求所用化合物彼此不受交互抗性的影响。最好选择具有负交互抗性的杀虫药剂,这样杀虫药剂之间会形成反选择作用,有效延缓或阻止抗性发展。如在库蚊、家蝇、二斑叶螨、黑尾叶蝉和棉蚜中就发现有机磷与拟除虫菊酯类药剂存在负交互抗性,Na^+ 通道阻断剂茚虫威和菊酯类药剂也存在负交互抗性。

(2)应选用作用机制不同的药剂进行轮用,避免形成交互抗性。作用机制相同,虽然杀螨剂是轮换使用的,但对于作用靶标的选择压力是持续的,因此,更容易导致其产生突变,产生交互抗性。

(3)设置合理的轮用间隔期。这是轮用能否成功的关键因素之一。如果轮用太频繁,也就是间隔期太短,则第一轮使用导致的抗性还未恢复就又被选择,反而会加快抗性发展。影响轮用的另一个因素是药剂的持效期,如果所用药剂的持效期过长(如早期的一些有机氯杀虫药剂),以致在轮用间隔期内这些药剂还在起作用,则轮用对延缓抗性发展的作用会被削弱甚至完全不起作用。因此,轮用间隔期一定要足以使昆虫种群对上一次所使用药剂的抗性得到恢复。

(4)杀虫药剂的轮用同样也应该在药剂开始应用的早期就实施。

3)分区施药

分区施药实际上是杀虫药剂混用概念的扩展,是指在一定面积的防治区域内,在不同小区施用不同类型的杀虫药剂,避免在同一个防治区域内筛选出抗性机制相同的种群。分区施药有镶嵌式和栅栏式 2 种模式(图 6.27)。这样在同一个小区未被杀死的个体迁移到相邻的其他小区后会被另一种作用机制不同的药剂杀死。如果昆虫在各小区间的交换发生在一个世代之内,分区施药的功能就相当于药剂混用;如果这种交换发生在下一世代,则其在下一个世代接触的药剂与上一世代不同,这时分区施药就类似于杀虫药剂的轮用。分区施药避免了杀虫药剂直接混用时剂型、配比以及各类杀虫药剂之间化学性质的不协调等问题;分区施药作为轮用也避免了轮用间隔期不好掌握的问题,因为处理后不是所有存活的个体产的后代都迁飞。

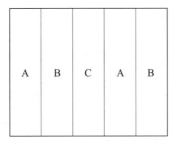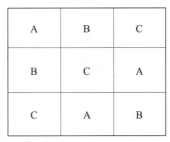

图 6.27　分区施药示意图

注:A、B、C 分别代表不同类型的杀虫药剂。

分区施药最好理解的案例是蚊虫的防治,可以在房间的不同墙面上喷洒不同类型的药剂,房间内的害虫在同一时间内接触到了不同类型的药剂,和杀虫药剂混用的原理相同。对农业害虫的防治只能在一个平面上进行。但分区施药的各个小区面积大小的确定就比较困难,既要考虑防治对象的活动(迁飞)能力,又要考虑分区施药想达到什么样的效果(轮用还是混用),这就要求对防治对象的生物学特性有比较清楚的了解。分区施药目前只在骚扰角蝇的抗性治理上取得了成功,除此之外还未见到其他成功的案例。

6.9.2　抗药性治理的措施

综合上述抗药性治理的 3 个策略,从化学防治角度进行昆虫抗药性治理,可以采取以下措施:

①加强田间种群抗药性动态监测,为制订有效的抗性治理策略提供依据。

②降低杀虫药剂对昆虫的选择压力,延缓抗性发展。具体措施包括:采用低剂量用药,保留一定比例的敏感基因型;选用残效期短的杀虫药剂,减少或避免使用缓释剂;只在昆虫一个世代的某一阶段施药,避免全程用药;尽量局部而不是大面积的施药,保留一定的"庇护区";留下不处理的世代或种群;适当提高害虫的防治指标,减少施药次数。

③合理地混用和轮用杀虫药剂。

④合理使用增效剂。通过抑制相关解毒代谢酶,延缓抗性发展。

实际上,在目前倡导绿色植保、减少农药使用的大背景下,大力发展化学防治替代技术,真正执行有害生物综合治理(integrated pest management,IPM),只在必须的情况下才施用化学杀虫药剂,才能更有效地防止或延缓害虫抗药性的发生和发展。主要可以考虑以下几个方面。

(1)培育和利用抗药性天敌昆虫。长期以来,一直有研究人员在从事抗药性天敌的室内筛选工作,还有一些在田间自然状态下产生了抗药性。目前,至少已经有 29 种具有抗药性的

天敌。例如,室内筛选的抗有机磷和拟除虫菊酯类药剂的西方盲走螨 *Typhlodromus occi-dentalis*,对谷硫磷的抗性达 100 倍;米象 *Sitophilus oryzae* 的一种寄生蜂 *Anisopteromalus calandrae* 对马拉硫磷的抗性高达 2 800 倍;普通草蛉 *Chrysoperla carnea* 的一个田间种群对溴氰菊酯、α-氯氰菊酯、高效氯氟氰菊酯、毒死蜱和丙溴磷的抗性分别达到 47 倍、86 倍、137 倍、76 倍和 110 倍。集栖瓢虫 *Hippodamia convergens* 的一个田间种群对高效氯氟氰菊酯的抗性达 220 倍。随着 CRISP/CAS9 等新的基因编辑技术的广泛应用,应该能培育出更多的抗药性的天敌。这些抗药性天敌的合理应用,可有效减少杀虫药剂的使用频率,从而延缓抗药性的发展。

(2)选育和充分利用转基因抗虫作物。自转 Bt 抗虫作物从 1996 年开始推广种植以来,已经种植了 20 多年,到 2017 年全世界种植面积达 1.8 亿 hm²。但田间监测发现,只有 7 种夜蛾科害虫产生了抗性,且抗性水平远远低于对化学杀虫药剂的抗性。因此,发展转基因抗虫作物,尤其是含有 2～3 种不同抗虫基因的作物,对于控制害虫并延缓抗性发展非常有效。

除了发展表达杀虫蛋白的转基因植物,表达杀虫 RNA 的新型转基因抗虫植物也将很快进入应用阶段。这类新型抗虫作物主要利用 RNA 干扰(RNA interference,RNAi)原理控制害虫。通过筛选获得针对害虫特异性靶标,且对靶标害虫具有致死作用的双链 RNA(dsR-NA),再将其转入作物使其在植物体内表达。害虫为害寄主植物时,dsRNA 随取食进入害虫体内,抑制与 dsRNA 同源的靶基因的表达,从而杀死害虫。目前,由孟山都和陶氏共同开发的基于 RNAi 技术的转 *dsSnf*7 基因的玉米作为杀虫药剂已经于 2017 年 6 月 15 日由美国 EPA 批准,用于鞘翅目害虫玉米根叶甲的防治。另外,基于 microRNA(miRNA)的保守性及其在昆虫生长发育中的众多生命过程的重要调控功能,He 等(2018)将调控二化螟蜕皮激素信号通路中 2 个关键基因 *CsSpo* 和 *CsEcR* 的 Csu-miR-14 转入水稻,结果显示高表达 miR-14 的水稻对二化螟表现出较高抗性,为转基因抗虫作物的开发开辟了新途径。

总之,昆虫抗药性治理是一个长远的、全局性的问题,特别是有些措施所产生的效果是逐渐累加的,短期内可能收效不大。因此,大规模地进行抗性治理有一个中心协调问题。目前,应该从长远观点考虑,不能把抗性治理的希望完全寄托在开发杀虫药剂新品种上,要充分利用现有的多样化的害虫控制手段,充分发挥 IPM 的作用,逐步实现害虫抗药性的全面治理。

◈ 参考文献

1. Ahmad M,Denholm I,Bromilow R H. Delayed cuticular penetration and enhanced metabolism of deltamethrin in pyrethroid-resistant strains of *Helicoverpa armigera* from China and Pakistan. Pest Manag Sci,2006,62(9):805-810.

2. Alon M,Alon F,Nauen R,et al. Organophosphates' resistance in the B-biotype of *Bemisia tabaci* (Hemiptera:Aleyrodidae) is associated with a point mutation in an *ace*1-type acetylcholinesterase and overexpression of carboxylesterase. Insect Biochem Mol Biol,2008,38(10):940-949.

3. Alout H,Berthomieu A,Hadjivassilis A,et al. A new amino-acid substitution in acetylcholinesterase 1 confers insecticide resistance to Culex pipiens mosquitoes from Cyprus. Insect Biochem Mol Biol,2007,37:41-47.

4. Amichot M,Tarès S,Brun-Barale A,et al. Point mutations associated with insecticide resistance in the

Drosophila cytochrome P450 Cyp6a2 enable DDT metabolism. FEBS J,2010,271 (7):1250-1257.

5. Anazawa Y,Tomita T,Aiki Y,et al. Sequence of a cDNA encoding acetylcholinesterase from susceptible and resistant two-spotted spider mite,*Tetranychus urticae*. Insect Biochem. Mol. Biol, 2003,33: 509-514.

6. Andreev D,Kreitman M,Phillips T W,et al. Multiple origins of cyclodiene insecticide resistance in *Tribolium castaneum* (Coleoptera: Tenebrionidae). J Mol Evol,1999,48(5):615-24.

7. Argentine J A,Clark M J,Ferro D N. Genetics and synergism of resistance to azinphosmethyl and permethrin in the Colorado potato beetle (Coleoptera: Chrysomelidae). J Econ Entomol,1989,82 (82):698-705.

8. Ballantyne G H,Harrison R A. Genetic and biochemical comparisons of organophosphate resistance between strains of spider mites (*Tetranychus* species: Acari). Entomol Exp Appl,1967,10 (2):231-239.

9. Baron S,van der Merwe N A,Madder M,et al. SNP analysis infers that recombination is involved in the evolution of amitraz resistance in *Rhipicephalus microplus*. PLoS One, 2015, 10 (7):e0131341.

10. Bass C,Puinean A M,Andrews M,et al. Mutation of a nicotinic acetylcholine receptor β subunit is associated with resistance to neonicotinoid insecticides in the aphid *Myzus persicae*. BMC Neurosci,2011,12:51.

11. Baxter S W,Chen M,Dawson A,et al. Mis-spliced transcripts of nicotinic acetylcholine receptor alpha 6 are associated with field evolved spinosad resistance in *Plutella xylostella* (L.). PLoS Genetics,2010,6(1): e1000802.

12. Beeman R W. Inheritance and linkage of malathion resistance in the red flour beetle. J Econ Entomol,1983,76 (4):737-740.

13. Brevik K,Schoville S D,Mota-Sanchez D,et al. Pesticide durability and the evolution of resistance: A novel application of survival analysis. Pest Manag Sci,2018,74(8):1953-1963.

14. Brattsten L B,Holyoke C W,Leeper J R,et al. Insecticide resistance: challenge to pest management and basic research. Science,1986,231(4743):1255-1260.

15. Brun-Barale A,Héma O,Martin T,et al. Multiple P450 genes overexpressed in deltamethrin-resistant strains of *Helicoverpa armigera*. Pest Manag Sci,2010,66(8):900-909.

16. Carvalho R,Yang Y H,Field L M,et al. Chlorpyrifos resistance is associated with mutation and amplification of the acetylcholinesterase-1 gene in the tomato red spider mite,*Tetranychus evansi*. Pestic Biochem Physiol,2012,104 (2):143-149.

17. Characterization of the resistance mechanisms to diazinon,parathion and diazoxon in the organophosphorus-resistant SKA strain of house flies (Musca domestica L.). Pestic Biochem Physiol, 1972,1(3):275-285.

18. Chen A C,He H,Davey R B. Mutations in a putative octopamine receptor gene in amitraz-resistant cattle ticks. Vet Parasitol,2007b. 148(3－4):379-383.

19. Chen E H,Hou Q L,Dou W,et al. Genome-wide annotation of cuticular proteins in the oriental fruit fly (*Bactrocera dorsalis*),changes during puparization and expression analysis of CPAP3

protein genes in response to environmental stresses. Insect Biochem Mol Biol,2018,97:53-70.

20. Chen J S. Genetic analysis and effect of synergists on diazinon resistance in the bulb mite,*Rhizoglyphus rohini* Claparède (Acari:Acaridae). Pestic Sci,1990,28(3):249-257.

21. Chen M,Du Y,Nomura Y,et al. Mutations of two acidic residues at the cytoplasmic end of segment IIIS6 of an insect sodium channel have distinct effects on pyrethroid resistance. Insect Biochem Mol Biol,2017,82:1-10.

22. Chen M,Han Z,Qiao X,et al. Resistance mechanisms and associated mutations in acetylcholinesterase genes in *Sitobion avenae* (Fabricius). Pestic Biochem Physiol,2007a,87 (3):189-195.

23. Chen X,Yuan L,Du Y,et al. Cross-resistance and biochemical mechanisms of abamectin resistance in the western flower thrips,*Frankliniella occidentalis*. Pestic Biochem Physiol,2011,101 (1):34-38.

24. Chen L G,Durkin K A,Casida J E. Structural model for gamma-aminobutyric acid receptor noncompetitive antagonist binding: widely diverse structures fit the same site. Proc Natl Acad Sci USA,2006,103: 5185-5190.

25. Claudianos C,Russell R J,Oakeshott J G. The same amino acid substitution in orthologous esterases confers organophosphate resistance on the house fly and a blowfly. Insect Biochem Mol Biol,1999,29(8):675-686.

26. Coates B S. *Bacillus thuringiensis* toxin resistance mechanisms among Lepidoptera: progress on genomic approaches to uncover causal mutations in the European corn borer,*Ostrinia nubilalis*. Curr Opin Insect Sci,2016,15:70-77.

27. Cochran D G. Changes in insecticide resistance gene frequencies in field-collected populations of the German cockroach during extended periods of laboratory culture (Diptera: Blattellidae). J Econ Entomol,1994,87 (1):1-6.

28. Corley S W,Jonsson N N,Piper E K,et al. Mutation in the RmβAOR gene is associated with amitraz resistance in the cattle tick *Rhipicephalus microplus*. Proc Natl Acad Sci USA,2013,110 (42):16772-16777.

29. Croft B A,Burts E C,van de Baan H E,et al. Local and regional resistance to fenvalerate in *Psylla pyricola* Foerster (Homoptera: Psyllidae) in western North America. Canadian Entomologist,1989,121 (2):965-971.

30. Crow J F. Genetics of insect resistance to chemicals. Annu. rev. entomol,1957,2 (1):227-246.

31. Crow J F. Genetics of insecticide resistance: general considerations. Misc. Publ. Entomol. Soc. Am,1960,2: 69-74.

32. Daborn P J,Yen J L,Bogwitz M R,et al. A single p450 allele associated with insecticide resistance in *Drosophila*. Science,2002,297(5590):2253-2256.

33. Daly J C. Inheritance of metabolic resistance to the synthetic pyrethroids in Australian *Helicoverpa armigera* (Lepidoptera: Noctuidae). Bulletin of Entomological Research,1992,82(1):5-12.

34. Darboux I,Pauchet Y,Castella C,et al. Loss of the membrane anchor of the target receptor is a mechanism of bioinsecticide resistance. Proc Natl Acad Sci USA,2002,99(9):5830-5835.

35. Dermauw W,Ilias A,Riga M,et al. The cys-loop ligand-gated ion channel gene family of *Tet-*

ranychus urticae：implications for acaricide toxicology and a novel mutation associated with abamectin resistance. Insect Biochem Mol Biol,2012,42(7):455-65.

36. Devonshire A L,Moores G D,ffrench-Constant R H. Detection of insecticide resistance by immunological estimation of carboxylesterase activity in *Myzus persicae* (Sulzer) and cross reaction of the antiserum with Phorodon humuli (Schrank) (Hemiptera：Aphididae). Bull Entomol Res, 1986,76 (1):97-107.

37. Devonshire A L,Sawicki R M. Insecticide-resistant *Myzus persicae* as an example of evolution by gene duplication. Nature,1979,280(5718):140-141.

38. Djogbenou L S,Labbe P,Chandre F,et al. Resistance to organophosphorus /carbamates insecticides and *ace*-1 duplication in *Anopheles gambiae*：a challenge for malaria control. Am J Trop Med Hyg,2010,83:139.

39. Dong K,Du Y,Rinkevich F,et al. Molecular biology of insect sodium channels and pyrethroid resistance. Insect Biochem Mol Biol,2014,50:1-17.

40. Douris V,Papapostolou K M,Ilias A,et al. Investigation of the contribution of RyR target-site mutations in diamide resistance by CRISPR/Cas9 genome modification in *Drosophila*. Insect Biochem Mol Biol,2017,87:127-135.

41. Douris V,Steinbach D,Panteleri R,et al. Resistance mutation conserved between insects and mites unravels the benzoylurea insecticide mode of action on chitin biosynthesis. Proc Natl Acad Sci,2016,113(51)：14692-14697.

42. Downes S,Parker T L,Mahon R J. Characteristics of resistance to *Bacillus thruingiensis* toxin Cry2Ab in a strain of *Helicoverpa punctigera* (Lepidoptera：Noctuidae) isolated from a field population. J Econ Entomol,2010,103(6):2147-2154.

43. Downes S,Parker T L,Mahon R J. Frequency of alleles conferring resistance to the *Bacillus thuringiensis* toxins Cry1Ac and Cry2Ab in Australian populations of *Helicoverpa punctigera* (Lepidoptera：Noctuidae) from 2002 to 2006. J Econ Entomol,2009,102(2):733-742.

44. Du Y,Nomura Y,Satar G,et al. Molecular evidence for dual pyrethroid-receptor sites on a mosquito sodium channel. Proc. Nat. Acad. Sci,2013. 110:11785-11790.

45. Du Y,Song W,Groome J R,et al. A negative charge in transmembrane segment 1 of domain II of the cockroach sodium channel is critical for channel gating and action of pyrethroid insecticides. Toxicol. Appl. Pharmacol,2010,247: 53-59.

46. Fang F,Wang W,Zhang D,et al. The cuticle proteins：a putative role for deltamethrin resistance in *Culex pipiens pallens*. Parasitol Res,2015,114(12)：4421-4429.

47. Feyereisen R. Insect Cytochrome P450. In：Gilbert LI,Iatrou K,Gill SS. (Eds.),Comprehensive Molecular Insect Science,Volume four. Amsterdam：Elsevier,2005. p1-77.

48. Feyereisen R. Insect P450 enzymes. Annu Rev Entomol,1999,44:507-533.

49. Ffrench-Constant R H,Anthony N,Aronstein K,et al. Cyclodiene insecticide resistance：from molecular to population genetics. Ann Rev Entomol,2000,45: 449－466.

50. Ffrench-Constant R H,Steichen J C,Rocheleau,TA,et al. A single-amino acid substitution in a γ-aminobutyric acid subtype A receptor locus is associated with cyclodiene insecticide resistance

in *Drosophila* populations. *Proc. Natl. Acad. Sci. USA*,1993b. 90:1957-1961.

51. Ffrench-Constant R H. A point mutation in a *Drosophila* GABA receptor confers insecticide resistance. *Nature*,1993a,363:449-451.

52. Ffrench-Constant R H. The molecular and population genetics of cyclodiene insecticide resistance. Insect Biochem Mol Biol,1994,24(4):335-345.

53. Field L M,Devonshire A L. Evidence that the E4 and FE4 esterase genes responsible for insecticide resistance in the aphid *Myzus persicae* (Sulzer) are part of a gene family. Biochem J,1998, 330 (Pt 1):169-73.

54. Field L M. Methylation and expression of amplified esterase genes in the aphid *Myzus persicae* (Sulzer). Biochem J,2000,349 Pt 3:863-868.

55. Fournier D,Ralavorio M,Cuany A,et al. Genetic analysis of methidathion resistance in *Phytoseiulus persimilis* (Acari: Phytoseiidae). J Econ Entomol,1988,81(4):1008-1013.

56. Fray L M,Leather S R,Powell G,et al. Behavioural avoidance and enhanced dispersal in neonicotinoid-resistant *Myzus persicae* (Sulzer). Pest Manag Sci,2014,70(1):88-96.

57. Futahashi R,Okamoto S,Kawasaki H,et al. Genome-wide identification of cuticular protein genes in the silkworm,*Bombyx mori*. Insect Biochem. Mol. Biol,2008,38:1138-1146.

58. Gahan L J,Gould F,Heckel D G. Identification of a gene associated with Bt resistance in *Heliothis virescens*. Science,2001,293(5531):857-860.

59. Gahan L J,Pauchet Y,Vogel H,et al. An ABC transporter mutation is correlated with insect resistance to *Bacillus thuringiensis* Cry1Ac toxin. PLoS Genet,2010,6(12):e1001248.

60. Gao Q,Li M,Sheng C,et al. Multiple cytochrome P450s overexpressed in pyrethroid resistant house flies (*Musca domestica*). Pestic Biochem Physiol,2012,104: 252-260.

61. Georghiou G P. The evolution of resistance to pesticides. Annu Rev Ecol Syst,1972,3:133-168

62. Georghiou G P,Taylor C E. Operational influences in the evolution of insecticide resistance. J Econ Entomol,1977,70(5):653-658.

63. Georghiou G P. Insecticide resistance and prospects for its management. Residue Rev,1980,76: 131-145.

64. Georghiou G P. Parasitological review. Genetics of resistance to insecticides in houseflies and mosquitoes. Exp Parasitol,1969,26(2):224-55.

65. Ghosh S,Kumar R,Nagar G,et al. Survey of acaricides resistance status of *Rhipiciphalus* (*Boophilus*) *microplus* collected from selected places of Bihar,an eastern state of India. Ticks Tick Borne Dis,2015,6(5):668-675.

66. Gong W,Yan H H,Gao L,et al. Chlorantraniliprole resistance in the diamondback moth (Lepidoptera: Plutellidae). J Econ Entomol,2014,107(2):806-814.

67. González-Cabrera J,García M,Hernández-Crespo P,et al. Resistance to Bt maize in *Mythimna unipuncta* (Lepidoptera: Noctuidae) is mediated by alteration in Cry1Ab protein activation. Insect Biochem Mol Biol,2013,43(8):635-643.

68. Gould F,Anderson A,Jones A,et al. Initial frequency of alleles for resistance to Bacillus thuringiensis toxins in field populations of *Heliothis virescens*. Proc Natl Acad Sci USA,1997,94(8):

3519-3523.

69. Gould F. Sustainability of transgenic insecticidal cultivars: integrating pest genetics and ecology. Annu Rev Entomol,1998,43: 701-726.

70. Gressel J. Low pesticide rates may hasten the evolution of resistance by increasing mutation frequencies. Pest Manag Sci,2011,67(3):253-257.

71. Gunning R V,Dang H T,Kemp F C,et al. New resistance mechanism in *Helicoverpa armigera* threatens transgenic crops expressing *Bacillus thuringiensis* Cry1Ac toxin. Appl Environ Microbiol,2005,71(5):2558-2563.

72. Guo L,Liang P,Zhou X G,et al. Novel mutations and mutation combinations of ryanodine receptor in a chlorantraniliprole resistant population of *Plutella xylostella* (L.). Sci. Rep,2014b, 4: 6924.

73. Guo L,Wang Y,Zhou X G,et al. Functional analysis of a point mutation in the ryanodine receptor of *Plutella xylostella* (L.) associated with resistance to chlorantraniliprole. Pest Manag Sci , 2014a,70: 1083-1089

74. Halliday W R. Georghiou G P. Inheritance of resistance to permethrin and DDT in the southern house mosquito *Culex quinquefasciatus* (Diptera: Culicidae). J Econ Entomol,1985,78(4): 762-767.

75. Hardstone M C,Scott J G. A review of the interactions between multiple insecticides resistance loci. Pestic Biochem. Physiol,2010,97:123-128.

76. Heidari R,Devonshire A L,Campbell B E,et al. Hydrolysis of organophosphorus insecticides by in vitro modified carboxylesterase E3 from *Lucilia cuprina*. Insect Biochem Mol Biol,2004,34: 353-363.

77. Heim D C,Kennedy G G,Gould F L,et al. Inheritance of fenvalerate and carbofuran resistance in colorado beetles—*Leptinotarsa decemlineata* (Say)—from North Carolina. Pest Manag Sci, 2010,34 (4):303-311.

78. Herrero S,Gechev T,Bakker P L,et al. *Bacillus thuringiensis* Cry1Ca-resistant *Spodoptera exigua* lacks expression of one of four Aminopeptidase N genes. BMC Genomics,2005,6:96.

79. Hope M,Menzies M,Kemp D. Identification of a dieldrin resistance-associated mutation in *Rhipicephalus* (*Boophilus*) *microplus* (Acari: Ixodidae). J Econ Entomol,2010,103(4):1355-1359.

80. Hopkins B W,Longnecker M T,Pietrantonio P V. Transcriptional overexpression of CYP6B8/ CYP6B28 and CYP6B9 is a mechanism associated with cypermethrin survivorship in field-collected *Helicoverpa zea* (Lepidoptera: Noctuidae) moths. Pest Manag Sci,2011,67(1):21-25.

81. Hsu J C,Feng H T,Wu W J,et al. Truncated transcripts of nicotinic acetylcholine subunit gene Bdα6 are associated with spinosad resistance in *Bactrocera dorsalis*. Insect Biochem Mol Biol, 2012,42(10):806-15.

82. Huang F,Leonard B R,Andow D A. Sugarcane borer (Lepidoptera: Crambidae) resistance to transgenic *Bacillus thuringiensis* maize. J Econom Entomol,2007,100(1):164-171.

83. Huang Y,Guo Q,Sun X,et al. *Culex pipiens pallens* cuticular protein CPLCG5 participates in pyrethroid resistance by forming a rigid matrix. Parasit Vectors,2018,11(1):6.

84. Itokawa K,Komagata O,Kasai S,et al. Genomic structures of Cyp9m10 in pyrethroid resistant and

susceptible strains of *Culex quinquefasciatus*. Insect Biochem Mol Biol,2010,40(9):631-640.

85. Jia B,Liu Y,Zhu Y C,et al. Inheritance,fitness cost and mechanism of resistance to tebufenozide in *Spodoptera exigua* (Hübner) (Lepidoptera: Noctuidae). Pest Manag Sci,2009,65(9):996-1002.

86. Jiang D,Du Y,Nomura Y,et al. Mutations in the transmembrane helix S6 of domain Ⅳ confer cockroach sodium channel resistance to sodium channel blocker insecticides and local anesthetics. Insect Biochem Mol Biol,2015,66:88-95.

87. Jones C M,Liyanapathirana M,Agossa F R,et al. Footprints of positive selection associated with a mutation (N1575Y) in the voltage-gated sodium channel of *Anopheles gambiae*. Proc Natl Acad Sci,2012,109:6614-6619.

88. Joussen N,Agnolet S,Lorenz S,et al. Resistance of Australian *Helicoverpa armigera* to fenvalerate is due to the chimeric P450 enzyme CYP337B3. Proc Natl Acad Sci USA,2012,109(38): 15206-15211.

89. Jurat-Fuentes J L,Adang M J. Characterization of a Cry1Ac-receptor alkaline phosphatase in susceptible and resistant *Heliothis virescens* larvae. Eur J Biochem,2004,271(15):3127-3135.

90. Jyoti,Singh N K,Singh H,et al. Multiple mutations in the acetylcholinesterase 3 gene associated with organophosphate resistance in *Rhipicephalus* (*Boophilus*) *microplus* ticks from Punjab,India. Vet Parasitol,2016,216:108-117.

91. Kakani E G,Zygouridis N E,Tsoumani K T,et al. Spinosad resistance development in wild olive fruit fly Bactrocera oleae (Diptera: Tephritidae) populations in California. Pest Manag Sci, 2010,66(4):447-453.

92. Kane N S,Hirschberg B,Qian S,et al. Drug-resistant *Drosophila* indicate glutamate-gated chloride channels are targets for the antiparasitics nodulisporic acid and ivermectin. Proc Natl Acad Sci USA,2000,97(25):13949-13954.

93. Karatolos N,Williamson M S,Denholm I,et al. Resistance to spiromesifen in *Trialeurodes vaporariorum* is associated with a single amino acid replacement in its target enzyme acetyl-coenzyme A carboxylase. Insect Mol Biol,2012,21(3):327-334.

94. Karunker I,Benting J,Lueke B,et al. Over-expression of cytochrome P450 *CYP6CM1* is associated with high resistance to imidacloprid in the B and Q biotypes of *Bemisia tabaci* (Hemiptera: Aleyrodidae). Insect Biochem Mol Biol,2008,38(6):634-644.

95. Khajehali J,Van Leeuwen T,Grispou M,et al. Acetylcholinesterase point mutations in European strains of *Tetranychus urticae* (Acari: Tetranychidae) resistant to organophosphates. Pest Manag Sci,2010,66(2):220-228.

96. Kim Y H,Kwon D H,Ahn H M,et al. Induction of soluble AChE expression via alternative splicing by chemical stress in *Drosophila melanogaster*. Insect Biochem. Mol. Biol,2014,48: 75-82.

97. Kim Y H,Lee S H. Which acetylcholinesterase functions as the main catalytic enzyme in the Class Insecta? Insect Biochem. Mol. Biol,2013,43:47-53.

98. Komagata O,Kasai S,Tomita T. Overexpression of cytochrome P450 genes in pyrethroid-resistant *Culex quinquefasciatus*. Insect Biochem Mol Biol,2010,40(2):146-152.

99. Kostaropoulos I,Papadopoulos A I,Metaxakis A,et al. Glutathione S-transferase in the defence

against pyrethroids in insects. Insect Biochem Mol Biol,2001,31(4-5):313-319.

100. Kotze A C,Sales N. Inheritance of diflubenzuron resistance and monooxygenase activities in a laboratory-selected strain of *Lucilia cuprina* (Diptera: Calliphoridae). J Econ Entomol,2001, 94(5):1243-1248.

101. Kumar S,Thomas A,Sahgal A,et al. Effect of the synergist,piperonyl butoxide,on the development of deltamethrin resistance in yellow fever mosquito,*Aedes aegypti* L. (Diptera: Culicidae). Arch Insect Biochem Physiol,2002,50(1):1-8.

102. Kwon D H,Choi J Y,Je Y H,et al. The overexpression of acetylcholinesterase compensates for the reduced catalytic activity caused by resistance-conferring mutations in *Tetranychus urticae*. Insect Biochem. Mol. Biol,2012,42: 212-219.

103. Kwon D H,Clark J M,Lee S H. Extensive gene duplication of acetylcholinesterase associated with organophosphate resistance in the two-spotted spider mite. Insect Mol Biol,2010b,19(2): 195-204.

104. Kwon D H,Im J S,Ahn J J,et al. Acetylcholinesterase point mutations putatively associated with monocrotophos resistance in the two-spotted spider mite,2010a. 96 (1):36-42.

105. Kwon D H,Yoon K S,Clark J M,et al. A point mutation in a glutamate-gated chloride channel confers abamectin resistance in the two-spotted spider mite,*Tetranychus urticae* Koch. Insect Mol Biol,2010c,19(4):583-591.

106. Kwon D H,Choi B R,Si W L,et al. Characterization of carboxylesterase-mediated pirimicarb resistance in *Myzus persicae*. Pestic Biochem Physiol,2009,93(3):120-126.

107. Labbé P,Berthomieu A,Berticat C,et al. Independent duplications of the acetylcholinesterase gene conferring insecticide resistance in the mosquito *Culex pipiens*. Mol Biol. Evol,2007,24: 1056-1067.

108. Lanning C L,Ayad H M,Abou-Donia M B. P-glycoprotein involvement in cuticular penetration of [^{14}C]thiodicarb in resistant tobacco budworms. Toxicol Lett,1996,85(3):127-133.

109. Le Goff G,Hamon A,Bergé J B,et al. Resistance to fipronil in *Drosophila simulans*: influence of two point mutations in the RDL GABA receptor subunit. J Neurochem,2005,92(6):1295-1305.

110. Lee D-W,Choi J Y,Kim W T,et al. Mutations of acetylcholinesterase1 contribute to prothiofos-resistance in *Plutella xylostella* (L.). *Biochem Biophys. Res. Commun.* ,2007,353: 591-597.

111. Lee S H,Kim Y H,Kwon D H,et al. Mutation and duplication of arthropod acetylcholinesterase: Implications for pesticide resistance and tolerance. Pestic Biochem Physiol,2015,120:118-124

112. Li A G,Yang Y H,Wu S W,et al. Investigation of resistance mechanisms to fipronil in diamondback moth (Lepidoptera: Plutellidae). J Econoc Entomol,2006,99(3): 914-919.

113. Li J,Wang Q,Zhang L,et al. Characterization of imidacloprid resistance in the housefly *Musca domestica* (Diptera: Muscidae). Pestic Biochem Physiol,2012,102 (2):109-114.

114. Li X,Schuler M A,Berenbaum MR. Molecular mechanisms of metabolic resistance to synthetic and natural xenobiotics. Annu Rev Entomol,2007,52:231-253.

115. Li X X,Guo L,Zhou X G,et al. miRNAs regulated overexpression of ryanodine receptor is involved in chlorantraniliprole resistance in *Plutella xylostella* (L.). Sci Rep,2015 5:14095.

116. Li X X, Zhu B, Gao X W, et al. Overexpression of UDP-glycosyltransferase gene *UGT 2B17* is involved in chlorantraniliprole resistance in *Plutella xylostella* (L.). Pest Manag Sci, 2017, 73: 1402-1409.

117. Liang P, Gao X W, Zheng B Z. Genetic basis of resistance and studies on cross-resistance in a population of diamondback moth, *Plutella xylostella* (Lepidoptera: Plutellidae). Pest Manag Sci, 2003, 59: 1232-1236.

118. Lin Y, Jin T, Zeng L, et al. Cuticular penetration of β-cypermethrin in insecticide-susceptible and resistant strains of *Bactrocera dorsalis*. Pestic Biochem Physiol, 2012, 103(3): 189-193.

119. Lines J D, Ahmed M A E, Curtis C F. Genetic studies of malathion resistance in *Anopheles arabiensis* Patton (Diptera: Culicidae). Bull Entomol Res, 2009, 74(2): 317-325.

120. Liu M Y, Tzeng Y J, Sun C N. Diamondback moth resistance to several synthetic pyrethroids. J Econ Entomol, 1981, 74 (4): 393-396.

121. Liu Z, Tan J, Valles S M, et al. Synergistic interaction between two cockroach sodium channel mutations and a tobacco budworm sodium channel mutation in reducing channel sensitivity to a pyrethroid insecticide. Insect Biochem Mol. Biol, 2002, 32: 397-404.

122. Liu Z W, Williamson M S, Lansdell S J, et al. A nicotinic acetylcholine receptor mutation conferring target-site resistance to imidacloprid in *Nilaparvata lugens* (brown planthopper). Proc Natl Acad Sci USA, 2005, 102: 24, 8420-8425.

123. Lumjuan N, Rajatileka S, Changsom D, et al. The role of the Aedes aegypti Epsilon glutathione transferases in conferring resistance to DDT and pyrethroid insecticides. Insect Biochem Mol Biol, 2011, 41(3): 203-209.

124. Luo L, Sun Y J, Wu Y J. Abamectin resistance in Drosophila is related to increased expression of P-glycoprotein via the dEGFR and dAkt pathways. Insect Biochem Mol Biol, 2013, 43(8): 627-634.

125. Magaña C, Hernández-Crespo P, Brun-Barale A, et al. Mechanisms of resistance to malathion in the medfly *Ceratitis capitata*. Insect Biochem Mol Biol, 2008, 38(8): 756-762.

126. Mahon R J, Olsen K M, Downes S, et al. Frequency of alleles conferring resistance to the Bt toxins Cry1Ac and Cry2Ab in Australian populations of *Helicoverpa armigera* (Lepidoptera: Noctuidae). J Econ Entomol, 2007, 100(6): 1844-1853.

127. Markussen M D, Kristensen M. Cytochrome P450 monooxygenase-mediated neonicotinoid resistance in the house fly *Musca domestica* L. Pestic Biochem Physiol, 2010, 98(1): 50-58.

128. McKenzie J A. Ecological and evolutionary aspects of insecticide resistance. R. G. Landes Company, Austin, TX, 1996.

129. Melander A L. Can insects become resistant to sprays? J Econ Entomol, 1914, 7: 167-173.

130. Milani R. Mendelian behavior of resistance to the knock-down action of DDT and correlation between knock-down and mortality in *Musca domestica* L. Rend Ist Sup Sanit, 1956, 19: 1107-1143.

131. Moore A, Tabashnik B E, Stark J D. Leg autotomy: a novel mechanism of protection against insecticide poisoning in diamondback moth (Lepidoptera: Plutellidae). J Econ Entomol, 1989, 82 (5): 1295-1298.

132. Morin S, Biggs R W, Sisterson M S, et al. Three cadherin alleles associated with resistance to *Bacillus thuringiensis* in pink bollworm. Proc Natl Acad Sci USA, 2003, 100(9):5004-5009.

133. Mota-Sanchez D, Bills P S, Whalon M E. Arthropod resistance to pesticides: status and overview. In Wheeler WB. (eds) Pesticides in agriculture and the environment. New York: Marcel Dekker, 2002:241.

134. Mutero A, Pralavorio M, Bride J M, et al. Resistance-associated point mutations in insecticide-insensitive acetylcholinesterase. Proc Nat Acad Sci USA, 1994, 91 (13): 5922-5926.

135. Nabeshima T, Kozaki T, Tomita T, et al. An amino acid substitution on the second acetylcholinesterase in the pirimicarb-resistant strains of the peach potato aphid, *Myzus persicae*. Biochem Biophys Res Commun, 2003, 307(1):15-22.

136. Nabeshima T, Mori A, Kozaki T, et al. An amino acid substitution attributable to insecticide-insensitivity of acetylcholinesterase in a Japanese encephalitis vector mosquito, *Culex tritaeniorhynchus*. Biochem Biophys Res Commun, 2004, 313(3):794-801.

137. Nakao T, Kawase A, Kinoshita A, et al. The A2′N mutation of the RDL gamma-aminobutyric acid receptor conferring fipronil resistance in *Laodelphax striatellus* (Hemiptera: Delphacidae). J Econ Entomol, 2011, 104(2):646-652.

138. Nauen R, Vontas J, Kaussmann M, et al. Pymetrozine is hydroxylated by CYP6CM1, a cytochrome P450 conferring neonicotinoid resistance in *Bemisia tabaci*. Pest Manag Sci, 2013, 69(4):457-461.

139. Newcomb R D, Campbell P M, Ollis D L, et al. A single amino acid substitution converts a carboxylesterase to an organophosphorus hydrolase and confers insecticide resistance on a blowfly. Proc Natl Acad Sci USA, 1997, 94(14):7464-7468.

140. N'Guessan R, Corbel V, Bonnet J, et al. Evaluation of indoxacarb, an oxadiazine insecticide for the control of pyrethroid-resistant *Anopheles gambiae* (Diptera: Culicidae). J Med Entomol, 2007, 44(2):270-276.

141. Ono M, Swanson J J, Field L M, et al. Amplification and methylation of an esterase gene associated with insecticide-resistance in greenbugs, *Schizaphis graminum* (Rondani) (Homoptera: Aphididae). Insect Biochem Mol Biol, 1999, 29(12):1065-1073.

142. Oppenoorth F J, van Asperen K. Allelic genes in the housefly producing modified enzymes that cause organophosphate resistance. Science, 1960, 132(3422):298-299.

143. Oppert B, Kramer K J, Beeman R W, et al. Proteinase-mediated insect resistance to *Bacillus thuringiensis* toxins. J Biol Chem, 1997, 272(38):23473-23476.

144. Pan C Y, Zhou Y, Mo J C. The clone of laccase gene and its potential function in cuticular penetration resistance of *Culex pipiens pallens* to fenvalerate. Pestic Biochem Physiol, 2009, 93(3):105-111.

145. Pauchet Y, Bretschneider A, Augustin S, et al. A p-glycoprotein is linked to resistance to the *Bacillus thuringiensis* Cry3Aa toxin in a leaf beetle. Toxins, 2016, 8(12): 362.

146. Payne G T, Blenk R G, Brown T M. Inheritance of permethrin resistance in the tobacco budworm (Lepidoptera: Noctuidae). 1988, 81(1):65-73.

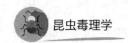

147. Perry T, Heckel D G, McKenzie J A, et al. Mutations in D alpha 1 or D beta 2 nicotinic acetylcholine receptor subunits can confer resistance to neonicotinoids in *Drosophila melanogaster*. Insect Biochem Mol Biol, 2008, 38: 520-528.

148. Perry T, McKenzie J A, Batterham P. A Dα6 knockout strain of *Drosophila melanogaster* confers a high level of resistance to spinosad. Insect Biochem Mol Biol, 2007. 37: 184-188.

149. Pittendrigh B, Reenan R, Ffrench-Constant R H, et al. Point mutations in the *Drosophila* sodium channel gene para associated with resistance to DDT and pyrethroid insecticides. Mol Gen Genet, 1997, 256: 602-610.

150. Pree D J. Inheritance and management of cyhexatin and dicofol resistance in the European red mite (Acari: Tetranychidae). J Econ Entomol, 1987, 80(6): 1106-1112.

151. Priester T M, Georghiou G P. Inheritance of resistance to permethrin in *Culex pipiens quinquefasciatus*. J Econ Entomol, 1979, 72(1): 124-127.

152. Pu X, Yang Y, Wu S, et al. Characterisation of abamectin resistance in a field-evolved multiresistant population of *Plutella xylostella*. Pest Manag Sci, 2010, 66(4): 371-378.

153. Puinean A M, Foster S P, Oliphant L, et al. Amplification of a cytochrome P450 gene is associated with resistance to neonicotinoid insecticides in the aphid *Myzus persicae*. PLoS Genet, 2010, 6(6): e1000999.

154. Puinean A M, Lansdell S J, Collins T, et al. A nicotinic acetylcholine receptor transmembrane point mutation (G275E) associated with resistance to spinosad in *Frankliniella occidentalis*. J Neurochem, 2013, 124(5): 590-601.

155. Rasool A, Joussen N, Lorenz S, et al. An independent occurrence of the chimeric P450 enzyme CYP337B3 of *Helicoverpa armigera* confers cypermethrin resistance in Pakistan. Insect Biochem Mol Biol, 2014, 53: 54-65.

156. Raymond M, Pasteur N, Georghiou G P. Inheritance of chlorpyrifos resistance in *Culex pipiens* L. (Diptera: Culicidae) and estimation of the number of genes involved. Heredity, 1987, 58(3): 351-356.

157. Remnant E J, Good R T, Schmidt J M, et al. Gene duplication in the major insecticide target site, RDL, in *Drosophila melanogaster*. Proc Natl Acad Sci USA, 2013, 110(36): 14705-10.

158. Rinkevich F D, Chen M, Shelton A M, et al. Transcripts of the nicotinic acetylcholine receptor subunit gene Pxylα6 with premature stop codons are associated with spinosad resistance in diamondback moth, *Plutella xylostella*. Invert Neurosci, 2010, 10(1): 25-33.

159. Riskallah M R, Abd-Elghafar S F, Abo-Elghar M R, et al. Development of resistance and cross-resistance in fenvalerate and deltamethrin selected strains of *Spodoptera littoralis* (Boisd.). Pest Mana Sci, 2010, 14(5): 508-512.

160. Roditakis E, Steinbach D, Moritz G, et al. Ryanodine receptor point mutations confer diamide insecticide resistance in tomato leafminer, *Tuta absoluta* (Lepidoptera: Gelechiidae). Insect Biochem Mol Biol, 2017, 80: 11-20.

161. Rodriguez-Vivas R I, Jonsson N N, Bhushan C. Strategies for the control of *Rhipicephalus microplus* ticks in a world of conventional acaricide and macrocyclic lactone resistance. Parasitol

Res,2018,117(1):3-29.

162. Romao T P,de Melo Chalegre K D,Key S,et al. A second independent resistance mechanism to *Bacillus sphaericus* binary toxin targets its α-glucosidase receptor in *Culex quinquefasciatus*. FEBS Journal,2006,273(7):1556-1568.

163. Roush R T,Plapp F W. Effects of insecticide resistance on biotic potential of the house fly (Diptera:Muscidae). J Econ Entomol,1982,75(4):708-13.

164. Roush R T,Mckenzie J A. Ecological genetics of insecticide and acaricide resistance. Annu Rev Entomol,1987,32(32):361-380.

165. Roush R T, Miller G L. Considerations for design of insecticide resistance monitoring programs. J Econ Entomol,1986,79(79):293-298.

166. Russell R J,Claudianos C,Campbell P M,et al. Two major classes of target site insensitivity mutations confer resistance to organophosphate and carbamate insecticides. Pestic Biochem Physiol,2004,79(3):84-93.

167. Sato M E,Tanaka T,Miyata T. A cytochrome P450 gene involved in methidathion resistance in *Amblyseius womersleyi* Schicha (Acari:Phytoseiidae). Pestic Biochem Physiol,2007,88 (3):337-345.

168. Sawicki R M. Genetics of resistance of a dimethoate-selected strain of houseflies (*Musca domestica* L.) To several insecticides and methylenedioxphenyl synergists. J Agric Food Chem,1974,22(3):344-349.

169. Sawicki R M. Definition,detection and documentation of insecticide resistance. In:Ford,MG,Holloman DW,Khambay BPS and Sawicki RM. (Eds) Combating Resistance to Xenobiotics:Biological and Chemical Approaches. Chichester,UK:Ellis Horwood Ltd,1987. p105-117.

170. Sayyed A H,Wright D J. Fipronil resistance in the diamondback moth (Lepidoptera:Plutellidae):inheritance and number of genes involved. J Econ Entomol,2004,97(6):2043-2050.

171. Sayyed A H,Wright D J. Genetics and evidence for an esterase-associated mechanism of resistance to indoxacarb in a field population of diamondback moth (Lepidoptera:Plutellidae). Pest Manag Sci,2006,62(11):1045-1051.

172. Sayyed A H,Saeed S,Noorulane M,et al. Genetics,biochemical and physiological characterization of spinosad resistance in *Plutella xylostella* (Lepidoptera:Plutellidae). J Econ Entomol,2008,101(5):1658-1666.

173. Schmidt J M,Good R T,Appleton B,et al. Copy number variation and transposable elements feature in recent,ongoing adaptation at the Cyp6g1 locus. PLoS Genet,2010,6(6):e1000998.

174. Schulten G G M. Genetics of resistance to parathion and demeton-S-methyl in *Tetranychus urticae* Koch (Acarina). Genetica,1966,37(1):207-217.

175. Schuntner C A,Roulston W J. A resistance mechanism in organophosphorus-resistant strains of sheep blowfly (*Lucilia cuprina*). Aust J Biol Sci,1968,21(1):173-176.

176. Service M W,Davidson G. A high incidence of dieldrin-resistance in anopheles gambiae giles from an unsprayed area in northern Nigeria. Nature,1964,203:209-210.

177. Shad S A,Sayyed A H,Saleem M A. Cross-resistance,mode of inheritance and stability of re-

sistance to emamectin in *Spodoptera litura* (Lepidoptera: Noctuidae). Pest Manag Sci,2010, 66(8):839-846.

178. Shang Q L,Pan Y,Fang K,et al. Extensive Ace2 duplication and multiple mutations on Ace1 and Ace2 are related with high level of organophosphates resistance in *Aphis gossypii*. Environ. Toxicol,2014,29: 526-533.

179. Shi J,Zhang L,Gao X. Characterisation of spinosad resistance in the housefly *Musca domestica* (Diptera: Muscidae). Pest Manag Sci,2011,67(3):335-340.

180. Shi Y,Wang H,Liu Z,et al. Phylogenetic and functional characterization of ten P450 genes from the CYP6AE subfamily of *Helicoverpa armigera* involved in xenobiotic metabolism. Insect Biochem Mol Biol,2018,93:79-91.

181. Shono T,Li Z,Scott J G. Indoxacarb resistance in the house fly,*Musca domestica*. Pestic Biochem Physiol,2004,80(2):106-112.

182. Silverman J,Bieman D N. Glucose aversion in the German cockroach, *Blattella germanica*. J Insect Physiol,1993,39 (11): 925-933.

183. Smissaert H R. Cholinesterase inhibition in spider mites susceptible and resistant to organophosphate. Science,1964,143(3602):129-131.

184. Sonoda S,Shi X Y,Song D L,et al. Duplication of acetylcholinesterase gene in diamondback moth strains with different sensitivities to acephate. Insect Biochem. Mol. Biol,2014,48: 83-90.

185. Sparks T C,Dripps J E,Watson G B,et al. Resistance and cross-resistance to the spinosyns: A review and analysis. Pestic Biochem Physiol,2012,102(1):1-10.

186. Srigiriraju L,Semtner P J,Anderson T D,et al. Esterase-based resistance in the tobacco-adapted form of the green peach aphid,*Myzus persicae* (Sulzer) (Hemiptera: Aphididae) in the eastern United States. Arch Insect Biochem Physiol,2009,72(2):105-123.

187. Stone B F. A formula determining degree of dominance in cases of monofactorial inheritance of resistance to chemicals. Bull WHO,1968,38:325-326.

188. Strycharz J P,Lao A,Li H,et al. Resistance in the highly DDT-resistant 91-R strain of *Drosophila melanogaster* involves decreased penetration, increased metabolism, and direct excretion. Pestic Biochem Physiol,2013,107(2):207-217.

189. Sun J Y,Liang P,Gao X W. Cross-resistance patterns and fitness in fufenozide-resistant diamondback moth,*Plutella xylostella* (Lepidoptera: Plutellidae). Pest Manag Sci,2012,68(2): 285-289.

190. Sun J Y,Liang P,Gao X W. Inheritance of resistance to a new non-steroidal ecdysone agonist, fufenozide,in the diamondback moth,*Plutella xylostella* (Lepidoptera: Plutellidae). Pest Manag Sci,2010,66(4):406-411.

191. Tabashnik B E,Schwartz J M,Finson N,et al. Inheritance of resistance to *Bacillus thuringiensis* in diamondback moth (Lepidoptera: Plutellidae). 1992,85 (4):1046-1055.

192. Tang B Z,Sun J Y,Zhou X G,et al. The stability and biochemical basis of fufenozide resistance in a laboratory-selected strain of *Plutella xylostella*. Pestic Biochem. Physiol,2011,101: 80-85.

193. Tao L M,Yang J Z,Zhuang P J,et al. Effect of a mixture of iprobenfos and malathion on the

development of malathion resistance in the mosquito *Culex pipiens pallens* Coq. Pest Manag Sci,2006,62(1):86-90.

194. Tay W T,Mahon R J,Heckel D G,et al. Insect resistance to *Bacillus thuringiensis* toxin Cry2Ab is conferred by mutations in an ABC transporter subfamily Aprotein. PLoS Genet, 2015,11(11): e1005534.

195. Tiewsiri K,Wang P. Differential alteration of two aminopeptidases N associated with resistance to *Bacillus thuringiensis* toxin Cry1Ac in cabbage looper. Proc Natl Acad Sci USA,2011,108 (34):14037-14042.

196. Tripathi R K,O'Brien R D. Insensitivity of acetylcholinesterase as a factor in resistance of houseflies to the organophosphate Rabon. Pestic Biochem Physiol,1973,3 (4):495-498.

197. Troczka B,Zimmer C T,Elias J,et al. Resistance to diamide insecticides in diamondback moth, *Plutella xylostella* (Lepidoptera: Plutellidae) is associated with a mutation in the membrane-spanning domain of the ryanodine receptor. Insect Biochem Mol Biol,2012,42(11):873-880.

198. Valles S M,Yu S J. Detection and Biochemical Characterization of Insecticide Resistance in the German Cockroach (Dictyoptera: Blattellidae). J Econ Entomol,1996,89(1):21-26.

199. Van Leeuwen T,Demaeght P,Osborne E J,et al. Population bulk segregant mapping uncovers resistance mutations and the mode of action of a chitin synthesis inhibitor in arthropods. Proc Natl Acad Sci USA,2012. 109(12):4407-4412.

200. Van Leeuwen T,Tirry L,Nauen R. Complete maternal inheritance of bifenazate resistance in *Tetranychus urticae* Koch (Acari: Tetranychidae) and its implications in mode of action considerations. Insect Biochem Mol Biol,2006,36(11):869-877.

201. Van Leeuwen T,Vanholme B,Van Pottelberge S,et al. Mitochondrial heteroplasmy and the evolution of insecticide resistance: non-Mendelian inheritance in action. Proc Natl Acad Sci USA,2008,105(16):5980-5985.

202. Van Nieuwenhuyse P,Van Leeuwen T,Khajehali J,et al. Mutations in the mitochondrial cytochrome b of *Tetranychus urticae* Koch (Acari: Tetranychidae) confer cross-resistance between bifenazate and acequinocyl. Pest Manag Sci,2009,65(4):404-412.

203. Van Pottelberge S,Van Leeuwen T,Nauen R,et al. Resistance mechanisms to mitochondrial electron transport inhibitors in a field-collected strain of Tetranychus urticae Koch (Acari: Tetranychidae). Bull Entomol Res,2009,99(1):23-31.

204. Vontas J G,Hejazi M J,Hawkes N J,et al. Resistance-associated point mutations of organophosphate insensitive acetylcholinesterase,in the olive fruit fly *Bactrocera oleae*. Insect Mol Biol,2002a,11(4):329-336.

205. Vontas J G,Small G J,Nikou D C,et al. Purification,molecular cloning and heterologous expression of a glutathione S-transferase involved in insecticide resistance from the rice brown planthopper,*Nilaparvata lugens*. Biochem J,2002b,362(2):329-337.

206. Wada-Katsumata A,Silverman J,Schal C. Changes in taste neurons support the emergence of an adaptive behavior in cockroaches. Science,2013,340(6135):972-975.

207. Walsh S B,Dolden T A,Moores G D,et al. Identification and characterization of mutations in

housefly (*Musca domestica*) acetylcholinesterase involved in insecticide resistance. Biochem J, 2001,359(Pt 1):175-81.

208. Wang H,Coates B S,Chen H,et al. Role of a γ-aminobutryic acid (GABA) receptor mutation in the evolution and spread of *Diabrotica virgifera virgifera* resistance to cyclodiene insecticides. Insect Mol Biol,2013,22(5):473-484.

209. Wang J,Wang H,Liu S,et al. CRISPR/Cas9 mediated genome editing of *Helicoverpa armigera* with mutations of an ABC transporter gene HaABCA2 confers resistance to *Bacillus thuringiensis* Cry2A toxins. Insect Biochem Mol Biol,2017b,87:147-153.

210. Wang J,Wang X,Lansdell S J,et al. A three amino acid deletion in the transmembrane domain of the nicotinic acetylcholine receptor α6 subunit confers high-level resistance to spinosad in *Plutella xylostella*. Insect Biochem Mol Biol,2016c,71:29-36.

211. Wang X,Puinean A M,O Reilly A O,et al. Mutations on M3 helix of *Plutella xylostella* glutamate-gated chloride channel confer unequal resistance to abamectin by two different mechanisms. Insect Biochem Mol Biol,2017a,86:50-57.

212. Wang X,Wang R,Yang Y,et al. A point mutation in the glutamate-gated chloride channel of Plutella xylostella is associated with resistance to abamectin. Insect Mol Biol,2016b,25(2):116-25.

213. Wang X L,Su W,Zhang J H,et al. Two novel sodium channel mutations associated with resistance to indoxacarb and metaflumizone in the diamondback moth,*Plutella xylostella*. Insect Sci. 2016a,23(1):50-58.

214. Wang X L,Wu S W,Yang Y H,et al. Molecular cloning,characterization and mRNA expression of a ryanodine receptor gene from diamondback moth,*Plutella xylostella*. Pestic Biochem Physiol,2012,102(3): 204-212.

215. Wang Y H,Liu X G,Zhu Y C,et al. Inheritance mode and realized heritability of resistance to imidacloprid in the brown planthopper,*Nilaparvata lugens* (Stål) (Homoptera: Delphacidae). Pest Manag Sci,2009,65(6):629-634.

216. Watson G B,Chouinard S W,Cook K R,et al. A spinosyn-sensitive *Drosophila melanogaster* nicotinic acetylcholine receptor identified through chemically induced target site resistance,resistance gene identification,and heterologous expression. Insect Biochem Mol Biol,2010,40(5): 376-384.

217. Weill M,Malcolm C,Chandre F,et al. The unique mutation in ace-1 giving high insecticide resistance is easily detectable in mosquito vectors. Insect Mol Biol,2004,13(1):1-7.

218. Weill M, Lutfalla G, Mogensen K, et al. Insecticide resistance in mosquito vectors. Nature, 2003,425 (6956):366-366.

219. Whalon M E, Mota-Sanchez D, Hollingworth R M. Global pesticide resistance in arthropods. Oxfordshire,UK: CAB Internatioal,2008.

220. Wheelock C E,Shan G,Ottea J. Overview of carboxylesterases and their role in the metabolism of insecticides. J Pestic Sci,2005,30 (2):75-83.

221. White N D G,Bell R J. Inheritance of malathion resistance in a strain of *Tribolium castaneum* (Coleoptera: Tenebrionidae) and effects of resistance genotypes on fecundity and larval surviv-

al in malathion-treated wheat. J Econ Entomol,1988,81(1):381-386.

222. Williamson M S,Denholm I,Bell C A,et al. Knockdown resistance (kdr) to DDT and pyrethroid insecticides maps to a sodium channel gene locus in the housefly (*Musca domestica*). Mol Gen Genet,1993,240:17-22.

223. Williamson M S,Martinez-Torres D,Hick C A,et al. Identification of mutations in the housefly para-type sodium channel gene associated with knockdown resistance (kdr) to pyrethroid insecticides. Mol Gen Genet,1996,252(1-2):51-60.

224. Wirth M C,Georghiou G P,Malik J I,et al. Laboratory selection for resistance to *Bacillus sphaericus* in *Culex quinquefasciatus* (Diptera:Culicidae) from California,USA. J Med Entomol,2000,37(4):534-540.

225. Wondji C S,Irving H,Morgan J,et al. Two duplicated P450 genes are associated with pyrethroid resistance in *Anopheles funestus*,a major malaria vector. Genome Res,2009,19(3):452-459.

226. Wood O,Hanrahan S,Coetzee M,et al. Cuticle thickening associated with pyrethroid resistance in the major malaria vector *Anopheles funestus*. Parasit Vectors,2010,3:67.

227. Wu S,Zuo K,Kang Z,et al. A point mutation in the acetylcholinesterase-1 gene is associated with chlorpyrifos resistance in the plant bug *Apolygus lucorum*. Insect Biochem Mol Biol,2015,65:75-82.

228. Xiong G,Tong X,Yan Z,et al. Cuticular protein defective bamboo mutant of *Bombyx mori* is sensitive to environmental stresses. Pestic Biochem Physiol,2018,148:111-115.

229. Yamamoto I,Takahashi Y,Kyomura N. Suppression of altered acetylcholinesterase of the green rice leafhopper by N-propyl and N-methyl carbamate combinations. In: Georghiou GP and Saito T (Eds). Pest Resistance to Pesticides. New York:Plenum Press,1983:59.

230. Yan H H,Xue C B,Li G Y,et al. Flubendiamide resistance and Bi-PASA detection of ryanodine receptor G4946E mutation in the diamondback moth (*Plutella xylostella* L.). Pestic Biochem Physiol,2014,115:73-77.

231. Yang Y,Chen S,Wu S,et al. Constitutive overexpression of multiple cytochrome P450 genes associated with pyrethroid resistance in *Helicoverpa armigera*. J Econ Entomol,2006,99(5):1784-1789.

232. Yang Y,Wu Y,Chen S,et al. The involvement of microsomal oxidases in pyrethroid resistance in *Helicoverpa armigera* from Asia. Insect Biochem Mol Biol,2004,34(8):763-773.

233. Yao X M,Song F,Zhang Y,et al. Nicotinic acetylcholine receptor beta 1 subunit from the brown planthopper,*Nilaparvata lugens*:A-to-I RNA editing and its possible roles in neonicotinoid sensitivity. Insect Biochem Mol Biol,2009,39:348-354.

234. Yeoh C L,Kuwano E,Eto M. Studies on the mechanisms of organophosphate resistance in oriental houseflies,*Musca domestica vicina* Macquart. (Diptera ：Muscidae). Appl Entomol Zool,1981,16:247-257.

235. Yoon K S,Kwon D H,Strycharz J P,et al. Biochemical and molecular analysis of deltamethrin resistance in the common bed bug (Hemiptera:Cimicidae). J. Med. Entomol, 2008,45:1092-1101.

236. Young H P, Bailey W D, Roe R M. Biology and genetics of a laboratory strain of the tobacco budworm, *Heliothis virescens* (Lepidoptera: Noctuidae), highly resistant to spinosad. Crop Protection, 2003, 22 (2): 265-273.

237. Young J R, Mcmillian W W. Differential feeding by two strains of fall armyworm larvae on carbaryl treated surfaces. J Econ Entomol, 1979, 72(2): 202-203.

238. Yu S J, Nguyen S N. Inheritance of carbaryl resistance and microsomal oxidases in the fall armyworm (Lepidoptera: Noctuidae). J Econ Entomol, 1994, 87(87): 301-304.

239. Yu S J, Nguyen S N, Abo-Elghar G E. Biochemical characteristics of insecticide resistance in the fall armyworm, *Spodoptera frugiperda* (J. E. Smith). Pestic Biochem Physiol, 2003, 77(1): 1-11.

240. Yu S J, Nguyen S N. Insecticide Susceptibility and Detoxication Enzyme Activities in Permethrin-Selected Diamondback Moths. Pestic Biochem Physiol, 1996, 56(1): 69-77.

241. Yu S J. Insensitivity of acetylcholinesterase in a field strain of the fall armyworm, *Spodoptera frugiperda* (J. E. Smith). Pestic Biochem Physiol, 2006, 84 (2): 135-142.

242. Yu S J. The Toxicology and Biochemistry of Insecticide. 2nd Edition. Boca Raton, FL: CRC Press, 2015.

243. Zhang H G, ffrench-Constant R H, Jackson M B. A unique amino acid of the Drosophila GABAR with influence on drug sensitivity by two mechanisms. J. Physiol, 1994, 479: 65-75.

244. Zhang J, Goyer C, Pelletier Y. Environmental stresses induce the expression of putative glycine-rich insect cuticular protein genes in adult *Leptinotarsa decemlineata* (Say). Insect Mol Biol, 2008, 17(3): 209-216.

245. Zhang S, Cheng H, Gao Y, et al. Mutation of an aminopeptidase N gene is associated with *Helicoverpa armigera* resistance to *Bacillus thuringiensis* Cry1Ac toxin. Insect Biochem Mol Biol, 2009, 39: 421-429.

246. Zhao J, Jin L, Yang Y, et al. Diverse cadherin mutations conferring resistance to Bacillus thuringiensis toxin Cry1Ac in *Helicoverpa armigera*. Insect Biochem Mol Biol, 2010a, 40(2): 113-118.

247. Zhao X L, Salgado V L. The role of GABA and glutamate receptors in susceptibility and resistance to chloride channel blocker insecticides. (Special Issue: Insecticidal action.) Pestic Biochem Physiol, 2010, 97: 2, 153-160.

248. Zhu K Y, Lee S H, Clark J M. A point mutation of acetylcholinesterase associated with azinphosmethyl resistance and reduced fitness in Colorado potato beetle. Pestic Biochem Physiol, 1996, 55(2): 100-108.

249. 高希武. 乙酰胆碱酯酶(AChE)与害虫抗药性 // 高希武. 害虫抗药性分子机制与治理策略. 北京: 科学出版社, 2012: 53-87.

250. 郭惠琳. 羧酸酯酶介导的昆虫抗药性 // 高希武. 害虫抗药性分子机制与治理策略. 北京: 科学出版社, 2012: 158-184.

251. 梁沛. 昆虫 γ-氨基丁酸(GABA)受体与抗药性 // 高希武. 害虫抗药性分子机制与治理策略. 北京: 科学出版社, 2012: 40-52.

252. 梁欣,陈斌,乔梁.昆虫表皮蛋白基因研究进展.昆虫学报.2014.57(9)：1084-1093.

253. 单春洋.小菜蛾磺基转移酶基因鉴定及其与抗药性关系初探.北京:中国农业大学,2018.

254. 孙雅雯,郑彬.昆虫表皮与化学杀虫药剂抗性机制关系的研究进展.中国病原生物学杂志,2015,10(11)：1055.

255. 张兰.家蝇对高效氯氰菊酯的抗性机制研究.北京:中国农业大学,2007.

256. 中华人民共和国卫生部.蜚蠊抗药性检测方法　德国小蠊不敏感乙酰胆碱酯酶法:GB/T 26351—2010.北京:中国标准出版社,2010.

257. 中华人民共和国卫生部.蝇类抗药性检测方法　家蝇不敏感乙酰胆碱酯酶法:GB/T 26349—2010.北京:中国标准出版社,2010.

第7章 杀虫药剂的选择毒性

所谓选择毒性(selective toxicity),是指化学毒物对某一种生物体的毒性较大,而对另一种生物体的毒性较小的现象。在昆虫毒理学中,杀虫药剂的选择毒性是指对靶标害虫具有较高的杀虫活性,而对非靶标生物低毒或无毒的现象。了解杀虫药剂的选择毒性及其机制,对于杀虫药剂的安全使用以及开发高选择性的新型杀虫药剂都具有积极意义。

7.1 脊椎动物选择毒性比值及其意义

目前,用得最多的一个评价杀虫药剂选择性的指标就是脊椎动物选择性比值(vertebrate selectivity ratio,VSR)。

$$VSR=脊椎动物的 LD_{50}/昆虫的 LD_{50}$$

显然,一个化合物对昆虫毒力越大,对脊椎动物的毒性越小,则其 VSR 越高。根据 VSR 的大小,将化合物的选择性分为 5 类(表 7.1)。

表 7.1 基于 VSR 值的化合物分类

序号	名称	VSR
1	选择性杀哺乳动物剂	$VSR<1$
2	低选择性杀虫药剂	$VSR=1\sim10$
3	高选择性杀虫药剂	$VSR=10\sim100$
4	极高选择性杀虫药剂	$VSR=100\sim1\,000$
5	专一性杀虫药剂	$VSR>1\,000$

值得注意的是,尽管 VSR 值有一定的实际意义,但也有一定的局限性。

①VSR 值仅是对急性毒性而言的,但在很多情况下,化合物对非靶标生物的影响主要是慢性毒性,例如,对一些生物的"三致"作用。

②由于 VSR 只是一个相对值,不能反映出化合物对不同生物的绝对毒性。如表 7.2 所示,虽然 3 个化合物的 VSR 值相同,但化合物 A 对于脊椎动物有剧毒,而化合物 C 对昆虫的毒力很低。

表 7.2　3 种化合物对脊椎动物和昆虫的 LD_{50} 及 VSR 值

化合物	脊椎动物 LD_{50}/(mg/kg)	昆虫 LD_{50}/(mg/kg)	VSR
A	2	0.02	100
B	200	2	100
C	20 000	200	100

③VSR 是 2 个 LD_{50} 的比值,而 LD_{50} 仅仅代表在一定时间内和规定的实验条件下有限种群的反应。施药方法、施药后的温度,以及动物的种群、性别、年龄、营养、大小及品系等都会影响测试结果。例如,DDT 油剂对鱼的毒性要比水悬液大得多,而西维因恰好相反;家蝇羽化后不同时间对药剂的反应不同,相差可达 15 倍。

因此,在根据 VSR 判断一个化合物的选择毒性时,一定要看其具体的 LD_{50} 值及其测定条件。表 7.3 列出了一些化合物的 VSR 值。

表 7.3　一些药剂的 VSR 值

化合物	LD_{50}/(mg/kg) 鼠 口服(皮肤)	家蝇 点滴	VSR
选择性杀哺乳动物剂(VSR<1)			
1. 胺吸磷	0.17[a]（—）	>1 000[b]	<0.000 17
2. 毒鼠碱(马钱子碱)	1.4（—）	>1 000[b]	<0.001 4
3. 新斯的明	7.5[c]（—）	>5 000	<0.001 5
4. Satuffer R-16.661（酮基衍生物）	0.4～0.6（—）	240	0.001 7～0.002 5
5. $[(CH_3)_2N]_2P(O)OC_6H_4NO_2(P)$	7.0[c]（—）	>500	0.044
6. 八甲磷	42	1,932	0.022
7. 烟碱	20[a]（—）	500[b]	0.040
8. 涕灭威	0.6(2.5)	5.5	0.11
9. 自克威	2.5(1 500～2 500)	65	0.38
10. 西维因	500(4 000)	>900	0.56
11. 呋喃丹	4.0（—）	4.6	0.87
无选择性(VSR＝1)			
12. 硫特普	5.0（—）	5.0	1.0
选择性杀虫药剂(VSR＝1～10)			
13. 异狄氏剂	7.5(15)	3.15	2.4
14. 速灭威(磷君)	3.7(4.2)	1.5	2.5

241

 昆虫毒理学

续表7.3

| 化合物 | LD₅₀/(mg/kg) | | VSR |
	鼠 口服(皮肤)	家蝇 点滴	
15. 1 059(内吸磷)	2.5(8.2)	0.75	3.3
16. 残杀威	85(>2 400)	25.5	3.4
17. 乙基对硫磷	3.6(6.8)	0.9	4.0
18. 谷硫磷	11(220)	2.7	4.1
19. 毒杀芬	80(780)	11.0	7.3
20. 毒虫畏	13(30)	1.4	9.3
选择性杀虫药剂(VSR=10~100)			
21. 甲基对硫磷	24(67)	1.2	20
22. 艾氏剂	60(98)	2.25	27
23. 马拉硫磷	100(>4 444)	26.5	38
24. DDT	118(2 510)	2	59
25. 丙烯除虫菊酯	920(11 300)	15	61
26. 双硫磷	13 000(>4 000)	205	63
27. 七氯	162(250)	2.25	72
28. 二嗪农	285(455)	2.95	97
29. 丙硫特普	1 450(=)	15	97
选择性杀虫药剂(VSR=100~1 000)			
30. 倍硫磷	245(330)	2.3	107
31. 林丹	91(900)	0.85	107
32. 杀螟松	570(300~400[1])	2.3	248
33. 乐果	245(610)	0.55	445
34. 乙基溴硫磷	1 630(>5 000)	3.2	541
35. Stirofos	1 125(>4 000)	1.6	703
36. 冰片丹	>15 000(-)	15.5	>968
选择性杀虫药剂(VSR>1 000)			
37. 二氢化七氯	5 000(-)	3.75	1 333
38. 甲氧DDT	6 000(>6 000)[b]	3.4[c]	1 765

注：[a] 鼠，腹膜内给药；[b] 注射给药；[c] 鼠，经口给药。

242

7.2 选择性机制

杀虫药剂的选择性可以分为两大类,一类是生理选择性(physiological selectivity),一般通过 VSR 来粗略说明选择性高低,主要是由于不同生物的生理生化特性不同造成的。另一类是生态选择性(ecological selectivity)。一般提到一个杀虫药剂的选择性主要是指生理选择性,但是生态选择性也是非常重要的。一些无选择毒性的杀虫药剂,特别是在天敌与害虫之间,可以通过生态学手段使之具有选择性。

7.2.1 生理选择性

导致生理选择性的原因主要有药剂对表皮穿透性的差别、药剂作用靶标的差别和药剂代谢能力的差别三个方面。

7.2.1.1 穿透性差别

我们可以将穿透过程分为 2 个阶段来讨论选择毒性问题。

1. 对体壁、消化道或呼吸系统的穿透

杀虫药剂对体壁穿透的快慢可以用一个最简单的指标,点滴/注射毒性比值(TIR 值,topical/injection ratio)来衡量,即对同一生物分别用点滴法和注射法测定的 LD_{50} 的比值(表 7.4)。

表 7.4 DDT 和马拉硫磷的穿透选择性

杀虫药剂	供试动物	LD_{50}/(mg/kg)		TIR
		点滴	注射	
DDT	大鼠	3 000	100~200	15~30
	美洲蜚蠊	10	5~8	1.3~2
马拉硫磷	德国蜚蠊	120	8	15
	美洲蜚蠊	16	7.2	2.2

显然,TIR 值越接近 1,穿透率越大。但是,对穿透的考虑要结合解毒作用,如果根本没有解毒作用,则穿透快慢就没有什么影响了。

昆虫的表皮与哺乳动物的皮肤在化学组成上显著不同。昆虫的表皮含有几丁质,哺乳动物的皮肤则含有角蛋白,这一差别是形成穿透选择性的重要原因。DDT 对人畜低毒可能与这点有关。另外,在昆虫的表皮中也有解毒酶系,在杀虫药剂穿透时可能有一定影响。

目前,关于杀虫药剂穿透的众多的研究都着重于体壁,而对杀虫药剂的其他进入途径研究较少,如消化道、呼吸道等。

2. 由血液或血淋巴进入神经系统的阻隔层

对于昆虫和哺乳动物来说,由血液或血淋巴进入神经系统的阻隔层是有区别的。但现实与人类的愿望正好相反,在高等动物中有许多没有阻隔层的胆碱激活部位,易于受到杀虫药

剂的进攻,而昆虫没有这类"裸露"的部位,相反,昆虫有一个很好的血脑阻隔层,对于离子化的药剂具有很好的阻隔作用。

7.2.1.2 靶标敏感性的差异

1.乙酰胆碱酯酶

很多事实表明,哺乳动物和昆虫的 AChE 对有机磷和氨基甲酸的敏感度不同,这是这 2 类杀虫药剂具有选择性的原因之一。一般用选择性抑制比率(selective inhibitory ratio,SIR)来评价昆虫和哺乳动物 AChE 对抑制剂敏感性的差异,通常用抑制剂对家蝇头部 AChE 的 I_{50} 或 K_i 值和抑制剂对牛红细胞 AChE 的 I_{50} 或 K_i 的比值表示。

一个经典的例子是,在甲基对氧磷的苯环的 3-位上引入一个甲基就得到其同系物杀螟氧磷(图 7.1)。与甲基对氧磷相比,杀螟氧磷对昆虫的 AChE 具有更高的亲和力,而对哺乳动物 AChE 的亲和力显著下降。在 5 个独立研究中,用 114 个结构完全不同的氨基甲酸酯类药剂测试的结果表明,所有化合物对牛红细胞 AChE 的抑制作用(K_i)均低于对家蝇 AChE 的抑制能力(K_i),一般二者之间相差 10～100 倍,个别的超过 1 000 倍。Jiang 等(2013)合成了 4 个全新的芳基甲基氨基甲酸酯类化合物,对冈比亚按蚊高效,而对哺乳动物安全。这种高选择性也是由于这些化合物对哺乳动物 AChE 的抑制能力显著低于对冈比亚按蚊 AChE 的抑制能力(低 600 倍)。

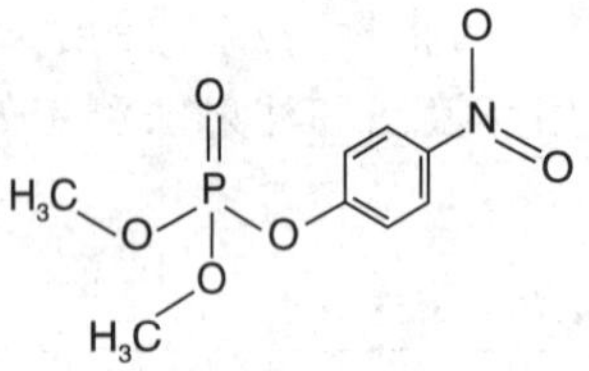

H3C—O—P(=O)—O—〈 〉—NO2 甲基对氧磷 methyl paraxon

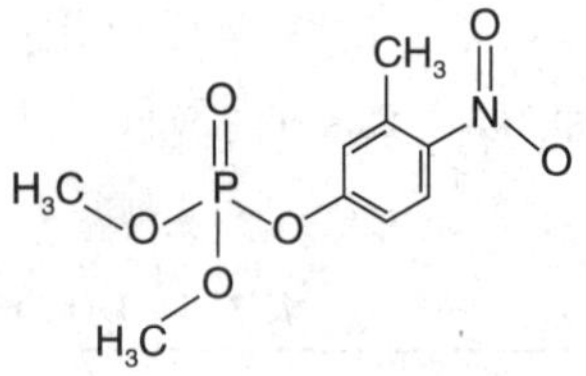

杀螟氧磷 fenitooxon

图 7.1 甲基对氧磷和杀螟氧磷

另外,除了 AChE,哺乳动物中还有另一个相关酶,丁酰胆碱酯酶(BChE),在血浆中含量丰富,它能与有机磷酸酯和甲基氨基甲酸酯类杀虫药剂相互作用从而保护 AChE,而昆虫体内不存在丁酰胆碱酯酶。昆虫和哺乳动物的 AChE 被抑制后恢复活性的速率可能不同,这在一定程度上也增加了杀虫药剂的选择性。

2.烟碱型乙酰胆碱受体

烟碱和新烟碱类杀虫药剂都作用于 nAChR,但新烟碱类杀虫药剂都具有很好的选择性,即对昆虫高效,而对哺乳动物低毒,烟碱则相反。其主要原因是昆虫和哺乳动物的 nAChR 结构不同导致烟碱对这 2 类药剂的敏感性具有显著差异。如表 7.5 所示,新烟碱类药剂对昆虫 nAChR 的抑制活性远远高于对哺乳动物 nAChR 的抑制活性。因为在昆虫 nAChR 的药剂结合位点上的是赖氨酸或精氨酸等带正电的碱性氨基酸,吡虫啉等新烟碱类药剂的硝基亚胺基端带负电,所以可以很好地结合;而烟碱在生理 pH 下会发生质子化(即带正电),不能与同样带正电的赖氨酸或精氨酸结合。相反,哺乳动物 nAChR 的结合位点上为带负电的色氨酸,质子化的烟碱可与其通过阳离子-π 相互作用结合;吡虫啉等新烟碱类药剂因硝基亚胺基端带负电而不能与哺乳动物的 nAChR 结合,因此不能抑制其活性(图 7.2)。

表7.5 烟碱和新烟碱类杀虫药剂对昆虫和脊椎动物nAChR的选择性

杀虫药剂	IC_{50}/(nmol/L)		选择性比值
	昆虫	脊椎动物(α4β2)	
吡虫啉	4.6	2 600	565
啶虫脒	8.3	700	84
噻虫胺	2.2	3 500	1 591
烯啶虫胺	14	49 000	3 500
噻虫啉	2.7	860	319
烟碱	4 000	7.0	0.002

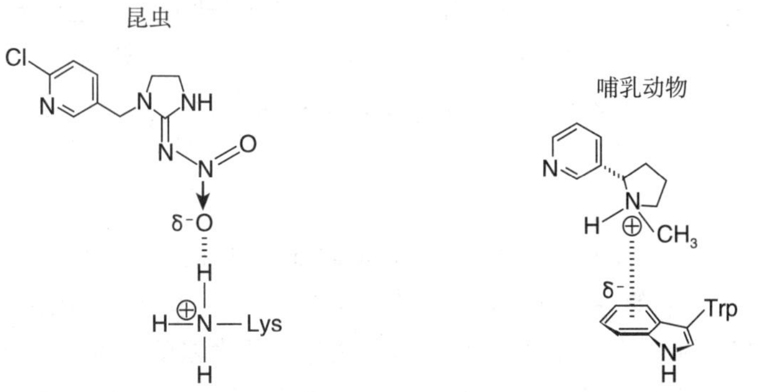

吡虫啉　　烟碱

电负性的硝基亚胺基端与碱性氨基酸相互作用　　阳离子-π相互作用

图7.2 吡虫啉和烟碱分别与昆虫和哺乳动物nAChR的相互作用

3.GABA受体

多氯环烷烃类和环戊二烯类杀虫药剂的部分品种也具有较高的选择性(表7.6)。这类药剂对家蝇和果蝇的GABA受体具有高活性,而对人脑GABA受体效果较差。这类药剂的选择毒性是由于哺乳动物GABA受体具有α亚基,可通过调控α/β亚基界面上的药剂结合位点降低哺乳动物对一些氯离子通道阻断剂的敏感性。而昆虫的GABA受体中未发现α亚基,因此无此作用。但这类药剂对哺乳动物$β_3$亚基构成的同源五聚体GABA受体无选择性,该受体对药剂的敏感度及其氨基酸组成与家蝇和果蝇的受体相似(Buckingham et al.,2017)。

表7.6 GABA受体调节剂的选择毒性(Buckingham et al.,2017)

杀虫药剂	LD_{50}/(nmol/L)		LD_{50}比值 大鼠/家蝇
	大鼠	家蝇	
α-氯丹	700	7	100
林丹	125	2	62.5
七氯	90	1.7	52.9
艾氏剂	67	1.7	39.4

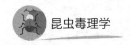

续表7.6

杀虫药剂	LD$_{50}$（nmol/L）		LD$_{50}$ 比值 大鼠/家蝇
	大鼠	家蝇	
狄氏剂	87	1.3	66.9
异艾氏剂	15	2.1	7.1
异味狄氏剂	11	1.6	6.9
毒杀芬	69	31	2.1
氟虫腈	100	0.39	256

与其他作用于GABA受体的药剂相比,1993年上市的氟虫腈具有更高的选择性,其对家蝇的LD$_{50}$比对小鼠的LD$_{50}$低315倍。氟虫腈具有高选择性的原因主要有2个:第一,氟虫腈对昆虫GABA受体的阻断能力是对大鼠GABA$_A$受体的53倍;第二,氟虫腈是谷氨酸门控氯离子通道的强烈抑制剂,但该受体只存在于昆虫中,哺乳动物中没有。其中,第二点对氟虫腈选择毒性贡献的可能性更大。

4.电压敏感型钠离子通道

拟除虫菊酯类药剂对昆虫的活性非常高,但对哺乳动物相当安全。这类药剂具有高选择性主要有3方面的原因:第一,昆虫的钠离子通道对DDT和拟除虫菊酯类药剂具有天然的高敏感性,例如,蟑螂的钠离子通道对这类药剂的敏感性是大鼠的1 000倍以上。第二,DDT和Ⅰ型拟除虫菊酯类药剂具有负温度系数,在环境温度(25℃)下对昆虫的活性要比对人(体温37.5℃)的毒性高5倍。这种现象是由钠离子通道对菊酯类药剂的敏感性存在负温度系数所致的。第三,哺乳动物对拟除虫菊酯类药剂的解毒效率约为昆虫的3倍。这3点加起来使得昆虫对这类药剂要比哺乳动物敏感15 000倍以上。另外,昆虫表皮的亲脂性导致其能比哺乳动物吸收更多的药剂。

5.鱼尼丁受体

氯虫苯甲酰胺等作用于鱼尼丁受体(RyR)的双酰胺类杀虫药剂同样具有极高的选择毒性,主要是由于昆虫的RyR比哺乳动物的RyR对这类药剂更敏感。哺乳动物体内有3种类型的RyRs,即RyR1、RyR2和RyR3,其中RyR1主要分布于骨骼肌中,RyR2主要分布在心肌中,RyR3则散布于不同组织中。而昆虫中只有一种RyR。氯虫苯甲酰胺对小鼠RyR(主要是RyR1)的活性比对果蝇和烟芽夜蛾RyR的活性低约300倍,而其对小鼠RyR2的活性要低2 000倍以上。在所有测试的哺乳动物细胞中,人的细胞系(IMR32)对氯虫苯甲酰胺是最不敏感的,高达100 μmol/L的氯虫苯甲酰胺对人的细胞系表达的RyR也没有影响。

6.线粒体复合体Ⅱ

丁氟螨酯对螨类高效而对昆虫和脊椎动物无效,主要是由于丁氟螨酯经去酯化生成活化的代谢产物AB-1,能有效抑制螨类的线粒体复合体Ⅱ,但对昆虫和脊椎动物线粒体复合体Ⅱ的抑制能力很弱。

7.害虫的特殊靶标

几丁质合成抑制剂的作用靶标几丁质合成酶、阿维菌素和氟虫腈的作用靶标谷氨酸受体、甲脒类药剂的作用靶标章鱼胺受体以及保幼激素类似物和蜕皮激素类似物等昆虫生长调节剂类杀虫药剂的作用靶标都是昆虫所特有的而哺乳动物没有的,因此,作用于这些靶标的药剂都具有高度的选择性。上述内容在第 4 章的相关部分已有说明,这里不再赘述。

7.2.1.3　代谢选择性

代谢选择性的原因主要有 3 个方面:一是对药剂代谢能力的差异;二是非靶标部位对杀虫药剂的结合与隔离能力的差异;三是对药剂排泄能力的差异。

1. 对药剂代谢能力的差异导致选择毒性

哺乳动物和昆虫以及天敌和昆虫之间对药剂代谢能力的差别可能是杀虫药剂具有选择性的另一个重要原因。简单举几个例子。

1)几种有机磷杀虫药剂对哺乳动物和昆虫的选择性

(1)马拉硫磷对哺乳动物和昆虫的选择毒性。马拉硫磷的杀虫活性比较低,但其氧化代谢物马拉氧磷的活性很高。马拉硫磷对昆虫高毒而对哺乳动物低毒的主要原因是哺乳动物体内羧酸酯酶的活性很高,能够快速水解马拉硫磷分子中的 2 个酯键,将马拉硫磷降解为无毒的马拉硫磷单酸。昆虫体内的羧酸酯酶活性相对比较低,因而水解慢;但 P450 单加氧酶活性很高,因此,马拉硫磷主要被 P450 脱硫氧化为马拉氧磷,马拉氧磷的水解同样也很慢。上述 2 个方面导致马拉硫磷具有很好的选择毒性(图 7.3)。很多昆虫对马拉硫磷具有抗性的原因是这些昆虫体内具有较高活性的羧酸酯酶。

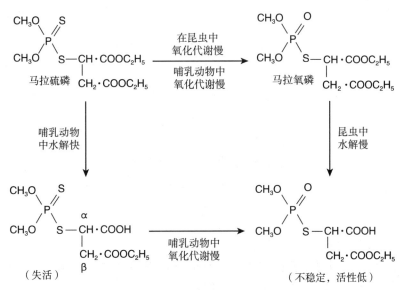

图 7.3　马拉硫磷在昆虫和哺乳动物中的代谢(Yu,2015)

乐果的选择毒性是由于乐果分子中含有酰胺基团,高等动物体内酰胺酶活性比较高,能将乐果很快降解。类似于乐果中含有的酰胺基团,由于某一基团的存在,杀虫药剂具有选择作用,我们把这类基团称为选择作用基团或选择基(selectophore)。

辛硫磷对哺乳动物低毒、对昆虫高毒的原因有以下几点:①辛硫磷分子上含有 1 个氰基,可以作为选择作用基团,在哺乳动物中很快被代谢掉,生成羧酸和二乙基羧酸酯。②辛硫磷

在昆虫体内不仅代谢速度慢,而且可被氧化生成氧化型辛硫磷,发生增毒代谢。③昆虫 AChE 对辛硫磷的敏感性是小鼠 AChE 的约 270 倍。

(2)乙酰甲胺磷对哺乳动物和昆虫的选择毒性。乙酰甲胺磷是一个前体杀虫药剂,必须经羧基酰胺酶水解转化为甲胺磷后才能发挥作用。在昆虫体内羧基酰胺酶的活性远远高于哺乳动物,而在哺乳动物中乙酰甲胺磷的活化本来就慢,另外活化后的甲胺磷的 S-氧化物反过来对羧基酰胺酶活性还有抑制作用,因此,乙酰甲胺磷具有很好的选择毒性(图 7.4)。

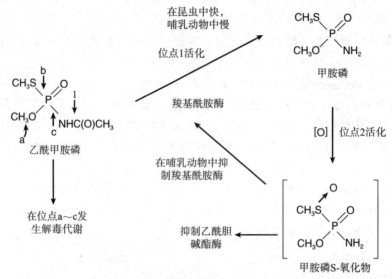

图 7.4　乙酰甲胺磷在昆虫和哺乳动物中的代谢(Yu,2015)

2)噁二嗪类杀虫药剂对哺乳动物和昆虫的选择性

茚虫威对鳞翅目昆虫具有极高活性,但对哺乳动物低毒。茚虫威高选择性主要有代谢选择性和靶标选择 2 个方面的原因:一方面,茚虫威属于前体杀虫药剂,在昆虫体内很容易被酯酶或酰胺酶水解成高活性的 DCJW;而在哺乳动物体内以氧化代谢为主,主要是在 P450 作用下茚酮环的羟基化和噁二嗪环的打开,发生解毒代谢,水解代谢只是一个次要途径。另一方面,其活化的代谢产物 DCJW 对昆虫 Na$^+$ 通道的抑制活性远远高于对哺乳动物的 Na$^+$ 通道,例如,其对大鼠 Na$_v$1.4 通道的 IC$_{50}$ 为 970 nmol/L,而对蟑螂 Na$_v$1-1a 的 IC$_{50}$ 仅为 25.5 nmol/L,相差 38 倍。

3)Bt 杀虫蛋白对哺乳动物和昆虫的选择性

Bt 杀虫蛋白对多种昆虫都具有很高的活性,但对哺乳动物毒性很低,主要是 δ-内毒素必须在碱性条件下,经过裂解才能发挥活性,但在哺乳动物的消化道内为强酸性环境,因此,δ-内毒素不能水解为具有活性的小分子蛋白。

2.非靶标部位的结合与隔离导致的选择毒性

非靶标部位的结合与隔离导致的选择毒性主要指非靶标部位的一些蛋白、酶或脂肪类物质与进入体内的杀虫药剂结合并将其隔离贮存,包括前面提到的过量表达的羧酸酯酶和 GSTs 作为结合蛋白将药剂结合隔离从而导致抗性增强。如埃及伊蚊抗性幼虫能够产生大量围食膜吸附进入其体内的 DDT。非靶标部位对药剂的结合分为可逆性结合和非可逆性结合

2 种情况。

可逆性结合可以暂时从循环系统中除去杀虫药剂,因而降低了游离在体内的杀虫药剂的浓度,其在毒理学上的作用与穿透速率降低类似。当代谢系统中杀虫药剂浓度降低时又可以释放出来使其被降解。昆虫保幼激素通过脂蛋白在血淋巴运输,并且有一定的保护作用,对于合成的 JHAs 物,这种过程可能是重要的。脂肪的储存也是一例,有时可以发现雌虫抗药性大于雄虫,可能与雌虫体内脂肪多有关。

不可逆结合是杀虫药剂在体内损失的途径之一,在毒理学上与解毒代谢类似。例如,一些有机磷杀虫药剂可以与血浆结合或与其他组织中的蛋白起磷酰化反应,使杀虫药剂在血液中的浓度降低。这种结合作用在昆虫不同种之间可能有所不同,可能是种间选择毒性的基础。

3. 排泄

排泄往往是一个人们容易忽视的选择性因子。由于大多数杀虫药剂都是脂溶性的,要在体内代谢后才排出体外,这时排出的代谢物都是低毒或无毒化合物。大多数直接排出的化合物都是在生理 pH 条件下能够离子化的杀虫药剂,例如,烟草天蛾对烟碱的排泄。

但是,也有些昆虫能够排泄脂溶性的杀虫药剂。例如,谷斑皮蠹幼虫对 DDT 的天然耐药性就是由于排泄作用。用 DDT 点滴处理后 12 h,占点滴量 37% 的 DDT 就被不加改变地直接排出。珀凤蝶 *Papilio polyxenes* 幼虫取食伞形花科植物后,对其中所含的次生物质线性呋喃并香豆素的排泄速度是草地夜蛾的 9 倍。

7.2.2　生态选择性

有些选择性低的或没有选择性的杀虫药剂,可以利用生态学上的方法达到选择的目的,也就是合理施用杀虫药剂使其具有选择性。

1. 剂量控制

同一药剂用不同的剂量,其效应也不一样,我们可以选用合适的剂量只杀死害虫而不伤害人畜和天敌。例如,用敌百虫防治家畜体内的寄生虫,剂量控制是产生选择性的主要原因。杀虫畏处理动物体内寄生虫也是通过控制剂量产生的选择性。剂量控制的关键是对害虫要达到有效剂量,而低于对益虫的有效剂量。但也要注意避免低剂量杀虫药剂对某些昆虫生殖的刺激作用,如低剂量的 DDT 对苹果红蜘蛛和谷象的生殖均有刺激作用,三唑磷对褐飞虱生殖也有刺激作用。

2. 局部施药

掌握并充分利用害虫及天敌的生物学特性,只在一定区域施药,减少环境污染和对天敌的伤害,可以结合种植诱集植物和使用性诱剂等达到此目的。瓜实蝇 *Dacus cucurbitae* 成虫有一个习性,即长时间在附近杂草中栖息,因此,只在附近的杂草中施药,而不在瓜地施药可达到选择性的目的。舌蝇 *Glossina* spp. 一般休息在直径为 2.5~10 cm、与地面呈 35°角的树枝下部(1.2~2.7 m 及以下),因此只在该处施药即可。

3. 剂型及施药方法

剂型是影响药剂毒性的因子之一,也决定了施药方法。例如,应用颗粒剂防治玉米螟,在

喇叭口期撒入玉米心叶既能有效防治玉米螟,又能减少对天敌的伤害,起到一定的选择作用。

对靶施药是农药施用技术上的改进,对提高生态选择性起到了很大的作用。近年来,这方面的研究较多,如静电喷雾、间歇喷雾法等,一般在喷头上装有传感器,只有喷头对准植株时才将药液喷出。笼罩喷雾法适合于矮化果树和幼龄果树,在拖拉机一侧固定一个马鞍形的塑料罩,随拖拉机在果树顶上跨行,在罩两侧装有喷头,脱靶的药液沿内侧流到集液槽,然后抽回贮液桶内,这样就减少了喷洒药液对空气的污染以及脱靶药液对土壤的污染,这种方法在玉米中也得到了应用。

4.适时施药

适时施药主要根据害虫、天敌的生物学特性找出一个适宜的时间窗口施药,达到既控制害虫,又减少对天敌的伤害的目的。20世纪八九十年代,我国对水稻和棉花害虫的化学防治可能是不适时施药的例子之一,防治次数过多,不仅造成害虫抗药性加剧,还杀伤了大量的天敌,最后导致害虫大发生。

5.内吸药剂的施用

一般内吸药剂的施用可以达到一定的保护天敌的目的,但是如果剂量控制不合理,由于食物链关系同样也会杀伤天敌。

杀虫药剂的选择性往往是多因子造成的。例如,速灭磷的选择性主要是基于解毒代谢、AChE 的敏感性、磷酰化 AChE 的恢复能力以及活化代谢的差异;二嗪农的选择毒性则与 P450、磷酸酯酶以及谷胱甘肽 S-转移酶有关;拟除虫菊酯类药剂的选择毒性至少涉及 Na^+ 通道的敏感性、负温度系数、解毒代谢能力及表皮和皮肤性质差异 4 个方面。因此,要充分发挥杀虫药剂的高选择性,就必须利用选择的多因子性,特别是将生理选择性和生态选择性结合起来考虑。当然,我们要求一个化合物具有选择性,但不能使选择性范围过窄,否则就失去了实际意义。

◈ 参考文献

1. Buckingham S D, Ihara M, Sattelle D B, et al. Mechanisms of action, resistance and toxicity of insecticides targeting GABA receptors. Curr Med Chem, 2017, 24(27): 2935-2945.

2. Jiang Y, Swale D, Carlier P R, et al. Evaluation of novel carbamate insecticides for neurotoxicity to non-target species. Pestic Biochem Physiol, 2013, 106 (3): 156-161.

3. Yu S J. The Toxicology and Biochemistry of Insecticide. 2nd Edition. Boca Raton, FL: CRC Press, 2015.